U0199897

"十三五"国家重点出版物出版规划项目·重大出版工程规划

5G关键技术与应用丛书

5G终端测试

魏 然 果 敢 巫彤宁
郭 琳 匡晓烜 石美宪 著

科 学 出 版 社
北 京

内 容 简 介

本书首先介绍了终端测试历程及演变、终端测试技术；然后从 5G 关键技术和 5G 终端产品形态等方面论述了 5G 终端测试挑战。本书重点描述了 5G 终端测试体系，以测试体系为指导，详细描述了 5G 终端测试的各个领域，包括 5G 终端射频测试、协议测试等一致性测试、业务和应用测试以及整机通用测试，如天线测试、电磁兼容测试、电磁辐射测试、电气安全测试、环境可靠性测试等。本书最后对 5G 终端测试趋势的发展进行了总结，展望了 5G 终端的分布式测试/云测试。本书既包含国内外测试标准介绍，也包含测试设备使用、测试环境构建，以及部分重要测试用例和测试方法详解，涵盖了 5G 终端中低频段测试和毫米波频段的测试。

本书的读者对象可以是 5G 终端领域零基础的初学者，也可以是 5G 终端研发人员、终端测试工程师；本书也可以作为终端认证、监管部门的参考书。

图书在版编目（CIP）数据

5G 终端测试 / 魏然等著. —北京：科学出版社，2021.6

（5G 关键技术与应用丛书）

“十三五”国家重点出版物出版规划项目・重大出版工程规划

国家出版基金项目

ISBN 978-7-03-068496-7

Ⅰ.①5… Ⅱ.①魏… Ⅲ.①第五代移动通信系统－终端设备－测试 Ⅳ.①TN929.53

中国版本图书馆 CIP 数据核字（2021）第 056112 号

责任编辑：赵艳春 高慧元 / 责任校对：王萌萌

责任印制：师艳茹 / 封面设计：谜底书装

科学出版社 出版

北京东黄城根北街 16 号

邮政编码：100717

http://www.sciencep.com

三河市春园印刷有限公司 印刷

科学出版社发行 各地新华书店经销

*

2021 年 6 月第 一 版 开本：720 × 1000 1/16

2021 年 6 月第一次印刷 印张：20 3/4 插页：2

字数：418 000

定价：158.00 元

（如有印装质量问题，我社负责调换）

“5G关键技术与应用丛书”编委会

序

由科学出版社出版的“5G关键技术与应用丛书”经过各编委长时间的准备和各位顾问委员的大力支持与指导，今天终于和广大读者见面了。这是贯彻落实习近平同志在2016年全国科技创新大会、两院院士大会和中国科学技术协会第九次全国代表大会上提出的广大科技工作者要把论文写在祖国的大地上指示要求的一项具体举措，将为从事无线移动通信领域科技创新与产业服务的科技工作者提供一套有关基础理论、关键技术、标准化进展、研究热点、产品研发等全面叙述的丛书。

自19世纪进入工业时代以来，人类社会发生了翻天覆地的变化。人类社会100多年来经历了三次工业革命：以蒸汽机的使用为代表的蒸汽时代、以电力广泛应用为特征的电气时代、以计算机应用为主的计算机时代。如今，人类社会正在进入第四次工业革命阶段，就是以信息技术为代表的信息社会时代。其中信息通信技术（information communication technologies，ICT）是当今世界创新速度最快、通用性最广、渗透性最强的高科技领域之一，而无线移动通信技术由于便利性和市场应用广阔又最具代表性。经过几十年的发展，无线通信网络已是人类社会的重要基础设施之一，是移动互联网、物联网、智能制造等新兴产业的载体，成为各国竞争的制高点和重要战略资源。随着“网络强国”、“一带一路”、“中国制造2025”以及“互联网+”行动计划等的提出，无线通信网络一方面成为联系陆、海、空、天各区域的纽带，是实现国家“走出去”的基石；另一方面为经济转型提供关键支撑，是推动我国经济、文化等多个领域实现信息化、智能化的核心基础。

随着经济、文化、安全等对无线通信网络需求的快速增长，第五代移动通信系统（5G）的关键技术研发、标准化及试验验证工作正在全球范围内深入展开。5G发展将呈现“海量数据、移动性、虚拟化、异构融合、服务质量保障”的趋势，需要满足“高通量、巨连接、低时延、低能耗、泛应用”的需求。与之前经历的1G～4G移动通信系统不同，5G明确提出了三大应用场景，拓展了移动通信的服务范围，从支持人与人的通信扩展到万物互联，并且对垂直行业的支撑作用逐步显现。可以预见，5G将给社会各个行业带来新一轮的变革与发展机遇。

我国移动通信产业经历了2G追赶、3G突破、4G并行发展历程，在全球5G研发、标准化制定和产业规模应用等方面实现突破性的领先。5G对移动通信系统进行了多项深入的变革，包括网络架构、网络切片、高频段、超密集异构组网、新空口技术等，无一不在发生着革命性的技术创新。而且 5G 不是一个封闭的系统，它充分利用了目前互联网技术的重要变革，融合了软件定义网络、内容分发网络、网络功能虚拟化、云计算和大数据等技术，为网络的开放性及未来应用奠定了良好的基础。

为了更好地促进移动通信事业的发展、为5G后续推进奠定基础，我们在5G标准化制定阶段组织策划了这套丛书，由移动通信及网络技术领域的多位院士、专家组成丛书编委会，针对 5G 系统从传输到组网、信道建模、网络架构、垂直行业应用等多个层面邀请业内专家进行各方向专著的撰写。这套丛书涵盖的技术方向全面，各项技术内容均为当前最新进展及研究成果，并在理论基础上进一步突出了 5G 的行业应用，具有鲜明的特点。

在国家科技重大专项、国家科技支撑计划、国家自然科学基金等项目的支持下，丛书的各位作者基于无线通信理论的创新，完成了大量关键工程技术研究及产业化应用的工作。这套丛书包含了作者多年研究开发经验的总结，是他们心血的结晶。他们牺牲了大量的闲暇时间，在其亲人的支持下，克服重重困难，为各位读者展现出这么一套信息量极大的科研型丛书。开卷有益，各位读者不论是出于何种目的阅读此丛书，都能与作者分享 5G 的知识成果。衷心希望这套丛书能为大家呈现5G的美妙之处，预祝读者朋友在未来的工作中收获丰硕。

中国工程院院士
网络与交换技术国家重点实验室主任
北京邮电大学　教授

2019年12月

序言 1

随着 2019 年 6 月 6 日中国 5G 商用牌照的发放，我国移动通信产业正式进入 5G 时代。

近 30 年来，移动通信快速发展，通信速率不断提升的需求是其主要驱动力。和 4G 相比，5G 不仅仅是单纯的通信速率提高，而且根据场景的不同，确立了增强移动宽带、海量机器类通信和超高可靠低时延通信三个场景，开启了万物互联的通信应用新领域，进一步加强了推动移动通信发展的双向驱动力：业务需求和技术革新。

2018 年 12 月召开的中央经济工作会议首次提出“新型基础设施建设”，5G 是主要的领域之一，引发各行各业持续关注。在当前的疫情形势下，“新型基础设施建设”在降低疫情短期冲击的同时，也在为中国经济高质量发展提供坚实基础。5G 愿景可为数字化转型提供技术支撑，因此在“新型基础设施建设”整体技术的架构中，5G 处于核心层。5G 终端作为应用和业务的载体，尤其是通过深度挖掘社会经济生活中行业场景对信息技术的需求，进一步融合边缘计算、人工智能等使能技术，不断扩大公众移动通信网、无线专网以及融合组网，必将切实加快 5G 技术研发和转化。在 5G 价值提升的过程中，测试是实现技术试验验证和产业推广非常关键的一环。我国在短短的几十年内就实现了从追随到引领的跨越，在这个过程中，我国的广大科技工作者也在测试标准制定和测试设备研制等方面做了大量杰出的工作。场景的增加、技术的升级以及对通信协议带来的变化使得测试案例激增，为测试技术带来了巨大的挑战和提出了更高的要求。

该书的作者们来自中国信息通信研究院泰尔终端实验室，他们从 3G 时代就积极参与我国无线通信技术的测试验证，一直引领着我国在此领域的技术进步和发展。近年来，该书作者与我国的电信运营商、设备制造商和科研院所的同事们一起，在国际标准组织中发出了中国声音，在测试需求以及解决方案等方面做出了不可或缺的贡献；在国内，他们承担了电信终端进网政策的支撑和技术合格的检测工作，扎扎实实地促进了产业的进步。该书内容既涵盖了对技术标准顶层设计的探讨，又来源于实际工作中总结出来的经验教训。该书的内容包括了终端测试的方方面面，对于无线通信领域的广大科技、管理工作者，以及有志于此的广大青年学者将是一本开卷有益、收获颇丰的原创作品。

我再次向各位感兴趣的读者推荐该书，并借此机会向作者们做出的有益工作表示敬意。

中国工程院院士

2020 年 8 月 11 日

序言 2

当前，全球正在经历一场更大范围、更深层次的科技革命和产业变革。2019 年中央经济工作会议指出，加快 5G 商用步伐，加强人工智能、工业互联网、物联网等“新型基础设施建设”。5G 作为“新型基础设施建设”的重要组成部分，5G+场景应用的推广将有力带动信息消费快速增长。据中国信息通信研究院预测，到 2030 年，5G 直接和间接带动的总产出分别是 6.3 万亿元和 10.6 万亿元。5G 网络设备、芯片、终端、业务应用及测试装备研发等产业链各环节的投入对于国民经济其他行业的带动作用明显。

“新冠疫情”更凸显了 5G 在国民生活和社会经济中的巨大作用。5G 与 4K/8K、AR/VR、全息视频等技术融合涌现了一系列的应用。5G 通过融入衣食住行娱乐等生活的各个方面，将孕育更多的信息产品和服务，进一步拓展信息消费的新空间与新模式。与此同时，我国的 5G 行业应用正逐渐从单一化业务探索、试点示范阶段进入规模推广阶段。中国信息通信研究院 5G 应用仓库的监测显示，当前我国在医疗健康、媒体娱乐、工业互联网、车联网类的应用数量明显增多，并逐渐成为 5G 先锋应用领域。此外，5G 与云计算、大数据、人工智能等技术深度融合，将使企业运营更加智能、生产制造更加精益、供需匹配更加精准、产业分工更加深化。产业间的关联效应和辐射效应，将放大 5G 对经济社会发展的贡献，带动国民经济各行业、各领域实现高质量发展。

近年来，我国科研和产业界紧密配合，始终以创新发展为动力，坚持企业主体与政府引导、自主创新与开放合作相结合，加快推动 5G、工业互联网等技术的研发和产业化。面向于不同应用场景，构建标准体系、验证新技术，实现产品性能和质量的提升，中国信息通信研究院泰尔终端实验室长久以来做了大量的工作。该书的作者 20 多年来奋斗于无线移动通信技术研发的第一线，积极参与国际和国内标准制定，开展技术试验，成功完成了多项具有标志性意义的重要工作，经历了无线移动通信技术发展的多个里程碑时刻。该书内容涵盖芯片、模组和整机，覆盖基本性能、射频、协议和软件应用的相关测试技术与方法，同时考虑了终端发展的新形态，针对不同场景阐述了测试用例开发、测试系统实现，探讨了结果比对等广泛的内容。紧密联系 5G 技术特征和行业应用需求，提出了许多深刻和独到的见解。该书在写作中力求用平实的语言，深入浅出地从基础通信原理和电磁场原理讲述该领域技术和评估方法。我相信来自不同行业的读者一定能通过该书对5G终端测试技术有更深入的了解并受益！

中国信息通信研究院　原院长

刘多

2020年8月11日

前　言

基于 R15 版本的 5G 技术已商用，R16 版本的标准也已冻结。目前支持 5G 技术的终端也日趋丰富。伴随每一代移动通信技术的发展，终端测试也与时俱进，测试内容也在不断调整中。5G 终端测试对于促进 5G 商用，提高终端质量和用户体验发挥着重要作用。

本书结合作者的国内外标准化工作、技术试验、5G 终端进网检测、认证测试等方面的经验和经历，全面介绍和论述了 5G 终端测试标准、测试方法和测试环境构建等内容。

本书开篇介绍了终端测试历程及演变、终端测试技术，使读者初步了解 5G 终端测试概念。基于 5G 技术的复杂性，论述了 5G 终端测试挑战。为了应对 5G 终端测试挑战，首先必须有测试体系的指导和顶层设计。本书围绕 5G 终端测试的各个领域，如 5G 终端射频测试、协议测试等一致性测试、业务和应用测试以及整机通用测试，如天线测试、电磁兼容测试、电磁辐射测试、电气安全测试、环境可靠性测试等，对测试标准、测试方法、测试设备、测试环境构建等方面进行了详细论述。

本书作者包括魏然、果敢、巫彤宁、郭琳、匡晓烜、石美宪等。参与撰写的人员和分工如下：

魏然、果敢、田云飞、李传峰撰写第 1、5、7 章；果敢、石美宪、王海燕、宋爱慧、祝思婷、来志京撰写第 2～4 章；王星妍、来志京撰写第 5 章；匡晓烜、林瑞杰、曾晨曦撰写第 2、7 章；郭琳、巫彤宁、祝思婷、安辉、赵竞、夏丽娇撰写第 6 章。全书由许慕鸿负责统稿。

本书得到新一代宽带无线移动通信网重大专项“面向 R15 的 5G 终端测试体系与平台研发”的资助，在此表示衷心的感谢。

由于作者水平有限，书中难免会有疏漏之处，恳请广大读者批评指正。

目　录

序
序言 1
序言 2
前言
第 1 章　绪论 …… 1
1.1　终端测试历程及演变 …… 1
1.2　终端测试技术概述 …… 4
1.2.1　一致性测试 …… 4
1.2.2　通信性能测试 …… 6
1.2.3　软件与信息安全测试 …… 7
1.2.4　用户体验测评 …… 8
第 2 章　5G 终端测试挑战 …… 9
2.1　5G 关键技术 …… 9
2.1.1　新空口 NR …… 10
2.1.2　多模多频 …… 10
2.1.3　毫米波 …… 11
2.1.4　多输入多输出天线 …… 11
2.1.5　丰富的业务应用 …… 11
2.2　5G 终端业务及应用 …… 11
2.2.1　增强移动宽带 …… 12
2.2.2　海量机器类通信 …… 13
2.2.3　超高可靠低时延通信 …… 13
2.3　5G 终端产品形态 …… 14
参考文献 …… 15
第 3 章　5G 终端测试体系 …… 16
3.1　5G 终端测试标准 …… 16
3.1.1　一致性测试标准 …… 16
3.1.2　电磁辐射标准 …… 18
3.1.3　电磁兼容标准 …… 20

3.1.4 OTA 测试标准 …… 22
3.2 5G 终端测试环境 …… 26
3.2.1 基础测试仪器仪表 …… 26
3.2.2 传导测试环境 …… 28
3.2.3 OTA 测试环境 …… 34
参考文献 …… 45
第 4 章 5G 终端射频测试 …… 46
4.1 频段配置 …… 46
4.2 发射机 …… 49
4.2.1 发射功率 …… 49
4.2.2 输出功率动态范围 …… 49
4.2.3 发射信号质量 …… 49
4.2.4 输出射频频谱发射 …… 53
4.2.5 发射互调 …… 56
4.3 接收机 …… 57
4.3.1 接收机参考灵敏度 …… 57
4.3.2 最大输入电平 …… 57
4.3.3 邻道选择性 …… 58
4.3.4 阻塞特性 …… 62
4.3.5 杂散响应 …… 66
4.3.6 互调特性 …… 68
4.3.7 接收机杂散 …… 69
4.4 性能测试 …… 69
4.5 毫米波测试 …… 70
4.6 双连接测试 …… 70
第 5 章 5G 终端协议测试 …… 72
5.1 5G 协议体系结构 …… 72
5.1.1 NG-RAN 整体架构 …… 72
5.1.2 无线接口协议架构 …… 73
5.1.3 网络接口 …… 75
5.1.4 多 RAT 双连接 …… 76
5.2 5G 协议栈层级描述 …… 76
5.2.1 物理层描述 …… 76
5.2.2 层 2 描述 …… 78

5.2.3 RRC 层描述 …… 83
5.3 5G 协议一致性测试 …… 87
5.3.1 测试状态 …… 87
5.3.2 测试流程和过程说明 …… 91
5.3.3 基本信令流程 …… 101
5.3.4 基本测试流程 …… 115
5.3.5 空闲模式操作协议测试内容 …… 129
5.3.6 层 2 协议测试内容 …… 146
5.3.7 RRC 层协议测试内容 …… 170
5.3.8 移动性管理测试内容 …… 177
5.3.9 会话管理测试内容 …… 192
第 6 章 5G 终端通用测试 …… 201
6.1 天线测试 …… 201
6.1.1 OTA 测试的意义与发展现状 …… 201
6.1.2 Sub-6GHz 终端天线性能 …… 204
6.1.3 毫米波终端天线性能 …… 214
6.2 电磁兼容测试 …… 223
6.2.1 电磁兼容概述 …… 223
6.2.2 电磁兼容对 5G 终端的重要性 …… 225
6.2.3 5G 终端电磁兼容试验 …… 227
6.3 电磁辐射测试 …… 248
6.3.1 电磁辐射的限值背景介绍 …… 248
6.3.2 应用 6GHz 以下频段的通信终端设备电磁辐射测试方案 …… 250
6.3.3 应用 6GHz 以上频段的通信终端设备电磁辐射测试方案 …… 263
6.4 电气安全测试 …… 285
6.4.1 电气安全概述 …… 285
6.4.2 电气安全对 5G 终端的重要性 …… 285
6.4.3 5G 终端电气安全测试 …… 287
6.5 环境可靠性测试 …… 290
6.5.1 环境可靠性概述 …… 290
6.5.2 5G 终端环境可靠性测试 …… 291
参考文献 …… 296
第 7 章 5G 终端测试趋势及展望 …… 298
7.1 终端测试技术的演进 …… 298

7.1.1 软件在测试中的重大作用 …… 298
7.1.2 测试方法的变化 …… 299
7.1.3 5G引入的新技术特征带来的测试演进 …… 301
7.2 5G终端的分布式测试/云测试展望 …… 302
7.2.1 5G终端分布式测试 …… 302
7.2.2 网络友好性测试 …… 306
索引 …… 315
彩图

第1章 绪　　论

1.1 终端测试历程及演变

从 19 世纪开始，人类就开启了对无线通信的探索。1831 年法拉第发现电磁感应定律，1864 年麦克斯韦建立电磁理论，1887 年赫兹用实验证实了电磁波的存在，让无线电通信成为可能。1896 年俄国物理学家、电气工程师波波夫和意大利物理学家马可尼都成功地实现了利用无线电传送信号，这标志着无线电通信进入实用阶段。从 20 世纪 80 年代以后，移动通信进入了蓬勃发展期。短短三四十年，移动通信已经实现了从第一代移动通信到第五代移动通信的跨越式发展。每一代移动通信的发展都有质的飞越，从 1G 模拟时代走向 2G 语音时代；从 2G 语音时代走向 3G 数据时代；4G 实现 IP 化，数据速率大幅提升；而 5G 的目标则是实现万物互联。

自 1978 年底，美国贝尔实验室研制先进移动电话系统（Advanced Mobile Phone System，AMPS），并建成了现在广泛使用的蜂窝状移动通信网后，一直到 20 世纪 80 年代中期，许多国家都开始建设基于频分复用（Frequency Division Multiple Access，FDMA）技术和模拟调制技术的第一代移动通信系统（即 1G）。AMPS 成为 1G 的主要系统，另外还有在澳大利亚、加拿大、南美以及亚太地区广泛采用的北欧移动电话（Nordic Mobile Telephony，NMT）及全选址通信系统（Total Access Communications System，TACS）制式。中国于 1987 年广东第六届全运会正式启动蜂窝移动通信系统，填补了国内移动通信产业的空白。

2G 时代是移动通信标准争夺的开始，在众多的移动通信制式中全球移动通信系统（Global System for Mobile Communications，GSM）脱颖而出并被广泛采用。20 世纪 90 年代末，GSM 在欧洲就成为通信系统的统一标准，并被正式商业化。同期的美国和日本市场被欧洲的诺基亚和爱立信逐渐占据，其中诺基亚仅仅用了 10 年时间就一举成为世界头号移动电话商。除 GSM 之外，还有时分多址（Time Division Multiple Access，TDMA）、码分多址（Code Division Multiple Access，CDMA）、个人数字蜂窝（Personal Digital Cellular，PDC）与综合数字增强网络（Integrated Digital Enhanced Network，IDEN）等制式并存。1995 年，中国采用了世界最主流的 GSM 制式，正式开通了 GSM 数字电话网。

为满足人们日益增长的移动网络需求，3G 在新的频谱上制定通信标准，以实现更高的数据传输速率。3G 不仅兼容了 2G 通信系统，还可以处理视频流、音乐、图像等多种媒体形式，在声音和数据传输上具有更快的速度。此外，3G 在全球无线漫游方面表现得更好，提供了丰富的信息服务，包括电子商务、网页浏览、电话会议等。宽带码分多址（Wideband Code Division Multiple Access，WCDMA）、码分多址 2000（Code Division Multiple Access 2000，CDMA2000）、时分同步码分多址（Time Division-Synchronous Code Division Multiple Access，TD-SCDMA）是 3G 通信系统中几个主流标准制式。实际上，2007 年 10 月 19 日，国际电信联盟（International Telecommunication Union，ITU）还批准了全球微波互联接入（Worldwide Interoperability for Microwave Access，WiMAX）作为 ITU 移动无线标准。WiMAX 是继 WCDMA、CDMA2000、TD-SCDMA 后的全球第四个 3G 标准。由于 WiMAX 标准没有得到欧洲和中国主流通信设备厂商的支持，2010 年，WiMAX 标准的最大支柱英特尔宣布解散 WiMAX 部门。中国在 2009 年 1 月 7 日颁发了 3 张 3G 牌照，分别是中国移动的 TD-SCDMA、中国联通的 WCDMA 和中国电信的 CDMA2000。

基于对更高速率的需求，移动通信演进到了 4G 时代。4G 提出了基于正交频分多址（Orthogonal Frequency Division Multiple Access，OFDMA）技术的长期演进（Long Term Evolution，LTE）技术，其主要的网络制式为频分双工（Frequency-Division Duplex，FDD）和时分双工（Time-Division Duplex，TDD），这两种模式是由第三代合作伙伴计划（Third Generation Partnership Project，3GPP）组织制定的全球通用标准。2013 年 12 月，工业和信息化部分别向中国移动、中国电信、中国联通颁发了 3 张 4G 牌照，即“LTE/第四代数字蜂窝移动通信业务（TD-LTE）”经营许可。2015 年 2 月 27 日，中国电信集团有限公司和中国联合网络通信集团有限公司获得了工业和信息化部颁发的“LTE/第四代数字蜂窝移动通信业务（FDD-LTE）”经营许可。2018 年 4 月 3 日，工业和信息化部向中国移动正式发放 FDD 4G 牌照，批准中国移动经营 LTE/第四代数字蜂窝移动通信业务。如今中国 4G 信号覆盖已非常广泛，支持 TD-LTE、FDD-LTE 的移动终端产品已经普及。

5G 作为第五代移动通信技术，其应用场景被国际电信联盟划分为移动互联网和物联网两大类。5G 不仅具有低时延，低功耗的特点，同时表现出高可靠的优点。与前几代通信技术相比，5G 已经不再是简单的无线接入技术，而是集成多种现有（4G 后向演进技术）和新型无线接入技术后的解决方案总称。早在 2013 年 2 月，工业和信息化部、国家发展改革委和科技部就联合成立 IMT-2020（5G）推进组，对我国 5G 愿景与需求、5G 频谱问题、5G 关键技术和 5G 标准化等问题展开研究和布局。5G 推进组的组织架构基于高级国际移动通信（International Mobile Telecommunications-Advanced，IMT-Advanced）（4G）推进组，下设多个工作组，包括需求工作组、频谱工作组、无线技术工作组、网络技术工作组、若干标准工作组以及知识产权工作组。

在IMT-2020（5G）推进组的组织下，我国从2015年就开展了5G技术研发试验，陆续完成了关键技术验证、技术方案验证和系统验证。2019年6月6日，中国电信、中国移动、中国联通和中国广电获得了工业和信息化部正式发放的5G商用牌照，标志着中国5G商用元年的开始。

伴随移动通信技术的发展，终端测试也与时俱进，测试内容也在不断调整中。20世纪90年代，欧洲最早开始了全面型号认证（Full Type Approval，FTA）。对于手机生产商来说，其生产的手机能否进入市场，取决于是否获得在全球范围内唯一的国际移动设备标识，即IMEI（International Mobile Equipment Identifier），而没有此标识的手机将无法使用GSM网络。

IMEI是根据FTA认证实验室的测试报告后，由GSM联盟（即GSM MOU，包括GSM的运营商和GSM手机的生产商）组织授权的中立发证机构（Notify Body）来发放。通过FTA认证测试是取得IMEI号的唯一途径。FTA认证测试共包含了300多项测试项目，其内容可分为软件测试、硬件测试和电磁兼容测试，其目的是检验手机是否符合GSM标准的要求。

我国GSM手机进网检测执行的是1996年颁布的《900MHz TDMA数字蜂窝移动通信网移动台设备技术指标及测试方法》（YD/T 884—1996）。该标准基于ETSI GSM11.10的第12～14章，主要规定了GSM900移动台无线收发信机的射频、音频指标的定义、要求及测试方法。1999年，随着GSM的YDT行业标准颁布，测试内容增加了可靠性、音频、功能、性能等。随后电磁兼容（Electromagnetic Compatibility，EMC）、电磁波比吸收率（Specific Absorption Rate，SAR）和空中下载（Over the Air，OTA）等不同测试内容也加入了终端测试项。

2009～2011年，伴随着中国3G网络的商用，政府将监管重点放在互联互通和网络信息安全等方面。终端主要测试内容包括基本业务功能测试、射频一致性测试、无线资源管理（Radio Resource Management，RRM）一致性测试、协议一致性测试、机卡接口一致性测试、音频一致性测试、外场业务性能测试、高层业务测试、环境及可靠性测试、寿命试验、充电器安全性测试、耗电性能测试以及双模互扰测试等。2013年12月以后，随着LTE终端的商用，终端的进网要求分成了两大类：一是网络信息安全，包括信息安全与功能（信息安全）、信息安全协议、卡与终端互通性能、移动智能终端安全能力和无线局域网；二是互联互通和性能要求，包括信息安全与功能、射频接收性能、数据接收性能、互联互通协议、卡与终端互通性能、无线局域网和数据接收性能等内容。在这期间，运营商、终端厂家和相关测试实验室等对终端操作系统、应用软件兼容性等新领域也开展了很多有益的尝试。

2019年10月31日，在中国国际信息通信展览会举办了5G商用启动仪式，这标志着我国5G商用进入新征程。5G终端将会呈现多元化特点。增强移动宽带（Enhanced Mobile Broadband，eMBB）场景下的终端主要还是以手机为主，泛智能终端主要应用于海量机器类通信（Massive Machine Type Communication，mMTC）和超高可靠低时延通信（Ultra Reliable Low Latency Communication，uRLLC）。从技术角度来看，由于毫米波的引入，OTA将成为一个重点和难点。从应用角度来看，安全测试仍然是基础保障，至关重要；人工智能（Artificial Intelligence，AI）和增强现实（Augmented Reality，AR）/虚拟现实（Virtual Reality，VR）等新技术的崛起，也给终端测试带来新的内容和方向。

1.2　终端测试技术概述

为了提升终端质量和用户体验，从2G时代终端测试技术就不断演进，发展到现在已形成相对完善的终端测试体系，涵盖了一致性测试、通信性能测试、软件与信息安全测试和用户体验测评等。

1.2.1　一致性测试

移动终端在商用之前需对其进行一致性测试，一致性测试也是芯片商、运营商、手机厂家等非常关注的内容。各种移动通信协议和标准都明确定义了在各种状态下手机和网络的行为、反应和指标，一致性测试检查手机的行为是否和标准规定相一致。

1. 射频和无线资源管理一致性测试

1）射频一致性测试

一般就终端射频功能的要求来讲，其包含了发射机和接收机。就发射机而言，不仅要求其产生精确且符合标准的有用信号，还要求干扰电平和无用发射控制在一定范围之内；对接收机来说，要求其在一定环境条件下，可以精准无误地接收有用信号并将信号准确地解调出来，同时可以抵御一定的干扰信号。射频一致性测试主要包括：

（1）在工作模式和空闲模式下的传导杂散；

（2）在正常条件和多径干扰条件下的频率相位误差；

（3）发射机最大输出功率；

（4）发射机输出频谱；

（5）阻塞和寄生响应；

（6）性能测试——通道功率（Channel Power，CP）、误差矢量幅度（Error Vector Magnitude，EVM）、邻道泄漏比（Adjacent Channel Leakage Ratio，ACLR）、占用带宽（Occupied Bandwidth OBW）和频谱辐射掩模（Spectrum Emission Mask，SEM）、邻道选择性（Adjacent Channel Selectivity，ACS）等。

2）无线资源管理一致性测试

移动通信系统的空中接口资源通过无线资源管理来调度和规划，以实现最优的资源利用率，从而达到满足对系统所定义的无线资源的相关需求。进行一致性测试的无线资源管理包括处于连接状态下以及空闲状态下的传输时间、移动性管理、无线资源控制（Radio Resource Control，RRC）、性能测量和过程测试。

2. 协议一致性测试

协议一致性测试是对空中接口协议信令交互的一致性进行测试，协议一致性用例按照协议分层，以 3G 为例包括下面几部分内容：空闲模式操作、测控（Measurement and Control，MAC）、无线链路控制（Radio Link Control，RLC）层、分组数据汇聚协议（Packet Data Convergence Protocol，PDCP）、RRC、演进分组系统（Evolution Packet system，EPS）移动性过程、会话管理、无线承载测试、组合过程和通用测试等。4G 和 5G 也是类似的分层测试。

3. 机卡接口一致性测试

一般终端均采用了机卡分离的技术特点，所以为了保证终端和网络的正常通信及业务实现，需要对终端和卡之间的接口进行全面的测试验证，包括物理电气逻辑特性、全球用户身份模块（Universal Subscriber Identity Module，USIM）应用特性及 USIM 应用工具箱（USIM Application Toolkit，USAT）特性。

4. 音频一致性

手机的语音收发质量的好坏对于移动终端的用户体验至关重要，是权衡手机质量的最直观的因素，也是用户对终端整机性能是否满意的一个重要指标。因此，音频一致性测试是终端一致性测试中非常重要的一项测试。测试内容包括发送灵敏度/频率响应、发送失真、回声损耗、发送响度评定值（Sending Loudness Rating，SLR）、接收失真、侧音失真、接收灵敏度/频率响应、侧音线性评定值、带外信号、接收响度评定值（Receiving Loudness Rating，RLR）、侧音掩蔽评定值（Side Tone Masking Rating，STMR）、空闲信道噪声和环境噪声抑制等。其中发送灵敏度/频率响应、接收灵敏度/频率响应是最重要的内容，其指标与受话器的质量、声学腔的设计、手机的物理结构、手机的摆放位置、不同的测试模式和手机的基带电路等有关。

1.2.2　通信性能测试

一致性测试关注终端是否符合标准和互联互通，而通信性能测试关注终端在通信方面实际性能表现，在实际网络中信号好不好、是否容易掉线等都需要性能测试来衡量。

1. 互联互通与网络兼容性测试

终端好用与否必须通过实际网络的检验，通过搭建模拟网验证终端与网络中不同系统厂家设备的互联以及与网络上其他终端的互通，以及在实际网络中对终端进行语音与数据方面的验证，并对业务呼叫成功率和业务保持时间等进行综合兼容性验证。

2. 电磁辐射测试

电磁辐射测试专门评估终端产品在使用时对人体的伤害。对于工作在 100kHz～6GHz 频段的无线通信设备，国际非电离辐射防护委员会（International Commission on Non-ionizing Radiation Protection，ICNIRP）导则使用 SAR 作为计量指标。SAR 的意义为单位质量的人体组织所耗散或吸收的电磁功率，单位为 W/kg。随着频率的升高，趋肤深度缩减，能量只被人体体表吸收。对于毫米波来说，热效应是我们最需要考虑的安全因素，它是由浅表组织吸收能量时产生的。因此，对于工作在 6～300GHz 的无线通信设备，ICNIRP 使用功率密度（Power Density）作为计量指标，单位是 W/m^2。

3. 天线测试

终端的射频一致性测试是通过天线性能测试来衡量整体辐射发射和接收性能，即 OTA 方式从空间进行全方位衡量。

移动终端制造商需要采取各种方法来提升手机辐射的发射和接收指标，以确保满足语音通话质量好、手机信号强和接通率高等要求。

目前针对手机辐射性能的考察主要分为两种方式。一种是从天线的辐射性能进行判定，是目前较为传统的天线测试方法，称为无源测试。无源测试虽然考虑了整机环境（如天线周围器件、开盖和闭盖）这一因素，但整机与天线配合之后的接收灵敏度和辐射发射功率如何，仍无法从该数据直接得知。因此，另一种是在特定微波暗室内，测试手机的辐射功率和接收灵敏度，称为有源测试，以手机天线的增益、效率、方向图等辐射参数为侧重点来考察手机的辐射性能。与无源测试相比，有源测试在考察手机辐射性能时更侧重于手机整机的接收灵敏度和发射功率。接收灵敏度与发射功率的测试需在特定的微波暗室中并在三维空间的各个方向对其进行测试，这样更能直观地表现手机的整机辐射性能。

4. 电磁兼容测试

电磁兼容是对电子产品在电磁场方面干扰（Electro Magnetic Interference，EMI）大小和抗干扰能力（Electro Magnetic Susceptibility，EMS）进行综合评定，是衡量产品质量最重要的一种方法，目的是检测电子产品所产生的电磁辐射对人体、公共电网以及其他正常工作之电子产品的影响。其主要内容由电磁敏感度和电磁干扰两部分组成。其中，电磁干扰测试通过测量被测设备在正常工作状态下产生并向外发射的电磁波信号的强弱来反映对周围电子设备的干扰程度，测试项目包括谐波、辐射、传导干扰、发射和闪烁等内容。电磁敏感度测试是测量被测设备对电磁骚扰的抗干扰的能力强弱，测试项目包括浪涌和雷击、静电、瞬态脉冲干扰、辐射抗干扰、传导抗干扰、工频磁场抗扰度和电压跌落等。

1.2.3 软件与信息安全测试

随着智能终端的普及和移动互联网的蓬勃发展，信息安全变得越来越重要，同时多种操作系统和海量应用软件对系统和运行环境的可用性和稳定性都提出了更高要求，兼容性测试也成为终端测试不可或缺的一部分。

1. 信息安全测试

信息安全测试主要涵盖了操作系统和应用软件的信息安全两方面内容。对于操作系统的信息安全，主要针对通信功能、本地敏感功能、应用层安全、操作系统更新、外围接口安全等进行考量。而应用软件的内容包括检测被测应用是否对常见敏感行为实现有效的安全防护，对收集用户数据、修改用户数据、调用终端通信功能造成不良后果（如流量耗费、费用损失、信息泄露等）等行为进行安全评估，通过特征码扫描系统、静态源码分析系统、动态行为监控等方式测试应用软件。

2. 兼容性测试

兼容性测试主要是对应用软件（Application，APP）在各类机型上的兼容、适配等情况进行测试。例如，与本地及主流 APP 是否兼容、不同网络连接下（WiFi、EDGE、3G 和 4G 等）APP 的数据是否正确、不同操作系统版本兼容性、不同手机屏幕分辨率的兼容性、不同硬件平台上的兼容性等。测试时一般分为手工测试和自动化测试。手工测试需指定测试策略和方向并由人工测试；自动化测试会覆盖 APP 所有界面基本功能，并编写对应的自动化测试用例，需搭建一套全流程自动化测试环境后执行自动化用例，完成兼容性验证。

1.2.4 用户体验测评

随着终端产品与用户的关系越来越密不可分，人们对于产品的期望和使用要求也发生了显著性变化，传统的以技术为中心、仅注重功能和性能的产品开发方式已不能满足现代生活的需要，愉悦体验、审美体验、易用性以及情感表达等因素常常成为产品脱颖而出的关键亮点。在此背景下，用户体验的研究和测试开始兴起，例如，处理器性能基准测试、终端 AR/VR 能力和用户体验测评、移动终端影像质量测试、终端硬件（镜头、显示屏等）测评。

第 2 章　5G 终端测试挑战

2.1　5G 关键技术

为了应对未来爆炸性的移动数据流量增长、海量的设备连接、不断涌现的各类新业务和应用场景，5G 系统应运而生[1]。

在瑞士日内瓦召开的 2015 无线电通信全会上，国际电信联盟正式确定了 5G 的法定名称是 IMT-2020。

IMT-2020 与 IMT-A 关键能力对比如图 2.1 所示。

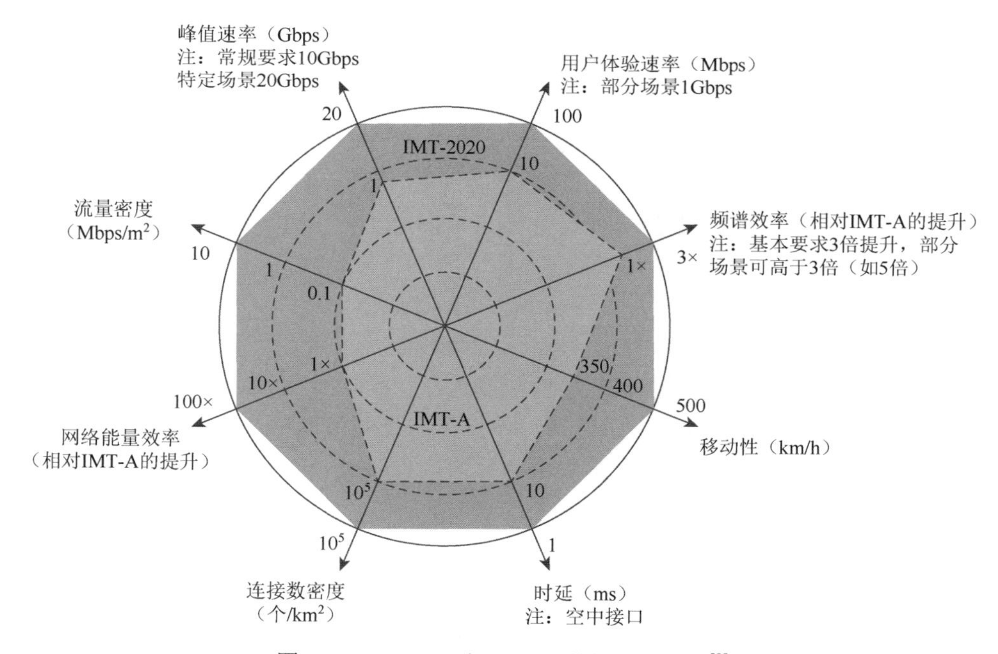

图 2.1　IMT-2020 与 IMT-A 关键能力对比[2]

Gbps：Gbit/s；Mbps：Mbit/s；×表示倍数

5G 主要包括三大类应用场景，即 eMBB、mMTC 和 uRLLC。

5G 技术创新主要来源于无线技术和网络技术两方面。在无线技术领域，大规模天线阵列、超密集组网、新型多址和全频谱接入等技术已成为业界关注的焦点；

在网络技术领域，基于软件定义网络（Software Defined Network，SDN）和网络功能虚拟化（Network Functions Virtualization，NFV）的新型网络架构已取得广泛共识。此外，基于滤波的正交频分复用（Filtered Orthogonal Frequency Division Multiplexing，F-OFDM）、滤波器组多载波（Filter Bank Multi-Carrier，FBMC）、全双工、灵活双工、终端直通（Device-to-Device，D2D）、多元低密度奇偶检验（Q-ary Low-Density Parity-Check，Q-ary LDPC）码、网络编码、极化码等也被认为是 5G 重要的潜在无线关键技术[2]。

对于 5G 终端而言，其涉及的主要关键技术可以分为新空口（New Radio，NR）、多模多频、毫米波、多输入多输出（Multiple-Input Multiple-Output，MIMO）天线以及丰富的业务应用等。

2.1.1　新空口 NR

5G 终端需要支持 3GPP 定义的独立组网（Stand Alone，SA）和非独立组网（Non-Stand Alone，NSA）两种组网模式。不同的运营商 5G 网络的部署可能采取不同的策略，一种是先基于非独立组网方式快速部署，而后过渡到基于独立组网的部署方式的渐进式部署方案，另一种是直接基于独立组网方式部署的一步到位部署方案。不同的组网方式和部署方案对 5G 终端实现提出了需求，因此 5G 终端的设计需要考虑能否同时支持独立组网和非独立组网这两种不同的组网模式。

5G 终端需要支持 NR 要求的更大带宽。R15 版本的终端，在 Sub-6GHz 频段，信道带宽最大需要支持 100MHz，在毫米波频段，信道带宽需要支持 400MHz。

5G 终端需要支持全新的 NR 物理层技术，包括上行支持 DFT-s-OFDM 波形和 CP-OFDM 波形；灵活的空口设置，如灵活的子载波间隔和灵活的帧结构；全新的信道编码，NR 采用 LDPC 编码数字信道、Polar 编码控制信道和广播信道的全新信道编码方式。

2.1.2　多模多频

5G 将与 2G、3G、4G 多种网络制式长期共存，因此 5G 终端在短期内，将是多模多频终端。为了解决业务连续性和国际漫游需求，5G 终端需要支持现有的移动通信模式，模式将会达到 7 模或 8 模。5G 终端也需要支持众多的频段，包括低频 Sub-6GHz 和 6GHz 以上的毫米波频段。多模多频需求，对 5G 终端的基带芯片、射频芯片、射频前端设计与实现提出了更高要求，对 5G 终端的成本控制、体积与性能都将造成影响。

2.1.3　毫米波

在 5G 终端实现的道路上也是困难重重，包括如何面对毫米波频带宽大和段频率高等诸多挑战。目前来看，5G 终端需要支持 24.25～27.5GHz、26.5～29.5GHz、27.5～28.35GHz、37～40GHz 等毫米波频段。根据各国和各地区的频谱划分，将来 5G 终端还需要支持更高的毫米波频段。

毫米波 5G 终端的天线和射频前端会高度集成，支持大规模天线阵列，5G 终端布置更多的天线将导致终端设计难度的上升，终端尺寸和终端功耗是制约终端侧大规模天线阵列发展的主要因素，所以会显著增加终端设备的研发难度，而目前大规模天线阵列的布置只能在固定终端上实现。如何解耦天线单元、如何校准天线阵列以及有效控制功耗问题等都是移动终端大规模天线阵列所要面临的挑战。另外，材料、制造工艺、成本、产能均能影响到毫米波射频前端器件。

2.1.4　多输入多输出天线

5G 毫米波应用可能得益于主动式多输入多输出及波束赋形（Beamforming）这两种技术，与此同时也推动了射频技术革命。更加精确的信号同步和更多路信号的处理都需要在 5G 中的射频前端完成，对终端射频的集成度、小型化提出了更高的要求。

2.1.5　丰富的业务应用

5G 终端除了支持基本的语音、数据业务，还需支持更多的业务应用，如 AR/VR、AI 以及和垂直行业相关的万物互联的业务场景。

2.2　5G 终端业务及应用

5G 终端有多种类型，包括客户前置设备（Customer Premise Equipment，CPE）、手机、AR/VR、笔记本电脑、平板电脑、无人机、智能监控设备（交通）车载终端、机器人、医疗设备、工业制造及检测设备等。本章聚焦 5G 手机云测试技术的发展方向。相较于 4G，在传输速率方面，5G 峰值速率为 10～20Gbit/s，提升了 10～20 倍；用户体验速率将达到 0.1～1Gbit/s，提升了 10～100 倍。因此，5G 技术背景下，用户将从速度上直接感受到 5G 技术与 4G 技术的不同，而这种提速也将使用户在工作、娱乐、社交等多方面更具效率、便捷性。

2018 年 6 月 14 日，第一版本（R15）的 5G 核心网标准已在 SA 全会上批准冻结。5G 业务需求规范和系统架构规范完成（含独立组网和非独立组网），系统安全规范、接口协议规范和网管计费规范主体部分基本完成。5G 终端的标准正在加速推进，测试标准已完成 20%以上。从全球来看，目前已有 68 个国家/地区的 154 家运营商完成/正在进行或获得许可，对 5G 支持和候选技术进行测试、试验或现场试验；39 个国家/地区推出频谱规划，其中 24 个国家/地区明确频谱拍卖/分配时间表，3.5GHz 和 28GHz 是最常使用的试验频段。我国 5G 研发从 2016 年开始，由工业和信息化部指导，IMT-2020（5G）推进组负责全面组织实施。根据计划，2016～2018 年主要进行 5G 技术研发试验，2019～2020 年进行 5G 产品研发试验。2018 年 12 月 3 日，三大运营商获得 5G 试验频率使用许可批复。自通知日至 2020 年 6 月 30 日使用批复频率，用于在全国内地开展 5G 系统试验。这标志着中国的 5G 试验进入城市规模组网阶段。随着 SA 5G 标准正式确立，城市规模组网试验完成，产业配套逐步完备，5G 已在 2020 年进入全球商用阶段。

众所周知，5G 有一宽、一大和一快三个主要特征，即 eMBB、mMTC 和 uRLLC 三大应用场景。而各类的 5G 行业终端，将依托于这三大应用场景应运而生。

2.2.1　增强移动宽带

在 5G 的三大应用场景中，根据标准制定的先后顺序，最先商用的情景将会是增强移动宽带，即 eMBB。eMBB 将主要以人为中心，侧重于关注多媒体类应用场景，针对的是对带宽有极高需求的、大流量移动宽带业务，此类应用场景需要在用户密度大的区域增强通信能力，实现无缝的用户体验。应用方向包括高清视频直播、AR 和 VR 等，以满足人们对于数字化生活的需求。

eMBB 的典型应用场景有：新闻/体育比赛直播，通过手机直播、收看，甚至同时和在线用户进行互动。在 5G 网络平台上，可以充分利用高速率、高容量等特点，再加上 AI 的图片识别，不但能提供高质量、高清晰度的画面，还可以让用户根据自己需求观赏不同角度和姿态的画面。

在应急救援领域，可以在无人机上搭载 5G 通信基站，实现对被困人员的通信设备进行主动定位，确认被困者的手机号码，并通过数据库匹配获取被困者照片、亲属联系方式等功能，同时利用 5G 网络的大带宽传输能力，通过机载全景摄像头实时拍摄并回传现场高清视频或图像，结合边缘计算能力与 AI 技术，实现快速对人员和车牌的识别及周边环境分析，便于救援人员针对性地开展搜救工作。

另一个应用场景是高速移动物体传输：在高速行驶的列车（如高铁）中，信号有时候会很差，这是因为还没有达到信号间的无缝衔接，而 eMBB 应用场景正好能有效地解决此类问题，通过提高网络传输速度，增强通信能力，最终提升用户体验度。

2.2.2　海量机器类通信

针对连接密度要求较高、需要大规模连接的物联网业务领域，应用场景特点为连接设备的数量巨大，但每个设备所需要传输的数据量较少，且时延性要求较低。例如，智慧城市、智慧环卫、智慧社区等。

智慧城市是公认的 5G 的重要应用场景之一，能够被连接的物体多种多样，包括交通设施、空气、水、电表、井盖、路灯、停车场、站牌等，需要承载超过百万的连接设备，且各连接设备需要传输的数据量较小。

智慧环卫也是低功耗（设备耗电较少）、大连接的应用场景之一，涉及垃圾桶、环卫工人佩戴的手环、手表等，通常需要使用传感器进行数据采集，且传感器种类多样，同时对传输时延和传输速率不敏感，能够符合超高的连接密度特点。

智慧社区和家中传感器、终端产品种类众多，而且很多小型传感器传输的数据量较小，如门窗传感器、烟感传感器、漏水传感器、温湿度传感器等，对时延要求不是特别敏感，5G 的海量机器类通信情景正好满足此类型应用场景。

以上三大场景（智慧城市、智慧环卫、智慧社区等）回传的数据将对城市市政智慧化运营起到关键作用，依托以上回传的数据，IoT（The Internet of Things）云平台可以对其进行数据分析和数据可视化，以对市政、社区运营进行优化。同时，通过对运营数据的长期跟踪分析，可以对不同时间段市政、社区运营的需求、危机进行预测和预警。

2.2.3　超高可靠低时延通信

uRLLC 聚焦在对延迟时间、性能可靠性等要求极高的业务，同时，此类情景也是为机器到机器（M2M）的实时通信而设计的，例如，无人驾驶、物流运输、工业自动化控制、远程医疗手术等需要低时延、高可靠连接的业务领域。

uRLLC 典型应用场景有智慧物流。智慧物流的重要承载载体是货车，为了保证驾驶员安全、货物安全、车辆安全，需要获取车辆位置、速度、行驶线路、行驶状况、油耗、司机驾驶行为、司机考勤、货物情况（根据运送货物的不同，需要提供货仓内视频或图片）等物流运输全过程数据，以便安全、高效、准时地将货物递送到指定地点，货车高速行驶过程中的数据双向传输离不开 5G 的支持，而车队（多辆具备自动驾驶功能的智能货车组成）的管理也离不开 AI 技术的加持。

另一个典型应用场景是无人机集群控制，未来在民用物流运输领域通过无人机进行货物运输和投递将成为一种趋势，在发货高峰期，一定区域内的多架无人机在避开同类障碍时，就需要相互协作。而地图绘制、地质情况勘察等应用场景，需要无人机集群对大块区域进行快速协同地理空间的高清数字信息采集，这将会依赖高速率、大流量传输的移动业务，同时无人机集群的合理调度、无人机集群内部、集群之间的协作也要依赖 AI 技术。

2.3 5G 终端产品形态

传统的 2G/3G/4G 的终端产品类型，相对比较简单，一般就是手机、数据类产品。而 5G 支持三大应用场景，即 eMBB、mMTC、uRLLC，会有不同类型的终端产品应用在上述三种场景中。对于 5G 终端产品，除了传统的终端产品，会有更多类型的新型终端产品出现。

1. 5G eMBB 终端产品形态

eMBB 是最先应用的 5G 场景，在 5G 商用初期，最先出现的也是 5G 增强移动宽带终端产品。预计产品类型如下：

（1）5G 手机；
（2）5G 模组；
（3）5G 热点（MiFi）；
（4）5G CPE；
（5）5G 适配器/dongles；
（6）USB 可插拔 5G 终端；
（7）AR/VR/MR 产品（眼镜、耳机、头盔）；
（8）自动驾驶设备（各类汽车）；
（9）公共交通和个人交通娱乐设备（IVI 系统、仪表盘、平板电脑、电子标牌）；
（10）移动媒体设备（4K/8K 高清 360°摄像机）；
（11）远程教育设备（电视机、平板电脑）；
（12）远程办公设备（平板电脑、计算棒）；
（13）远程医疗设备（医疗机器人、健康监护设备等）；
（14）工业互联网设备（工业机器人、3D 打印机、无线监控摄像机）；
（15）游戏即服务设备（游戏笔记本、游戏智能机、路由器等）。

2. 5G mMTC 终端产品形态

mMTC 终端产品主要用于物联网场景。产品类型和现在的 NB-IoT/eMTC 等类似。包括模组、各种表具、各种传感设备等。

3. 5G uRLLC 终端产品形态

uRLLC 终端产品主要用于车联网、工业互联网等场景。

参 考 文 献

[1] IMT-2020（5G）推进组. 5G 愿景与需求白皮书. 2014.
[2] IMT-2020（5G）推进组. 5G 概念白皮书. 2015.

第 3 章　5G 终端测试体系

3.1　5G 终端测试标准

3.1.1　一致性测试标准

1. 3GPP

1998 年 12 月，由多个电信标准组织伙伴签署的《第三代伙伴计划协议》标志着 3GPP 的成立。第三代移动通信系统基于发展的 GSM 核心网络和其所支持的（主要是通用移动通信系统（Universal Mobile Telecommunications System，UMTS））无线接入技术，而 3GPP 起初的工作主要是为第三代移动通信系统制定全球适用技术规范和技术报告。后来 3GPP 改进了其工作范围，对通用陆地无线接入（Universal Terrestrial Radio Access，UTRA）长期演进系统的研究和标准制定也列入其中。目前 3GPP 有 6 个组织伙伴（Organizational Partners，OP），300 多家独立成员和 13 个市场伙伴（Market Representation Partner，MRP），其中组织伙伴分别为欧洲电信标准化协会（European Telecommunications Standards Institute，ETSI）、美国通信工业协会（Telecommunication Industries Association，TIA）、日本电信技术委员会（Telecommunication Technology Commission，TTC）、日本无线工业及商贸联合会（the Association of Radio Industries and Businesses，ARIB）、韩国电信技术协会（Telecommunication Technology Association，TTA）以及中国通信标准化协会（China Communication Standardization Association，CCSA），市场伙伴有 TD-SCDMA 产业联盟（TD Industry Alliance，TDIA）、时分同步码分多址（Time Division-Synchronous Code Division Multiple Access，TD-SCDMA）论坛、码分多址（Code Division Multiple Access，CDMA）发展组织等。

ETSI、TIA、TTC、ARIB、TTA 和 CCSA 这 6 个组织伙伴组成了 3GPP 组织结构中最上层的项目协调组（Program Coordination Group，PCG），它们主要负责管理和协调技术规范组（Technical Specification Group，TSG）。3GPP 共分为 3 个 TSG，分别为无线接入网（TSG RAN）、业务与系统（TSG SA）、核心网与终端（TSG CT）。每一个 TSG 下面又分为多个工作组，例如，负责 5G 标准化的 TSG RAN 分为无线物理层（RAN WG1）、无线层 2 和层 3（RAN WG2）、无线网络架构和接口（RAN

WG3）、射频性能和协议（RAN WG4）、终端一致性测试（RAN WG5）以及 GERAN 和 UTRA 接入网（RAN WG6）等 6 个工作组。3GPP 组织架构如表 3.1 所示。

表 3.1　3GPP 组织架构

项目协调组		
TSG RAN 无线接入网	TSG SA 业务与系统	TSG CT 核心网与终端
RAN WG1 无线物理层	SA WG1 业务	CT WG1 MM/CC/SM
RAN WG2 无线层 2 和层 3	SA WG2 架构	CT WG3 外部网互通
RAN WG3 无线网络架构和接口	SA WG3 安全	CT WG4 MAP/GTP/BCH/SS
RAN WG4 射频性能和协议	SA WG4 编解码	CT WG6 智能卡业务应用
RAN WG5 终端一致性测试	SA WG5 网管	
RAN WG6 GERAN 和 UTRA 接入网	SA WG6 关键业务应用	

3GPP 系列标准中，与 5G 测试相关的标准如下。

5G NR 定义了如下两个频段：FR1 频段，称为 6GHz 以下频段（Sub-6GHz）；FR2 频段，称为毫米波（Millimeter Wave）频段。

（1）TS 38.101-1 和 TS 38.101-2 分别描述 5G 终端射频测试的发射和接收在 FR1 和 FR2 两个频段上的射频测试特性，TS 38.101-3 描述 FR1 和 FR2 互操作之间的射频测试特性，TS 38.101-4 描述性能部分的射频测试特性。

（2）TS 38.133 描述了无线资源管理的要求。

（3）TS 38.508 描述了 5G 终端测试的通用测试环境，包含小区参数配置以及基本空口消息定义等。

（4）TS 38.509 描述了用户体验（User Experience，UE）的特殊一致性测试功能，终端为满足一致性测试而支持的特殊功能定义，包括数据环回测试功能等。

（5）TS 38.521 描述了终端一致性射频测试中对于终端收发信号能力等的测试。

（6）TS 38.522 描述了终端一致性射频测试中终端为支持测试而需满足的特性条件。

（7）TS 38.533 主要描述了终端一致性射频测试中对无线资源管理能力的测试。

（8）TS 38.523-1 描述了终端一致性信令测试的测试流程。

（9）TS 38.523-2 描述了终端一致性信令测试中终端为支持测试而满足的特性条件。

（10）TS 36.523-3 描述了终端一致性信令测试 TTCN 代码。

2. CCSA

2018 年，中国通信标准化协会全面启动 5G 标准研究。CCSA 完成 5G 标准体系研究，确立了 5G 核心网、无线网、无源天线阵列、边缘计算等标准研制项目和 5G NR 超高可靠低时延通信、核心网智能化等一系列研究项目。2018 年上半年开始分批立项，于 2019 年、2020 年分批完成。2019 年 4 月 16 日～18 日，中国通信标准化协会无线通信技术工作委员会（TC5）第 48 次全会在无锡市召开，完成了 5G 系列标准制定的部署，通过了多项标准送审稿和立项建议。

3.1.2　电磁辐射标准

工作在 3kHz～300GHz 频率区间的无线通信终端，在使用过程中产生的电磁辐射通常会归类于非电离辐射，而 5G 无线终端设备的工作频段即包含在这一频率区间中。

国际非电离辐射防护委员会发布的时变电磁辐射防护导则已被世界上大多数国家采纳作为电磁辐射安全防护标准，在发布的导则中根据不同的频率范围制定了不同的基本辐射限值，即在 100kHz～6GHz 采用的测量参数为比吸收率，在 6～300GHz 采用的测量参数为功率密度。

即将到来的 5G 无线通信终端设备将会工作在不同的频段，即从 1GHz 以下的低频带到 1～10GHz 的中频带，以及被命名为毫米波的 10GHz 以上的高频带。

当对中、低频带的无线通信终端设备，特别是低于 6GHz 频段的终端设备进行电磁辐射测试时，将依旧采用 SAR 作为计量指标。

当前国际上的测试标准主要分为两大类：IEEE 和 IEC 这两个国际组织分别发布了各自的系列标准，不过这两个国际组织的标准在测试评估方面是很类似的。

测试方案的主要国际标准如下。

（1）IEC 62209-1：2016：Measurement procedure for the assessment of specific absorption rate of human exposure to radio frequency fields from hand-held and body-mounted wireless communication devices-Part 1：Devices used next to the ear（frequency range of 300MHz to 6GHz）。

（2）IEC 62209-2：2010：Human exposure to radio frequency fields from hand-held and body-mounted wireless communication devices-Human models，instrumentation，and procedures-Part 2：Procedure to determine the specific absorption rate（SAR）for wireless communication devices used in close proximity to the human body（frequency range of 30MHz to 6GHz）。

（3）IEEE 1528：2013：IEEE Recommended practice for determining the peak spatial-average specific absorption rate（SAR）in the human head from wireless communications devices：measurement techniques。

（4）EN 62479：2010：Assessment of the compliance of low power electronic and electrical Equipment with the basic restrictions related to human exposure to electromagnetic fields（10MHz-300GHz）。

（5）EN 50663：2017：Generic standard for assessment of low power electronic and electrical equipment related to human exposure restrictions for electromagnetic fields（10MHz-300GHz）。

中国目前对于工作在6GHz以下频段的无线通信终端设备进行SAR测试评估时，使用的标准如下。

（1）《手持和身体佩戴的无线通信设备对人体的电磁照射的评估规程 第1部分：靠近耳朵使用的设备（频率范围300MHz～6GHz）》（YD/T 1644.1—2020）。

（2）《手持和身体佩戴使用的无线通信设备对人体的电磁照射 人体模型、仪器和规程 第2部分：靠近身体使用的无线通信设备的比吸收率（SAR）评估规程（频率范围30MHz～6GHz）》（YD/T 1644.2—2011）。

（3）《多发射器终端比吸收率（SAR）评估要求》（YD/T 2828—2015）。

由于目前使用的无线通信终端设备工作频率普遍小于6GHz，SAR作为电磁辐射的计量指标已满足测试的要求，目前相关电磁辐射的测试方案已是围绕着SAR进行制定的。对于即将到来的采用毫米波技术的5G设备，由于其应用频段远远超过了SAR适用的上限频率6GHz，因此需要重新制定适用的相关电磁辐射标准。目前对于频率大于6GHz的无线通信终端设备的测试标准，主要由IEC TC106以及IEEE ICES SC34联合制定。当前联合工作小组每年都会至少召开2次会议，以便制定无线通信设备与人体辐射相关的电磁辐射数值分析方法和实验测量技术的国际化标准。近年来联合工作组已发布了多个基于功率密度的电磁辐射防护标准的草稿。在2018年9月底召开的会议中，工作组讨论了本组工作的工作计划，且标准起草工作一直持续到了2020年年底，已完成正式标准的发布。工作组的时间规划如图3.1所示。

联合工作组针对5G无线通信终端设备将会发布两个标准。

（1）测试标准IEC/IEEE 63195-1 ED1 Measurement procedure for the assessment of power density of human exposure to radio frequency fields from wireless devices operating in close proximity to the head and body-Frequency range of 6 GHz to 300 GHz。

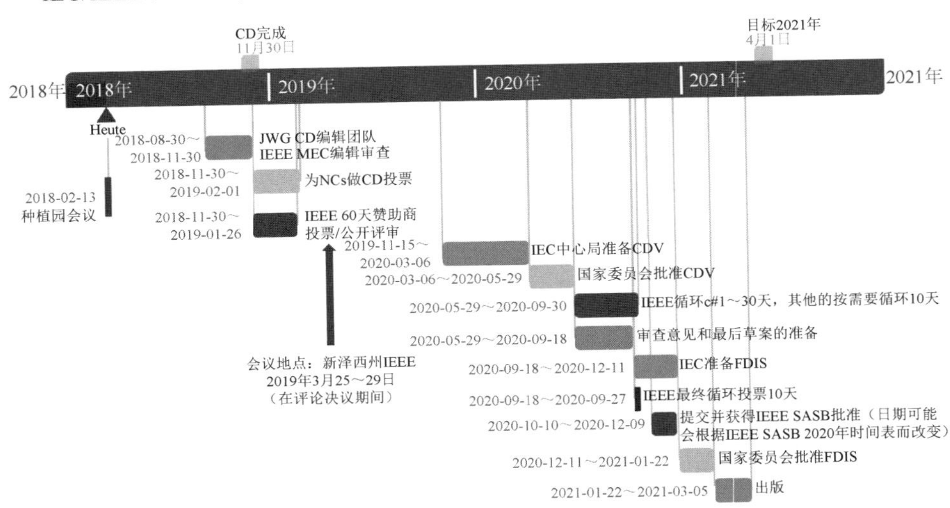

图 3.1　工作组时间规划图

（2）仿真标准 IEC/IEEE 63195-2 ED1 Determining the power density of the electromagnetic field associated with human exposure to wireless devices operating in close proximity to the head and body using computational techniques，6 GHz to 300GHz。

目前国内的通信产业厂商积极且充分地参与到 5G 标准的相关工作中，并在这些国际标准的制定过程中起到了至关重要的作用。

国内的 5G 电磁辐射标准制定方面，中国通信标准化协会电磁环境与安全防护技术工作委员会（TC9）电磁辐射与安全工作组（WG3）的职责和研究范围是通信环境对人身安全与健康的影响以及电磁信息安全。目前该工作组已开展多项 5G 电磁辐射项目的研究，例如，“5G 相关毫米波电磁辐射评估要求研究”等，并紧密追踪IEC和IEEE等国际组织相关5G电磁辐射项目的课题进展（如IEC TC106发布的最新研究报告）。

此外该工作组在未来将及时对国际标准进行转化，并根据国内的实际情况发布国内相关的 5G 电磁辐射测试标准。该工作组同时承担了《移动电话电磁辐射局部暴露限值》（GB 21288—2007）的修订工作，将在修订的版本中添加 5G 毫米波相关功率密度的内容。

3.1.3　电磁兼容标准

1. 国际 EMC 标准

无线通信产品的 EMC 标准中主要关注的是设备的通信状态，所以无线通信产品的 EMC 标准要建立在相应的通信标准之上，通信标准中的重要参数同时也是 EMC 测试时的被测设备工作状态或是测试合格与否的重要指标，如工作频率、带宽、调制方式、发射功率和吞吐量等。目前 3GPP 在紧锣密鼓地制定着 5G 用户设备无线电发射和接收标准——3GPP TS 38.101 NR；User Equipment（UE）Radio Transmission and Reception。

TS 38.101 标准目前还在制定过程中，当前版本有 Release 15（Rel-15）和 Release 16（Rel-16）。在 TS 38.101 标准制定过程中，参与 3GPP 的标准化组织在组网模式产生分歧，所以就有了非独立组网（NSA）和独立组网（SA）两种组网方式。3GPP 在 5G 标准制定伊始就对通信速率有着较高的要求，这也就使得 5G 通信的带宽要求更宽，现有的特高频已经无法满足 5G 通信的要求，所以就将 5G 的通信频段划分为两个部分，即 FR1（450～6000MHz）和 FR2（24250～52600MHz）。以上两种情况，使得 TS 38.101 在制定时，分成了四个部分：

（1）TS 38.101-1 NR；User Equipment（UE）Radio Transmission and Reception；Part 1：Range 1 Standalone；

（2）TS 38.101-2 NR；User Equipment（UE）Radio Transmission and Reception；Part 2：Range 2 Standalone；

（3）TS 38.101-3 NR；User Equipment（UE）Radio Transmission and Reception；Part 3：Range 1 and Range 2 Interworking Operation with Other Radios；

（4）TS 38.101-4 NR；User Equipment（UE）Radio Transmission and Reception；Part 4：Performance Requirements。

以上 4 个标准分为 Release 15 和 Release 16 两个版本，最新的版本更新日期是 2020 年 10 月 6 日。

3GPP 的 5G 用户设备 EMC 标准——3GPP TS 38.124 NR；Electromagnetic Compatibility（EMC）Requirements for Mobile Terminals and Ancillary Equipment 在 2020 年 10 月 2 日完成编写。

2. 国内 EMC 标准

在 2G 和 3G 时代，国内的通信类标准都是跟随着国际通信类标准的脚步进步和学习；到了 4G 时代，我国通信类标准已基本可以和国际通信类标准保持同步；而 5G 时代，中国在通信类标准编写工作中则是主要力量之一。电磁兼容标准也是如此，在 2G、3G、4G 时代，我国的电磁兼容标准在不断地学习、不断地突破，直至 5G 时代，我国的 5G 电磁兼容标准已经和国际同步。

国内的 EMC 标准是《蜂窝式移动通信设备电磁兼容性能要求和测量方法 第 18 部分：5G 用户设备和辅助设备》（YD/T 2583.18—2019）。YD/T 2583.18—2019 也是在 TS 38.101 基础上制定的。

YD/T 2583.18—2019 在 2018 年 9 月完成第一版草稿，在 CCSA 电磁环境与安全防护（以下简称 TC9）的电信设备的电磁环境（以下简称 WG1）小组中经过多次谈论和修改后，于 2019 年 7 月送审。该标准在 2019 年 12 月发布并实施。

3.1.4 OTA 测试标准

终端的空口发射和接收性能是保证 5G 商用网络稳定通信的关键指标。因此，研究手机终端射频性能测试方法和限值要求的需求是非常急迫的，需要制定相应的标准规范产品相应的性能。

在 5G 频谱规划中，无线通信的运行频段主要分为 FR1 频段（410MHz～7.125GHz）与 FR2 频段（24.25～52.6GHz）两部分。其中 FR1 频段是我国 5G 研发的核心频段，同时也是我国 5G 商用落地的首要频段，其终端测试标准的研究十分急迫。

2018 年 12 月，工业和信息化部在全国范围内向三大运营商发放了 5G 中低频段试验频率的使用许可。中国移动获得了 260MHz 带宽的 5G 试验频率资源，这 260MHz 中有 160MHz 处于 2515～2675MHz 频段，有 100MHz 处于 4800～4900MHz 频段，其中 2575～2635MHz 频段为中国移动现有 TD-LTE（4G）频段的重耕频段，其余频段为 5G 新增频段；中国电信获得了 3400～3500MHz 共 100MHz 带宽的 5G 试验频率资源；中国联通获得了 3500～3600MHz 共 100MHz 带宽的 5G 试验频率资源。此外，中国广电于 2020 年 1 月获得工业和信息化部颁发的 4.9GHz 频段 5G 试验频率许可，成为我国境内继中国移动、中国电信、中国联通后的第四家 5G 基础电信运营企业。随着 5G 中低频段的划分，运营商、终端厂商等对 5G NR 终端性能评估的需求也更加迫切，终端 OTA 测试标准的落地实施迫在眉睫。

FR2 频段为毫米波频段，工业和信息化部于 2017 年 6 月公开征集 24.75～27.5GHz、37～42.5GHz 或其他毫米波频段 5G 系统频率规划的意见。2019 年 11 月 26 日，国际电信联盟正式宣布为 5G 毫米波频段扩容，具体包括 24.25～27.5GHz、37～43.5GHz、45.5～47GHz、47.2～48.2GHz 和 66～71GHz 频段，工业和信息化部也计划尽快发布我国对毫米波频段的进一步规划。

从之前对天线性能的研究经验看，毫米波天线测试方法相比传统天线会有很大差异。传统测试方法难以覆盖新型天线产品，不能有效评估高频段无线通信阵列天线的实际性能，因此研究 FR2 频段的终端 OTA 测试方法将会对推广毫米波频段的通信技术起到十分重要的作用。

1. 3GPP

3GPP 已经制定 5G 相关核心规范以及 FR1 频段的传导指标，同时针对终端

OTA 测试方法开展了大量研究。

3GPP RAN4 目前重点关注 LTE 和 5G 相关无线射频性能的指标制定工作以及相关测试方法，如图 3.2 所示，分为 RF 射频工作组、RRM 和 Demod 工作组、5G Common Session 三个子工作组。其中 RF 射频工作组主要负责 5G 和 LTE 新频谱的分配、NR 与 LTE 载波聚合、NR UE 功率等级、UE RF 特性规范、HPUE（High Power UE）、UE EMC 性能、NR EIRP（Equivalent Isotropically Radiated Power）和 REFSENS 的性能要求制定、NB-IoT 等；RRM and Demod 工作组主要负责 LTE 和 5G UE RRM 性能要求、MTC RRM、V2X RRM、STTi RRM & Demod、窄带物联网 NB-IoT RRM 等；5G Common Session 主要负责 5G 频谱划分、NR 系统参数、信道带宽和信道栅格、NR 基站射频性能（发射、接收）等、NR 基站 EMC 性能、基站一致性测试、5G 终端测试方法、5G UE 射频特性等。其中测试方法包括基站一致性测试和终端 OTA 测试。

射频要求	基带要求	测试要求
用户终端和基站的射频规范 ▪ 工作频段和信道分配 ▪ 射频发射机要求 ▪ 射频接收机要求 用户终端和基站的电磁兼容规范 ▪ 电磁兼容发射 ▪ 电磁兼容抗干扰性	无线资源管理（RRM） ▪ 移动性 ▪ 计时 ▪ 测量 解调 ▪ PDSCH/PDCCH/SDR ▪ PUSCH/PUCCH/PRACH ▪ 其他PHY通道 CSI ▪ CSI/PMI/RI ▪ CRI ▪ 其他通道状态信息	BS一致性测试 ▪ 传导测试 ▪ 辐射测试 LTE SISO/MIMO OTA测试及要求 ▪ 测试方法 ▪ 性能要求 NR测试方法技术报告 ▪ 射频测试方法 ▪ RRM测试方法 ▪ 解调测试方法

图 3.2　3GPP RAN4 工作范围

3GPP RAN4 在 Rel-15 阶段开展了 5G NR 终端测试方法的研究（TR 38.810，Study on Test Methods for New Radio），中国信息通信研究院泰尔终端实验室作为规范的联合报告人推动项目的研究进展，讨论 NR 终端在 FR2 频段的 OTA 测试方法，包括射频（Radio Frequency，RF）测试、无线资源管理（Radio Resource Management，RRM）测试与解调（Demod）测试，该规范定义了终端毫米波 OTA 测试中直接远场法、间接远场法与近远场转换法等多种测试方法的适用范围。2018 年 6 月 14 日，在美国举行的 3GPP RAN#80 次全会上，3GPP R15 版本正式宣布冻结，随后 TR 38.810 于 2018 年 9 月正式发布 V16.0.0 版本。

Rel-16 阶段，3GPP 开展 5G 终端多天线性能要求和测试方法的标准研究（TR 38.827，Study on Radiated Metrics and Test Methodology for the Verification of Multi-antenna Reception Performance of NR User Equipment）。

该项目研究覆盖 5G FR1 与 FR2 频段，研究内容包括 5G 终端整机 MIMO OTA 性能要求和测试方法，以弥补 Rel-15 阶段 5G 标准并未考虑终端多天线系统性能、无法保证实际网络性能的缺陷。该项目也是 3GPP RAN#80 次全会通过的唯一 5G NR 非频谱类 RAN4 工作组项目。该项目由中国信息通信研究院泰尔终端实验室作为首席报告人负责整个项目的实施和制定工作。该项目已于 2020 年 7 月 3GPP RAN#88 次全会上正式结项，发布 TR38.827 V16.0.0。这也标志着完整版 5G FR1 多天线测试标准正式出台，以保证 2020 年商用 5G 终端在现实网络环境下的工作性能和真实用户体验。

随后，3GPP RAN4 启动了 5G MIMO OTA WI 项目的研究。主要研究内容分为核心部分与性能部分，在研究项目的基础上进一步制定 FR1 频段与 FR2 频段的 5G MIMO OTA 限值要求并为认证测试提供依据。中国信息通信研究院作为标准报告人主导该标准的制定工作，截止到 RAN91 次全会该项目核心部分的完成度为 50%，性能部分完成度为 10%。预期核心部分的完成时间为 2022 年 3 月，计划于 2022 年 9 月完成限值讨论与标准起草并正式发布。

2. CTIA

CTIA（Cellular Telecommunications Industry Association，美国无线通信和互联网协会）联合领先电信咨询公司 Analysys Mason 于 2018 年 4 月发布了 5G 研究报告，对世界各国的 5G 现状进行了研究。

根据 CTIA 的 5G 规划，NR FR1 频段的终端 SISO OTA 测试方法为研究的最高优先级，相关研究将作为对 LTE SISO OTA 测试方法的拓展在 OTA 工作组中展开。目前，该工作组已针对 FR1 频段 SISO OTA 的测试方法、参数配置等方面展开了大量讨论，于 2019 年 11 月发布 OTA Test Plan V3.9 版本。该版本首次纳入了 5G OTA 测试方案，聚焦于独立组网模式的 5G 终端 FR1 OTA 测试方法。此外，在 2018 年的 5G 研究进程中，CTIA 在原有工作组的基础上新成立了 5G Millimeter Wave OTA 与 OTA Near Field Phantom 工作组。NR FR2 频段的测试标准讨论将在新成立的 5G Millimeter Wave OTA 工作组中展开，该工作组已于 2020 年 3 月发布了 5G 终端毫米波 OTA 测试规范的第一版本，而适用于 5G 的头手模型研发任务则由 OTA Near Field Phantom 工作组承担。

同时，为了更好地推进 5G 标准制定和认证工作，CTIA 与 3GPP 将在 5G 测试领域合作开展研究，其中 CTIA 主要专注于暗室认证、不确定度分析、头手模型开发等领域，而 3GPP 则致力于测试方法、测试场景、信道模型与测试参数的研究等方面。

3. CCSA

CCSA TC9 电磁环境与安全防护工作组致力于 5G 终端 OTA 性能要求与测试方法的标准制定工作，如图 3.3 所示，TC9 工作组目前已立项了多个 5G 终端单天线与多天线的测试规范，为 5G 终端商用提供有力的支撑。

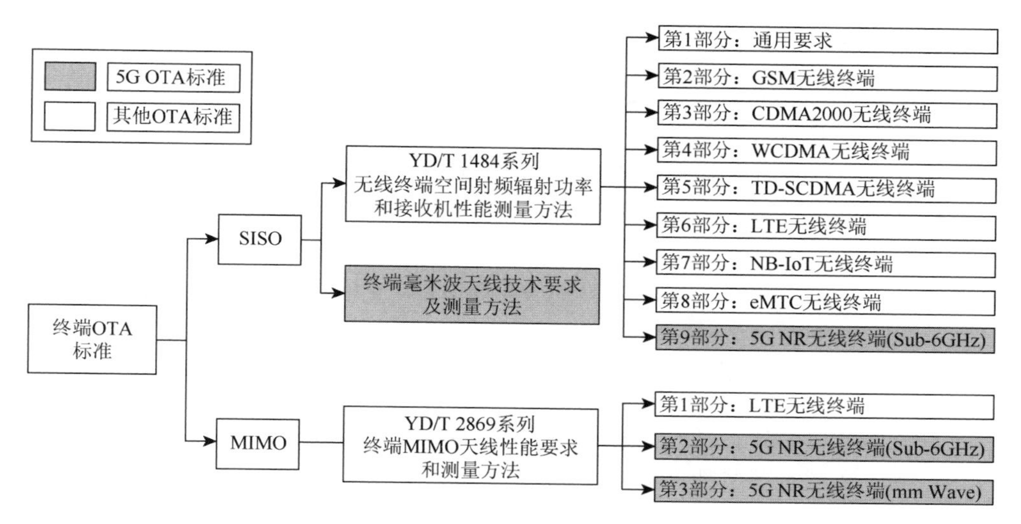

图 3.3　CCSA 终端 OTA 测试标准体系

mm Wave 为毫米波的简称

2017 年 8 月，中国信息通信研究院在呼和浩特举办的 CCSA TC9 WG1 第 40 次会议上牵头立项了行业标准项目《终端毫米波天线技术要求及测量方法》，研究 5G 终端毫米波 OTA 测试的限值和测量方法等，该标准适用于有源和无源毫米波天线。在后续研究中，会议讨论并确立了 5G 终端毫米波测试标准体系与框架，初步将第一版本的测试方案聚焦于间接远场法，并与 3GPP 相关项目展开联动研究，目前已对该标准征求意见稿展开了多轮讨论。

2018 年 6 月，在深圳举办的 CCSA TC9 WG1 第 44 次会议上，中国信息通信研究院提出了行业标准项目《无线终端空间射频辐射功率和接收机性能测量方法 第 9 部分：5G NR 无线终端（Sub-6GHz）》的立项建议，联合中国移动与中国电信牵头负责该项行业标准的起草工作。该标准将作为 1484 系列标准的新部分，规定 5G 终端 Sub-6GHz 频段下的射频辐射功率和接收机性能测试方法及限值要求，涵盖 SA 与 NSA 组网模式。目前，起草组已经完成核心测试方法、测试配置及部分频段限值要求的制定，通过标准送审稿审查，于 2020 年 12 月提交报批申请。

此外，5G 终端将广泛采用多天线结构，终端的 MIMO OTA 性能是保证 5G 商用网络稳定通信的关键指标，因此下行吞吐量性能的测试方法研究同样十分关键。2018 年 12 月，中国信息通信研究院与中国移动、OPPO 广东移动通信有限公司、中国电信联合牵头立项了行业标准《终端 MIMO 天线性能要求和测量方法 第 2 部分：5G NR 无线终端（Sub-6GHz）》，研究终端 MIMO 天线 5G NR 无线终端在 Sub-6GHz 频段的空间射频接收机性能测量方法以及性能要求。随后，中国信息通信研究院联合中国移动于 2019 年 3 月牵头立项了行业标准《终端 MIMO 天线性能要求和测量方法 第 3 部分：5G NR 无线终端（mm Wave)》，补充国内行业标准在毫米波多天线终端空间射频性能测试领域的空白。目前，工作组针对 NR MIMO OTA 信道模型、系统结构、测试方法、指标形式等展开了讨论，测试规范的整体方向将与中国信息通信研究院在 3GPP 主导的 NR MIMO OTA 标准保持同步，以促进产业界形成一致的认证规范，为 5G 终端产品研发、性能优化提供有力支撑。

3.2　5G 终端测试环境

3.2.1　基础测试仪器仪表

基础测试仪器仪表是 5G 终端测试的必备工具，也是 5G 终端预研、研发、生产、认证、测试等环节都需要的设备。

5G 终端测试用到的仪器仪表种类繁多，其中基础测试仪器仪表可以分为如下几类。

（1）信号生成类仪表，主要指 5G 矢量信号源。

（2）信号分析类仪表，主要指 5G 矢量信号分析仪。

（3）系统模拟类仪表，主要指 5G 系统模拟器及 5G 综测仪。

（4）信道模拟类仪表，主要指 5G 信道模拟器。

本节对上述 4 类基础测试仪器仪表进行介绍。

1. 5G 矢量信号源

对于 5G 信号收发测试，必备的仪表就是 5G 矢量信号源和 5G 矢量信号分析仪，连接方式如图 3.4 所示。

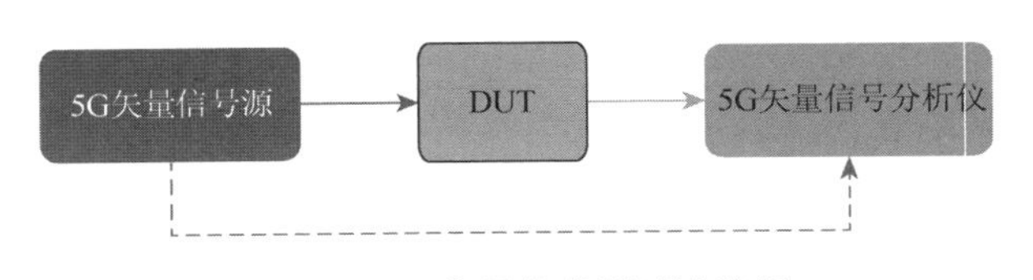

图 3.4　5G 信号收发测试连接图

5G 矢量信号源，用于生成 5G 矢量信号，产生用于终端测试所需的有用信号或者干扰信号。

在 5G 终端测试中，要求 5G 矢量信号源能够生成符合 3GPP 标准要求的信号格式，要求仪表支持高频，具有大带宽、大动态范围、良好的射频性能，发出的 5G 信号质量优异。

高端的 5G 矢量信号源，往往具有基带衰落功能，可以替代部分信道模拟器。

2. 5G矢量信号分析仪

5G矢量信号分析仪，用于解调分析5G矢量信号，并可代替频谱分析仪的功能，在实际应用中，矢量信号分析仪和频谱分析仪往往是一台表。5G矢量信号分析仪主要用于测试5G终端发射机指标。

在5G终端测试中，要求5G矢量信号分析仪能够解析符合3GPP标准要求的信号，要求仪表支持高频，具有大带宽、大动态范围、良好的射频性能。

3. 5G系统模拟器/综测仪

5G系统模拟器/综测仪是5G终端测试中具有综测功能的核心仪表。在实际产品中，5G综测仪往往和5G系统模拟器是同一个硬件平台。

5G系统模拟器/综测仪可以分为非信令模式和信令模式两种。非信令模式一般用于产线测试。在认证测试、一致性中，一般需要采用信令模式。

5G系统模拟器/综测仪用于模拟5G核心网和无线网，即用来模拟系统，与被测终端建立通信链路。5G系统模拟器/综测仪要求能够模拟符合3GPP NR要求的网络，具有完整的协议栈和协议软件，参数可灵活配置，并与不同的芯片平台具有良好的兼容性。如果其具有综测功能，要求可以完成基本业务、基本射频指标的测试。

高端的5G系统模拟器/综测仪一般具有内部基带衰落功能，可以替代部分信道模拟器的功能。

5G系统模拟器/综测仪的频率范围一般有限，通常不支持高频，如果需要测试高频，需要外部增加混频器配合使用。

5G系统模拟器/综测仪与被测终端的连接示意图如图3.5所示，其中SS NR代表

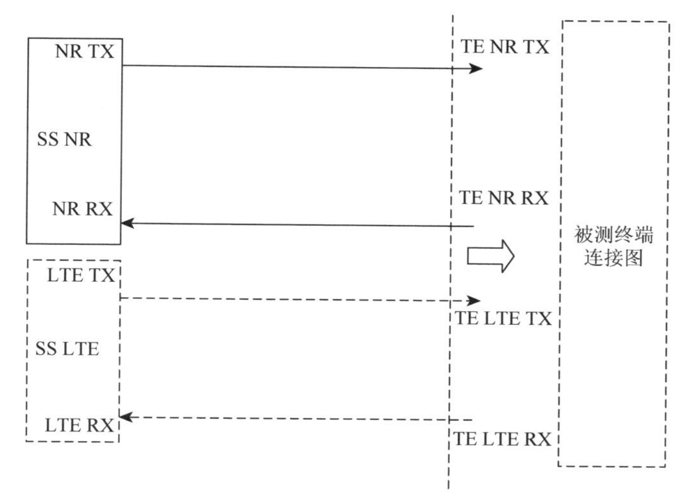

图3.5　5G系统模拟器/综测仪与被测终端连接示意图（资料来源：3GPP 38.508）

5G NR 系统模拟器，SS LTE 代表 4G LTE 系统模拟器，TX 为发射端口，RX 为接收端口，TE 为测试设备。SS NR 和 SS LTE 可以是同一台表，也可以是独立的两台表。

4. 5G 信道模拟器

5G 信道模拟器广泛用于 5G 终端的射频测试、性能测试、OTA 测试、场景化测试中，用于模拟无线信道环境，在 5G 终端测试中，用于对上行或者下行信号加载信道环境。

5G 信道模拟器的实现有两种方案：基带衰落方案、射频衰落方案。这两种实现方案各有优缺点。

在 5G 终端测试中，要求 5G 信道模拟器支持测试所需的 MIMO 配置、支持标准要求的信道模型，支持大带宽、具有良好的射频性能。

5G 信道模拟器一般频率范围有限，通常不支持高频，如果需要测试高频，需要外部增加混频器配合使用。

3.2.2　传导测试环境

5G 无线通信技术引入了新型多址技术、大规模天线、超密集组网、全频谱接入、新型调制编码等新技术，给 5G 终端接收机和发射机设计带来了极大的困难，如对高功率、高带宽、多模多频、多种组网模式（SA、NSA）、多天线、高阶调制、高速率和语音的支持等。终端还需要具有低时延、高可靠性、高安全性、广覆盖、强定位等特性。5G 时代即将来临，技术方案研究和技术路线的选择、应用场景探索、产品形态创新、终端设计难度都是 5G 芯片、模组、手机、行业终端需要突破的问题，5G 终端射频测试也面临极大的挑战。

5G 终端是移动通信的核心部分，在 5G 技术成熟和商用化进程中，其性能质量至关重要，而测试测量是通信流畅的有力保障。5G 终端射频一致性测试，根据终端所支持的频段，分为传导和空口（OTA）两种方式，其中 Sub-6GHz 频段，即 6GHz 以下以传导方式为主；而 6GHz 以上频段，包括毫米波只能采用空口方式。终端一致性测试指的是对整个终端产品的全面设计进行验证测试，即验证终端产品的设计方案能否与相应的技术标准相一致。从测试内容来看，在一致性测试中，与接入技术相关的测试主要包括射频一致性测试、无线资源管理一致性测试、协议一致性测试。终端一致性测试是衡量产品是否成熟的重要标志；一致性测试能力是否完善、测试覆盖程度达到何种状态，也是整个通信技术是否成熟以及产业链是否健全、完善的一种主要体现。终端一致性测试从 3G 时代成为代表各种移动通信制式成熟度的标志性权威测试。目前我国、欧洲和北美都将一致性测试作为市场准入的基本条件之一[1]。

5G 终端射频一致性测试主要包括发射机性能、接收机性能和解调性能。终端发射机在性能方面有以下需求：一是在分配的频谱内要产生满足标准要求的有用信号；二是将无用发射信号稳定在一个可接受的水平。终端接收机在解调有用信号时还要具有一定的可靠性和抗干扰能力。所以对终端发射信号的质量和接收解调信号的能力进行测试可以保证频谱资源得到高效合理的利用。

在 6GHz 以下的频段，射频测试以传导为主，发射机基本射频指标测试包括最大输出功率、最大输出功率回退、UE 补充最大输出功率回退、UE 配置输出功率、最小输出功率、发射关断功率、开关时间模板、功率控制、频率误差、误差矢量幅度、载波泄漏、占用带宽、邻道泄漏比、频谱发射模板、杂散发射、发射互调等；接收机基本射频指标测试预计包括接收机参考灵敏度、最大输入电平、邻道选择性、阻塞特性、杂散响应、互调特性、接收机杂散等。

3GPP 中面向 5G 终端性能指标的核心规范包括 TS38.101-1 5G UE 6GHz 以下发射和接收性能、TS38.101-2 5G UE 毫米波频段发射和接收性能、TS38.133 5G 无线资源管理性能要求和 TR38.810 5G 终端测试方法。5G 终端一致性测试规范则包括 TS38.521-1 UE 6GHz 以下发射和接收性能一致性测试、TS38.521-2 5G UE 毫米波频段发射和接收性能一致性测试、TS38.521-3 6GHz 以下/毫米波与其他无线技术的互操作、TS38.521-4 解调性能、TS38.523-1 协议一致性测试和 TS38.533 无线资源管理一致性测试。

1. 测试温度

对于 FR1 频段终端，测试温度要满足表 3.2 的要求[2]。

表 3.2　FR1 频段测试温度

15～35℃	正常条件（相对湿度 25%～75%）
–10～55℃	极限条件（见 IEC 68-2-1 和 IEC 68-2-2）

2. 测试电压

终端要在其宣称支持的电压范围内正常工作并满足测试规范的要求。终端制造商应提供终端所支持的最低电压、最高电压和关机电压。超过最低、最高电压范围，终端不应做无效频谱发射。当电压低于厂商宣称的关机电压时，终端应该关掉所有射频发射。任何情况下终端都不能超过标准规定的最大发射功率[2]。

5G 终端射频一致性测试项目主要包括发射机测试、接收机测试、解调性能这三大类。传导测试环境需要无线综合测试仪、频谱分析仪/矢量信号分析仪、矢量信号源、微波信号源、信道模拟器、功率计、射频接口箱和工控计算机等。频谱仪、信号源等仪表设备和专用有源射频器件需要每年送往中国计量科学研究院进行校准后才可以使用。

无线综合测试仪模拟了 5G 基站信号，不仅可以和待测终端之间进行通信连接，还对待测终端进行了部分基本射频指标测试。有些无线综合测试仪也集成了 AWGN 信号和基带衰落，此时还能作为 AWGN 发生器和信道模拟器用。支持协议一致性测试的无线综合测试仪还可完成系统消息广播、随机接入控制、注册、重选、寻呼、测量、切换、重建立等过程控制、信道功率控制、小区同步等各种接入技术相关的功能。

频域和时域的测试主要依靠频谱分析仪/矢量信号分析仪。此外，它们还能进行矢量信号分析和发射机调制性能测试。矢量信号源用来产生 5G 矢量干扰信号。微波信号源用来产生连续波干扰信号，同时也可作为测试系统路径校准时的基准信号。信号源要尽量选择相位噪声比较小的，以保证测试结果的准确性。信道模拟器用于在测试案例要求下对信道环境进行仿真，它不仅能模拟实际信道的多径特性，还能模拟实际信道的衰落特性，主要是对 AWGN、多径、多普勒频移等的模拟。信道仿真器能够提供预定义的包括 3GPP 测试案例中所规定的信道环境在内的典型信道模型配置。

信道仿真器用于在测试案例要求下进行信道环境的仿真，实现对 AWGN、多径、多普勒频移等的模拟。信道仿真器能够提供预定义的典型信道模型配置，其中包括大部分测试案例中所规定的信道环境。功率计用于对射频路径进行校准。工控计算机中安装控制终端测试系统软件，并与测试系统中的各个仪器相连接。测试系统软件运行时，会对测试系统中的仪器进行控制。

射频接口箱用于连接测试系统中各个仪表的射频信号，实现每个测试项目的不同测试路径的转换。射频接口箱内部包含多个部件，如射频开关、衰减器、功分器、滤波器、环形器、单向器以及射频连接电缆等，这些部件与测试仪表以及待测终端一起搭建构成 5G 终端射频的测试环境和路径，来对测试规范中的测试案例进行测试，是测试系统实现射频信号切换的重要组件。射频接口箱要求具有良好的射频性能、要具有大动态范围和宽频率范围，支持测试链路的自动切换。射频接口箱要体现低驻波比和低插损特点；宽带支持，至少支持 3GPP 38.101 规定的全部 5G FR1 频段和系统带宽配置，可编程自动射频通路切换，可灵活配置，满足测试需求。

传导测试环境，必须要在屏蔽室中搭建测试，否则外界信号会干扰测试仪表与被测终端之间的通信，测试结果就会受到影响。传导测试环境可分为自动测试环境和手动测试环境。自动测试环境由自动测试仪器和一定的测试程序集构成，能对被测设备自动进行测试、故障诊断、数据处理、存储、传输，最终以适当方式显示或输出测试结果。如今无线测试仪器设备越来越趋向于智能化和自动化。自动测试环境可以从仪表厂家购买，测试系统中的无线综合测试仪、频谱分析仪、矢量信号源、信道模拟器、功率计、射频接口箱等都已经连接好，测试系统有自动测试脚本，执行测试非常方便。

在不具备自动测试环境的情况下，可以根据测试案例需求，手动搭建测试环境。综测仪到终端之间的插损、矢量信号源到终端之间的插损，需要测试人员自己测量并在计算测试结果时考虑进去。除了要考虑差损，还要考虑选择的信号源、频谱仪性能指标，如滤波器是选择低通、高通，还是带阻。利用频谱分析仪进行测试时，衰减器和带阻滤波器的主要作用是衰减工作频带内的发射信号，降低输入频谱分析仪的信号强度，防止输入频谱分析仪中的信号强度过大，导致频谱分析仪过载，进而失真导致结果出错；还可以防止大的发射信号与频谱仪产生交调，引入额外的频谱杂散分量，影响测试结果的真实性和准确性。选择滤波器时，要考虑滤波器本身的性能，对有用信号的失真尽量小，对阻塞信号的滤除效果要好。

5G终端射频一致性测试项目主要包括发射机测试、接收机测试、解调性能这三大类。按照测试所需仪表和原理图又可以细分为如下几种情况：

（1）仅需要综测仪；

（2）需要综测仪和频谱仪（发射机杂散辐射）；

（3）需要综测仪和微波信号源（接收机杂散响应）；

（4）需要综测仪和矢量信号源（接收机邻道选择性）；

（5）需要综测仪、矢量信号源和微波信号源（接收机阻塞特性、接收机交调特性）；

（6）需要综测仪、频谱仪和微波信号源（发射机发射互调，接收机杂散响应）。

带频谱分析仪和连续波干扰信号的发射机测试连接示意图如图3.6所示[2]。图中，TE代表测试设备，根据不同的测试例要求，测试设备可能包含一个或多个仪表。最基础的测试设备是系统模拟器，其可以提供gNB（NSA情况下是eNB）到被测终端的连接。小区个数、每个小区的数据流数及其连接方式、信道传播条件都属于测试系统的一部分。其他仪表，如频谱分析仪、干扰发生器、衰减器和AWGN信号发生器，也可以被看作测试系统的一部分，DUT（Device Under Test）代表被测设备（终端）。读者可以在参考文献[2]中找到更多的发射机、接收机、RRM测试的测试连接示意图。不同的测试项目，传导测试所需要的测试仪表见表3.3。

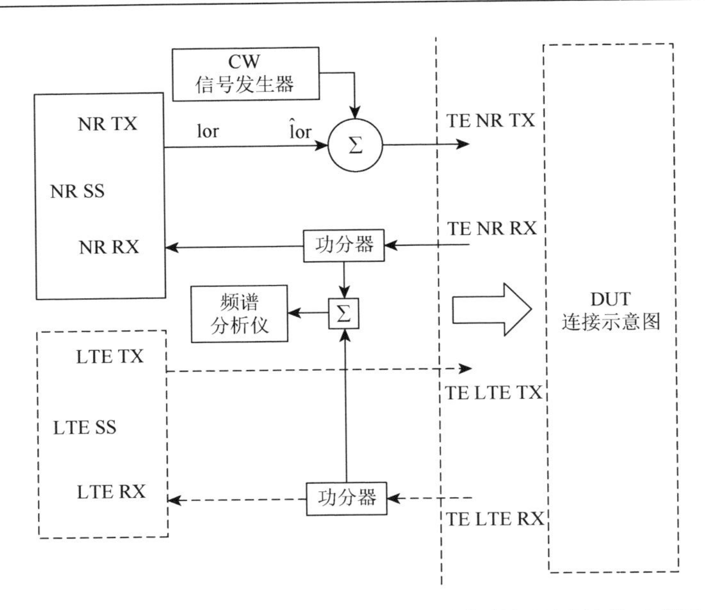

图 3.6　带频谱分析仪和连续波干扰信号的发射机测试连接示意图

表 3.3　5G 射频一致性传导测试所用仪表

指标类型	3GPP TS38.521-1 章节	测试项目	测量仪表
发射机指标	6.2.1	UE 最大输出功率	综测仪
	6.2.2	UE 最大输出功率回退	综测仪
	6.2.3	UE 补充最大输出功率回退	综测仪
	6.2.4	配置发射功率	综测仪
	6.3.1	最小输出功率	综测仪
	6.3.2	发射关断功率	综测仪
	6.3.3.2	通用开关时间模板	综测仪
	6.3.3.4	PRACH 时间模板	综测仪
	6.3.3.6	SRS 时间模板	综测仪
	6.3.4.2	绝对功率容差	综测仪
	6.3.4.3	相对功率容差	综测仪
	6.3.4.4	累积功率容差	综测仪
	6.4.1	频率误差	综测仪
	6.4.2.1	误差矢量幅度	综测仪
	6.4.2.2	载波泄漏	综测仪
	6.4.2.3	带内发射	综测仪

续表

指标类型	3GPP TS38.521-1 章节	测试项目	测量仪表
发射机指标	6.4.2.4	EVM 均衡器频域平坦度	综测仪
	6.5.1	占用带宽	综测仪
	6.5.2.2	频谱发射模板	综测仪
	6.5.2.3	补充频谱发射模板	综测仪
	6.5.2.4.1	NR ACLR	综测仪
	6.5.2.4.2	UTRA ACLR	综测仪
	6.5.3.1	通用杂散发射	综测仪、频谱仪
	6.5.3.2	共存杂散发射	综测仪、频谱仪
	6.5.3.3	补充杂散发射	综测仪、频谱仪
	6.5.4	发射互调	综测仪、频谱仪、微波信号源
接收机指标	7.3.2	接收机参考灵敏度	综测仪
	7.4	最大输入电平	综测仪
	7.5	邻道选择性	综测仪、矢量信号源
	7.6.2	带内阻塞	综测仪、矢量信号源、微波信号源
	7.6.3	带外阻塞	综测仪、矢量信号源、微波信号源
	7.6.4	窄带阻塞	综测仪、矢量信号源、微波信号源
	7.7	杂散响应	综测仪、微波信号源
	7.8	互调特性	综测仪、矢量信号源、微波信号源
	7.9	接收机杂散	综测仪、频谱仪

协议一致性测试可以验证终端是否全面符合协议标准，是保证网络协议正确实现的关键和保证不同厂家设备之间互联互通的基础。协议一致性测试主要包括空闲模式操作、层2MAC/RLC/PDCP测试、无线资源控制、移动性管理和会话管理等测试项目，可帮助企业实现终端芯片、模组和终端产品功能和性能上的提升。

无线资源管理一致性测试，可以模拟多种制式、多频点、多小区下的无线/移动通信复杂网络环境，从而为终端无线资源管理一致性测试提供能足够近似真实环境的测试场景。通过测试案例来仿真真实网络下当终端面临慢速移动、快速移动、城市衰落环境、干扰环境、短暂丢失网络覆盖等所有场景下时发生的重选、测量、切换、链路监测、重建等一切无线资源管理行为，并有效规范和执行无线资源管理一致性测试以保障测试结果的稳定和可追溯、可分析，避免在现网直接测试时遇到的结果随机、难复现、难分析等问题。

在5G技术的成熟以及商用化进程中，5G终端的性能质量举足轻重，而5G终端的一致性测试具有严谨可靠的优点，能够为5G终端技术的成熟以及产品研发提供优良的测试和验证手段，提升了5G终端的性能和质量；同时也可为政府有效监管提供关键性技术保障，促进整个5G产业发展。

3.2.3 OTA测试环境

在传统LTE测试中，业界通常采用传导的方式测量终端的RF、RRM和Demod等所有指标，通过射频馈线连接被测设备与仪表。这种情况既没有考虑天线性能的影响，也没有考虑终端的自干扰特性，测试场景与真实的用户体验差别较大。随着移动通信网络的发展，为了容纳更多用户、获得更高的带宽、实现更高的数据率，5G启用了更高的频率。随着5G将频谱向毫米波频段拓展，工作在6GHz以上频段的NR终端将具有高度集成的特性。这种高度集成的结构可能包含创新的射频前端解决方案、多元天线阵列、有源或无源馈电网络等，也就意味着该NR终端不再保留射频测试端口，因此传导测试方法在5G毫米波频段的测试中不再适用，NR终端的全部性能指标需要在OTA环境下进行测量。因此，OTA测量方案是5G毫米波的研究重点。

OTA测试能够表现被测终端的整机辐射性能，根据测量天线到被测终端的距离，OTA测试有近场测试和远场测试之分。

根据空间电磁场不同的特性，以离开天线的距离大小为限定，空间电磁场被划分成三个不同的区域：感应近场、辐射近场以及辐射远场，如图3.7所示。虽然三个不同区域的电磁场具有不同的特性，但是在场区与场区的交界处，电磁场的结构没有发生突变。

三个区域中最靠近天线的区域是感应近场区。在感应近场区域内，因为感应场分量起主要作用，它的电场和磁场具有90°的时间相位差，所以电磁场的能量具有振荡性，并且不会产生辐射。介于感应近场区和辐射远场区之间的是辐射近场区。在辐射近场区域内，与距离的一次方、平方、立方成反比的场分量都占据一定的比例，场的角分布（即天线方向图）和离开天线的距离密切相关，换句话说就是在不同的距离上计算出的天线方向图是不同的。辐射近场区之外是辐射远场区，它是天线实际使用的区域。在辐射远场区，场的幅度反比于远离天线的距离，测量到的场分量处于以天线为中心的径向横截面上，并且所有的功率流（更确切地说是能量流）都是沿径向向外的，天线方向图的主瓣、副瓣和零点已经形成，并且场的角分布（即天线方向图）和远离天线的距离没有关系。

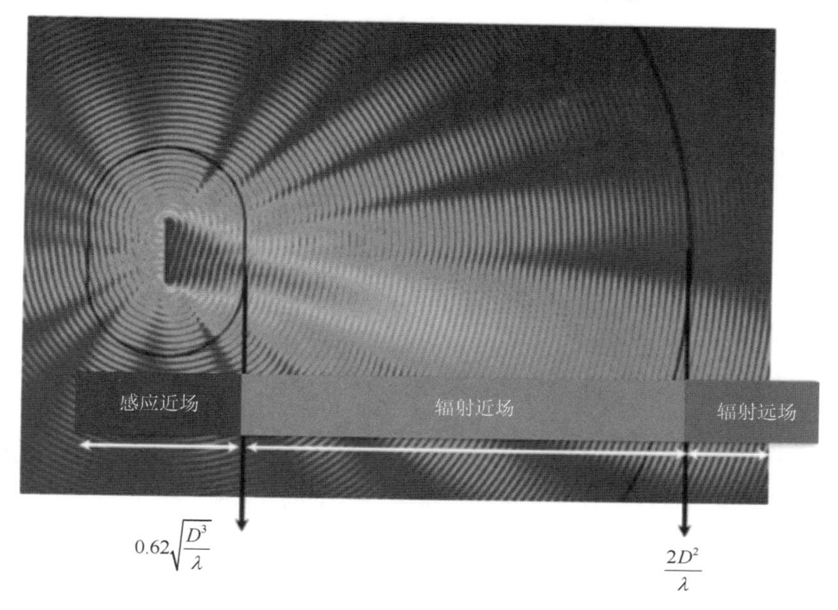

图 3.7　天线空间电磁场示意图

$0.62\sqrt{\frac{D^3}{\lambda}}$ 表示感应近场与辐射近场的分界线；$\frac{2D^2}{\lambda}$ 表示辐射近场与辐射远场的分界线，其中 D 为天线最大辐射口径，λ 为波长

由于近场天线测量中，多径效应和外界干扰等因素会使测量结果产生误差，因此 OTA 测试的理想测试环境是真实的远场测试环境，这一环境可以通过几种方法近似实现。目前，国际首个 5G 终端测试标准 3GPP TR38.810 随 R15 系列标准正式发布，其中 RF 部分定义了三种测试方案，包括直接远场（Direct Far Field，DFF）法、间接远场（Indirect Far Field，IFF）法（紧缩场法）与近远场转换（Near Field to Far Field Transform，NFTF）法。此外，在 R16 阶段 3GPP RAN4 进一步开展了研究项目 TR38.827，在 TR38.810 的基础上聚焦于 NR MIMO OTA 测试方法的研究。

1. 直接远场法

直接远场法的原理是用已知特性参数的平面波照射被测设备，这样就能获得被测天线的接收特性参数，天线具有互易性，进而可以得到天线的传播特性参数。此处天线的互易性是指天线在被用作发射天线和接收天线时的参数保持一致。

然而在实际应用中，理想的平面波并不存在。所以实际测试的时候，测试系统把一个已知特性的发射天线放置在远处向待测天线照射，球面波经过一定距离的传播后到达待测天线，当波前阵面扩展到一定程度时，可近似认为待测天线接收的是平面波的照射。

采用直接远场法的关键是需要满足夫琅禾费（Fraunhofer）远场距离。令 D 表示天线最大辐射口径，λ 为波长。考虑到远场测量条件应满足待测天线接收平面上的最大相位差不超过 22.5°，因此待测天线与测量天线的最小距离应不小于 $2D^2/\lambda$，如图 3.8 所示。

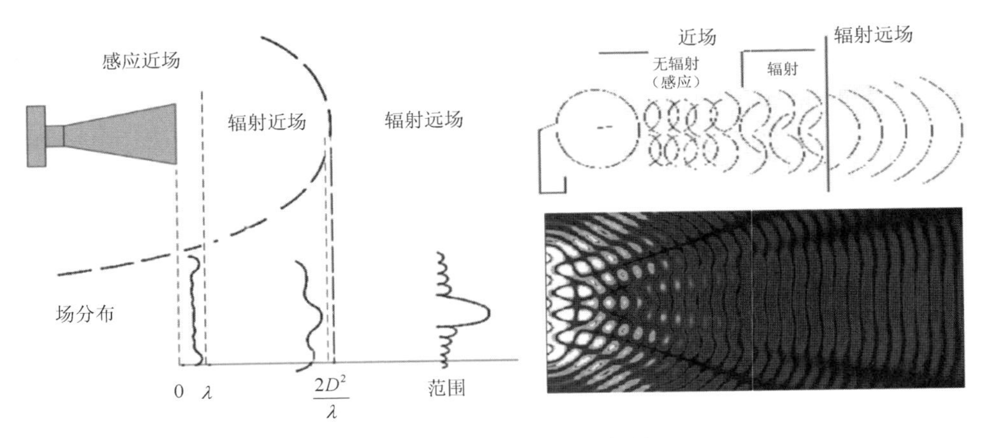

图 3.8　远场测试距离示意图

在 NR 毫米波频段（频率＞6GHz），采用直接远场法测量终端射频特性时通过通信天线进行波束扫描控制，通过测量天线实现波束测量，如图 3.9 所示。

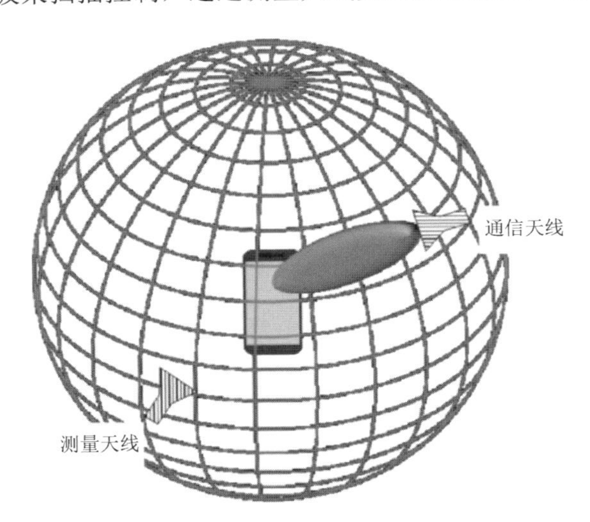

图 3.9　直接远场法测试示意图

此外，直接远场测试系统可通过合并测量天线与通信天线的方式进行简化，采用单个天线实现波束扫描与终端射频性能的测量，如图 3.10 所示。

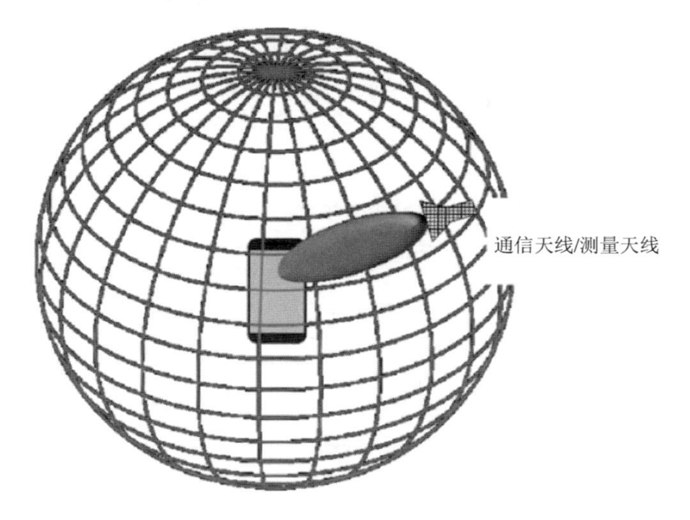

图 3.10　简化的直接远场法测试示意图

在采用直接远场法进行 5G 终端 OTA 测试时，需要考虑到天线尺寸、测试频率等因素对测试系统性能的影响，因此采用直接远场法测试时需要制造商声明被测设备天线阵列的尺寸信息，明确被测设备的辐射口径是否满足标准要求（见 3GPP TR 38.810 5.2.1.1）。直接远场测试环境适用于等效全向辐射功率（Equivalent Isotropic Radiated Power，EIRP）、总全向辐射功率（Total Isotropic Radiated Power，TIRP）、等效全向灵敏度（Equivalent Isotropic Sensitivity，EIS）、误差矢量幅度（Error Vector Magnitude，EVM）、杂散辐射和阻塞等指标的测试。国际标准 3GPP TR 38.810 基于被测设备辐射口径 $D = 5\text{cm}$ 的条件对 EIRP/TIRP/EIS 进行了测试不确定度分析，EIRP 不确定度为 6.2dB，TIRP 不确定度为 5.37dB，EIS 不确定度则高达 6.66dB。未来，倘若测试系统不确定度能得到进一步优化，直接远场暗室能够适用的被测设备辐射口径尺寸有望相应增大。

直接远场暗室的核心设置包括但不限于下列几项。

（1）全电波暗室中的远场测量系统（远场距离的定义标准如表 3.4 所示）。

（2）用于测量天线的定位系统：保证双极化测量天线与被测设备之间的角度至少具有两个轴的自由度并保持极化参考。

（3）用于连接天线的定位系统：保证连接天线与被测设备之间的角度至少具有两个轴的自由度并保持极化参考；该定位系统是测量天线定位系统的补充，并提供了可独立于测量天线控制的角度关系。

（4）对于具有 1 个 UL 配置的 NSA 模式下测量 UE RF 特性的系统，使用 LTE 连接天线为 DUT 提供 LTE 连接。

（5）LTE 连接天线提供稳定的 LTE 信号，不具备准确的链路损耗或极化控制。

（6）对于具有 FR1 与 FR2 带间 NR CA 测量的系统，测试配置为 DUT 提供 NR FR1 连接。NR FR1 连接提供稳定的无噪声信号，不具备准确的链路损耗或极化控制。

表 3.4　不同频率及天线尺寸下的传统远场暗室的近远场边界距离

D/cm	频率/GHz	近远场边界 *y*/cm	路径损耗/dB	*D*/cm	频率/GHz	近远场边界 *y*/cm	路径损耗/dB
5	28	47	54.8	5	100	167	76.9
10	28	187	66.8	10	100	667	88.9
15	28	420	73.9	15	100	1501	96
20	28	747	78.9	20	100	2668	101
25	28	1167	82.7	25	100	4169	105
30	28	1681	85.9	30	100	6004	108

2. 间接远场法

间接远场法的典型方案是紧缩场法。远场天线测量的条件是要使测量天线到被测终端的最小距离大于 $2D^2/\lambda$（临界值），这一距离将随着天线运行频率的上升而不断增大，从而显著增加测试空间与测试成本。为了解决这一问题，业内专家提出了基于紧缩场的空口测量方案。

紧缩场的基本原理是采用高精度反射面，在较短的距离内将原始信号发射的球面波转换为平面波，从而在等效远场的测试环境下显著减小测试距离、降低测试成本，利用反射的原理使测试系统变得紧缩起来，如图 3.11 所示。

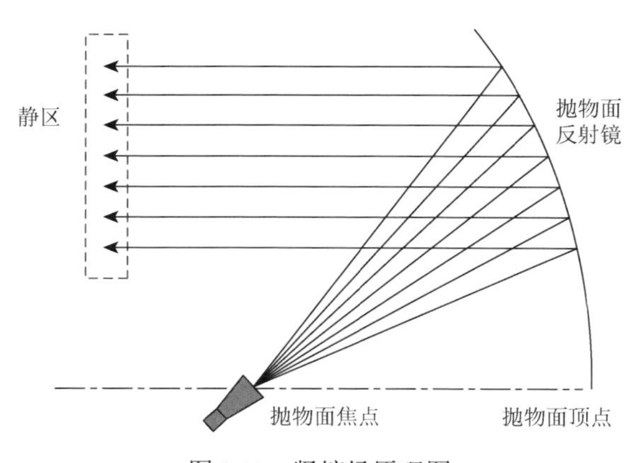

图 3.11　紧缩场原理图

在 NR 毫米波频段（频率＞6GHz），采用间接远场法测量 UE 性能的方案如图 3.12 所示。

在采用间接远场法进行 5G 终端 OTA 测试时，测试区域是直径为 d 且高度为 h 的圆柱体，测试过程中被测设备需始终处于测试区域内。该测试环境适用于 EIRP、TIRP、EIS、EVM、杂散辐射和阻塞指标，且不需要制造商提供任何被测设备的天线信息。

间接远场暗室的核心设置包括但不限于以下几项。

（1）采用紧凑型天线测试距离的间接远场暗室，静区直径至少为 d，保证被测设备在测试过程中可始终处于测试区域内。

（2）用于测量天线的定位系统，保证双极化测量天线与被测设备之间的角度至少具有两个轴的自由度并保持极化参考。

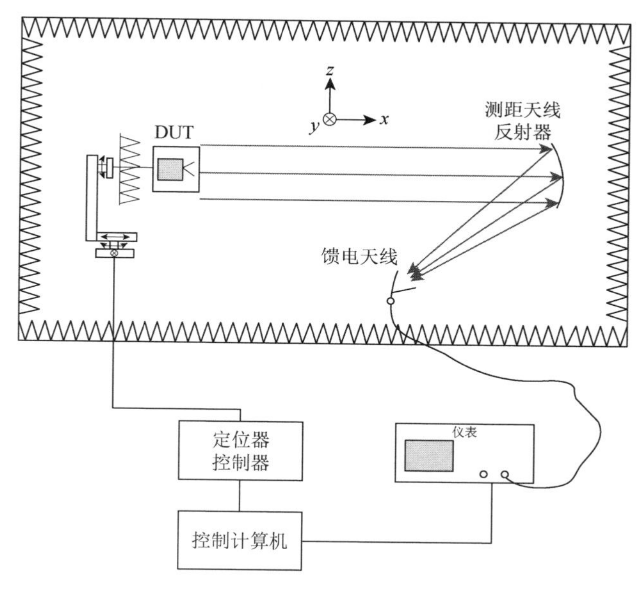

图 3.12　间接远场法（紧缩场法）测试示意图

（3）在执行 UE 波束锁定功能之前，测量天线作为连接天线保持相对于被测设备的极化参考。一旦波束锁定，该链路则转由连接天线向被测设备提供稳定的信号。

（4）对于具有 1 个 UL 配置的 NSA 模式下测量 UE RF 特性的系统，使用 LTE 连接天线为被测设备提供 LTE 连接。

（5）LTE 连接天线提供稳定的 LTE 信号，不具备准确的链路损耗或极化控制。

（6）对于具有 FR1 与 FR2 带间 NR CA 测量的系统，测试配置为被测设备提供 NR FR1 连接。NR FR1 连接提供稳定的无噪声信号，不具备准确的链路损耗或极化控制。

3. 近远场转换法

在远场与紧缩场测试环境中，高频信号的衰减很大，导致部分测量指标的测试精度显著下降。对于频率、解调相关的射频指标，近远场转换的测试方案不仅可以保持较高精度，同时可以显著节省空间与成本。

近远场转换测量的原理是利用高精度扫描架在一个面上采集待测天线近场的幅度、相位以及频谱等信息，通过傅里叶变换获得远场的幅度、相位和方向图，并最终重构被测天线辐射场部分的远场分布，得到被测终端的远场辐射特性。根据采集面的不同，近远场转换法又分为平面、柱面和球面近场天线测量技术，如图 3.13 所示。

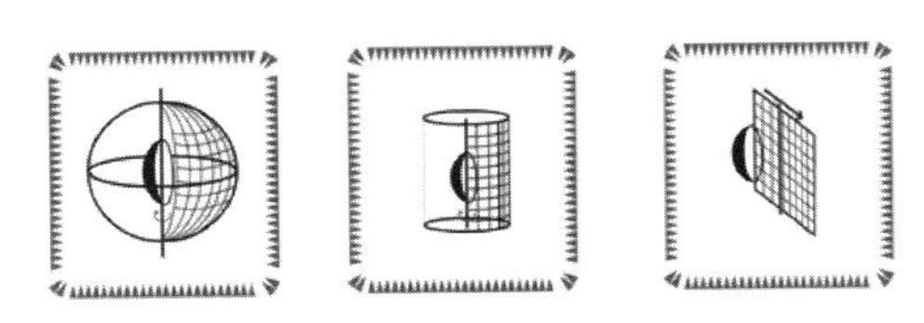

图 3.13　近远场扫描方式示意图

在 NR 毫米波频段（频率＞6GHz），采用近远场转换法测量 UE 性能的方案如图 3.14 所示。

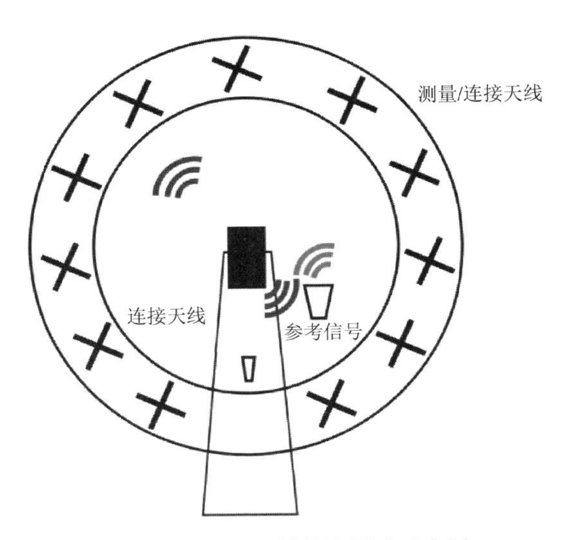

图 3.14　近远场转换法测试示意图

在采用近远场转换法进行 5G 终端 OTA 测试时，针对 EIRP/TIRP/EIS 测试的不确定度分析均基于 $d=5\text{cm}$ 的假设，制造商需要提供被测设备天线阵列的尺寸信息，即是否满足标准要求的辐射口径要求。可测试指标包括 EIRP、TIRP、杂散辐射和阻塞指标。

近远场转换暗室的核心设置包括但不限于下列几项。

（1）测量被测终端在辐射近场的波束方向图，并计算近场到远场的转换，使得最终得到的 EIRP 等指标与直接远场方案的结果一致。

（2）用于测量天线的定位系统：保证双极化测量天线与被测设备之间的角度至少具有两个轴的自由度并保持极化参考。

（3）用于连接天线的定位系统：保证连接天线与被测设备之间的角度至少具有两个轴的自由度并保持极化参考；该定位系统是测量天线定位系统的补充，并提供了可独立于测量天线控制的角度关系。

（4）对于具有 1 个 UL 配置的非独立模式下测量 UE RF 特性的系统，使用 LTE 连接天线为 DUT 提供 LTE 连接。

（5）LTE 连接天线提供稳定的 LTE 信号，不具备准确的链路损耗或极化控制。

（6）对于具有 FR1 与 FR2 带间 NR CA 测量的系统，测试配置为 DUT 提供 NR FR1 连接。NR FR1 连接提供稳定的无噪声信号，不具备准确的链路损耗或极化控制。

4. 不同测试方法的对比

针对不同的测试场景、测试案例，本小节分析了直接远场法、紧缩场法与近远场转换法等测试方案各自具有的优缺点，并概要性地总结了三种方法的适用性，如图 3.15 所示。

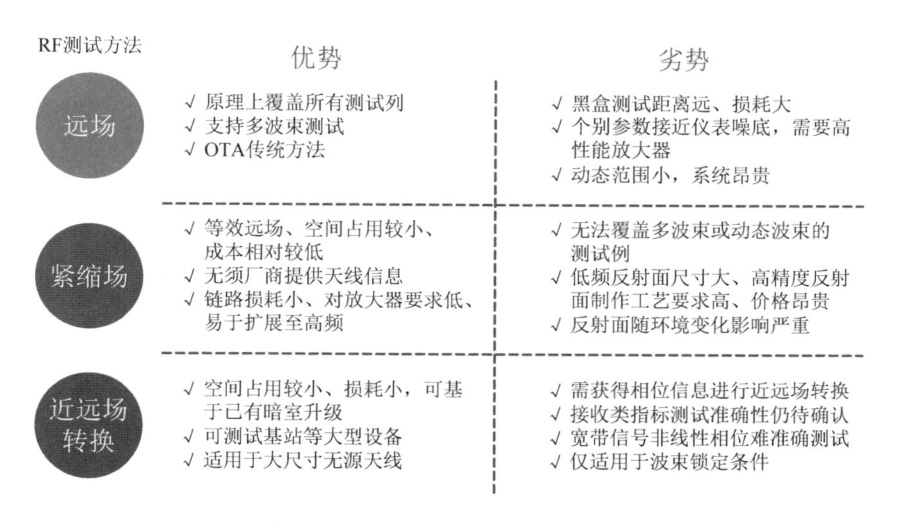

图 3.15　三种测试方案的优缺点比较

1）测试方案的优缺点

远场测试方案是 OTA 测试采用的传统方案，可支持多波束的测试，原理上可以覆盖 5G RF 的所有测试需求。然而，在 OTA 环境下，毫米波对应的远场测试距离和高路径损耗为终端 OTA 测试带来了巨大挑战，部分射频指标，如关功率、带外杂散，需要在接近暗室噪底的环境下测试，而 EVM 等测试指标则需要在高的信噪比下展开测试，这就需要 OTA 测试系统满足高的动态范围，通常要高于 40dB，而毫米波的引入无疑增大了实现高动态范围的难度。

在传统的远场暗室的 OTA 测试中，由于 2G、3G 和 4G 通信网络中传输波长较短，因此 3m 以内的测试距离基本满足所有使用频段的远场测试要求。然而，频率越高，OTA 测试的远场测试距离就越大，不同频率与天线尺寸下的近远场边界距离如表 3.4 所示。从表 3.4 不难看出，当频率为 28GHz 时，尺寸为 15cm 的被测终端远场边界距离将达到 4m 以上，而这一距离将随着频率的提高而进一步增高，从而加大了测试成本。根据 CTIA 的定义，最小边界距离由 $R>2D^2/\lambda$（Phase Uncertainty Limit）、$R>3D$（Amplitude Uncertainty Limit）与 $R>3\lambda$（Reactive Near-Field Limit）中最严格的数值决定。当频率较高时，波长随之减小，因此在毫米波频段主要是由 $R>2D^2/\lambda$ 这一项限制了最小边界距离。

通常情况下，由于终端设备具有各自的外壳，其内部采用的确切的天线尺寸是未知的。同时辐射口径也会受到设计、耦合效应等其他因素的影响，即使对于尺寸较小的 DUT 也可能会有相当大的远场边界距离。因此，优化边界距离、定义切实可行的远场测试环境具有十分重要的意义。

传统 OTA 测试方案主要采用黑盒测试（图 3.16），即终端放置在暗室中心，终端厂商并不需要提供天线的具体信息，如位置、大小等，测试流程相对简单。但是黑盒测试的缺陷也非常明显，远场边界距离需要按照终端最大截面尺寸计算，这将显著增加边界距离和测试误差。而远场边界距离过大时不仅会使测试系统的成本明显提升，而且会对接近系统噪底的射频指标测量提出挑战。

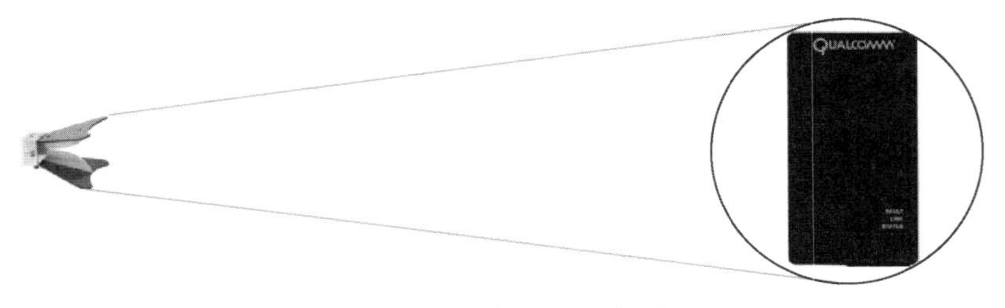

图 3.16　黑盒测试示意图

白盒测试则会使边界距离显著缩短（图 3.17），此方法需要制造商在测试前对被测设备信息进行声明，从而可以按照天线尺寸来计算所需的远场边界距离而不是按照终端整体尺寸计算，并且可以精确定位天线相位中心位置，减小静区的影响。对于同一个终端，黑盒测试和白盒测试意味着 $d = 15\text{cm}$ 或者 $d = 5\text{cm}$ 的差别，相应地，远场边界距离可以从 4.2m 缩短到 1m 以内，这将显著降低测试成本与链路损耗。因此，在 5G 终端 OTA 测试的标准化与实际应用中，业界也在积极寻求能够有效降低测试距离的方案。

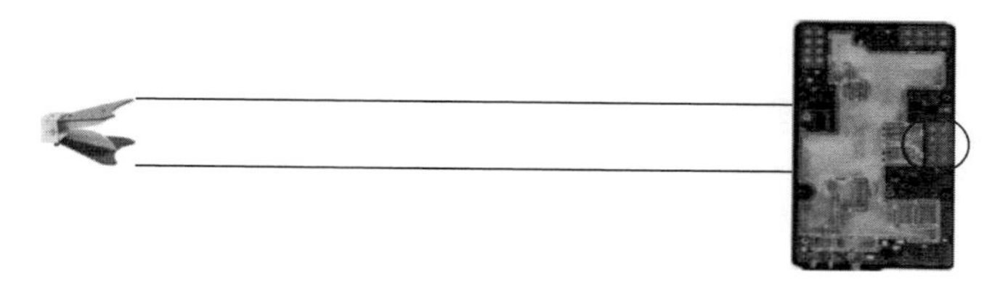

图 3.17　白盒测试示意图

此外，业界专家提出了一种基于路径损耗的测量来确定远场测试距离的实验方法。该方法基于近场与远场环境下的路径损耗指数不同，因此通过测量在一定距离下的路径损耗斜率就可以找到近场与远场的分界点。图 3.18 所示为被测设备在 LTE Band 3 频段下的实验结果，可在回归线的交点处得到最小远场测试距离。对于尺寸约为 13cm×8cm 的被测设备，按照远场距离规范其最小远场测试距离应为 28.7cm，而图 3.18 所示的实验结果显示被测设备的最小远场距离可显著缩小至 14cm 左右。然而，这一实验方法为标准讨论过程中的中间方案，对于各类被测设备和更高的测试频段是否均能适用还需要进一步进行理论研究。

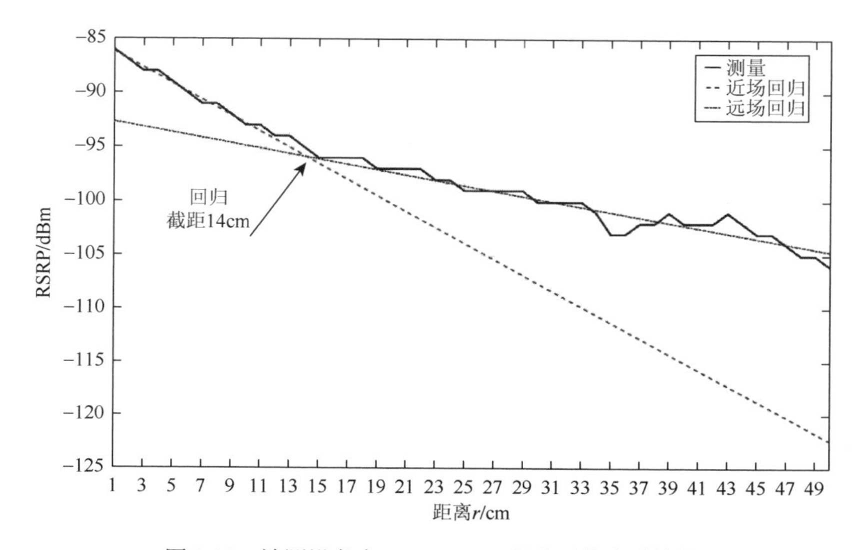

图 3.18　被测设备在 LTE Band 3 频段下的实验结果

紧缩场测试环境就是基于优化远场测试距离提出的测试方案，通过高精度反射面将馈源信号转化为平面波，从而营造出等效的远场测试环境。由于反射面可为信号提供额外的增益，因此可以降低对毫米波放大器性能的要求。同时，反射后的波束较为集中，因此可降低对暗室其他方向上吸波材料的性能要求。

然而，紧缩场对反射面的制造工艺提出了很高的要求，其精度受环境变化的影响相对显著。紧缩场暗室的静区范围约为反射面尺寸的一半，因此当被测设备尺寸较大时，反射面的制作成本将显著上升。反射面的尺寸还与其他因素有关，如测试环境需要覆盖的频率，测试的频率越低，反射面的尺寸就越大。同时，因为反射面只能模拟波束锁定场景，所以典型的紧缩场法无法覆盖 5G 毫米波的所有测试需求（如波束扫描、多小区切换等）。

近远场转换法同样具有暗室尺寸小、成本低的优点，这种方案可以在已有暗室的基础上进行升级，其核心是需要精确测量幅度和相对相位进行近远场转换。但近远场转换法在相位测试过程中，无法对有源天线的宽带信号进行准确测试，尤其面对相位为非线性分布的情况，采用参考相位的方法几乎无法实现准确的近远场转换，这也是近场测试面临的主要挑战。

同时，由于远场的一个点需要近场扫描整个球面进行换算，转换算法的精度依赖于采样间隔，扫描精度约为波长的一半（5.4mm@28GHz，3.4mm@43GHz）。因此随着频率的提升，近场的扫描时间将会急剧增加，从而加大测试时间成本。此外，近场方案无法测试端到端的吞吐量测试。

2）不同测试方案的适用范围

在 3GPP TR38.810 内[3]，将 5G 终端分为三种典型天线配置，并选择 5cm 为典型的分析尺寸开展研究（通常终端毫米波天线会远小于这个尺寸）。其中第一类天线配置为具有单个天线阵列的结构，第二类天线配置为具有两个非相干的天线阵列的天线结构，这同时也是目前讨论的典型 5G 终端天线配置。第三类天线配置为单个超大尺寸天线或多个相位相关的天线阵，这是 5G 终端天线配置中较少采用的设计方案，但是仍然是我们需要考虑的范围。

基于以上三种分类，3GPP 通过分析天线尺寸为 5cm、频率 43.5GHz、35dB 放大器、15dB 天线增益等诸多特定参数下的多种测试方法不确定度，确定了每个方法（直接远场法、紧缩场法、近远场转换法）的适用范围（表 3.5），为产业界提供一个通用的参考。但是，该适用范围并不是每种测试方法适用性的最终定义，即直接远场法并非无法测试 6cm 或者更大尺寸的毫米波天线。针对每个测试案例的具体能力，是否可以使用相应的测试方法是依据实际测试距离和最终的系统不确定度决定的。

3GPP RAN5 工作组针对每个具体的测试案例分析多种测试方法各自的不确定度，明确三种方案对于各项测试指标的适用性。

表 3.5　不同测试方法的适用范围

DUT 天线配置	直接远场法	紧缩场法	近远场转换法
1	是	是	是
2	是	是	是
3	否	是	否

参 考 文 献

[1] 果敢. 推进 TD-LTE 终端一致性测试，打造国际化产业链. 世界电信，2010，8：63-65.

[2] R5 工作组. 3GPP TS38.508-1 User Equipment（UE）conformance specification Part 1：Common test environment. 2019.

[3] R4 工作组. 3GPP TR38.810 Study on test methods. 2018.

第4章　5G终端射频测试

终端一致性测试从 3G 时代成为代表各种移动通信制式的成熟度的标志性权威测试，保障终端的性能和质量水平，在 5G 技术的成熟和商用化进程中起着关键作用。发射机测试主要考察终端能够在分配的频谱上产生一个纯净的信号，而且还能将载波间干扰控制在一个可接受的范围内。接收机测试主要考察终端能够正确地解调出有用的信号，同时能够消除邻道的干扰。3GPP 的测试规范中规定了 5G 终端需要满足的最小要求。

虽然 3GPP 决定 5G NR 继续使用 OFDM 技术，但是由于高频、高带宽、大规模天线的特性，其测试层面和 4G 有些差别，增加了测试的难度和复杂度。

因此，在标准层面，5G 终端的射频一致性测试总体技术要求体现在 TS 38.101 中，射频测试规范体现在 TS 38.521 中。TS 38.101 和 TS 38.521 标准都分为四本分册，每本分册是相互对应的。例如，TS 38.521-1 描述 5G 终端射频测试的发射和接收在 FR1 频段上的射频特性；TS 38.521-2 描述 5G 终端射频测试的发射和接收在 FR2 频段上的射频特性；TS 38.521-3 描述 FR1 和 FR2 与其他无线电互操作之间的射频特性；TS 38.521-4 描述射频性能特性，TS 38.101 则与之对应。

在测试层面，在 6GHz 以下频段，5G 的 RF 测试需求和 4G 的 RF 测试需求相近，采用传导方式将被测设备和测试仪表相连接进行测试。在 6GHz 以上的毫米波频段，随着大规模天线阵列的使用，终端的无线收发器都将集成到天线形成天线模块，未来毫米波终端可能不会存在射频测试端口，只能用空口辐射的方式进行测试，所以需要引入微波暗室，在其中安装探头采集被测设备的信号，探头输出的信号可以在测试设备中进行测试。目前 LTE OTA 和 MIMO OTA 的研究已经较为深入，但毫米波的 OTA 研究还处于起步阶段。终端测试环境可参考 3.2 节中的相关描述。

4.1　频段配置

根据 3GPP 38.101 协议的规定，5G 接入网主要使用两个频段：FR1 和 FR2。FR1 的频率范围是 450MHz～6GHz，通常指 Sub-6GHz 频段，最大信道带宽 100MHz，SCS 支持 15kHz、30kHz 和 60kHz；FR2 的频率范围是 24.25～52.6GHz，通常指毫米波，最大信道带宽 400MHz，SCS 支持 60kHz 和 120kHz。

为了满足 5G 市场的需要和不同场景的需求，一个终端将支持这些频带中的某些子集和信道带宽，这对于终端的收发信机是一个挑战，尤其是对于功率放大器、双工器和滤波器等器件，同时也增加了测试的复杂度和测试成本。

FR1 的频段分配如表 4.1 所示。

表 4.1　FR1 的频段分配

NR 频段号	上行（UL）频段 BS 接收/UE 发射	下行（DL）频段 BS 发射/UE 接收	双工模式
n1	1920～1980MHz	2110～2170MHz	FDD
n2	1850～1910MHz	1930～1990MHz	FDD
n3	1710～1785MHz	1805～1880MHz	FDD
n5	824～849MHz	869～894MHz	FDD
n7	2500～2570MHz	2620～2690MHz	FDD
n8	880～915MHz	925～960MHz	FDD
n12	699～716MHz	729～746MHz	FDD
n20	832～862MHz	791～821MHz	FDD
n25	1850～1915MHz	1930～1995MHz	FDD
n28	703～748MHz	758～803MHz	FDD
n34	2010～2025MHz	2010～2025MHz	TDD
n38	2570～2620MHz	2570～2620MHz	TDD
n39	1880～1920MHz	1880～1920MHz	TDD
n40	2300～2400MHz	2300～2400MHz	TDD
n41	2496～2690MHz	2496～2690MHz	TDD
n50	1432～1517MHz	1432～1517MHz	TDD
n51	1427～1432MHz	1427～1432MHz	TDD
n66	1710～1780MHz	2110～2200MHz	FDD
n70	1695～1710MHz	1995～2020MHz	FDD
n71	663～698MHz	617～652MHz	FDD
n74	1427～1470MHz	1475～1518MHz	FDD
n75	N/A	1432～1517MHz	SDL
n76	N/A	1427～1432MHz	SDL
n77	3300～4200MHz	3300～4200MHz	TDD
n78	3300～3800MHz	3300～3800MHz	TDD
n79	4400～5000MHz	4400～5000MHz	TDD
n80	1710～1785MHz	N/A	SUL

续表

NR 频段号	上行（UL）频段 BS 接收/UE 发射	下行（DL）频段 BS 发射/UE 接收	双工模式
n81	880～915MHz	N/A	SUL
n82	832～862MHz	N/A	SUL
n83	703～748MHz	N/A	SUL
n84	1920～1980MHz	N/A	SUL
n86	1710～1780MHz	N/A	SUL

注：N/A 表示不适用。

FR2 的频段分配如表 4.2 所示。

表 4.2　FR2 的频段分配

NR 频段号	上行（UL）频段 BS 接收/UE 发射	下行（DL）频段 BS 发射/UE 接收	双工模式
n257	26500～29500MHz	26500～29500MHz	TDD
n258	24250～27500MHz	24250～27500MHz	TDD
n260	37000～40000MHz	37000～40000MHz	TDD
n261	27500～28350MHz	27500～28350MHz	TDD

FR1 最大传输带宽与 RB 配置如表 4.3 所示。

表 4.3　FR1 最大传输带宽与 RB 配置

SCS /kHz	5MHz	10MHz	15MHz	20MHz	25MHz	30MHz	40MHz	50MHz	60MHz	80MHz	90MHz	100MHz
	NRB	NRB	NRB	NRB	NRB	NRB	NRB	NRB	NRB	NRB	NRB	NRB
15	25	52	79	106	133	160	216	270	N/A	N/A	N/A	N/A
30	11	24	38	51	65	78	106	133	162	217	245	273
60	N/A	11	18	24	31	38	51	65	79	107	121	135

FR2 最大传输带宽与 RB 配置如表 4.4 所示。

表 4.4　FR2 最大传输带宽与 RB 配置

SCS/kHz	50MHz	100MHz	200MHz	400MHz
	NRB	NRB	NRB	NRB
60	66	132	264	N/A
120	32	66	132	264

4.2　发　射　机

发射机主要是考察终端是否能在指定的信道中发射一个精准的信号，同时不能产生多余的辐射，对其他信道或者终端造成干扰。

4.2.1　发射功率

与终端发射功率相关的测试项目包括 UE 配置输出功率、UE 最大输出功率、UE 最大输出功率回退、UE 补充最大输出功率回退等，主要测试终端的发射功率是否符合标准。如果最大发射功率过大会对其他终端或系统造成干扰，过小则会造成系统覆盖范围减少。按照终端标称的功率等级，最大输出功率是不同的。

4.2.2　输出功率动态范围

与终端输出功率动态范围相关的测试项目包括发射关断功率、最小输出功率、功率控制、开关时间模板等，主要测试终端的输出功率范围是否符合标准。如果最小输出功率和发射关断功率过大会对其他终端和系统造成干扰。

开关时间模板测试终端应能准确地打开或关闭其发射机，否则会增加上行信道的发射误差或对其他信道造成干扰。图 4.1 所示为输出功率动态范围。

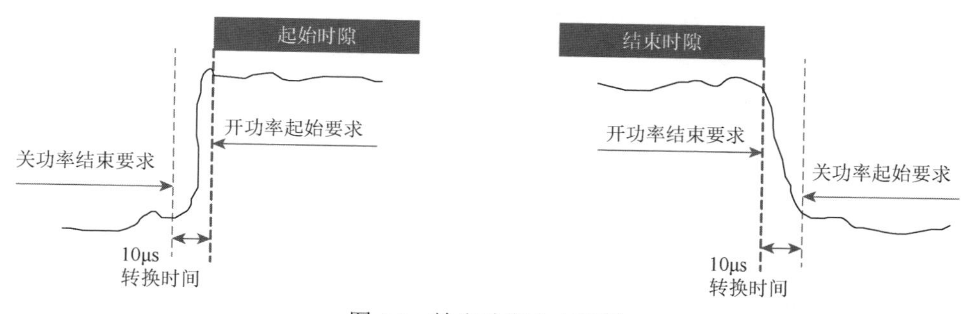

图 4.1　输出功率动态范围

关功率要求不适用于 DTX 和测量间隔

4.2.3　发射信号质量

与终端发射信号质量相关的测试项目包括误差矢量幅度、非分配 RB 的带内辐射、EVM 均衡器频域平坦度、载波泄漏和频率误差等，这些都是测试终端发射机调制性能的重要指标。

1. 误差矢量幅度

EVM 是表征调制质量的指标，定义为信号星座图上测量信号与理想信号之间的误差，是实际信号矢量与理想信号矢量相减得到的矢量的幅度与理想信号矢量的幅度的比值。

$$\mathrm{EVM}=\sqrt{\frac{\sum_{v\in T_m}|z'(v)-i(v)|^2}{|T_m|\cdot P_0}} \tag{4.1}$$

其中，$z'(v)$ 是接收机实际测量的信号；$i(v)$ 是理想的无误差信号；T 表示规定的测量，$0<v<T_m$，T_m 为一个时隙的符号数；P_0 是参考波形的平均功率，正常环境下设置为 $P_0=1$。图4.2表示它们之间的关系。EVM 值越大说明信号受干扰影响越大，恢复出的信号误差越大，反之干扰越小，信号误差越小。

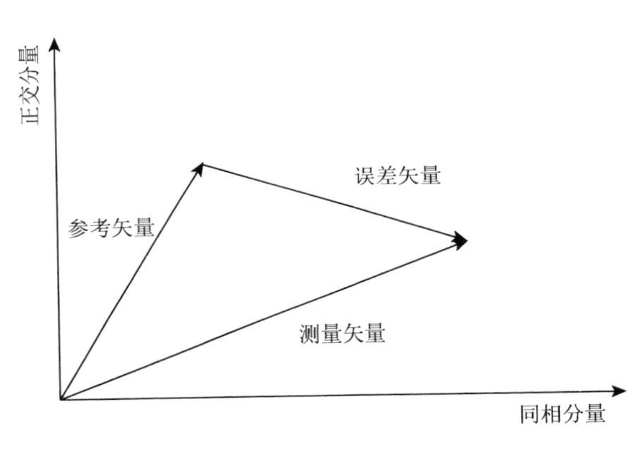

图 4.2　测量矢量、参考矢量和误差矢量之间的关系

EVM 的测量是在测试装置的均衡器之后进行的。使用均衡器的目的是在一定程度上校正了发送信号的一些失真。在计算 EVM 前，测量波形会进行采样时间偏移和频率偏移校正，然后 IQ 原点偏移应该被移除。基本的 EVM 测量间隔为 PRACH 的一个前导序列和 PUCCH、PUSCH 通道的持续时间。

不同调制方式下的 EVM 不应该超过表 4.5 中的限制。为评估 EVM，所有 0-4 格式的 PRACH 前导和 1、1a、1b、2、2a、2b 格式的 PUCCH 在 QPSK 调制下认为满足相同的 EVM 需求。

对于支持上行双天线发射的终端，如表 4.5 所示，每个射频口均需满足以上要求。

表 4.5　误差矢量幅度要求

调制方式	EVM 要求
π/2 BPSK	30%
QPSK	17.5%
16QAM	12.5%
64QAM	8%
256QAM	3.5%

2. 载波泄漏

载波泄漏是由交调或者直流偏差引起的干扰，测量间隔是一个时隙。它是与调制波形频率相同的叠加正弦波。该叠加正弦波与调制波形的功率比值即为相对载波泄漏功率，其不应超过表 4.6 给出的限值。

表 4.6　载波泄漏要求

参数	相对限制/dBc
输出功率＞10dBm	–28
0dBm≤输出功率≤10dBm	–25
–30dBm≤输出功率＜0dBm	–20
–40dBm≤输出功率＜–30dBm	–10

3. 非分配 RB 的带内辐射

带内辐射是对 12 个子载波取平均，是 RB 相对上行发射信号带宽边沿偏移量的函数。其中非分配 RB 的带内辐射是对落入未分配 RB 内干扰的测量。带内辐射是未分配与已分配 RB 上的 UE 输出功率的比值，测量间隔在时域上是一个时隙。带内辐射有 3 种类型：IQ 镜像（分配 RB 在另一侧对称位置的带内辐射）、载波泄漏（靠近载波的带内辐射）和基本的带内辐射（适用于整个非分配 RB，最小的要求是计算得到的最大功率）。其具体要求如表 4.7 所示。

带内辐射的功率计算如下：

$$\text{Emissions}_{\text{absolute}}(\varDelta_{\text{RB}})=\begin{cases}\dfrac{1}{|T_s|}\displaystyle\sum_{t\in T_s}\sum_{\max(f_{\min},f_l+12\cdot\varDelta_{\text{RB}}\Delta f)}^{f_l+(12\cdot\varDelta_{\text{RB}}+11)\Delta f}|Y(t,f)|^2, & \varDelta_{\text{RB}}<0\\ \dfrac{1}{|T_s|}\displaystyle\sum_{t\in T_s}\sum_{f_h+(12\cdot\varDelta_{\text{RB}}-11)\Delta f}^{\min(f_{\max},f_h+12\cdot\varDelta_{\text{RB}}\Delta f)}|Y(t,f)|^2, & \varDelta_{\text{RB}}\geqslant 0\end{cases}\tag{4.2}$$

其中，T_s 是一个测量周期内用来测量的 OFDM 符号数；Δ_{RB} 是分配和待测量的非分配 RB 间的实际频偏（如 $\Delta_{RB}=1$ 和 $\Delta_{RB}=-1$ 表示第一个相邻的 RB）；f_{min}、f_{max}、f_l 和 f_h 分别是上行链路系统和分配的带宽的下/上边缘；$Y(t,f)$ 是对带内辐射进行评估的频域信号。

表 4.7　非分配 RB 的带内辐射要求

参数	单位	限值（注 1）		适用频率
基本的带内辐射	dB	$\max\{-25-10\cdot\log_{10}(N_{RB}/L_{CRB})$, $20\cdot\log_{10}EVM-3-5\cdot(\lvert\Delta_{RB}\rvert-1)/L_{CRB}$, $-57dBm+10\log_{10}(SCS/15kHz)-P_{RB}\}$（注6）		任何未分配 RB（注 2）
IQ 镜像	dB	−28	输出功率＞10dBm 的镜像频率	镜像频率（注 2 和注 3）
		−25	输出功率≤10dBm 的镜像频率	
载波泄漏	dBc	−28	输出功率＞10dBm	载波泄漏（注 4 和注 5）
		−25	0dBm≤输出功率≤10dBm	
		−20	−30dBm≤输出功率＜0dBm	
		−10	−40dBm≤输出功率＜−30dBm	

注 1：带内辐射门限组合是在每个未分配 RB 中计算的，计算方式是：取 P_{RB}-30dB 与所有适用门限值（IQ 镜像或载波泄漏）的幂和二者之间的较大值。P_{RB} 定义见注 6。

注 2：测量带宽为 1 个 RB，门限表示为在一个未分配 RB 与在所有分配的 RB 上测量到功率的平均值之比。

注 3：适用频率以中心载波频率为对称轴，分配带宽的反射对称频率，不包含已分配的 RB。

注 4：测量带宽为 1 个 RB，门限表示为在一个未分配 RB 与在所有分配的 RB 上测量到功率的总和之比。

注 5：适用频率：N_{RB} 为偶数时，与 DC 频率直接相邻的两个 RB 所包含的频率；N_{RB} 为奇数时，包含 DC 频率的 RB 所包含的频率。所有频率都不包含已分配 RB 的频率。

注 6：L_{CRB} 是传输带宽；N_{RB} 是传输带宽配置；EVM 是在分配的 RB 中的调制形状门限；P_{RB} 是分配的 RB 上的发射功率，单位为 dBm。

4. EVM 均衡器频域平坦度

EVM 均衡器频域平坦度定义为整个分配的上行块中，均衡器系数峰间纹波的最大值。基本的测量间隔与 EVM 相同。

正常条件下，EVM 均衡器频域平坦度应满足表 4.8 限值要求。如果分配的上行块同时落在区间 1 和区间 2 中，每个频率区间内求取出的系数除了需要满足表 4.8 之外，还需要满足下面的要求：区间 1 内的最大系数与区间 2 内的最小系数的差值不能超过 5dB，区间 2 中的最大系数与区间 1 中的最小系数的差值不能超过 7dB。详细说明见 3GPP TS 38.521-1。

表 4.8　正常条件下 EVM 均衡器频域平坦度要求

频率范围	最大波动/dB
$F_{UL\_Meas}-F_{UL\_Low} \geq 3MHz$ 和 $F_{UL\_High}-F_{UL\_Meas} \geq 3MHz$（区间 1）	4（峰-峰值）
$F_{UL\_Meas}-F_{UL\_Low} < 3MHz$ 或 $F_{UL\_High}-F_{UL\_Meas} < 3MHz$（区间 2）	8（峰-峰值）

注 1：F_{UL_Meas} 是均衡器系数求值所用的子载波频率。

注 2：F_{UL_Low} 和 F_{UL_High} 涉及每个 E-UTRA 频率。

极端条件下，EVM 均衡器频域平坦度应满足表 4.9 限值要求。如果分配的上行块同时落在区间 1 和区间 2 中，每个频率区间内求取出的系数除了需要满足表 4.9 之外，还需要满足下面的要求：区间 1 内的最大系数与区间 2 内的最小系数的差值不能超过 6dB，区间 2 中的最大系数与区间 1 中的最小系数的差值不能超过 10dB。详细说明见 3GPP TS 38.521-1。

表 4.9　极端条件下 EVM 均衡器频域平坦度要求

频率范围	最大波动/dB
$F_{UL\_Meas}-F_{UL\_Low} \geq 5MHz$ 和 $F_{UL\_High}-F_{UL\_Meas} \geq 5MHz$（区间 1）	4（峰-峰值）
$F_{UL\_Meas}-F_{UL\_Low} < 5MHz$ 或 $F_{UL\_High}-F_{UL\_Meas} < 5MHz$（区间 2）	12（峰-峰值）

注 1：F_{UL_Meas} 是均衡器系数求值所用的子载波频率。

注 2：F_{UL_Low} 和 F_{UL_High} 涉及每个 E-UTRA 频率。

工作于 TDD 频段如 n40、n77、n78 和 n79 的功率等级 3 的 UE，若 IE [P-Boost-BPSK]被设为 1，且无线帧不超过 40%时隙被用于上行发送，则 EVM 均衡器频域平坦度应满足表 4.10 限值要求。

表 4.10　正常条件下 π/2 BPSK 调制 EVM 均衡器频域平坦度要求

频率范围	参数	最大波动/dB
$\|F_{UL\_Meas}-F\_center\| \leq X(MHz)$	X_1	6（峰-峰值）
$\|F_{UL\_Meas}-F\_center\| > X(MHz)$	X_2	14（峰-峰值）

注 1：F_{UL_Meas} 是均衡器系数求值所用的子载波频率。

注 2：F_center 是每个 P_{RB} 的中心频率 r。

注 3：X，以 MHz 为单位，等于 P_{RB} 分配带宽的 25%。

4.2.4　输出射频频谱发射

输出射频频谱发射包括占用带宽、邻道泄漏比、频谱发射模板、杂散辐射等。终端的有用频谱发射必须严格控制，而属于无用频谱发射的杂散发射和带外互调产物发射，需要更严格的限制，否则会对其他用户的系统造成严重的干扰。

1. 占用带宽

占用带宽定义为包含整个发射频谱平均功率99%部分的带宽，该带宽应小于信道带宽。

2. 邻道泄漏比

ACLR是指定信道频率与相邻信道频率下经滤波后的平均功率之比。

指定和相邻NR信道频率都经过矩形滤波器测量，其测量带宽和限值如表4.11和表4.12所示。

表4.11 NR ACLR测量带宽

信道带宽	ACLR测量带宽
5MHz	4.515MHz
10MHz	9.375MHz
15MHz	14.235MHz
20MHz	19.095MHz
25MHz	23.955MHz
30MHz	28.815MHz
40MHz	38.895MHz
50MHz	48.615MHz
60MHz	58.35MHz
80MHz	78.15MHz
90MHz	88.23MHz
100MHz	98.31MHz

表4.12 NR ACLR限值

功率等级	NR ACLR
功率等级1	
功率等级2	31dB
功率等级3	30dB

UTRA ACLR是指定E-UTRA信道频率与相邻UTRA信道频率下经滤波后的平均功率之比。UTRA ACLR是第一UTRA相邻信道（UTRA ACLR1）与第二UTRA相邻信道（UTRA ACLR2）的统称。UTRA信道功率经过RRC带宽滤波器进行测量，该滤波器的跌落因数$\alpha = 0.22$。指定E-UTRA信道功率经过矩形滤波器进行测量。当测量得到的UTRA信道功率大于−50dBm时，UTRA ACLR1及UTRA ACLR2都应该大于表4.13中所给出的值。

表 4.13　UTRA ACLR 限值

信道	功率等级 3
UTRA ACLR1	33dB
UTRA ACLR2	36dB

3. 频谱发射模板

UE 的频谱发射模板应用起始于指定 NR 信道带宽边缘的频率（Δf_{OOB}）。通用的频谱发射模板要求见表 4.14。

表 4.14　通用频谱发射模板

<table>
<tr><th></th><th colspan="13">频谱发射模板限值（dBm）/信道带宽</th></tr>
<tr><th>Δf_{OOB}/MHz</th><th>5MHz</th><th>10MHz</th><th>15MHz</th><th>20MHz</th><th>25MHz</th><th>30MHz</th><th>40MHz</th><th>50MHz</th><th>60MHz</th><th>80MHz</th><th>90MHz</th><th>100MHz</th><th>测量带宽</th></tr>
<tr><td>±（0～1）</td><td>−13</td><td>−13</td><td>−13</td><td>−13</td><td>−13</td><td>−13</td><td>−13</td><td></td><td></td><td></td><td></td><td></td><td>1%信道带宽</td></tr>
<tr><td>±（0～1）</td><td></td><td></td><td></td><td></td><td></td><td></td><td></td><td>−24</td><td>−24</td><td>−24</td><td>−24</td><td>−24</td><td>30kHz</td></tr>
<tr><td>±（1～5）</td><td>−10</td><td>−10</td><td>−10</td><td>−10</td><td>−10</td><td>−10</td><td>−10</td><td>−10</td><td>−10</td><td>−10</td><td>−10</td><td>−10</td><td rowspan="19">1MHz</td></tr>
<tr><td>±（5～6）</td><td>−13</td><td rowspan="2">−13</td><td rowspan="3">−13</td><td rowspan="4">−13</td><td rowspan="5">−13</td><td rowspan="6">−13</td><td rowspan="8">−13</td><td rowspan="10">−13</td><td rowspan="12">−13</td><td rowspan="14">−13</td><td rowspan="15">−13</td><td rowspan="17">−13</td></tr>
<tr><td>±（6～10）</td><td>−25</td></tr>
<tr><td>±（10～15）</td><td></td><td>−25</td></tr>
<tr><td>±（15～20）</td><td></td><td></td><td>−25</td></tr>
<tr><td>±（20～25）</td><td></td><td></td><td></td><td>−25</td></tr>
<tr><td>±（25～30）</td><td></td><td></td><td></td><td></td><td>−25</td></tr>
<tr><td>±（30～35）</td><td></td><td></td><td></td><td></td><td></td><td>−25</td></tr>
<tr><td>±（35～40）</td><td></td><td></td><td></td><td></td><td></td><td></td></tr>
<tr><td>±（40～45）</td><td></td><td></td><td></td><td></td><td></td><td></td><td>−25</td></tr>
<tr><td>±（45～50）</td><td></td><td></td><td></td><td></td><td></td><td></td><td></td></tr>
<tr><td>±（50～55）</td><td></td><td></td><td></td><td></td><td></td><td></td><td></td><td>−25</td></tr>
<tr><td>±（55～60）</td><td></td><td></td><td></td><td></td><td></td><td></td><td></td><td></td></tr>
<tr><td>±（60～65）</td><td></td><td></td><td></td><td></td><td></td><td></td><td></td><td></td><td>−25</td></tr>
<tr><td>±（65～80）</td><td></td><td></td><td></td><td></td><td></td><td></td><td></td><td></td><td></td></tr>
<tr><td>±（80～90）</td><td></td><td></td><td></td><td></td><td></td><td></td><td></td><td></td><td></td><td>−25</td></tr>
<tr><td>±（90～95）</td><td></td><td></td><td></td><td></td><td></td><td></td><td></td><td></td><td></td><td></td><td>−25</td></tr>
<tr><td>±（95～100）</td><td></td><td></td><td></td><td></td><td></td><td></td><td></td><td></td><td></td><td></td><td></td></tr>
<tr><td>±（100～105）</td><td></td><td></td><td></td><td></td><td></td><td></td><td></td><td></td><td></td><td></td><td></td><td>−25</td></tr>
</table>

4. 杂散辐射

杂散辐射是由那些不必要的辐射引起的，如谐波、寄生杂波，以及互调产物、变频产物。在没有特殊说明的情况下，与杂散辐射限度等价的频率范围应该超过分配信道带宽的边缘 Δf_{OOB}。分辨带宽应该小于测量带宽以提高测量的精度、灵敏度和有效性，并通过综合整个测试带宽得到与测量带宽对应的噪声带宽测试结果。通用杂散辐射适用于表 4.15 所示的距离信道带宽边沿 Δf_{OOB} 以外的频率区间。

表 4.15　杂散测量边界

信道带宽	OOB 边界 Δf_{OOB}/MHz
$BW_{Channel}$	$BW_{Channel}$+5

UE 的通用杂散辐射应满足表 4.16 的限值要求。

表 4.16　通用杂散辐射限值

频率范围	最高限值	测量带宽	注释
9kHz≤f<150kHz	−36dBm	1kHz	
150kHz≤f<30MHz	−36dBm	10kHz	
30MHz≤f<1000MHz	−36dBm	100kHz	
1GHz≤f<12.75GHz	−30dBm	1MHz	
	−25dBm	1MHz	
12.75GHz≤f<上行工作频率最高频点的第 5 谐波位置	−30dBm	1MHz	注 1
12.75GHz<f<26GHz	−30dBm	1MHz	注 2

注：适用于 EN-DC 组合包含 n41 且小区指示为 NS_04 时。

注 1：适用于上行频段频率范围上沿大于 2.69GHz 时。

注 2：适用于上行频段频率范围上沿大于 5.2GHz 时。

4.2.5　发射互调

互调干扰是指两个及两个以上信号在通信设备的非线性器件上作用，产生与有用信号频率接近的频率，对通信系统造成干扰的现象。一般来说，互调干扰中三阶互调是最严重的情况。三阶互调指的是两个信号在一个线性系统中，在非线性因素的作用下，其中一个信号的二次谐波与另一个信号的基波产生混频（差拍）后生成了寄生信号。例如，2F1 是 F1 的二次谐波，则 2F1-F2 是其与 F2 生成的寄生信号。由于两个信号分别是二次谐波（二阶信号）和基波信号（一阶信号），两者合成三阶信号，其中 2F1-F2 为在调制过程中产生的三阶互调信号。由于这个三阶互调信号为两个信号的互相调制所生成的差拍信号，所以这个新生成的信号也称为三阶互调失真信号，此过程称为三阶互调失真。由于 F2 和 F1 两个信号相对接近，也有可能出现 2F1-F2 和 2F2-F1 干扰到原来的基带信号 F1 和 F2 的情况。以上过程就称为三阶互调干扰。

发射互调主要是测试终端抑制其互调产物的能力。发射互调的测试原理是在终端处于最大发射功率的情况下，设置干扰信号之后，在频带内观察终端的互调产物是否符合限值（表 4.17），要求是有用信号和互调产物功率的比值（单位 dBc）低于限制的值。

表 4.17　发射互调的要求

有用信号信道带宽	$BW_{Channel}$	
干扰信号相对于信道中心的频率偏移	$BW_{Channel}$	$2\times BW_{Channel}$
干扰 CW 信道电平	−40dBc	
互调产物	＜−29dBc	＜−35dBc
测量带宽	具体信道带宽的不同 SCS 中最大发射带宽配置	
测量频点相对于信道中心的频率偏移	$BW_{Channel}$ 和 $2\times BW_{Channel}$	$2\times BW_{Channel}$ 和 $4\times BW_{Channel}$

4.3　接　收　机

接收机测试指标分为两类：第一类是测试接收功率性能，包括参考灵敏度、最大输入电平；第二类是测试抗干扰能力，包括对抗连续波干扰（包括窄带阻塞、带外阻塞和杂散响应）和对抗 LTE 信号干扰。而 4.2 节的互调特性是两种同时存在的干扰产生了与信号类似频段的干扰。

4.3.1　接收机参考灵敏度

参考灵敏度是用于所有天线端口的接收信号的最小平均强度。该指标验证在给定的平均吞吐量、某个特定的参考测量信道、低信号电平、理想传播、无附加噪声的条件下接收数据的能力。

4.3.2　最大输入电平

吞吐量应当大于等于参考测量信道最大吞吐量的 95%（参考测量信道请见 3GPP

TS 38.101-1 的附录 A.2.2、A.2.3、A.3.2，下行信号的单侧动态 OFDM 信道噪声产生图样（OFDMA Channel Noise Generator，OCNG）OP.1 FDD/TDD 见 3GPP TS 38.101-1 的附录 A.5.1.1 和 A.5.2.1），最大输入电平需满足表 4.18 的最小性能指标要求。

表 4.18　最大输入电平指标

接收机参数	单位	信道带宽											
		5MHz	10MHz	15MHz	20MHz	25MHz	30MHz	40MHz	50MHz	60MHz	80MHz	90MHz	100MHz
发射带宽配置的功率	dBm	−25				−24	−23	−22	−21	−20			
		−27				−26	−25	−24	−23	−22			

注 1：发射机设置为最小上行配置带宽下需低于 PCMAX_L-4dB（PCMAX_L 请见 3GPP TS 38.101-1 的 6.2.4 节）。

注 2：64QAM 参考测量信道见 3GPP TS 38.101-1 的附录 A.3.2。

注 3：256QAM 参考测量信道见 3GPP TS 38.101-1 的附录 A.3.2。

4.3.3　邻道选择性

邻道选择性（ACS）用于测量接收机存在相邻信道时在已分配信道频率接收信号的能力，该相邻信道是位于已分配信道的中心频率偏移一个特定频率处。ACS 是接收滤波器在已分配信道频率上的衰减和接收滤波器在已相邻信道上的衰减的比值。

对于一个最大−25dBm 的相邻信道干扰，UE 应该满足表 4.19 和表 4.20 规定的最低要求。但是不可能直接测量 ACS，从表 4.19 和表 4.20 中选择测试参数的最小和最大范围。吞吐量应当大于等于参考测量信道最大吞吐量的 95%（参考测量信道请见 3GPP TS 38.101-1 的附录 A.2.2、A.2.3、A.3.2，下行信号的单侧动态 OFDM 信道噪声产生图样 OP.1 FDD/TDD 见 3GPP TS 38.101-1 的附录 A.5.1.1 和 A.5.2.1）。ACS 的最小性能指标要求如表 4.19～表 4.24 所示。

表 4.19　NR 频段小于 2.7GHz 的 ACS 要求

RX 参数	单位	信道带宽				
		5MHz	10MHz	15MHz	20MHz	25MHz
ACS	dB	33	33	30	27	26
RX 参数	单位	信道带宽				
		30MHz	40MHz	50MHz	60MHz	80MHz
ACS	dB	25.5	24	23	22.5	21
RX 参数	单位	信道带宽				
		90MHz	100MHz			
ACS	dB	20.5	20			

表 4.20　NR 频段大于 3.3GHz 的 ACS 要求

RX 参数	单位	信道带宽				
		10MHz	15MHz	20MHz	40MHz	50MHz
ACS	dB	33	33	33	33	33
RX 参数	单位	信道带宽				
		60MHz	80MHz	90MHz	100MHz	
ACS	dB	33	33	33	33	

表 4.21　NR 频段小于 2.7GHz 测试参数（场景 1）

RX 参数	单位	信道带宽				
		5MHz	10MHz	15MHz	20MHz	25MHz
发射带宽配置的功率	dBm	REFSENS+14dB				
Pinterferer	dBm	REFSENS+45.5dB	REFSENS+45.5dB	REFSENS+42.5dB	REFSENS+39.5dB	REFSENS+38.5dB
BWinterferer	MHz	5	5	5	5	5
Finterferer（offset）	MHz	5 ～ –5	7.5 ～ –7.5	10 ～ –10	12.5 ～ –12.5	15 ～ –15
RX 参数	单位	信道带宽				
		30MHz	40MHz	50MHz	60MHz	80MHz
发射带宽配置的功率	dBm	REFSENS+14dB				
Pinterferer	dBm	REFSENS+38dB	REFSENS+36.5dB	REFSENS+35.5dB	REFSENS+35dB	REFSENS+33.5dB
BWinterferer	MHz	5	5	5	5	5
Finterferer（offset）	MHz	17.5 ～ –17.5	22.5 ～ –22.5	27.5 ～ –27.5	32.5 ～ –32.5	42.5 ～ –42.5
RX 参数	单位	信道带宽				
		90MHz	100MHz			
发射带宽配置的功率	dBm	REFSENS+14dB				
Pinterferer	dBm	REFSENS+33dB	REFSENS+32.5dB			
BWinterferer	MHz	5	5			
Finterferer（offset）	MHz	47.5 ～ –47.5	52.5 ～ –52.5			

注 1：在指定的最小上行配置下，发射机的发送功率应该设置为配置最大输出功率–4dB。

注 2：干扰信号偏移量 Finterferer（offset）的绝对值应调整为 $(\lceil |\mathrm{Finterferer}|/\mathrm{SCS} \rceil + 0.5)\mathrm{SCS}$ MHz，干扰信号是一个 NR 信号，SCS 与有用信号相同。

注 3：干扰包括参考测量信道（3GPP TS 38.101-1 中附录 A.2.2、A.2.3 和 A.3.2），DL 信号采用单侧动态 ONCG OP.1 FDD/TDD，参见 3GPP TS 38.101-1 中附录 A.5.1.1 和 A.5.2.1。

表 4.22　NR 频段小于 2.7GHz 测试参数（场景 2）

RX 参数	单位	信道带宽				
		5MHz	10MHz	15MHz	20MHz	25MHz
发射带宽配置的功率	dBm	−56.5	−56.5	−53.5	−50.5	−49.5
Pinterferer	dBm	−25				
BWinterferer	MHz	5	5	5	5	5
Finterferer（offset）	MHz	5 ～ −5	7.5 ～ −7.5	10 ～ −10	12.5 ～ −12.5	15 ～ −15

RX 参数	单位	信道带宽				
		30MHz	40MHz	50MHz	60MHz	80MHz
发射带宽配置的功率	dBm	−49	−47	−46.5	−46	−44.5
Pinterferer	dBm	−25				
BWinterferer	MHz	5	5	5	5	5
Finterferer（offset）	MHz	17.5 ～ −17.5	22.5 ～ −22.5	27.5 ～ −27.5	32.5 ～ −32.5	42.5 ～ −42.5

RX 参数	单位	信道带宽				
		90MHz	100MHz			
发射带宽配置的功率	dBm	−44	−43.5			
Pinterferer	dBm	−25				
BWinterferer	MHz	5	5			
Finterferer（offset）	MHz	47.5 ～ −47.5	52.5 ～ −52.5			

注 1：在指定的最小上行配置下，发射机的发送功率应该设置为配置最大输出功率−24dB。

注 2：干扰信号偏移量 Finterferer（offset）的绝对值应调整为 $(\lceil |\text{Finterferer}|/\text{SCS}\rceil + 0.5)$SCS MHz，干扰信号是一个 NR 信号，SCS 与有用信号相同。

注 3：干扰包括参考测量信道（3GPP TS 38.101-1 中附录 A.2.2、A.2.3 和 A.3.2），DL 信号采用单侧动态 ONCG OP.1 FDD/TDD，参见 3GPP TS 38.101-1 中附录 A.5.1.1 和 A.5.2.1。

表 4.23　NR 频段大于 3.3GHz 测试参数（场景 1）

RX 参数	单位	信道带宽				
		10MHz	15MHz	20MHz	40MHz	50MHz
发射带宽配置的功率	dBm	REFSENS+14dB				
Pinterferer	dBm	REFSENS+45.5dB				
BWinterferer	MHz	10	15	20	40	50

续表

RX 参数	单位	信道带宽				
		10MHz	15MHz	20MHz	40MHz	50MHz
Finterferer（offset）	MHz	10～−10	15～−15	20～−20	40～−40	50～−50
RX 参数	单位	信道带宽				
		60MHz	80MHz	90MHz	100MHz	
发射带宽配置的功率	dBm	REFSENS+14dB	REFSENS+14dB	REFSENS+14dB	REFSENS+14dB	
Pinterferer	dBm	REFSENS+45.5dB	REFSENS+45.5dB	REFSENS+45.5dB	REFSENS+45.5dB	
BWinterferer	MHz	60	80	90	100	
Finterferer（offset）	MHz	60～−60	80～−80	90～−90	100～−100	

注 1：在指定的最小上行配置下，发射机的发送功率应该设置为配置最大输出功率−4dB。

注 2：干扰信号偏移量 Finterferer（offset）的绝对值应调整为 $(\lceil |\text{Finterferer}|/\text{SCS}\rceil+0.5)\text{SCS}$ MHz，干扰信号是一个 NR 信号，SCS 与有用信号相同。

注 3：干扰包括参考测量信道（3GPP TS 38.101-1 中附录 A.2.2、A.2.3、A.3.2），DL 信号采用单侧动态 ONCG OP.1 FDD/TDD，参见 3GPP TS 38.101-1 中附录 A.5.1.1 和 A.5.2.1。

表 4.24　NR 频段大于 3.3GHz 测试参数（场景 2）

RX 参数	单位	信道带宽				
		10MHz	15MHz	20MHz	40MHz	50MHz
发射带宽配置的功率	dBm	−56.5	−56.5	−56.5	−56.5	−56.5
Pinterferer	dBm	−25	−25	−25	−25	−25
BWinterferer	MHz	10	15	20	40	50
Finterferer（offset）	MHz	10～−10	15～−15	20～−20	40～−40	50～−50
RX 参数	单位	信道带宽				
		60MHz	80MHz	90MHz	100MHz	
发射带宽配置的功率	dBm	−56.5	−56.5	−56.5	−56.5	
Pinterferer	dBm	−25	−25	−25	−25	
BWinterferer	MHz	60	80	90	100	
Finterferer（offset）	MHz	60～−60	80～−80	90～−90	100～−100	

注 1：在指定的最小上行配置下，发射机的发送功率应该设置为配置最大输出功率−24dB。

注 2：干扰信号偏移量 Finterferer（offset）的绝对值应调整为 $(\lceil |\text{Finterferer}|/\text{SCS}\rceil+0.5)\text{SCS}$ MHz，干扰信号是一个 NR 信号，SCS 与有用信号相同。

注 3：干扰包括参考测量信道（3GPP TS 38.101-1 中附录 A.2.2、A.2.3 和 A.3.2），DL 信号采用单侧动态 ONCG OP.1 FDD/TDD，参见 3GPP TS 38.101-1 中附录 A.5.1.1 和 A.5.2.1。

4.3.4 阻塞特性

阻塞测试是当一个较大干扰信号进入接收机前端的低噪放大器时，由于低噪放大器的放大倍数是根据放大微弱信号所需要的整机增益来设定的，强干扰信号电平在超出放大器的输入动态范围后，可能将放大器推入非线性区，导致放大器对有用的微弱信号的放大倍数降低，甚至完全抑制，从而严重影响接收机对微弱信号的放大能力，影响系统的正常工作。只要保证到达接收机输入端的强干扰信号功率不超过系统指标要求的阻塞电平，系统就可以正常工作。

1. 带内阻塞

带内阻塞是针对一个干扰信号落在 UE 接收频带内或者 UE 接收频带±15MHz 带宽范围内时定义的，其中 UE 的吞吐量会达到或超过指定测量信道最低要求的吞吐量。吞吐量应当大于等于参考测量信道最大吞吐量的 95%（参考测量信道请见 3GPP TS 38.101-1 的附录 A.2.2、A.2.3、A.3.2，下行信号的单侧动态 OFDM 信道噪声产生图样 OP.1 FDD/TDD 见 3GPP TS 38.101-1 的附录 A.5.1.1 和 A.5.2.1）。UE 应满足表 4.25～表 4.28 给出的最小性能指标。

表 4.25　NR 频段小于 2.7GHz 的带内阻塞测试参数

RX 参数	单位	信道带宽				
		5MHz	10MHz	15MHz	20MHz	25MHz
发射带宽配置的功率	dBm	REFSENS+信道指定值				
	dB	6	6	7	9	10
BWinterferer	MHz	5				
FIoffset，case1	MHz	7.5				
FIoffset，case2	MHz	12.5				
RX 参数	单位	信道带宽				
		30MHz	40MHz	50MHz	60MHz	80MHz
发射带宽配置的功率	dBm	REFSENS+信道指定值				
	dB	11	12	13	14	15
BWinterferer	MHz	5				
FIoffset，case1	MHz	7.5				
FIoffset，case2	MHz	12.5				

续表

RX 参数	单位	信道带宽				
		90MHz	100MHz			
发射带宽配置的功率	dBm	REFSENS+信道指定值				
	dB	15.5	16			
BWinterferer	MHz	5				
FIoffset，case1	MHz	7.5				
FIoffset，case2	MHz	12.5				

注 1：指定的最小上行配置下，发射机的发送功率应该设置为配置最大输出功率–4dB。

注 2：干扰包括参考测量信道（3GPP TS 38.101-1 中附录 A.2.2、A.2.3 和 A.3.2），DL 信号采用单侧动态 ONCG OP.1 FDD/TDD，参见 3GPP TS 38.101-1 中附录 A.5.1.1 和 A.5.2.1。

表 4.26　NR 频段小于 2.7GHz 的带内阻塞测试指标

NR 频段	参数	单位	场景 1	场景 2	场景 3
	Pinterferer	dBm	–56	–44	–15
1，n2，n3，n5，n7，n8，n12，n20，n25，n28，n34，n38，n39，n40，n41，n50，n51，n65，n66，n70，n74，n75，n76	Finterferer（offset）	MHz	–CBW/2–FIoffset，case1 和 CBW/2+FIoffset，case1	≤–CBW/2–FIoffset，case2 和 ≥CBW/2+FIoffset，case2	
	Finterferer	MHz	注 2	FDL_low–15 到 FDL_high+15	
n71	Finterferer	MHz	注 2	FDL_low–12 到 FDL_high+15	FDL_low–12

注 1：干扰信号偏移量 Finterferer（offset）的绝对值应调整为 $(\lceil |\text{Finterferer}|/\text{SCS}\rceil + 0.5)$SCS MHz，干扰信号是一个 NR 信号，SCS 与有用信号相同。

注 2：对于每个载波频点，两个干扰信号频点要求：①–CBW/2–FIoffset，case1；②CBW/2+FIoffset，case1。

表 4.27　NR 频段大于 3.3GHz 的带内阻塞测试参数

RX 参数	单位	信道带宽				
		10MHz	15MHz	20MHz	40MHz	50MHz
发射带宽配置的功率	dBm	REFSENS+信道指定值				
	dB	6				
BWinterferer	MHz	10	15	20	40	50
FIoffset，case1	MHz	15	22.5	30	60	75
BWinterferer	MHz	60	80	90	100	
FIoffset，case1	MHz	90	120	135	150	
FIoffset，case2	MHz	150	200	225	250	

注 1：指定的最小上行配置下，发射机的发送功率应该设置为配置最大输出功率–4dB。

注 2：干扰包括参考测量信道（3GPP TS 38.101-1 中附录 A.2.2、A.2.3 和 A.3.2），DL 信号采用单侧动态 ONCG OP.1 FDD/TDD，参见 3GPP TS 38.101-1 中附录 A.5.1.1 和 A.5.2.1。

表 4.28　NR 频段大于 3.3GHz 的带内阻塞测试指标

NR 频段	参数	单位	场景 1	场景 2
	Pinterferer	dBm	–56	–44
n77，n78，n79	Finterferer（offset）	MHz	–CBW/2–FIoffset，case1 和 CBW/2+FIoffset，case1	≤–CBW/2–FIoffset，case2 和 ≥CBW/2+FIoffset，case2
	Finterferer		注 1	FDL_low–3CBW 到 FDL_high+3CBW

注（1）：干扰信号偏移量 Finterferer（offset）的绝对值应调整为 $(\lceil |\text{Finterferer}|/\text{SCS}\rceil+0.5)$SCS MHz，干扰信号是一个 NR 信号，SCS 与有用信号相同。

（2）：CBW 为有用信号的信道带宽。

注 1：对于每个载波频点，两个干扰信号频点要求：①–CBW/2–FIoffset，case1；②CBW/2+FIoffset，case1。

2. 带外阻塞

带外阻塞是针对一个干扰信号在 UE 接收频带±15MHz 带宽范围之外时定义的。

吞吐量应当大于等于参考测量信道最大吞吐量的 95%（参考测量信道请见 3GPP TS 38.101-1 的附录 A.2.2、A.2.3、A.3.2，下行信号的单侧动态 OFDM 信道噪声产生图样 OP.1 FDD/TDD 见 3GPP TS 38.101-1 的附录 A.5.1.1 和 A.5.2.1）。最小性能指标如表 4.29～表 4.32 所示。

表 4.29　NR 频段小于 2.7GHz 的带外阻塞测试参数

RX 参数	单位	信道带宽				
		5MHz	10MHz	15MHz	20MHz	25MHz
发射带宽配置的功率	dBm	REFSENS+信道指定值				
	dB	6	6	7	9	10
RX 参数	单位	信道带宽				
		30MHz	40MHz	50MHz	60MHz	80MHz
发射带宽配置的功率	dBm	REFSENS+信道指定值				
	dB	11	12	13	14	15
RX 参数	单位	信道带宽				
		90MHz	100MHz			
发射带宽配置的功率	dBm	REFSENS+信道指定值				
	dB	15.5	16			

注：指定的最小上行配置下，发射机的发送功率应该设置为配置最大输出功率–4dB。

表 4.30　NR 频段小于 2.7GHz 的带外阻塞测试指标

NR 频段	参数	单位	频率范围 1	频率范围 2	频率范围 3
n1，n2，n3，n5，n7，n8，n12，n20，n25，n28，n34，n38，n39，n40，n41，n50，n51，n65，n66，n70，n71，n74，n75，n76	Pinterferer	dBm	−44	−30	−15
	Finterferer（CW）	MHz	−60＜f−FDL_low＜−15 或 15＜f−FDL_high＜60	−85＜f−FDL_low≤−60 或 60≤f−FDL_high＜85	1≤f≤FDL_low−85 或 FDL_high+85≤f≤12750

注：当 Finterferer＞6000MHz 时，频率范围 3 的干扰信号（Pinterferer）功率电平应被改为−20dBm。

表 4.31　NR 频段大于 3.3GHz 的带外阻塞测试参数

RX 参数	单位	信道带宽				
		10MHz	15MHz	20MHz	40MHz	50MHz
发射带宽配置的功率	dBm	REFSENS+信道指定值				
	dB	6	7	9	9	9
RX 参数	单位	信道带宽				
		60MHz	80MHz	90MHz	100MHz	
发射带宽配置的功率	dBm	REFSENS+信道指定值				
	dB	9	9	9	9	

注：指定的最小上行配置下，发射机的发送功率应该设置为配置最大输出功率−4dB。

表 4.32　NR 频段大于 3.3GHz 的带外阻塞测试指标

NR 频段	参数	单位	频率范围 1	频率范围 2	频率范围 3
n77，n78（注 1）	Pinterferer	dBm	−44	−30	−15
	Finterferer（CW）	MHz	−60＜f−FDL_low≤−3CBW 或 3CBW≤f−FDL_high＜60	−200＜f−FDL_low≤−MAX（60，3CBW）或 MAX（60，3CBW）≤f−FDL_high＜200	1≤f≤FDL_low−MAX（200，3CBW）或 FDL_high+MAX（200，3CBW）≤f≤12750
n79（注 2）	Finterferer（CW）	MHz		−150＜f−FDL_low≤−MAX（60，3CBW）或 MAX（60，3CBW）≤f−FDL_high＜150	1≤f≤FDL_low−MAX（150，3CBW）或 FDL_high+MAX（150，3CBW）≤f≤12750

注（1）：当 Finterferer＞6000MHz 时，频率范围 3 的干扰信号（Pinterferer）功率电平应被改为−20dBm。

（2）：CBW 为有用信号的信道带宽。

注 1：当 2700MHz＜Finterferer＜4800MHz 时，频率范围 3 的干扰信号（Pinterferer）功率电平应被改为−20dBm。当 CBW＞15MHz 时，频率范围 1 的要求不适用，频率范围 2 适用于从频段边缘到 3 倍 CBW。对于 CBW 大于 60MHz 的情况，频率范围 2 的要求不适用，频率范围 3 的要求适用于频段边缘到 3 倍 CBW。

注 2：当 3650MHz＜Finterferer＜5750MHz 时，频率范围 3 的干扰信号（Pinterferer）功率电平应被改为−20dBm。当 CBW≥40MHz 时，频率范围 2 的要求不适用，频率范围 3 的要求适用于频段边缘到 3 倍 CBW。

3. 窄带阻塞

窄带阻塞要求在小于标称信道间隔的频率上有一个窄带连续波干扰信号的情况下，考察接收机在其分配的信道频率上接收 NR 信号的能力。

吞吐量应当大于等于参考测量信道最大吞吐量的 95%（参考测量信道请见 3GPP TS 38.101-1 的附录 A.2.2、A.2.3、A.3.2，下行信号的单侧动态 OFDM 信道噪声产生图样 OP.1 FDD/TDD 见 3GPP TS 38.101-1 的附录 A.5.1.1 和 A.5.2.1）。UE 应满足表 4.33 给出的最小性能指标。

表 4.33　窄带阻塞测试指标

NR频段	参数	单位	信道带宽											
			5MHz	10MHz	15MHz	20MHz	25MHz	30MHz	40MHz	50MHz	60MHz	80MHz	90MHz	100MHz
n1，n2，n3，n5，n7，n8，n12，n20，n25，n28，n34，n38，n39，n40，n41，n50，n51，n65，n66，n70，n71，n74，n75，n76	Pw	dBm	PREFSENS+信道带宽指定值											
			16	13	14	16	16	16	16	16	16	16	16	16
	Puw（CW）	dBm	−55	−55	−55	−55	−55	−55	−55	−55	−55	−55	−55	−55
	Fuw（offset SCS = 15kHz）	MHz	2.7075	5.2125	7.7025	10.2075	13.0275	15.6075	20.5575	25.7025	N/A	N/A	N/A	N/A
	Fuw（offset SCS = 30kHz）	MHz	N/A	N/A	N/A	N/A	N/A	N/A	N/A	N/A	30.855	40.935	45.915	50.865

注 1：发射机设置为最小上行配置带宽下需低于 PCMAX_L−4dB（PCMAX_L 请见 3GPP TS 38.101-1 的 6.2.5 节）。

注 2：干扰包括参考测量信道（3GPP TS 38.101-1 中附录 A.2.2、A.2.3 和 A.3.2），DL 信号采用单侧动态 ONCG OP.1 FDD/TDD，参见 3GPP TS 38.101-1 中附录 A.5.1.1 和 A.5.2.1。

4.3.5　杂散响应

杂散响应是测量在因连续波干扰信号（该信号的频率不满足带外阻塞的要求）而导致的性能下降不满足特定值的情况下，接收机在特定信道频率上接收期望信号的能力。

按照表 4.34 和表 4.35 的参数配置，吞吐量应当大于等于参考测量信道最大吞吐量的 95%（参考测量信道请见 3GPP TS 38.101-1 的附录 A.2.2、A.2.3、A.3.2，下行信号的单侧动态 OFDM 信道噪声产生图样 OP.1 FDD/TDD 见 3GPP TS 38.101-1 的附录 A.5.1.1 和 A.5.2.1）。UE 应满足表 4.36 给出的最小性能指标。

表 4.34　NR 频段小于 2.7GHz 的杂散响应测试参数

RX 参数	单位	信道带宽				
		5MHz	10MHz	15MHz	20MHz	25MHz
发射带宽配置的功率	dBm	REFSENS+信道指定值				
	dB	6	6	7	9	10
RX 参数	单位	信道带宽				
		30MHz	40MHz	50MHz	60MHz	80MHz
发射带宽配置的功率	dBm	REFSENS+信道指定值				
	dB	11	12	13	14	15
RX 参数	单位	信道带宽				
		90MHz	100MHz			
发射带宽配置的功率	dBm	REFSENS+信道指定值				
	dB	15.5	16			

注：指定的最小上行配置下，发射机的发送功率应该设置为配置最大输出功率–4dB。

表 4.35　NR 频段大于 3.3GHz 的杂散响应测试参数

RX 参数	单位	信道带宽				
		10MHz	15MHz	20MHz	40MHz	50MHz
发射带宽配置的功率	dBm	REFSENS+信道指定值				
	dB	6	7	9	9	9
RX 参数	单位	信道带宽				
		60MHz	80MHz	90MHz	100MHz	
发射带宽配置的功率	dBm	REFSENS+信道指定值				
	dB	9	9	9	9	

注：指定的最小上行配置下，发射机的发送功率应该设置为配置最大输出功率–4dB。

表 4.36　杂散响应测试指标

参数	单位	数值
Pinterferer（CW）	dBm	–44
Finterferer	MHz	杂散响应频率

4.3.6　互调特性

互调响应抗干扰性用以表征接收机在其分配的信道频率上，存在两个或多个与期望信号有特定频率关系的干扰信号时，接收期望信号的能力。

宽带互调要求的定义遵循如下采用调制 NR 载波和连续波信号作为干扰信号的原则。表 4.37 和表 4.38 中是存在两个干扰信号情况下对于特定信号平均功率的参数配置，吞吐量应当大于等于参考测量信道最大吞吐量的 95%（参考测量信道请见 3GPP TS 38.101-1 的附录 A.2.2、A.2.3、A.3.2，下行信号的单侧动态 OFDM 信道噪声产生图样 OP.1 FDD/TDD 见 3GPP TS 38.101-1 的附录 A.5.1.1 和 A.5.2.1）。

表 4.37　NR 频段小于 2.7GHz 的宽带互调测试参数

RX 参数	单位	信道带宽											
		5MHz	10MHz	15MHz	20MHz	25MHz	30MHz	40MHz	50MHz	60MHz	80MHz	90MHz	100MHz
每 CC 发射带宽配置的 Pw	dBm	REFSENS+信道带宽指定值											
		6	6	7	9	10	11	12	13	14	15	15	16
Pinterferer1（CW）	dBm		–46										
Pinterferer2（Modulated）	dBm		–46										
BWInterferer2	MHz		5										
Finterferer1（offset）	MHz		–BW/2–7.5 和 +BW/2+7.5										
Finterferer2（offset）	MHz		2×Finterferer1										

注 1：发射机设置为最小上行配置带宽下需低于 PCMAX_L, c 或 PCMAX_L 数值 4dB，待定。

注 2：参考测量信道待定。

注 3：调制干扰信号的参考测量信道待定。

注 4：Finterferer1(offset)是连续波干扰信号中心频点和最接近干扰信号的子载波中心频点偏移，Finterferer2(offset)是调制干扰信号中心频点和最接近干扰信号的子载波中心频点偏移。

表 4.38　NR 频段大于 3.3GHz 的宽带互调测试参数

RX 参数	单位	信道带宽							
		10MHz	20MHz	40MHz	50MHz	60MHz	80MHz	90MHz	100MHz
每CC发射带宽配置的 Pw	dBm		REFSENS+6						
Pinterferer 1（CW）	dBm		–46						
Pinterferer 2（Modulated）	dBm		–46						

续表

RX 参数	单位	信道带宽							
		10MHz	20MHz	40MHz	50MHz	60MHz	80MHz	90MHz	100MHz
BWInterferer 2	MHz		BW						
Finterferer 1（offset）	MHz		−2BW 和 +2BW						
Finterferer 2（offset）	MHz		2×Finterferer 1						

注 1：发射机设置为最小上行配置带宽下需低于 PCMAX_L, c 或 PCMAX_L 数值 4dB，待定。

注 2：参考测量信道待定。

注 3：调制干扰信号的参考测量信道待定。

注 4：Finterferer1(offset)是连续波干扰信号中心频点和最接近干扰信号的子载波中心频点偏移，Finterferer2(offset)是调制干扰信号中心频点和最接近干扰信号的子载波中心频点偏移。

4.3.7　接收机杂散

接收机杂散是 UE 的接收机产生或放大的到达天线接头处的杂散信号。

任何窄带连续波段的杂散辐射功率都不能超过表 4.39 中所指定的最大功率电平。

表 4.39　通用接收机杂散要求

频率范围	测量带宽	最大功率电平	注释
30MHz≤f<1GHz	100kHz	−57dBm	
1GHz≤f<12.75GHz	1MHz	−47dBm	
12.75GHz≤f≤上行工作频率最高频点的第 5 谐波位置	1MHz	−47dBm	注 1
12.75～26GHz	1MHz	−47dBm	注 2

注：未用的 DCCH 资源用 3GPP TS 38.101-1 附录 C.3.1 定义的 PDCCH_RA/RB 功率电平的 RE 组填充。

注 1：适用于下行频段的最高频点超过 2.69GHz 的频段。

注 2：适用于下行频段的最高频点超过 5.2GHz 的频段。

4.4　性 能 测 试

性能测试部分主要测试终端在静态传播条件和多径衰落的条件下对相关物理信道的解调能力。性能测试标准按照 FR1 和 FR2 频段分成了两部分：第一部分是基于传导测试方式下物理信道的解调性能，包括 PDSCH/PDCCH/PBCH 信道的解调、下行数据和信道状态要求；第二部分是基于辐射测试方式下信道的解调性能，包括 PDSCH/PDCCH/PBCH 信道的解调、下行数据和信道状态要求。

性能测试部分可以分为单天线端口和多天线端口（分集、空间交织、MU-MIMO）相关的 UE 性能测试。单天线端口性能是通过满足一定吞吐量要求时候的多径衰落条件下的 SNR 来衡量的。多天线端口性能主要是考察终端的 MIMO 性能（分集、空间复用、MU-MIMO），也是通过满足一定吞吐量要求时候的多径衰落条件下的 SNR 来衡量的。

在信道状态信息上报部分，包含如下几类测试项目：

（1）信道质量指示（Channel Quality Indication，CQI）上报；

（2）预编码矩阵指示（Precoding Matrix Indicator，PMI）上报；

（3）秩指示（Rank Indicator）上报。

4.5　毫米波测试

随着毫米波终端侧的大规模天线阵列的使用，终端的无线收发器都将集成到天线形成天线模块，未来毫米波终端可能不会存在射频测试端口，而且高频率下进行耦合带来的高插损等因素使传统的传导连接测试的方案更不可行，因此 OTA 测试将成为毫米波终端测试的主流方案。OTA 的指标不同于传导的指标，传导的指标都是基于设备的单一射频通道定义的，OTA 指标是基于设备的整体指标定义的。射频测试中的指标大部分都是通过 EIRP 来体现的。

1. EIRP

终端产生的辐射发射功率采用 EIRP 作为 OTA 辐射指标，用于考察设备的波束最大能量辐射能力。EIRP 可由终端厂家进行宣称，在宣称 EIRP 的支持值的同时也需要宣称波束的位置和波束带宽。

2. TIRP

TIRP 通过对整个辐射球面的发射功率进行面积分并取平均得到。其反映被测件整机的发射功率情况，与被测件的传导发射功率和天线辐射性能有关。

4.6　双连接测试

3GPP R12 版本中提出了 LTE 双连接（Dual Connectivity）技术，它类似于 R10 版本提出的 LTE-A 载波聚合技术，但两者在本质上有不同之处（图 4.3）：①LTE 双连接下数据流在 PDCP 层分离和合并，随后将用户数据流通过多个基站同时传送给用户，而载波聚合下数据流在 MAC 层分离和合并；②LTE 双连接是发生在不同站点之间的聚合（通常为一个宏基站和一个微基站，两者通过 X2 接口相连）。

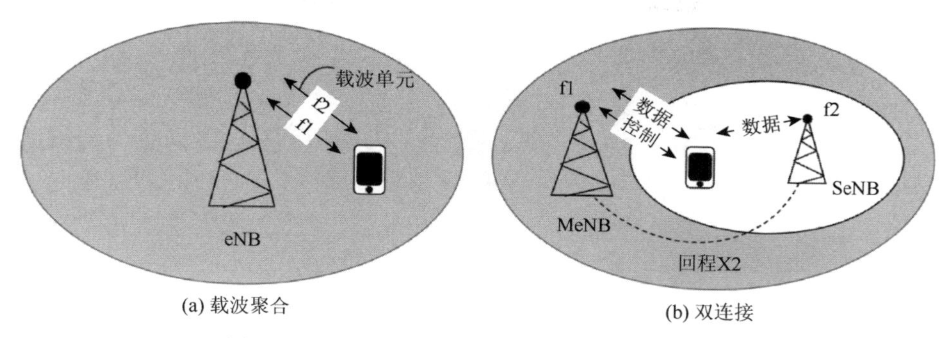

(a) 载波聚合　(b) 双连接

图 4.3　LTE 双连接技术与 LTE-A 载波聚合技术

未来的 5G 网络建设中，可以采用 5G 作为宏覆盖独立组网，也可以采用 5G 微小区进行热点覆盖。在 5G 早期可以基于现有的 LTE 核心网实现快速部署，后期可以通过 LTE 和 5G 的联合组网来实现全面的网络覆盖。LTE/5G 双连接是运营商实现 LTE 和 5G 融合组网、灵活部署场景的关键技术，可以提高整个网络系统的无线资源利用率，有助于提升用户速率和降低系统切换时延。

由于有些运营商计划采用低频段（如 700/800/900MHz 频段）来建设 5G 网络的覆盖层，再用高频段（如毫米波频段）来补充网络容量，但由于低和高频段的无线传播特性相差太大，共站实现载波聚合技术有些不切实际，因此提出了 NR-NR 双连接技术。由于 NR-NR 双连接的市场需求没有那么迫切，所以目前 NR-NR 双连接的测试标准相对滞后。

第 5 章　5G 终端协议测试

5.1　5G 协议体系结构

5.1.1　NG-RAN 整体架构

5G 无线侧结构也是在 4G 的基础上演变和优化而来，整体结构还是沿用 4G 的所谓的“扁平化”结构。即每个基站单独与核心网直连，构成星形网络结构。同时基站之间通过各自的结构彼此相连，又构成网状结构。

NG-RAN 架构由一组 gNB 和 ng-eNB 组成，这些 gNB 和 ng-eNB 通过 NG 接口连接到 5GC。gNB 向 UE 提供 NR 用户平面和控制平面协议终端的节点，并且经由 NG 接口连接到 5GC。ng-eNB 向 UE 提供 E-UTRA 用户平面和控制平面协议终端的节点，并且经由 NG 接口连接到 5GC。

gNB 和 ng-eNB 通过 Xn 接口相互连接，更具体地通过 NG-C 接口连接到 AMF（接入和移动管理功能），并通过 NG-U 接口连接到 UPF（用户平面功能）。

NG-RAN 整体架构如图 5.1 所示。

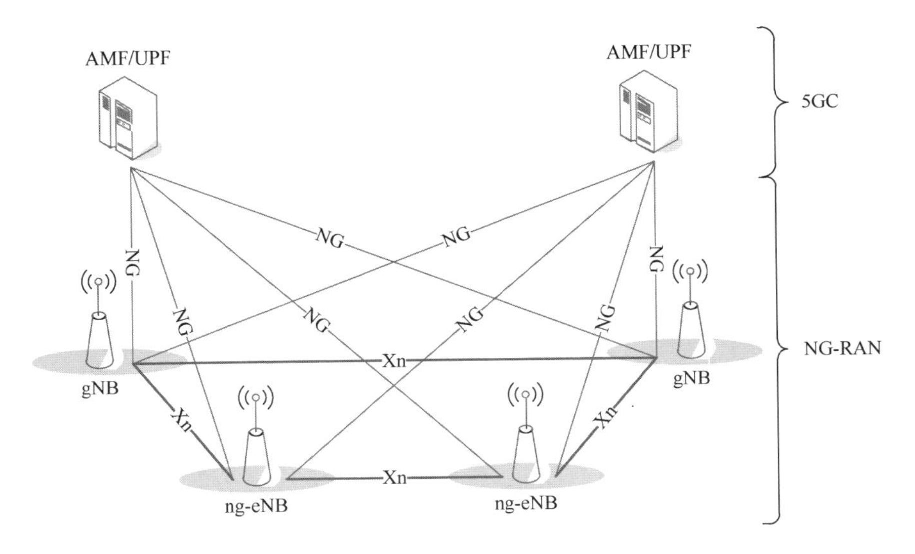

图 5.1　NG-RAN 整体架构

gNB 和 ng-eNB 承载功能包括：无线资源管理的功能（无线承载控制、无线接纳控制、连接移动性控制、在上行链路和下行链路中向）；UE 的动态资源分配（调度）；IP 报头压缩、加密和数据完整性保护；当不能从 UE 提供的信息确定到 AMF 的路由时，在 UE 附着处选择 AMF；指向 UPF 用户平面数据的路由；指向 AMF 控制平面信息的路由；连接设置和释放；调度和传输寻呼消息；调度和传输系统广播信息（源自 AMF 或 O&M）；用于移动性和调度的测量和测量报告配置；上行链路中的传输级别数据包标记；会话管理；支持网络切片；QoS（Quality of Service，服务质量）流量管理和映射到数据无线承载；支持处于 RRC_INACTIVE 状态的 UE；NAS 消息的分发功能；无线接入网共享；双连接；NR 和 E-UTRA 之间的紧密互通。

AMF 承载以下主要功能：NAS 信令终止；NAS 信令安全；AS 安全控制；用于 3GPP 接入网络之间的移动性的 CN 间节点信令；空闲模式 UE 可达性（包括寻呼重传的控制和执行）；注册区域管理；支持系统内和系统间移动性；接入认证；接入授权，包括检查漫游权；移动性管理控制（订阅和政策）；支持网络切片；SMF 选择。

UPF 承载以下主要功能：内/内 RAT 移动性的锚点（适用时）；与数据网络互连的外部 PDU 会话点；分组路由和转发；数据包检查和用户平面部分的策略规则实施；交通使用报告；上行链路分类器，支持将流量路由到数据网络；分支点支持多宿主 PDU 会话；用户平面的 QoS 处理，如包过滤、门控、UL/DL 速率执行；上行链路流量验证（SDF 到 QoS 流量映射）；下行数据包缓冲和下行数据通知触发。

会话管理功能（Standard MIDI File，SMF）承载以下主要功能：会话管理；UE IP 地址分配和管理；UP 功能的选择和控制；配置 UPF 的流量导向，引导流量路由到正确的目的地；控制部分策略执行和 QoS；下行数据通知。

5.1.2　无线接口协议架构

无线接口指用户设备（User Equipment，UE）和网络之间的接口。接口协议的架构称为协议栈，无线接口协议栈包括三层，从下到上分别为 L1 物理层（Physical Layer，PHY）、L2 数据链路层（Data Link Layer，DLL）、L3 网络层（Network Layer，NL）。NR 的层 2 被分成以下子层：媒体接入控制（Media Access Control，MAC）、无线链路控制（Radio Link Control，RLC）、分组数据汇聚协议（Packet Data Convergence Protocol，PDCP）和服务数据适配协议（Service Data Adaptation Protocol，SDAP）。层 3 包括无线资源控制（Radio Resource Control，RRC）层和非接入层（Non-Access Stratum，NAS）。

图 5.2 显示了物理层周围的 NR 无线接口协议架构。物理层连接数据链路层的媒体接入控制子层和网络层的无线资源控制层，不同层/子层之间的圆圈表示服务接入点。物理层为 MAC 提供传输通道，传输信道的作用在于如何通过无线接口传输信息。MAC 向数据链路层的无线链路控制子层提供不同的逻辑信道，逻辑信道的作用在于传输的信息类型。

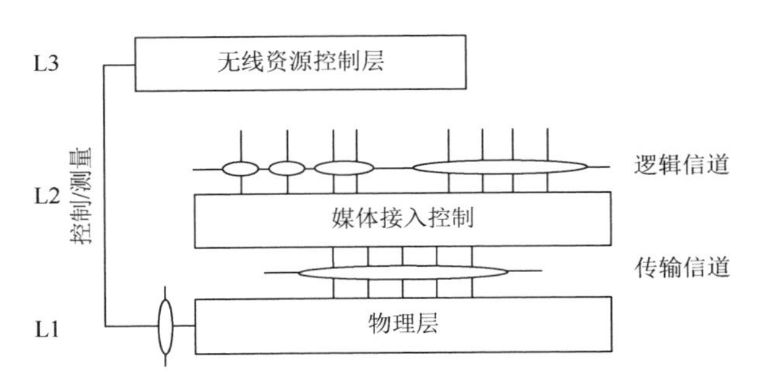

图 5.2 NR 无线接口协议架构

无线接口上的协议分为两种结构：用户平面协议和控制平面协议。用户平面协议：实现实际 PDU 会话服务的协议，即通过接入层承载用户数据。控制平面协议：用于从不同方面（包括请求服务、控制不同传输资源、切换等）控制 PDU 会话和 UE 与网络之间的连接的协议，还包括用于透明传输 NAS 消息的机制。

图 5.3 给出了用户平面协议栈，包含 SDAP、PDCP、RLC、MAC、PHY 子层。

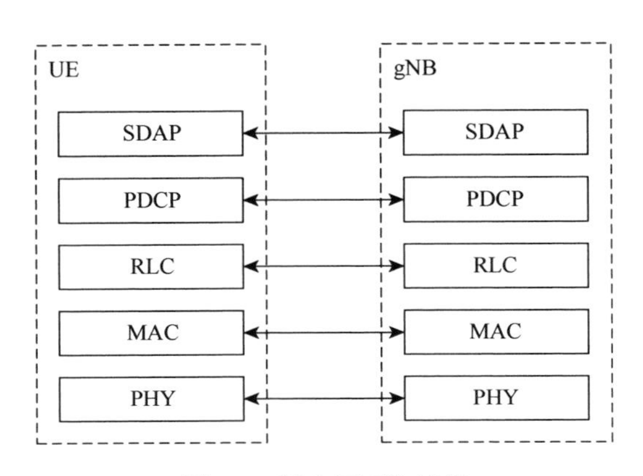

图 5.3 用户平面协议栈

图 5.4 给出了控制平面协议栈，包含 PDCP、RLC、MAC、PHY 子层（在网络侧的 gNB 中终止）、RRC（在网络侧的 gNB 中终止）、NAS 控制协议（在网络侧的 AMF 中终止执行身份验证、移动性管理、安全控制等功能）。

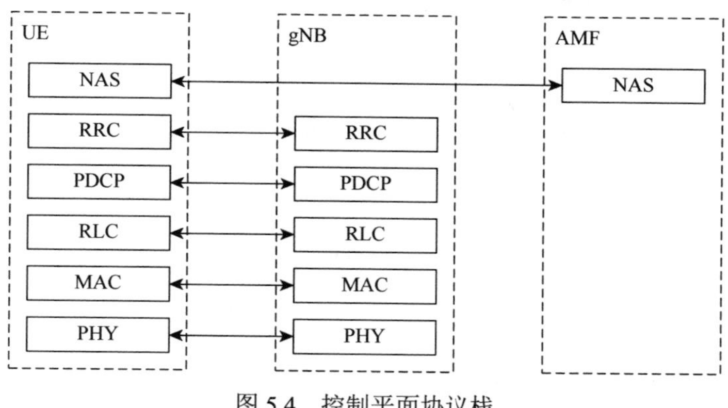

图 5.4　控制平面协议栈

5.1.3　网络接口

1. NG 接口

NG 用户平面接口（NG-U）在 NG-RAN 节点和 UPF 之间定义。NG-U 协议栈如图 5.5 所示。传输网络层建立在 IP 传输上，GTP-U 用于 UDP/IP 之上，以承载 NG-RAN 节点和 UPF 之间的用户平面 PDU。NG-U 在 NG-RAN 节点和 UPF 之间提供无保证的用户平面 PDU 传送。

NG 控制平面接口（NG-C）在 NG-RAN 节点和 AMF 之间定义。NG-C 协议栈如图 5.6 所示。传输网络层建立在 IP 传输之上。为了可靠地传输信令消息，在 IP 之上添加流控制传输协议（Stream Control Transmission Protocol，SCTP）。应用层信令协议称为 NGAP（NG 应用协议）。SCTP 层提供有保证的应用层消息传递。在传输中，IP 层点对点传输用于传递信令 PDU。NG-C 提供的功能：NG 接口管理、UE 上下文管理、UE 移动性管理、传输 NAS 消息、寻呼、PDU 会话管理、配置转移、警告消息传输。

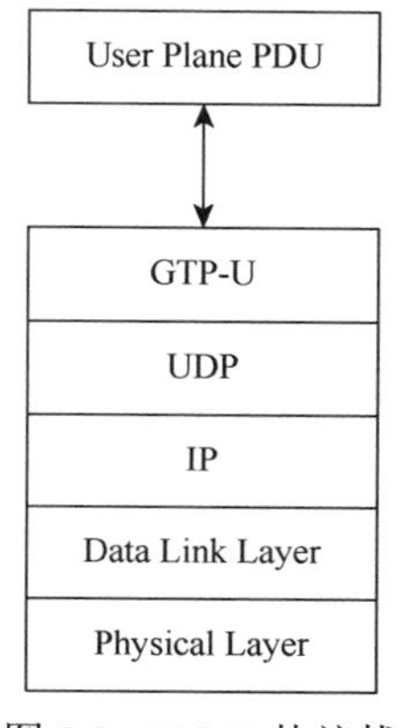

图 5.5　NG-U 协议栈

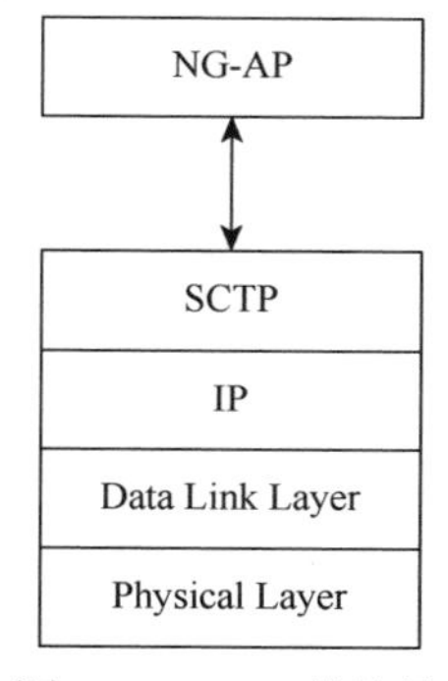

图 5.6　NG-C 协议栈

2. Xn 接口

Xn 用户平面接口（Xn-U）在两个 NG-RAN 节点之间定义。Xn-U 协议栈如图 5.7 所示。传输网络层建立在 IP 传输上，GTP-U 用于 UDP/IP 之上以承载用户平面 PDU。Xn-U 提供无保证的用户平面 PDU 传送，支持数据发送和流量控制的功能。

Xn 控制平面接口（Xn-C）在两个 NG-RAN 节点之间定义。Xn-C 协议栈如图 5.8 所示。传输网络层建立在 IP 之上的 SCTP 层。应用层信令协议称为 XnAP（Xn 应用协议）。SCTP 层提供有保证的应用层消息传递。在传输 IP 层中，点对点传输用于传递信令 PDU。Xn-C 接口支持 Xn 接口管理、UE 移动性管理，包括上下文传输和 RAN 寻呼好和双连接功能。

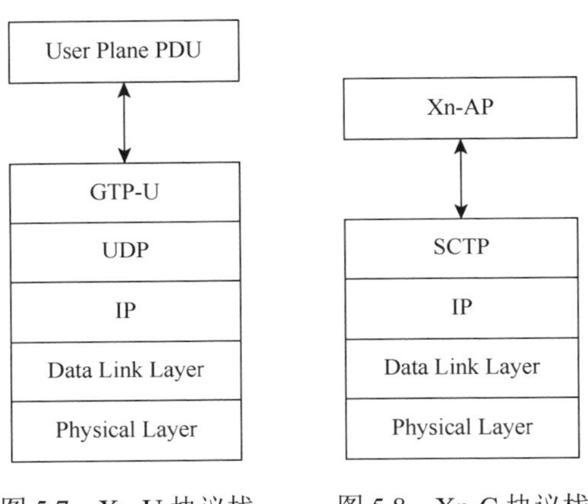

图 5.7　Xn-U 协议栈　　图 5.8　Xn-C 协议栈

5.1.4　多 RAT 双连接

NG-RAN 支持多 RAT 双连接（MR-DC）操作，其中 RRC_CONNECTED 中的 UE 被配置为利用由两个不同调度器提供的无线资源，这两个调度器位于通过非理想回程连接的两个不同 NG-RAN 节点中，并且提供 E-UTRA（即如果节点是 ng-eNB）或 NR 接入（即如果节点是 gNB）。

5.2　5G 协议栈层级描述

5.2.1　物理层描述

1. 混合接入方式

混合接入方式用于 NR 物理层的多址方案基于具有循环前缀（Cyclic Prefix，CP）

的正交频分复用（Orthogonal Frequency Division Multiplexing，OFDM）。对于上行链路，还支持具有 CP 的离散傅里叶变换扩展 OFDM（DFT-s-OFDM）。为了支持成对和不成对频谱中的传输，启用了频分双工（FDD）和时分双工（TDD）。物理层以基于资源块的带宽可变方式定义，允许 NR 层 1 适应各种频谱分配。资源块跨越具有给定子载波间隔的 12 个子载波。无线帧的时长为 10ms，由 10 个子帧组成，子帧时长为 1ms。子帧由一个或多个相邻的时隙形成，每个时隙具有 14 个相邻的符号。

2. 物理信道和调制

下行链路中定义的物理信道：物理下行链路共享信道（Physical Downlink Shared Channel，PDSCH）、物理下行链路控制信道（Physical Downlink Control Channel，PDCCH）、物理广播信道（Physical Broadcast Channel，PBCH）。上行链路中定义的物理信道：物理随机接入信道（Physical Random Access Channel，PRACH）、物理上行链路共享信道（Physical Uplink Shared Channel，PUSCH）、物理上行链路控制信道（Physical Uplink Control Channel，PUCCH）。副链路中定义的物理通道：物理副链路广播信道（Physical Sidelink Broadcast Channel，PSBCH）、物理副链路控制信道（Physical Sidelink Control Channel，PSCCH）、物理副链路反馈信道（Physical Sidelink Feedback Channel，PSFCH）、物理副链路共享信道（Physical Sidelink Share Channel，PSSCH）。

另外，信号被定义为参考信号，以及主要和次要同步信号。支持的调制方案：在下行链路中，QPSK、16QAM、64QAM 和 256QAM；在上行链路中，用于带 CP 的 OFDM：QPSK、16QAM、64QAM 和 256QAM，用于带 CP 的 DFT-s-OFDM：π/2-BPSK、QPSK、16QAM、64QAM 和 256QAM。

3. 信道编码

传输数据块的信道编码方案是准循环 LDPC 码，其分别具有 2 个基图和 8 组奇偶校验矩阵。一个基图用于大于特定大小或初始传输码率高于阈值的码块；否则，使用另一个基图。在 LDPC 编码之前，对于大传输块，传输块被分段为具有相同大小的多个代码块。PBCH 和控制信息的信道编码方案基于嵌套序列的极化编码（Polar）。删除、压缩和复用等用于速率匹配。

4. 物理层流程

物理层涵盖的流程包括：小区搜索、功率控制、上行链路同步和上行链路定时控制、随机接入相关流程、HARQ 相关流程、波束管理和 CSI 相关流程、Sidelink 相关流程、信道接入流程。通过控制频域以及时域和功率中的物理层资源，在 NR 中提供了对干扰协调的隐含支持。

5. 物理层测量

无线特性由 UE 和网络测量并报告给更高层，具体包括用于频率内和频率间切换的测量、RAT 间切换、定时测量和 RRM 的测量。定义用于 RAT 间切换的测量以支持切换到 E-UTRA。

5.2.2　层 2 描述

NR 的层 2 被分成以下子层：媒体接入控制（MAC）、无线链路控制（RLC）、分组数据汇聚协议（PDCP）和服务数据适配协议（SDAP）。无线承载分为两组：用于用户平面数据的数据无线承载（DRB）和用于控制平面数据的信令无线承载（SRB）。图 5.9 和图 5.10 描绘了下行链路和上行链路的数据链路层（L2）架构，具体包括：

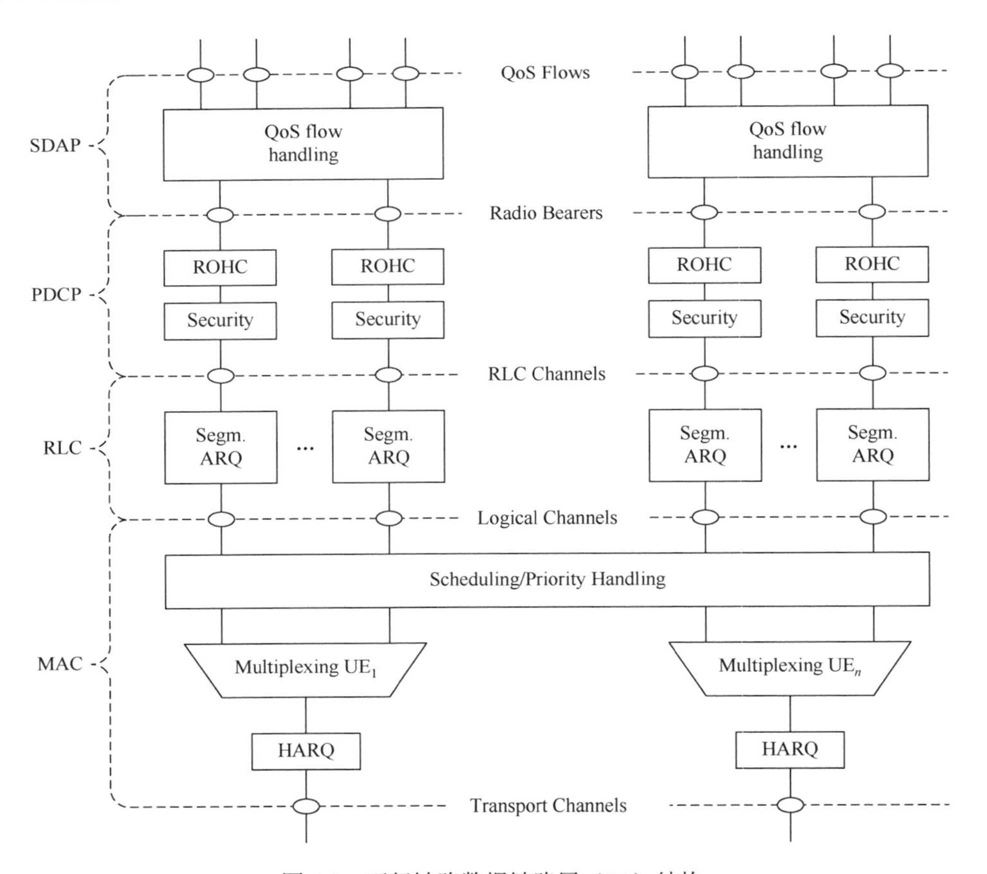

图 5.9　下行链路数据链路层（L2）结构

（1）物理层提供 MAC 子层传输信道；
（2）MAC 子层向 RLC 子层提供逻辑信道；
（3）RLC 子层向 PDCP 子层提供 RLC 信道；
（4）PDCP 子层向 SDAP 子层提供无线承载；
（5）SDAP 子层提供 5GC QoS 流；
（6）Comp. 引用头部压缩和 Segm.分割；
（7）控制信道（为清楚起见未示出 BCCH 和 PCCH）。

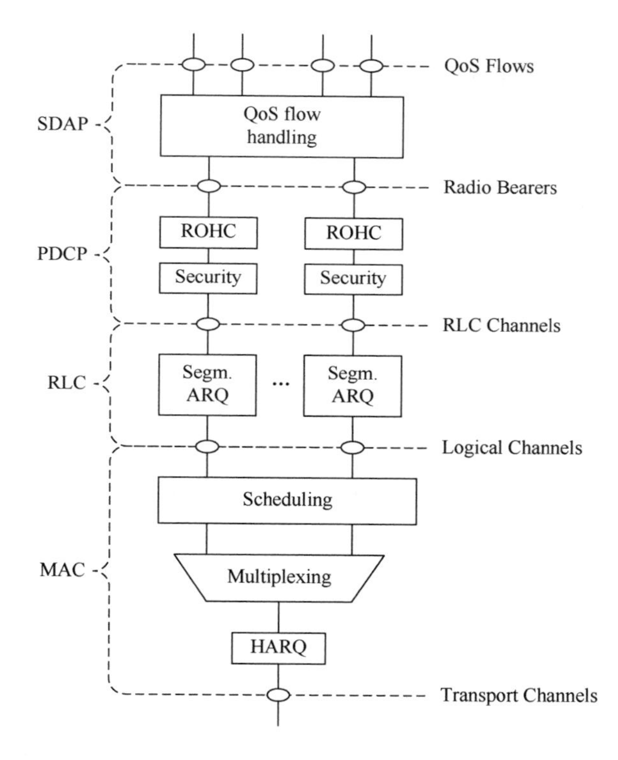

图 5.10　上行链路数据链路层（L2）结构

1. MAC 子层

1）MAC 子层的主要服务和功能包括：
（1）逻辑信道和传输信道之间的映射；
（2）将属于一个或不同逻辑信道的 MAC SDU 多路复用/解复用传输到/回传输信道上的物理层的传输块（TB）；
（3）调度信息报告；

（4）通过 HARQ 进行纠错（在 CA 的情况下每个小区存在一个 HARQ 实体）；

（5）通过动态调度在 UE 之间进行优先级处理；

（6）通过逻辑信道优先级排序在一个 UE 的逻辑信道之间进行优先级处理；

（7）填充。

单个 MAC 实体可以支持多个数字、传输定时和小区。逻辑信道通过使用数字参数配置、小区和传输定时实现优先级控制的映射限制。

2）逻辑信道

MAC 提供不同种类的数据传输服务。每种逻辑信道类型由传输的信息类型定义。逻辑信道分为控制信道和业务信道，控制信道仅用于传输控制平面信息。

（1）广播控制信道（BCCH）：用于广播系统控制信息的下行链路信道。

（2）寻呼控制信道（PCCH）：一种下行链路信道，它传输寻呼信息，系统信息变化通知和正在进行的 PWS 广播的指示。

（3）公共控制信道（CCCH）：用于在 UE 和网络之间发送控制信息的信道。该信道用于与网络没有 RRC 连接的 UE。

（4）专用控制信道（DCCH）：在 UE 和网络之间发送专用控制信息的点对点双向信道。由具有 RRC 连接的 UE 使用。

（5）专用业务信道（DTCH）：专用于一个 UE 的点对点信道，用于传输用户信息。DTCH 可以存在于上行链路和下行链路中。

3）映射到传输信道

在 Downlink 中，存在逻辑信道和传输信道之间的以下连接：

（1）BCCH 可以映射到 BCH；

（2）BCCH 可以映射到 DL-SCH；

（3）PCCH 可以映射到 PCH；

（4）CCCH 可以映射到 DL-SCH；

（5）DCCH 可以映射到 DL-SCH；

（6）DTCH 可以映射到 DL-SCH。

在 Uplink 中，存在逻辑信道和传输信道之间的以下连接：

（1）CCCH 可以映射到 UL-SCH；

（2）DCCH 可以映射到 UL-SCH；

（3）DTCH 可以映射到 UL-SCH。

4）HARQ

HARQ 功能确保在第 1 层的对等实体之间的传递。当物理层未配置用于下行链路/上行链路空间复用时，单个 HARQ 进程支持一个 TB，并且当物理层配置用于下行链路/上行链路空间复用时，单个 HARQ 进程支持一个或多个 TB。

2. RLC 子层

1）传输模式

RLC 子层支持三种传输模式：

（1）透明模式（TM）；

（2）未确认模式（UM）；

（3）已确认模式（AM）。

RLC 子层用于配置每个逻辑信道，不依赖于数字和/或传输持续时间，并且 ARQ 可以在逻辑信道配置的任何数字和/或传输持续时间上操作。对于 SRB0，寻呼和广播系统信息，使用 TM 模式。对于其他 SRB 使用的是 AM 模式。对于 DRB，使用 UM 或 AM 模式。

2）服务和功能

RLC 子层的主要服务和功能取决于传输模式，包括：

（1）传输上层 PDU；

（2）序列编号独立于 PDCP（UM 和 AM）中的序列编号；

（3）通过 ARQ 纠错（仅限 AM）；

（4）RLC SDU 的分段（AM 和 UM）和重新分段（仅 AM）；

（5）重新组装 SDU（AM 和 UM）；

（6）重复检测（仅限 AM）；

（7）RLC SDU 丢弃（AM 和 UM）；

（8）RLC 重建；

（9）协议错误检测（仅限 AM）。

3）ARQ

RLC 子层内的 ARQ 具有以下特征：

（1）ARQ 根据 RLC 状态报告重传 RLC SDU 或 RLC SDU 段；

（2）RLC 需要轮询 RLC 状态报告；

（3）在检测到丢失的 RLC SDU 或 RLC SDU 段之后，RLC 接收器还可以触发 RLC 状态报告。

3. PDCP 子层

用户平面的 PDCP 子层的主要服务和功能包括：

（1）传输数据（用户平面或控制平面）；

（2）维护 PDCP SN；

（3）使用 ROHC 协议进行标头压缩和解压缩；

（4）加密和解密；

（5）完整性保护和完整性验证；
（6）基于定时器的 SDU 丢弃；
（7）对于分割的承载、路由服务；
（8）复制；
（9）重新排序和按顺序交付；
（10）无序交货；
（11）重复丢弃。

PDCP 不允许 COUNT 在 DL 和 UL 中环绕，因此由网络来防止它的发生（例如，使用相应无线承载或完整配置的释放和添加）。

4. SDAP 子层

SDAP 的主要服务和功能包括：
（1）QoS 流和数据无线承载之间的映射；
（2）标记 DL 和 UL 数据包中的 QoS 流 ID（QFI）。
为每个单独的 PDU 会话配置 SDAP 的单个协议实体。

5. 层 2（L2）数据流

图 5.11 描绘了层 2（L2）数据流的示例，其中通过连接来自 RBx 的两个 RLC PDU 和来自 RBy 的一个 RLC PDU 并由 MAC 生成传输块。来自 RBx 的两个 RLC PDU 分别对应于一个 IP 分组（n 和 $n+1$），而来自 RBy 的 RLC PDU 是 IP 分组（m）的分段。

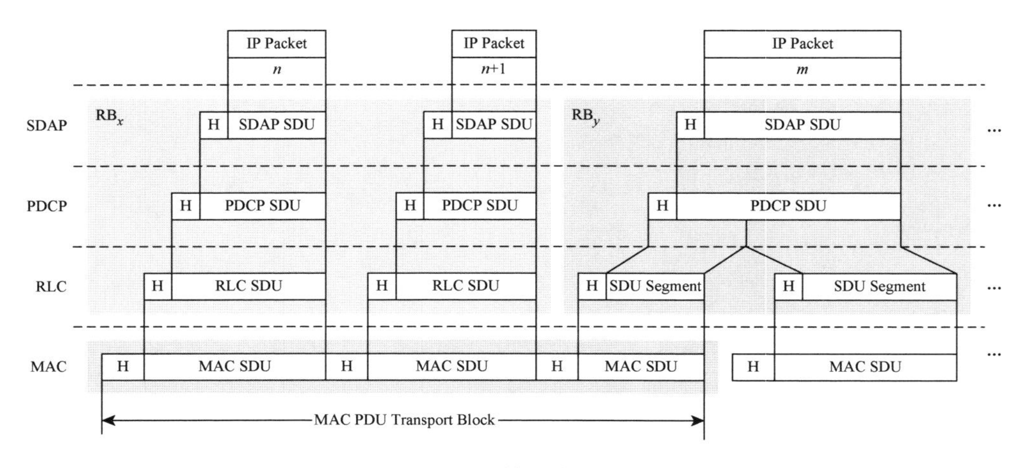

图 5.11　数据流示例

5.2.3　RRC 层描述

1. 服务和功能

RRC 层的主要服务和功能包括如下。

（1）广播与 AS 和 NAS 相关的系统信息。

（2）由 5GC 或 NG-RAN 发起的寻呼。

（3）建立、维持和释放 UE 与 NG-RAN 之间的 RRC 连接，包括：

①载波聚合的添加，修改和释放；

②在 NR 中或在 E-UTRA 和 NR 之间添加、修改和释放双连接。

（4）安全功能包括：

①密钥管理；

②信令无线承载（Signalling Radio Bearers，SRB）和数据无线承载（Data Radio Bearers，DRB）的建立、配置、维护和发布。

（5）移动功能包括：

①移交和上下文转移；

②UE 小区选择和重选以及小区选择和重选的控制；

③RAT 间移动性。

（6）QoS 管理功能。

（7）UE 测量报告和控制报告。

（8）无线链路故障的检测和恢复。

（9）NAS 向/从 UE 传送 NAS 的消息。

2. 协议详述

RRC 支持以下状态，具体特征如下。

（1）RRC_IDLE：PLMN 选择；广播系统信息；小区重选移动性；移动终止数据的寻呼由 5GC 发起；移动终接数据区域的寻呼由 5GC 管理；由 NAS 配置的用于 CN 寻呼的 DRX。

（2）RRC_INACTIVE：PLMN 选择；广播系统信息；小区重选移动性；寻呼由 NG-RAN（RAN 寻呼）发起；基于 RAN 的通知区域（RNA）由 NG-RAN 管理；由 NG-RAN 配置的 RAN 寻呼 DRX；为 UE 建立 5GC-NG-RAN 连接（两个 C/用户平面）；UE AS 上下文存储在 NG-RAN 和 UE 中；NG-RAN 知道 UE 所属的 RNA。

（3）RRC_CONNECTED：为 UE 建立 5GC-NG-RAN 连接（两个 C/用户平面）；UE AS 上下文存储在 NG-RAN 和 UE 中；NG-RAN 知道 UE 所属的小区；向/从

UE 传输单播数据；网络控制移动性包括测量。

3. 系统信息处理

1）概述

系统信息（System Information，SI）由一个 MIB（Management Information Base）和多个 SIB（System Information Block）组成，它们分为最小 SI 和其他 SI。最小 SI 包括初始访问所需的基本信息和获取任何其他 SI 所需的信息，具体包括 MIB 和 SIB1（System Information Block Type 1）。其他 SI 包括所有未在最小 SI 中广播的 SIB。

最小 SI 包括：

（1）MIB 包含接收进一步系统信息所需的小区禁止状态信息和基本物理层信息；

（2）SIB1 定义了其他系统信息块的调度，并包含初始接入所需的信息；

（3）其他 SI 包含未在最小 SI 中广播的所有 SIB。这些 SIB 可以在 DL-SCH 上周期性地广播，在 DL-SCH 上按需广播（即根据来自 RRC_IDLE 或 RRC_INACTIVE 中的 UE 的请求），或者在 DL-SCH 上以专用方式发送到 RRC_CONNECTED 中的 UE。

其他 SI 包括：

（1）SIB2 包含小区重选信息，主要与服务小区有关；

（2）SIB3 包含关于与小区重选相关的服务频率和频内相邻小区的信息（包括频率共用的小区重选参数以及小区特定的重选参数）；

（3）SIB4 包含关于与小区重选相关的其他 NR 频率和频率间相邻小区的信息（包括频率共用的小区重选参数以及小区特定的重选参数）；

（4）SIB5 包含关于 E-UTRA 频率和与小区重选相关的 E-UTRA 相邻小区的信息（包括频率共用的小区重选参数以及小区特定的重选参数）；

（5）SIB6 包含 ETWS 主要通知；

（6）SIB7 包含 ETWS 辅助通知；

（7）SIB8 包含 CMAS 警告通知；

（8）SIB9 包含与 GPS 时间和协调世界时（UTC）相关的信息。

系统信息供应如图 5.12 所示。

对于 UE 考虑用于驻留的小区/频率，UE 不需要从另一小区/频率层获取该小区/频率的最小 SI 的内容。这并不排除 UE 应用来自先前接入的小区的存储的 SI 的情况。如果 UE 不能确定小区的最小 SI 的全部内容（通过从该小区接收或者从先前小区的有效存储的 SI 接收），则 UE 应该将该小区视为禁止的。在 BA 的情况下，UE 仅在活动 BWP 上获取 SI。

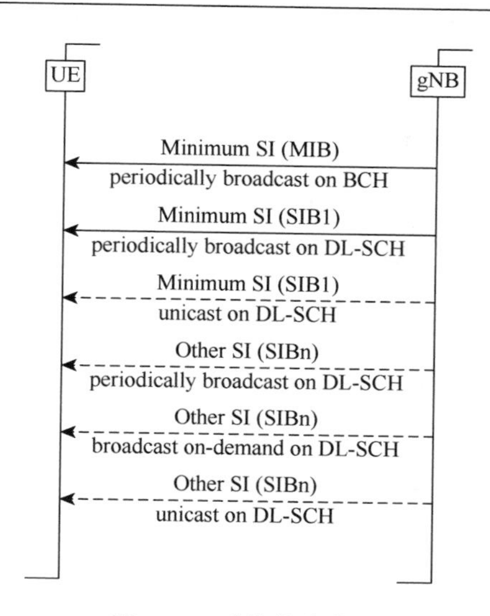

图 5.12　系统信息供应

2）调度

MIB 映射在 BCCH 上并在 BCH 上承载，而所有其他 SI 消息在 BCCH 上映射，并在 DL-SCH 上承载，其中它们在 DL-SCH 上动态承载。其他 SI 的 SI 消息部分的调度由 SIB1 指示。

对于 RRC_IDLE 和 RRC_INACTIVE 中的 UE，对其他 SI 的请求触发随机接入过程，其中 MSG3 包括 SI 请求消息，除非所请求的 SI 与 PRACH 资源的子集相关联，在这种情况下 MSG1 是用于指示所请求的其他 SI。

当使用 MSG1 时，请求的最小粒度是一个 SI 消息（即一组 SIB），一个 RACH 前导码和/或 PRACH 资源可用于请求多个 SI 消息，并且 gNB 在 MSG2 中确认该请求。当使用 MSG 3 时，gNB 在 MSG4 中确认该请求。

可以以可配置的周期性和特定持续时间广播其他 SI。当 UE 在 RRC_IDLE/RRC_INACTIVE 中请求时，也可以广播其他 SI。

为了允许 UE 驻留在小区上，它必须从该小区获取最小 SI 的内容。系统中可能存在不广播最小 SI 的小区，因此 UE 无法驻留。

3）SI 修改

系统信息的变化仅发生在特定的无线帧，即使用修改周期的概念。系统信息可以在修改周期内以相同的内容发送多次，如其调度所定义的。修改周期由系统信息配置。

当网络改变（一些）系统信息时，它首先向 UE 通知该改变，这可以在整个修改周期中完成。在下一个修改周期中，网络发送更新的系统信息。在接收到改变通知时，UE从下一个修改周期的开始获取新系统信息。UE应用先前获取的系统信息，直到UE获取新的系统信息。

寻呼消息或 PDCCH 上的指示用于通知 RRC_IDLE、RRC_INACTIVE 和 RRC_CONNECTED中的UE关于系统信息改变。如果UE接收到这样的寻呼消息，则它知道系统信息（除了ETWS/CMAS之外）将在下一个修改周期边界处改变。

4. 接入控制

NG-RAN 支持过载和接入控制功能，如 RACH 后退、RRC 连接拒绝、RRC 连接释放和基于 UE 的接入限制机制。统一接入控制框架适用于 NR 的所有 UE 状态（RRC_IDLE、RRC_INACTIVE 和 RRC_CONNECTED）。NG-RAN 广播禁止与接入类别和接入标识相关联的控制信息（在网络共享的情况下，可以为每个PLMN单独设置限制控制信息）。UE根据所选PLMN广播的限制信息以及接入尝试的所选接入类别和接入标识，确定是否授权接入尝试：

（1）对于NAS触发的请求，NAS确定接入类别和接入标识；

（2）对于AS触发的请求，RRC确定接入类别，而NAS确定接入标识。

gNB处理具有高优先级的建立导致“紧急”、“mps-PriorityAccess”和“mcs-Priority-Access”（即紧急呼叫、MPS、MCS 用户）的访问尝试，并且仅在极端网络负载中响应RRC拒绝这些访问尝试可能威胁gNB稳定性的条件。

5. UE能力检索框架

UE 报告其无线接入能力在网络请求时至少是静态的。gNB 可以基于频带信息请求UE报告哪些能力。

6. NAS消息的传输

NR在RRC中的SRB上提供可靠的按顺序递送NAS消息，除了在重新建立PDCP时可能发生丢失或重复的切换。在RRC中，NAS消息以透明容器发送。在以下场景中可能会发生NAS消息的捎带。

（1）在承载中建立/修改/发布；

（2）用于在连接建立期间传输初始NAS消息并在UL中恢复连接。

7. 载波聚合

当配置CA时，UE仅与网络具有一个RRC连接。在RRC连接建立/重建/切换时，一个服务小区提供NAS移动性信息，并且在RRC连接重建/切换时，一个服务小区提供安全性输入。该小区称为主小区（Primary Cell，PCell）。根据 UE 的能力，辅小区（Secondary Cell，SCell）可以被配置后，与PCell形成一组服务小区。因此，用于UE的配置的服务小区集合总是由一个PCell和一个或多个SCell组成。可以由RRC执行SCell的重新配置、添加和移除。在NR内切换时，RRC还可以添加、移除或重新配置SCell以供目标PCell使用。当添加新SCell时，专用RRC信令用于发送SCell的所有所需系统信息，即当处于连接模式时，UE不需要直接从SCell获取广播系统信息。

8. 带宽适应

为了在PCell上启用BA，gNB使用UL和DL BWP配置UE。为了在CA的情况下在SCell上启用BA，gNB至少为UE配置DL BWP（即UL中可能没有）。对于PCell，初始BWP是用于初始接入的BWP。对于SCell，初始BWP是配置用于UE首先在SCell激活下操作的BWP。

在成对频谱中，DL和UL可以独立切换BWP。在不成对的频谱中，DL和UL同时切换BWP。通过DCI或不活动定时器在配置的BWP之间切换。当为服务小区配置不活动定时器时，与该小区相关联的不活动定时器的到期将活动BWP切换到由网络配置的默认BWP。

9. UE支持信息

当配置为它更喜欢调整连接模式DRX周期长度或是否正在经历内部过热，UE可以通过UE Assistance Information向网络发送信号。在后一种情况下，UE可以表示倾向于暂时减少最大辅助分量载波的数量、最大聚合带宽和最大MIMO层的数量。在这两种情况下，由gNB决定是否适应请求。

5.3　5G协议一致性测试

协议一致性测试主要用于验证移动通信终端信令流程和消息内容是否符合规范标准，从而保证终端的信令和协议要求一致。协议一致性测试主要涉及的协议层包括接入层（AS）（包括MAC、RLC、PDCP、RRC）和非接入层（NAS）（包括MM、SM、CM）。

5.3.1　测试状态

1. UE状态和状态转换（包括帧间RAT）

当建立RRC连接时，UE要么处于RRC_CONNECTED状态，要么处于RRC_INACTIVE状态。如果不是这样，即没有建立RRC连接，则UE处于RRC_IDLE状态。RRC 状态可以进一步描述如下。

RRC_IDLE：

（1）UE 特定 DRX 可以由上层配置；

（2）UE 基于网络配置控制移动性。

UE：

（1）监控寻呼信道；

（2）执行相邻小区测量和小区（重新）选择；

（3）获取系统信息。

RRC_INACTIVE：

（1）UE 特定 DRX 可以由上层或 RRC 层配置；

（2）UE 基于网络配置控制移动性；

（3）UE 存储 AS 上下文。

UE：

（1）监控寻呼信道；

（2）执行相邻小区测量和小区（重新）选择；

（3）在基于 RAN 的通知区域外移动时执行基于 RAN 的通知区域更新；

（4）获取系统信息。

RRC_CONNECTED：

（1）UE 存储 AS 上下文；

（2）向/从 UE 传输单播数据；

（3）在较低层，UE 可以配置有 UE 特定 DRX；

（4）对于支持 CA 的 UE，使用与主辅小区（Primary Secondary Cell，PsCell）聚合的一个或多个 SCell 来增加带宽；

（5）对于支持 DC 的 UE，使用与 MCG 聚合的一个 SCG 来增加带宽；

（6）NR 内和/或来自 E-UTRAN 的网络控制的移动性。

UE：

（1）监控寻呼信道；

（2）监视与共享数据信道相关的控制信道，以确定是否为其安排了数据；

（3）提供信道质量和反馈信息；

（4）执行相邻小区测量和测量报告；

（5）获取系统信息。

图 5.13 说明了 UE RRC 状态机和 NR 中的状态转换的概述。

图 5.14 概述了 UE 状态机和 NR 中的状态转换，以及 NR/NGC 和 E-UTRAN/EPC 之间支持的移动性过程。

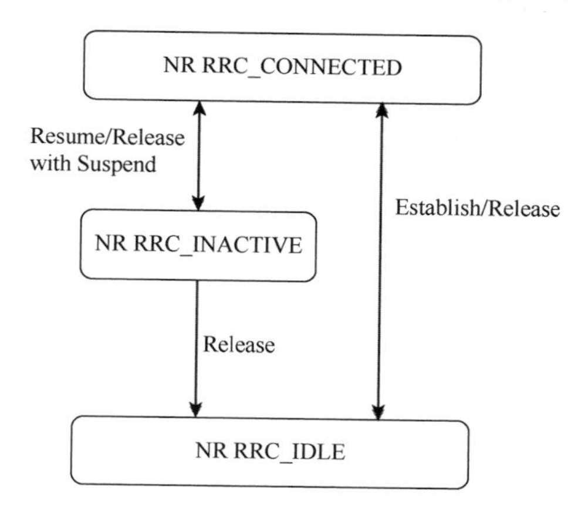

图 5.13　UE RRC 状态机和 NR 中的状态转换

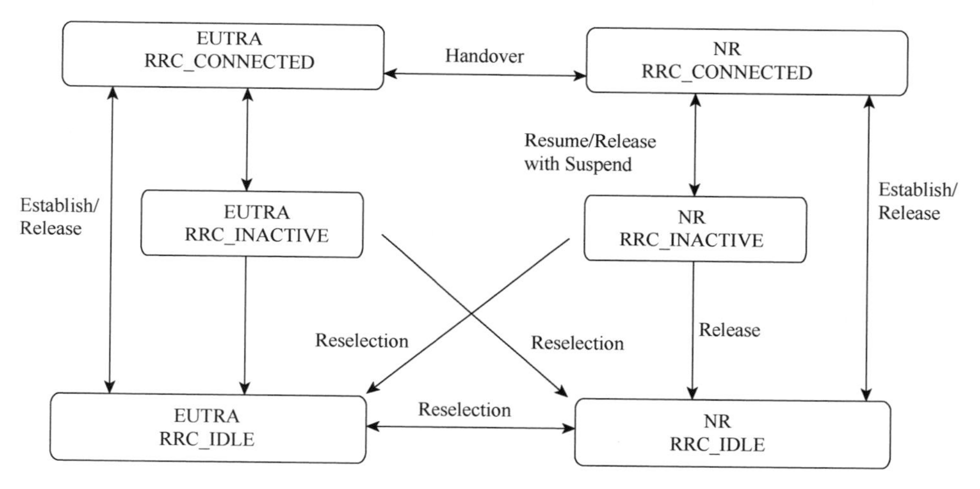

图 5.14　UE 状态机和 NR/NGC 与 E-UTRAN/EPC 之间的状态转换

2. 测试状态列表

测试状态的目的是使 UE 在测试用例的初始条件下进入特定的 5GC 和 RRC 协议状态。每个测试状态都由一个测试状态 ID 标识。表 5.1～表 5.4 给出了定义的测试状态列表以及相关的 UE 5GC 和 RRC/N3AN 协议状态。测试用例可以请求 SS 激活/配置一个或多个测试功能和/或配置，作为用于请求的测试状态的过程的一部分。测试用例通过指定一个或多个测试状态参数来请求额外的测试功能和/或配置。

表 5.1　UE 关闭时的 5GC 和 RRC/N3AN 协议状态

5GS 状态 ID	连接	RRC/N3AN 状态	5GMM 模式	5GMM 子层	建立的 PDU 会话数	5GSM 子层	注释
0-A	—	—	—	—	—	—	UE 关闭 USIM 中存储的 PLMN 没有更改
0N-B	NR	—	—	—	—	—	UE 关闭在 USIM 中存储的被测 PLMN
0E-B	E-UTRA	—	—	—	—	—	
0W-B	WLAN	—	—	—	—	—	

表 5.2　5GC 和 RRC/N3AN 协议空闲状态

5GS 状态 ID	连接	RRC/N3AN 状态	5GMM 模式	5GMM 子层	建立的 PDU 会话数	5GSM 子层
1N-A	NR	NR RRC_IDLE	5GMM-IDLE	5GMM-REGISTERED	0	PDU SESSION INACTIVE
					1 或 2	PDU SESSION ACTIVE
1E-A	E-UTRA	EUTRA RRC_IDLE	5GMM-IDLE	5GMM-REGISTERED	0	PDU SESSION INACTIVE
					1 或 2	PDU SESSION ACTIVE
1W-A	WLAN	Ipsec_SA_Released	5GMM-IDLE	5GMM-REGISTERED	0	PDU SESSION INACTIVE
					1	PDU SESSION ACTIVE

表 5.3　5GC 和 RRC 协议非活动状态

5GS 状态 ID	连接	RRC 状态	5GMM 模式	5GMM 子层	建立的 PDU 会话数	5GSM 子层
2N-A	NR	NR RRC_INACTIVE	5GMM-CONNECTED	5GMM-REGISTERED	0	PDU SESSION INACTIVE
					1 或 2	PDU SESSION ACTIVE
2E-A	E-UTRA	EUTRA RRC_INACTIVE	5GMM-CONNECTED	5GMM-REGISTERED	0	PDU SESSION INACTIVE
					1 或 2	PDU SESSION ACTIVE

表 5.4 5GC 和 RRC/N3AN 协议连接状态

5GS 状态 ID	连接	RRC/N3AN 状态	5GMM 模式	5GMM 子层	建立的 PDU 会话数	5GSM 子层
3N-A	NR	NR RRC_CONNECTED	5GMM-CONNECTED	5GMM-REGISTERED	0	PDU SESSION INACTIVE
					1 或 2	PDU SESSION ACTIVE
3E-A	E-UTRA	EUTRA RRC_CONNECTED	5GMM-CONNECTED	5GMM-REGISTERED	0	PDU SESSION INACTIVE
					1 或 2	PDU SESSION ACTIVE
3W-A	WLAN	Ipsec_SA_Established	5GMM-CONNECTED	5GMM-REGISTERED	0	PDU SESSION INACTIVE
					1	PDU SESSION ACTIVE

5.3.2 测试流程和过程说明

1. PLMN 选择

在 UE 中，AS 应根据 NAS 的请求或自主地向 NAS 报告可用的 PLMN。在 PLMN 选择期间，基于优先级顺序的 PLMN 标识列表，可以自动或手动选择特定 PLMN。PLMN 标识列表中的每个 PLMN 由“PLMN 标识”标识。在关于广播信道的系统信息中，UE 可以在给定小区中接收一个或多个“PLMN 标识”。由 NAS 执行的 PLMN 选择的结果是所选择的 PLMN 的标识符。

根据 NAS 的请求，AS 应执行对可用 PLMN 的搜索并将其报告给 NAS。

UE 应根据其能力扫描 NR 频带中的所有 RF 信道以找到可用的 PLMN。在每个载波上，UE 应搜索最强的小区并读取其系统信息，以便找出该小区属于哪个 PLMN。如果 UE 可以读取最强小区中的一个或多个“PLMN 标识”，则每个找到的 PLMN 将作为高质量 PLMN（但没有 RSRP 值）报告给 NAS，前提是满足以下高质量标准：对于 NR 小区，测量的 RSRP 值应大于或等于–110dBm。

找到不满足高质量标准但 UE 已经能够读取“PLMN 标识”的 PLMN 与其对应的 RSRP 值一起被报告给 NAS。UE 向 NAS 报告的质量测量对于在一个小区中找到的每个 PLMN 应该是相同的。可以根据 NAS 的请求停止对 PLMN 的搜索。UE 可以通过使用存储的信息（如载波频率）以及可选地还有来自先前接收的测量控制信息小区的小区参数信息来优化 PLMN 搜索。一旦 UE 选择了 PLMN，就应该执行小区选择过程，以便选择在 PLMN 的合适小区驻留。

2. 小区选择和重选

1）简介

NAS 可以控制应该在其中执行小区选择的 RAT，例如，通过指示与所选择的 PLMN 相关联的 RAT，以及通过维护禁止注册区域的列表和等效 PLMN 的列表。UE 应基于 RRC_IDLE 或 RRC_INACTIVE 状态测量和小区选择标准来选择合适的小区。

为了加速小区选择过程，UE 可以使用多个 RAT 的存储信息（如果可用）。当驻留在小区上时，UE 应根据小区重选标准定期搜索更好的小区。如果找到更好的小区，则选择该小区。小区的变化可能意味着 RAT 的变化。如果小区选择和重选导致所接收的与 NAS 相关的系统信息发生变化，则通知 NAS。对于正常服务，UE 应驻留在合适的小区上，监视该小区的控制信道，以便 UE 能够：

（1）从 PLMN 接收系统信息；

（2）从 PLMN 接收注册区域信息，如跟踪区域信息；

（3）接收其他 AS 和 NAS 信息。

如果注册：

（1）接收来自 PLMN 的寻呼和通知消息；

（2）启动转移到连接模式。

对于小区选择，小区的测量取决于 UE 的实现。对于多波束操作中的小区重选，使用要考虑波束的最大数量（nrofSS-ResourcesToAverage）和为小区配置的阈值（absThreshSS-Consolidation），在对应的波束中导出该小区的测量量。基于 SS/PBCH 块的相同小区如下：

（1）如果未在 SIB2/SIB4 中配置 nrofSS-BlocksToAverage；

（2）如果未在 SIB2/SIB4 中配置 absThreshSS-BlocksConsolidation；

（3）如果最高光束测量数量值低于阈值；

（4）推导出一个小区测量数量作为最高的光束测量量值。

其他：导出小区测量量作为功率值的线性平均值，直到高于阈值的最大波束测量量值的最大数量。

2）处于 RRC_IDLE 状态和 RRC_INACTIVE 状态的状态和状态转换

图 5.15 显示了 RRC_IDLE 和 RRC_INACTIVE 中的状态和状态转换过程。每当执行新的 PLMN 选择时，将会导致退出到图中数字 1 流程。

3）小区选择过程

通过以下两个过程之一执行小区选择。

（1）初始小区选择（没有先前知道哪些 RF 信道是 NR 载波）：UE 应根据其能力扫描 NR 频带中的所有 RF 信道以找到合适的小区。在每个载波频率上，UE 仅需要搜索最强的小区。一旦找到合适的小区，就应选择该小区。

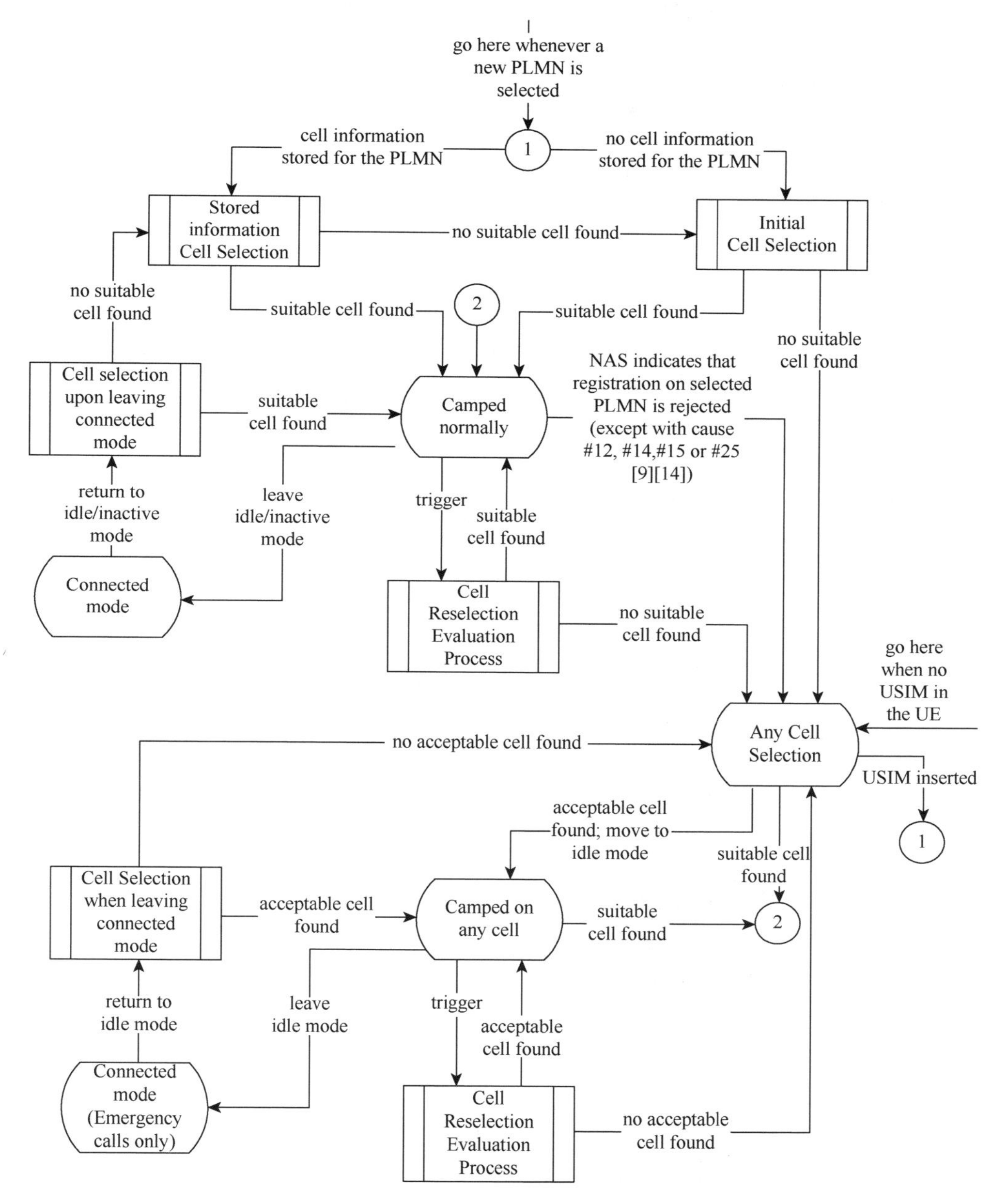

图 5.15　RRC_IDLE 和 RRC_INACTIVE 中的状态和状态转换过程

（2）通过利用存储的信息选择小区：该过程需要存储载波频率的信息，并且可选地还需要来自先前接收的测量控制信息小区或来自先前检测小区的信元参数的信息。一旦 UE 找到合适的小区，UE 就应该选择它。如果没有找到合适的小区，则应开始（1）中的初始小区选择过程。

小区选择标准在以下情况下满足正常覆盖范围内的小区选择标准 S（表 5.5）：

```
Srxlev>0 AND Squal>0
```

其中

```
Srxlev=Qrxlevmeas-(Qrxlevmin+Qrxlevminoffset)-Pcompensation-Qoffsettemp
Squal=Qqualmeas-(Qqualmin+Qqualminoffset)-Qoffsettemp
```

表 5.5 正常覆盖范围内的小区选择标准 S

Srxlev	小区选择 RX 电平值（dB）
Squal	小区选择质量值（dB）
$Qoffset_{temp}$	小区的偏移量（dB）
$Q_{rxlevmeas}$	测量的小区 RX 水平值（RSRP）
$Q_{qualmeas}$	测量的小区质量值（RSRQ）
$Q_{rxlevmin}$	小区中所需的最低 RX 电平（dBm）。如果 UE 支持该小区的 SUL 频率，则在 SIB1 中从 q-RxLevMin-sul（如果存在）获得 Qrxlevmin，否则从 SIB1 中的 q-RxLevMin 获得 Qrxlevmin
$Q_{qualmin}$	小区中所需的最低质量等级（dB）
$Q_{rxlevminoffset}$	在 Srxlev 评估中，信号 Qrxlevmin（需考虑偏移），作为正常驻留在 VPLMN 时定期搜索更高优先级 PLMN 的结果
$Q_{qualminoffset}$	在 Srxlev 评估中，信号 Qqualmin（需考虑偏移），作为正常驻留在 VPLMN 时定期搜索更高优先级 PLMN 的结果
$P_{compensation}$	对于 FR1，如果 UE 支持 NR NS PmaxList 中的 additionalPmax，则在 SIB1、SIB2 和 SIB4 中（如果存在）： max（PEMAX1-PPowerClass，0）-（min（PEMAX2，PPowerClass）-min（PEMAX1，PPowerClass））（dB）； 其他：max（PEMAX1-PPowerClass，0）（dB） 对于 FR2，Pcompensation 设置为 0

正常驻留在 VPLMN 时，当评估一个小区的小区选择时，信号值 Qrxlevminoffset 和 Qqualminoffset 仅作为周期性搜索更高优先级 PLMN 的结果。在该周期性搜索更高优先级 PLMN 期间，UE 可以使用从该更高优先级 PLMN 的不同小区存储的参数值来检查小区的 S 标准。

4）小区重选评估过程

（1）重选优先级处理。

可以在 RRC Release 消息的系统消息中，或者通过在 RAT 间小区（重新）选择中从另一个 RAT 继承，向 UE 提供不同 NR 频率或 RAT 间频率的绝对优先级。在系统信息的情况下，可以列出 NR 频率或 RAT 间频率而不提供优先级（即对于该频率不存在字段 cell Reselection Priority）。如果在专用信令中提供优先级，则 UE 应忽略系统信息中提供的所有优先级。如果 UE 驻留在任何小区状态，UE 将仅应用当前小区的系统信息提供的优先级，并且 UE 保留由 RRC Release 接收的专用信令和 deprioritisation Req 提供的优先级，除非另有说明。

当 UE 处于正常驻留状态时，除了当前频率之外只有专用优先级，UE 应将当前频率视为最低优先级频率（即低于任何网络配置值）。UE 仅对 NR 频率和 RAT 间频率执行小区重选评估，这些频率在系统信息中给出，并且 UE 具有优先级。如果 UE 收到带有 deprioritisation Req 的 RRC Release，UE 应考虑当前频率和存储的频率，因为先前收到的 RRC Release 与 deprioritisation Req 或 NR 的所有频率是最低优先级频率（即低于任何网络配置值），而 T325 正在运行，不考虑已驻留的 RAT。当 NAS 请求执行 PLMN 选择时，UE 将删除存储的去优先级请求。

注 1：在更改优先级后，UE 应尽快为小区重选选择更高优先级的层。TS 38.133 中规定的最低相关性能要求仍然适用。在以下情况下，UE 应删除专用信令提供的优先级：

①UE 进入不同的 RRC 状态；

②专用优先级（T320）的可选有效时间到期；

③请求执行 PLMN 选择。

注 2：不支持 RAT 之间的平等优先级。

UE 应仅对系统信息中给出的并且具有优先级的 NR 频率和 RAT 间频率执行小区重选评估。UE 不应将任何黑名单的小区视为小区重选的候选者。如果配置，UE 将在 RAT 间小区（重新）选择下继承由专用信令提供的优先级和剩余有效时间（即 NR 和 EUTRA 中的 T320）。

注 3：网络可以为未由系统信息配置的频率分配专用小区重选优先级。

（2）小区重选的测量规则。

UE 使用以下规则来限制所需的测量：

如果服务小区满足 Srxlev＞SIntraSearchP 和 Squal＞SIntraSearchQ，则 UE 可以选择不执行频率内测量。否则，UE 应执行频率内测量。

UE 应对 NR 频率间和 RAT 间频率应用以下规则，这些规则在系统信息中指示并且 UE 具有定义的优先级：

①对于具有高于当前 NR 频率的重选优先级的 NR 频率间或 RAT 间频率，UE 应执行更高优先级 NR 频率间或 RAT 间频率的测量；

②对于具有与当前 NR 频率的重选优先级相等或更低的重选优先级的 NR 频率，以及具有比当前 NR 频率的重选优先级更低的重选优先级的 RAT 间频率：如果服务小区满足 Srxlev＞SnonIntraSearchP 和 Squal＞SnonIntraSearchQ，则 UE 可以选择不执行具有相同或更低优先级的 NR 频率间或 RAT 间频率小区的测量；否

则，UE 应根据 TS 38.133 执行具有相同或更低优先级的 NR 频率间或 RAT 间频率小区的测量。

（3）UE 的移动性状态。

如果在服务小区的系统信息中广播参数（TCRMAX、NCR_H、NCR_M 和 TCRmaxHyst），则确定 UE 移动性状态。

状态检测标准如下。

正常移动性状态标准：如果在时间段 TCRMAX 期间的小区重选次数小于 NCR_M。

中等移动性状态标准：如果在时间段 TCRMAX 期间的小区重选的数量大于或等于 NCR_M 但小于 NCR_H。

高速移动性状态标准：如果在时间段 TCRMAX 期间的小区重选次数大于 NCR_H。

UE 在移动状态检测标准的一次重选之后立即重新选择小区时不应考虑连续重选。

状态转换如下。

UE 应适用以下扩展规则：

如果检测到高速移动性状态标准：进入高速移动性状态。

否则，如果检测到中等移动性状态标准：进入中等移动性状态。

否则，如果在时间段 TCRmaxHyst 内未检测到中等或高速移动性状态标准：进入正常移动性状态。

如果 UE 处于高速移动性或中等移动性状态，则 UE 应用子条款 5.2.4.3.1 中定义的速率相关缩放规则。

UE 应适用以下扩展规则：

如果未检测到中等移动性和高速移动性状态：没有应用缩放。

如果检测到高速移动性状态：如果在系统信息中广播，则将“速率相关的 ScalingFactor for Qhyst”的 sf-High 添加到 Qhyst；对于 NR 小区，如果在系统信息中广播，则将 Treselection NO 乘以“Speed dependent Scaling Factor for Treselection NO”的 sf-High。

如果检测到中等移动性状态：如果在系统信息中广播，则将“速率相关的 Scaling Factor for Qhyst 用于中等移动性状态”的 sf-Medium 添加到 Qhyst；对于 NR 小区，如果在系统信息中广播，则将 Treselection NO 乘以“Speed dependent Scaling Factorfor Treselection NO”的 sf-Medium。在将缩放应用于任何 $\text{Treselection}_{\text{RAT}}$ 参数的情况下，UE 应在所有缩放之后将结果向上舍入到最接近的秒（单位）。

（4）具有小区预留，接入限制或不适合正常驻留的小区。

如果必须从候选列表中排除该小区和其他小区，则 UE 不应将这些视为小区重选的候选者。当排名最高的小区格发生变化时，应删除此限制。根据绝对优先级重选规则，如果频率内或频率间小区是排名最高或最佳的小区，并且其属于“用于漫游的 5GS 禁止 TA 列表”或者其 PLMN 不等效于注册的 PLMN，则该小区为不适合的小区。UE 不应将该小区和其他小区视为相同频率，作为重选最多 300s 的候选者。如果 UE 进入任何小区选择状态，则应移除任何限制。如果 UE 在 NR 控制下被重定向到定时器正在运行的频率，则应该去除对该频率的任何限制。

根据绝对优先级重选规则，如果异系统小区是排名最高或最佳的小区，且其属于“禁止 TAs 漫游列表”或者其 PLMN 不等效于注册的 PLMN，则该小区为不适合的小区。对于注册的 PLMN，UE 不应将该小区视为最多 300s 的重选候选者。如果 UE 在 NR 控制下被重定向到定时器正在运行的频率，则应该去除对该频率的任何限制。

（5）NR 频率间和 inter-RAT 间小区重选标准。

如果在系统信息中广播 thresh Serving Low Q，并且 UE 驻留在当前服务小区已经超过 1s，则在以下情况下将执行对比服务频率更高优先级 NR 频率或 RAT 间频率的小区重选：

①在时间间隔 $Treselection_{RAT}$ 期间，具有较高优先级 NR 或 EUTRAN RAT/频率的小区满足 Squal＞ThreshX，HighQ。否则，如果出现以下情况，则应执行对服务频率高于优先级 NR 频率间或 inter-RAT 间频率的小区重选；

②在时间间隔 $Treselection_{RAT}$ 期间，优先级较高的 RAT/频率的小区满足 Srxlev＞ThreshX，HighP；

③自 UE 驻留在当前服务小区已经超过 1s。

如果在系统信息中广播 thresh Serving Low Q，并且 UE 驻留在当前服务小区已经超过 1s，则在以下情况下将执行对比服务频率低的优先级 NR 频率或 RAT 间频率的小区重选：

①在时间间隔 $Treselection_{RAT}$ 期间，服务小区实现 Srxlev＜$Thresh_{Serving, LowP}$，并且优先级较低的 NR 或 E-UTRAN RAT 的频率小区实现 Squal＞$Thresh_{X, LowQ}$。否则，如果出现以下情况，则应执行对服务频率低于优先级 NR 频率或 RAT 间频率的小区重选；

②服务小区在时间间隔 $Treselection_{RAT}$ 期间满足 Srxlev＜Thresh 服务，Low P 并且较低优先级 RAT/频率的小区满足 Srxlev＞ThreshX，LowP；

③自 UE 驻留在当前服务小区已经超过 1s。

如果具有不同优先级的多个小区满足小区重选标准，则对较高优先级 RAT/频率的小区重选应优先于较低优先级 RAT/频率。

如果多个小区符合上述标准，UE 应按如下方式重新选择小区：

①如果最高优先级频率是 NR 频率，则在符合条款 5.2.4.6 的最高优先级频率的小区中排名最高的小区；

②如果最高优先级频率来自另一个 RAT，应选择满足该标准的最高优先级频率中最强的小区。

（6）频内和相等优先频率间小区重选标准。

服务小区的小区排序标准 Rs 和相邻小区的 Rn 由下式定义：

$$Rs = Qmeas, s + QHYST$$

$$Rn = Qmeas, n - Qoffset$$

其中

Qmeas	用于小区重选的 RSRP 测量量
Qoffset	对于频率内：等于 Qoffsets, n，如果 Qoffsets, n 有效，否则等于零 对于频率间：等于 Qoffsets, n + Qoffsetfrequency，如果 Qoffsets, n 有效，否则等于 Qoffsetfrequency

应根据上述 R 准则，通过推导 Qmeas, n、Qmeas, s 和使用平均 RSRP 计算 *R* 值对小区进行排序。

如果未配置 range To Best Cell，则 UE 应对被列为最佳小区的小区执行小区重选。如果发现该小区不合适，则 UE 应根据（4）流程执行。

如果配置了 range To Best Cell，则 UE 应对其中 *R* 值在被排名为最佳的小区的 *R* 值的 range To Best Cell 的小区中具有高于阈值的最大波束数（即 abs Thresh SS-Consolidation）的小区执行小区重选。如果存在多个这样的小区，则 UE 应该对其中排名最高的小区执行小区重选。然后，重新选择的小区成为排名最高的小区。

在所有情况下，仅当满足以下条件时，UE 才应重新选择新小区：

①该在时间间隔 Treselection 期间，新小区比服务小区更好地排名 RAT；

②自 UE 驻留在当前服务小区已超过 1s。

（7）在 RRC_INACTIVE 状态下的 RAT 间小区重选。

对于处于 RRC_INACTIVE 状态的 UE，在小区重新选择到另一个 RAT 时，UE 从 RRC_INACTIVE 转换到 RRC_IDLE 并执行 TS 38.331 中规定的行动。

3. 小区预留和接入限制

有两种机制允许操作员强加小区预留或接入限制。第一种机制使用小区状态的指示和特殊保留来控制小区选择和重选过程。第二种机制，称为统一接入控制，应允许防止选定的接入类别或接入标识出于负载控制原因发送初始接入消息。

1）小区状态和小区预留

小区状态和小区预留通过三个字段在 Master Information Block 或 System Information Block Type1（SIB1）消息中指示：

（1）Cell Barred（IE 类型："禁止"或"未禁止"）在 Master Information Block 消息中指示。在 SIB1 中指示多个 PLMN 的情况下，该字段对于所有 PLMN 是共同的；

（2）Cell Reserved for Operator Use（IE 类型："保留"或"未保留"）在 System Information Block Type1 消息中指示。在 SIB1 中指示多个 PLMN 的情况下，每个 PLMN 指定该字段；

（3）Cell Reserved for Other Use（IE 类型："保留"或"未保留"）在 System Information Block Type1 消息中指示。在 SIB1 中指示多个 PLMN 的情况下，该字段对于所有 PLMN 是共同的。

当小区状态被指示为"未禁止"和"未保留"供操作员使用而"未保留"用于其他用途时，在小区选择和小区重选过程期间，所有 UE 都应将该小区视为候选小区。

当小区状态被指示为"保留"以供其他用途时，UE 应该将该小区视为"禁止"小区状态。

当小区状态被指示为"未禁止"和"保留"以供运营商用于任何 PLMN 并且"未保留"用于其他用途时，如果用于该 PLMN 的字段 cell Reserved For Operator Use 设置为"保留"，则分配给在其 HPLMN/EHPLMN 中操作的接入标识 11 或 15 的 UE 将在小区选择和重选过程期间将该小区视为候选。

对于已注册的 PLMN/SNPN 或所选的 PLMN/SNPN，UE 分配接入标识为 0、1、2 和 12～14，等同于该小区为运营商预留使用并处于禁止状态。

注 1：接入标识 11，15 仅适用于 HPLMN/EHPLMN；接入标识 12，13，14 仅适用于本国。

当指示小区状态"禁止"或将其视为小区状态为"禁止"时，不允许 UE 选择/重新选择该小区，即使是紧急呼叫也是如此。

UE 应根据以下规则选择另一个小区。如果要将小区视为由无法获取 Master Information Block 或 System Information Block Type1 而导致小区状态被"禁止"：

（1）UE 可以将禁止的小区排除为小区选择/重选的候选者，持续长达 300s；

（2）如果满足选择标准，则 UE 可以在相同频率上选择另一个小区。

其他：

（1）如果 Master Information Block 消息中的字段 Intra Freq Reselection 被设置为“允许”，则如果满足重选标准，则 UE 可以选择相同频率上的另一个小区；

（2）UE 应将禁止的小区排除为小区选择/重选的候选者 300s。

如果 Master Information Block 消息中的字段 Intra Freq Reselection 被设置为“不允许”，则 UE 不应重新选择与禁止小区相同频率的小区。

UE 应将禁止的小区和与频率选择/重选候选者相同频率的小区排除 300s。

另一个小区的小区选择还可以包括 RAT 的改变。

2）统一接入控制

作为统一接入控制的一部分，与接入类别和身份相关联小区的接入限制信息在 SIB1 中广播。UE 应忽略用于小区重选的接入类别和与身份相关的小区接入限制。所指示的接入限制的改变不应该触发 UE 的小区重选。UE 应考虑 NAS 发起的接入尝试和 RNAU 的接入类别和身份相关的小区接入限制。

4. 移动性和状态变化

在 NR 中通过切换，在 RRC 释放时的重定向机制以及通过使用频率间和 RAT 间绝对优先级和频率间 Qoffset 参数来实现负载平衡。

UE 针对连接模式移动性执行的测量被分类为至少三种测量类型：

（1）频率内 NR 测量；

（2）频率间 NR 测量；

（3）E-UTRA 的 RAT 间测量。

对于每种测量类型，可以定义一个或多个测量对象（测量对象定义，如要监视的载波频率）。对于每个测量对象，可以定义一个或多个报告配置（报告配置定义报告标准）。使用了三种报告标准：事件触发报告、定期报告和事件触发定期报告。

测量对象和报告配置之间的关联由测量标识创建（测量标识将一个测量对象和同一 RAT 的一个报告配置链路在一起）。通过使用多个测量标识（每个测量对象一个，报告配置对），可以：

（1）将多个报告配置关联到一个测量对象；

（2）将一个报告配置与多个测量对象相关联。

在报告测量结果时也使用测量标识。每个 RAT 单独考虑测量数量。NG-RAN 使用测量命令来启动、修改或停止测量 UE。切换可以在相同的 RAT 和/或 CN 内执行，或者它可以涉及 RAT 和/或 CN 的改变。

当 5GC 不支持紧急服务、语音服务、负载平衡等时，将执行向 E-UTRAN 的系统间回落。根据 CN 接口可用性、网络配置和无线条件等因素，回退过程导致 CONNECTED 状态移动性（切换过程）或 IDLE 状态移动性（重定向）。

在 NG-C 信令过程中，基于对紧急服务、语音服务、任何其他服务或对负载平衡等支持的 AMF 可以将目标 CN 类型指示为 gNB 的 EPC 或 5GC。当 gNB 接收到目标 CN 类型时，目标 CN 类型也被传送到 RRC Release 消息中的 UE。

5.3.3　基本信令流程

1. *UE 初始接入*

UE Initial 接入的信令流程如图 5.16 所示。

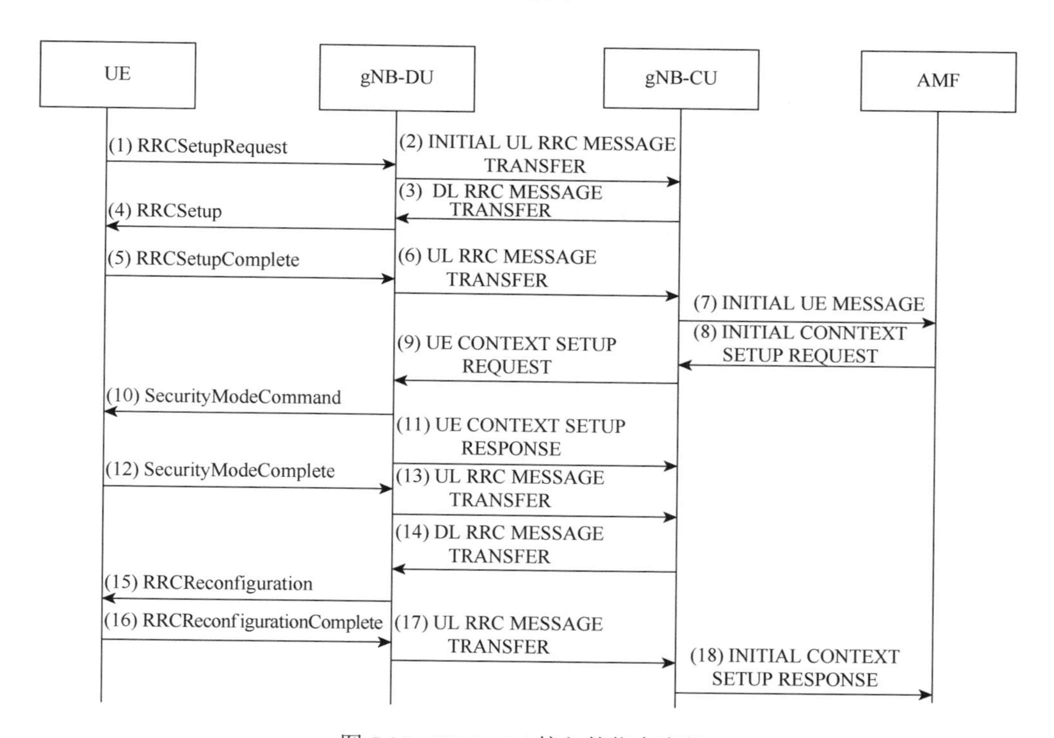

图 5.16　UE Initial 接入的信令流程

（1）UE 向 gNB-DU 发送 RRC 连接请求消息。

（2）gNB-DU 包括 RRC 消息，并且如果 UE 被允许，则在 F1AP INITIAL UL RRC MESSAGE TRANSFER 消息中包括用于 UE 的相应低层配置，并且传输到 gNB-CU。初始 UL RRC 消息传输消息包括由 gNB-DU 分配的 C-RNTI。

（3）gNB-CU为UE分配gNB-CU UE F1AP ID，并向UE生成RRC CONNECTION SETUP消息。RRC消息被封装在F1AP DL RRC MESSAGE TRANSFER消息中。

（4）gNB-DU向UE发送RRCSetup消息。

（5）UE将RRCSetupComplete消息发送到gNB-DU。

（6）gNB-DU将RRC消息封装在F1AP UL RRC MESSAGE TRANSFER消息中，并将其发送到gNB-CU。

（7）gNB-CU将INITIAL UE MESSAGE消息发送到AMF。

（8）AMF将初始UE上下文建立请求消息发送到gNB-CU。

（9）gNB-CU发送UE上下文建立请求消息以在gNB-DU中建立UE上下文。在该消息中，它还可以封装RRC SecurityModeCommand消息。

（10）gNB-DU向UE发送RRC SecurityModeCommand消息。

（11）gNB-DU将UE CONTEXT SETUP RESPONSE消息发送给gNB-CU。

（12）UE以RRC SecurityModeComplete消息进行响应。

（13）gNB-DU将RRC消息封装在F1AP UL RRC MESSAGE TRANSFER消息中，并将其发送到gNB-CU。

（14）gNB-CU生成RRC CONNECTION RECONFIGURATION消息并将其封装在F1AP DL RRC MESSAGE TRANSFER消息中。

（15）gNB-DU向UE发送RRCReconfiguration消息。

（16）UE向gNB-DU发送RRCReconfigurationComplete消息。

（17）gNB-DU将RRC消息封装在F1AP UL RRC MESSAGE TRANSFER消息中，并将其发送到gNB-CU。

（18）gNB-CU向AMF发送INITIAL CONTEXT SETUP RESPONSE消息。

2. Intra-gNB-CU移动性

1）Intra-NR移动性

Inter-gNB-DU移动性：该过程用于在NR操作期间UE从一个gNB-DU移动到同一gNBCU内的另一个gNB-DU的情况。图5.17显示了NR内的gNB-DU移动过程。

（1）UE向源gNB-DU发送测量报告消息。

（2）源gNB-DU向gNB-CU发送上行链路RRC传输消息以传达所接收的测量报告。

（3）gNB-CU向目标gNB-DU发送UE上下文建立请求消息以创建UE上下文并设置一个或多个承载。

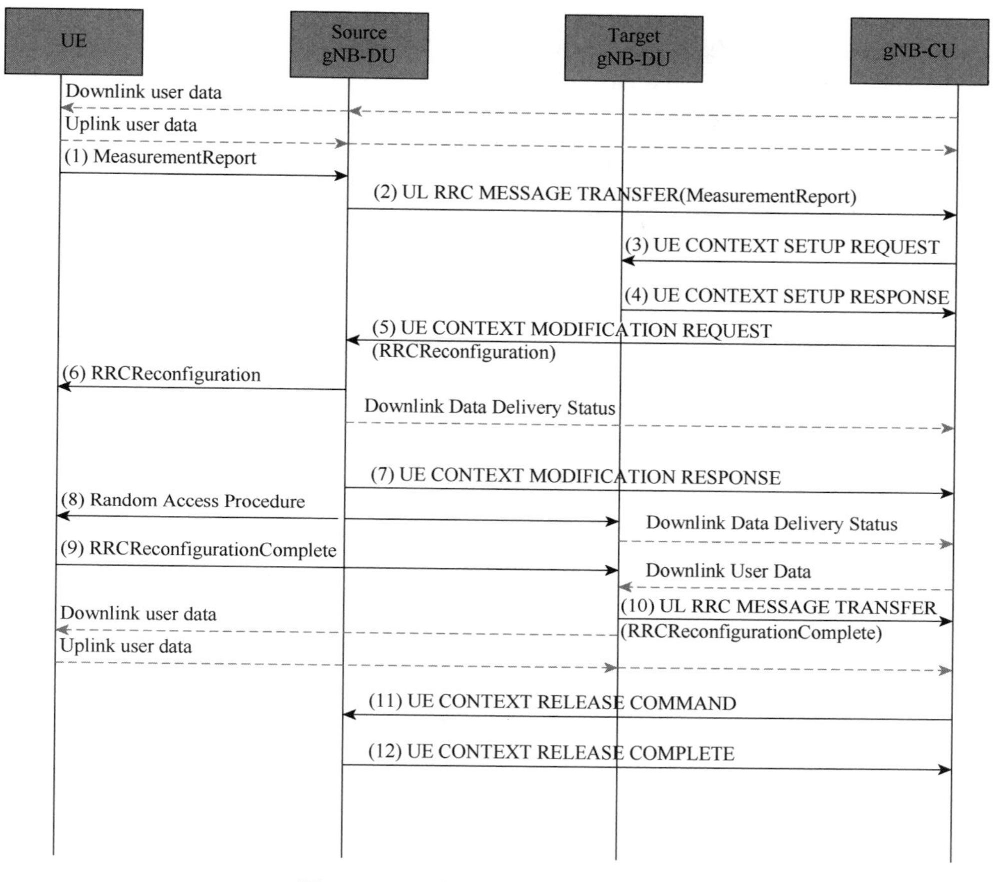

图 5.17　NR 内的 gNB-DU 移动过程

（4）目标 gNB-DU 利用 UE 上下文建立响应消息来响应 gNB-CU。

（5）gNB-CU 向源 gNB-DU 发送 UE 上下文修改请求消息，其包括生成的 RRCReconfiguration 消息，并指示停止 UE 的数据传输。源 gNB-DU 还发送下行链路数据传递状态帧以向 gNB-CU 通知 UE 未成功传输的下行链路数据。

（6）源 gNB-DU 将接收到的 RRCReconfiguration 消息转发给 UE。

（7）源 gNB-DU 利用 UE 上下文修改响应消息来响应 gNB-CU。

（8）在目标处执行随机接入过程。目标 gNB-DU 发送下行链路数据传递状态帧以通知 gNB-CU。可以包括未在源 gNB-DU 中从 gNB-CU 到目标 gNB-DU 成功发送的 PDCP PDU 下行链路分组。

注意：在接收下行链路数据传递状态之前或之后，是否开始向 gNB-DU 发送 DL 用户数据取决于 gNB-CU。

（9）UE 利用 RRCReconfigurationComplete 消息来响应目标 gNB-DU。

（10）目标 gNB-DU 向 gNB-CU 发送上行链路 RRC 传输消息，以传达所接收的 RRCReconfigurationComplete 消息。下行链路分组被发送到 UE。此外，从 UE 发送上行链路分组，其通过目标 gNB-DU 被转发到 gNB-CU。

（11）gNB-CU 向源 gNB-DU 发送 UE 上下文释放命令消息。

（12）源 gNB-DU 释放 UE 上下文并且用 UE 上下文释放完成消息来响应 gNB-CU。

Intra-gNB-DU 切换：该过程用于 UE 在同一 gNB-DU 内从一个小区移动到另一个小区的情况，或者用于在 NR 操作期间执行小区内切换的情况，并且该过程由 UE 上下文修改（gNB-CU 发起）实现。当执行小区内切换时，gNB-CU 向 gNB-DU 提供新的 UL GTP TEID，并且 gNB-DU 向 gNB-CU 提供新的 DL GTP TEID。gNB-DU 将继续向该 gNB-CU 发送 UL PDCP PDU。具有先前 UL GTP TEID 的 gNB-CU 直到其重新建立 RLC，并且在 RLC 重建之后使用新的 UL GTP TEID。gNB-CU 将继续使用先前的 DL GTP TEID 向具有先前 DL GTP TEID 的 gNB-DU 发送 DL PDCP PDU，直到其执行 PDCP 重建或 PDCP 数据恢复，并使用从 PDCP 重建或数据恢复时新产生的 DL GTP TEID。

2）EN-DC 移动性

使用 MCG SRB 的 inter-gNB-DU 移动性：该过程用于当在 EN-DC 操作期间仅 MCG SRB 可用时 UE 从一个 gNB-DU 移动到同一 gNB-CU 内的另一个 gNB-DU 的情况。图 5.18 显示了在 EN-DC 中使用 MCG SRB 的 gNB-DU 移动过程。

（1）UE 向 MeNB 发送 ULInformationTransferMRDC 消息。

（2）MeNB 发送 RRC TRANSFER 消息到 gNB。

（3）gNB-CU 向源 gNB-DU 发送 UE CONTEXT MODIFICATION REQUEST 消息，查询最新的 SCG 配置。

（4）源 gNB-DU 使用包含完整配置信息的 UE CONTEXT MODIFICATION RESPONSE 消息进行响应。

（5）gNB-CU 向目标 gNB-DU 发送 UE CONTEXT SETUP REQUEST 消息，以创建 UE 上下文并设置一个或多个数据承载器。UE CONTEXT SETUP REQUEST 消息包括 CG Configlnfo。

（6）目标 gNB-DU 向 gNB-CU 响应 UE CONTEXT SETUP RESPONSE 消息。

（7）gNB-CU 向目标 gNB-DU 发送 UE CONTEXT MODIFICATION REQUEST 消息，指示停止对 UE 的数据传输。目标 gNB-DU 还发送下行链路数据传送状态帧，将未成功发送给 UE 的下行链路数据通知给 gNB-CU。

（8）源 gNB-DU 对 gNB-CU 响应 UE CONTEXT MODIFICATION RESPONSE 消息。

（9）gNB CU 向 MeNB 发送 SGNB MODIFICATION REQUIRED 消息。

（10）/（11）MeNB 发起的 SgNB 修改过程可由 SgNB 发起的 SgNB 修改过程

触发（如提供诸如数据转发地址、新 SN 安全密钥、测量间隔等信息）。

（12）MeNB 和 UE 执行 RRC 连接重新配置过程。

（13）MeNB 向 gNB-CU 发送 SGNB RECONFIGURATION CONFIRM 消息。

（14）在目标 gNB-DU 执行随机接入过程。目标 gNB-DU 发送下行链路数据传送状态帧通知 gNB-CU。从 gNB-CU 发送到目标 gNB-DU 的下行链路包，可以包括在源 gNB-DU 中未成功传输的 PDCP PDU。下午链路包发送到 UE。此外，从 UE 发送上行链路包，这些包通过目标 gNB-DU 转发到 gNB-CU。

注：接收到下行数据传送状态之前或之后开始向 gNB-DU 发送 DL 用户数据取决于 gNB-CU 实现。

（15）gNB-CU 向原 gNB-DU 发送 UE CONTEXT RELEASE COMMAND 消息。

（16）源 gNB-DU 释放 UE 上下文，并用 UE CONTEXT RELEASE COMPLETE 消息响应 gNB-CU。

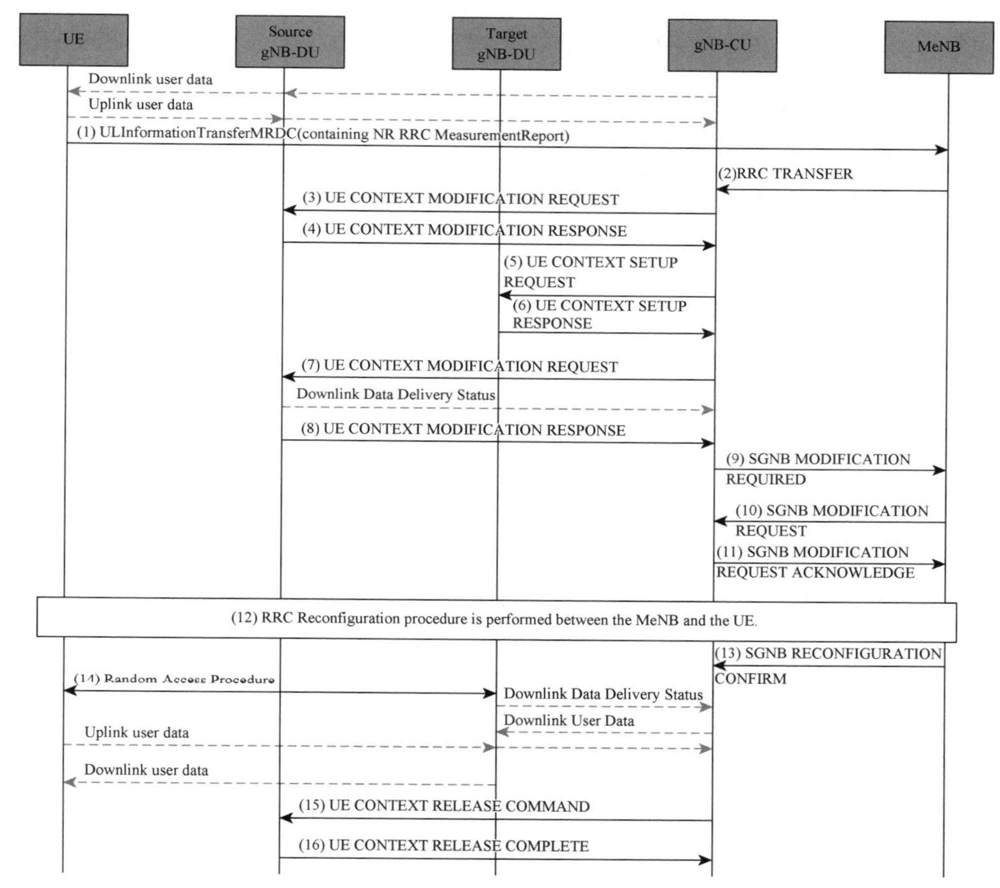

图 5.18 在 EN-DC 中使用 MCG SRB 的 gNB-DU 移动过程

使用 SCG SRB 的 inter-gNB-DU 移动性：该过程用于当 SCG SRB 在 EN-DC 操作期间可用时 UE 从一个 gNB-DU 移动到另一个 gNB-DU 的情况，使用 SCG SRB 的 inter-gNB-DU 移动性。该过程用于当 SCG SRB 在 EN-DC 操作期间可用时 UE 从一个 gNB-DU 移动到另一个 gNB-DU 的情况。该过程与 NR 内部的 gNB-DU 移动性相同。

3. 丢失 PDU 的集中重传机制

gNB-CU 内的集中重传，该机制允许执行未由 gNB-DU（gNBDU1）传送的 PDCP PDU 的重传，因为朝向 UE 的对应无线链路可能中断。当发生这种中断时，受中断影响的 gNB-DU 将此类事件通知给 gNB-CU。gNB-CU 可以切换数据业务的传输，以及执行未传送的 PDCP PDU 的重传，从受到中断影响的 gNB-DU 到其他可用的 gNB-DU，功能良好的无线链路链接到 UE。该机制也适用于 EN-DC 和 MR-DC 与 5GC。

该机制如图 5.19 所示，其目标是多连接场景，UE 至少在两个 gNB-DU 上建立多个数据无线承载服务，它包括以下步骤。

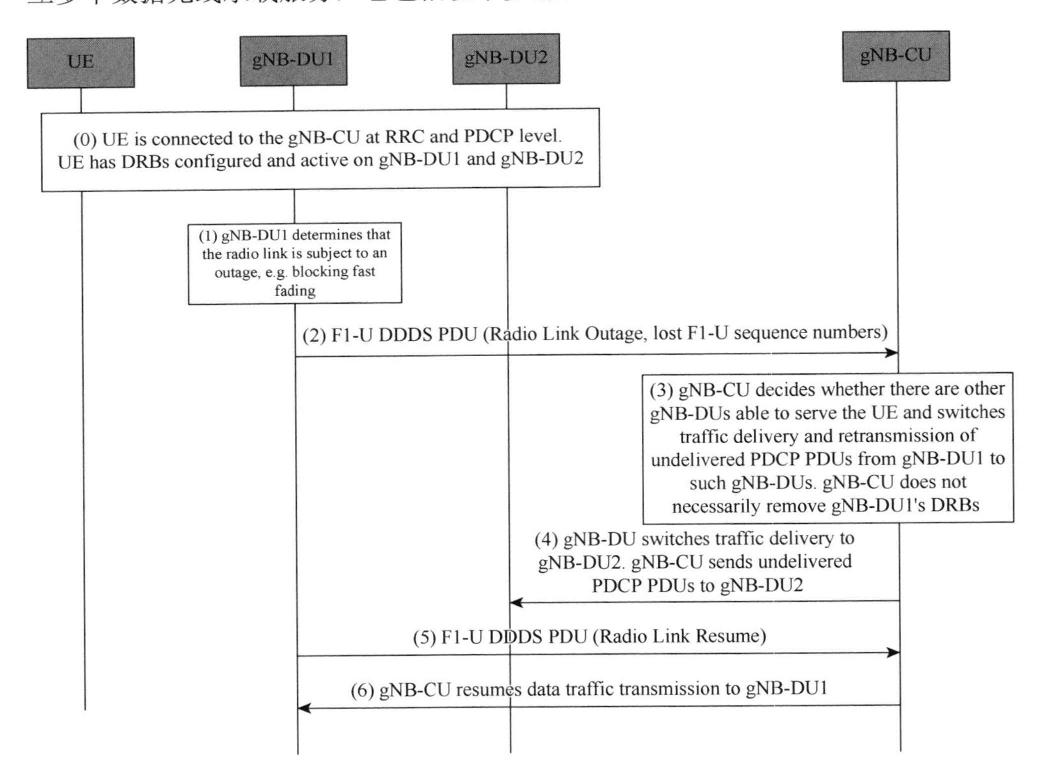

图 5.19 gNB-CU 场景内集中重传的过程

（0）UE 连接并且可以向/从 gNB-DU1 和 gNB-DU2 发送/接收数据。

（1）gNB-DU1 意识到朝向 UE 的无线链路正在经历中断。

（2）gNB-DU1 通过 F1-U 接口向 gNB-CU 发送“无线链路中断”通知消息，作为相关数据无线承载的 DDDS PDU 的一部分。该消息包括 gNB-CU 用于执行 gNB-DU1 未传送的 PDCP PDU 的重传的信息（如最高发送的 NR-PDCP 序列号、成功传送的最高 NR-PDCP 序列号和丢失的 NR-U 序列号）。

（3）gNB-CU 决定通过 gNB-DU2 切换在 gNB-DU1 中未传送的 PDCP PDU 的数据业务传输和重传。gNB-CU 停止向 gNB-DU1 发送下行链路业务。不必移除 gNBDU1 和 UE 之间的无线链路。

（4）gNB-CU 开始向 gNB-DU2 发送业务（即新的 PDU 和可能重传的 PDU）。

（5）如果 gNB-DU1 意识到相关数据无线承载的无线链路恢复正常操作，则它可以通过 F1-U 接口发送“无线链路恢复”通知消息作为 DDDS PDU 的一部分，以通知 gNB-CU 无线链路可以再次用于相关数据无线承载。

（6）gNB-CU 可以再次经由 gNB-DU1 开始发送有关数据无线承载的业务（即新的 PDU 和可能重传的 PDU）。

4. 多连接操作

1）辅助节点添加

EN-DC 中的 SgNB 添加过程，假设 en-gNB 由 gNB-CU 和 gNB-DU 组成，如图 5.20 所示。

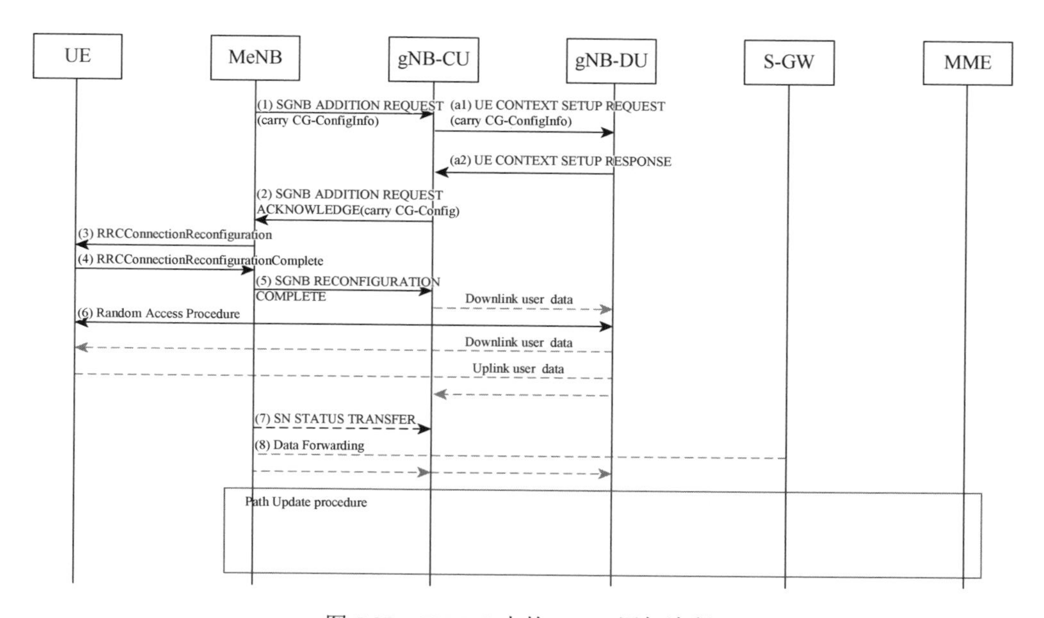

图 5.20　EN-DC 中的 SgNB 添加流程

（1）～（8）：参考 TS 37.340。

（a1）在从 MeNB 接收到 SgNB 添加请求消息之后，gNB-CU 将 UE 上下文建立请求消息发送到 gNB-DU 以创建 UE 上下文。在辅助节点改变的过程中，UE 上下文建立请求消息可以包含源小区组配置以支持 gNB-DU 处的增量配置。

（a2）gNB-DU 利用 UE 上下文建立响应消息来响应 gNB-CU。在辅助节点更改过程中，如果 gNB-DU 在接收到源小区组配置后决定执行完全配置，则应指示它已在 UE 上下文设置响应中应用了完整配置信息。

2）辅助节点释放（MN/SN 启动）

EN-DC 中的 SgNB 释放过程，假设 en-gNB 由 gNB-CU 和 gNB-DU 组成。

MN 发起了 SgNB Release（图 5.21）。

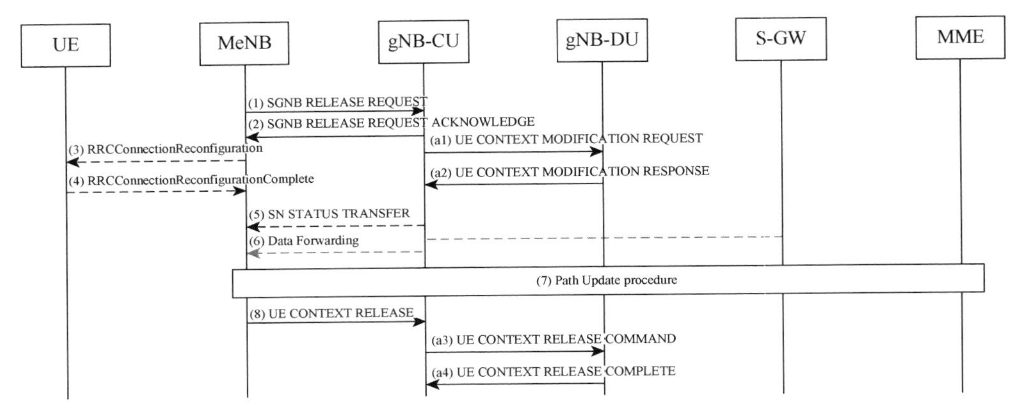

图 5.21　EN-DC 中的 SgNB 释放过程（MN 启动）

（1）～（8）：参考 TS 37.340。

注意：发送步骤（2）SgNB 释放请求确认消息的定时是一个示例，它可以在步骤（a1）之后或在（a2）之后发送，并且可以实现。

（a1）在从 MeNB 接收到 SgNB 释放请求消息之后，gNB-CU 向 gNB-DU 发送 UE 上下文修改请求消息以停止 UE 的数据传输。在停止 UE 调度时由 gNB-DU 实现。

（a2）gNB-DU 用 UE 上下文修改响应消息响应 gNB-CU。

（a3）在从 MeNB 接收到 UE 上下文释放消息之后，gNB-CU 向 gNB-DU 发送 UE 上下文释放请求消息以释放 UE 上下文。

（a4）gNB-DU 利用 UE 上下文释放响应消息来响应 gNB-CU。

SN 发起了 SgNB Release（图 5.22）。

（1）～（8）：参考 TS 37.340。

（a1）gNB-CU 向 gNB-DU 发送 UE 上下文修改请求消息，以停止 UE 的数据传输。在停止 UE 调度时由 gNB-DU 实现。

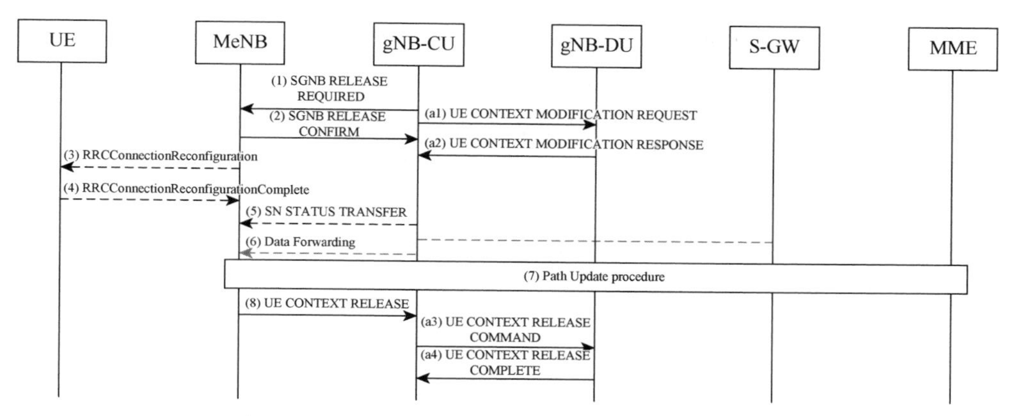

图 5.22　EN-DC 中的 SgNB 释放过程（SN 启动）

该步骤可以在步骤（1）之前发生。

（a2）gNB-DU 用 UE 上下文修改响应消息响应 gNB-CU。

（a3）在从 MeNB 接收到 UE 上下文释放消息之后，gNB-CU 向 gNB-DU 发送 UE 上下文释放请求消息以释放 UE 上下文。

（a4）gNB-DU 利用 UE 上下文释放响应消息来响应 gNB-CU。

5. F1 启动和小区激活

该功能允许在 gNB-DU 和 gNB-CU 之间设置 F1 接口，并允许激活 gNB-DU 小区（图 5.23）。

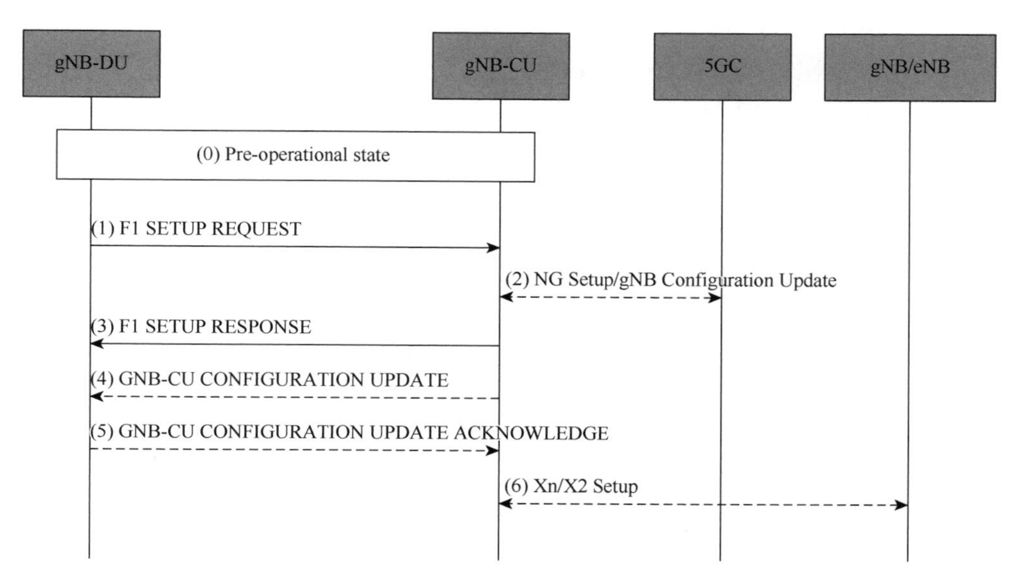

图 5.23　F1 启动和小区激活

（0）GNB-DU 及其小区由 OAM 在 F1 预运行状态下配置。gNB-DU 具有朝向 gNB-CU 的 TNL 连接。

（1）gNB-DU 向 gNB-CU 发送 F1 建立请求消息，该消息包括配置并准备好被激活的小区列表。

（2）在 NG-RAN 中，gNB-CU 确保了与核心网络的连接。出于这个原因，gNB-CU 可以向 5GC 发起 NG 建立或 gNB 配置更新过程。

（3）gNB-CU 向 gNB-DU 发送 F1 建立响应消息，该消息可选地包括要激活的小区列表。如果 gNB-DU 成功激活小区，则小区变得可操作。如果 gNB-DU 未能激活一些（一个或多个）小区，则 gNB-DU 可以向 gNB-CU 发起 gNB-DU 配置更新过程。gNB-DU 在 gNB-DU 配置更新消息中包括活动的小区（即 gNB-DU 能够为其服务的小区）。gNB-DU 还可以指示应该删除未能激活的小区，在这种情况下，gNB-CU 移除相应的小区信息。

（4）gNB-CU 可以向 gNB-DU 发送 gNB-CU 配置更新消息，其可选地包括要激活的小区列表，例如，在使用 F1 建立响应消息未激活这些小区的情况下。

（5）gNB-DU 回复 gNB-DU 配置更新确认消息，该消息可选地包括未能被激活的小区列表。

（6）gNB-CU 可以向邻居 NG-RAN 节点发起 Xn 建立或者向邻居 eNB 发起 EN-DC X2 建立过程。

注意：如果 F1 设置响应不用于激活任何小区，则可以在步骤（3）之后执行步骤（2）。

在 gNB-CU 和 gNB-DU 对之间的 F1 接口上，可能存在以下两种小区状态：

（1）非活动：gNB-DU 和 gNB-CU 都知道小区；小区不应为 UE 服务；

（2）有效：gNB-DU 和 gNB-CU 都知道小区；小区应该为 UE 服务。

gNB-CU 决定小区状态是非活动还是活动。gNB-CU 可以使用 F1 建立响应，gNB-DU 配置更新确认或 gNBCU 配置更新消息来请求 gNB-DU 改变小区状态。gNB-DU 可以使用 gNB-DU 配置更新或 gNB-CU 配置更新确认消息来确认（或拒绝）改变小区状态的请求。

gNB-DU 向 gNB-CU 报告服务状态。服务状态是无线传输的状态。对于小区状态为“活动”的小区，gNB-DU 报告服务状态。定义了以下服务状态：

（1）服务中：小区可以运行并且能够为 UE 服务；

（2）停止服务：小区无法运行，无法为 UE 提供服务；gNB-DU 正在尝试使小区运行。

gNB-DU 使用 GNB DU CONFIGURATION UPDATE 消息报告服务状态。

注意：如果 gNB-DU 认为一个或多个小区不能变为可操作，则 gNB-DU 删除它们并使用 GNB DU CONFIGURATION UPDATE 消息报告它们。

6. RRC 状态转换

1）RRC 连接到 RRC 不活动

这里给出 RRC 连接到 RRC 非活动状态转换，假设 gNB 由 gNB-CU 和 gNB-DU 组成，如图 5.24 所示。

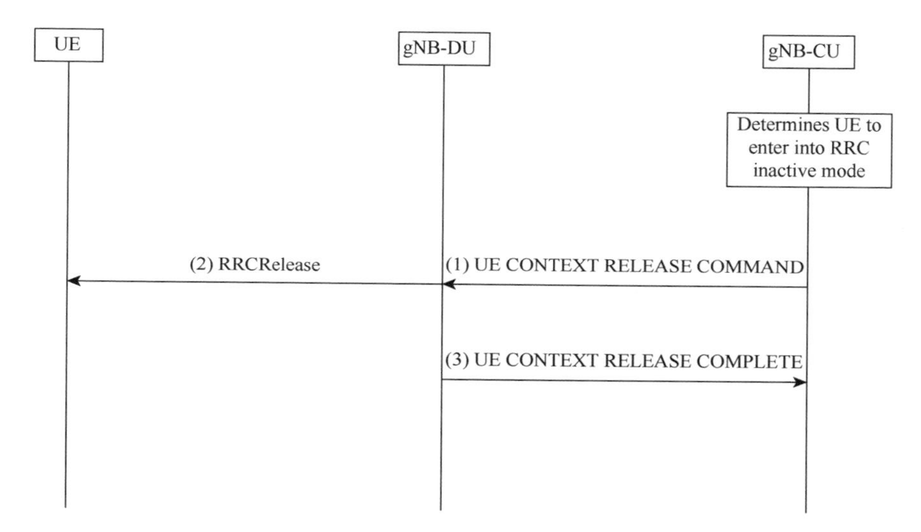

图 5.24　RRC 连接到 RRC 非活动状态转换过程

（0）首先，gNB-CU 确定 UE 从连接模式进入 RRC 非活动模式（图中初始状态）。

（1）gNB-CU 生成朝向 UE 的 RRC 连接释放消息。RRC 消息被封装在 gNB-DU 的 F1AP UE CONTEXT RELEASE COMMAND 消息中。

（2）gNB-DU 将 RRC 连接释放消息转发给 UE。

（3）gNB-DU 以 UE CONTEXT RELEASE COMPLETE 消息响应。

2）RRC 对其他状态不活跃

如果 gNB 由 gNB-CU 和 gNB-DU 组成，则该部分给予 RRC 对其他 RRC 状态转换过程无效，如图 5.25 所示。

（1）如果从 5GC 接收数据，则 gNB-CU 向 gNB-DU 发送 F1AP 寻呼消息。

（2）gNB-DU 向 UE 发送 RAN 寻呼消息。

注意：仅在 DL 数据到达时才存在步骤（1）和（2）。

（3）UE 在基于 RAN 的寻呼，当 UL 数据到达或 RNA 更新时发送 RRC 恢复请求。

（4）gNB-DU 在非 UE 关联的 F1AP INITIAL UL RRC MESSAGE TRANSFER 消息中包括 RRC 恢复请求，并且传送到 gNB-CU。

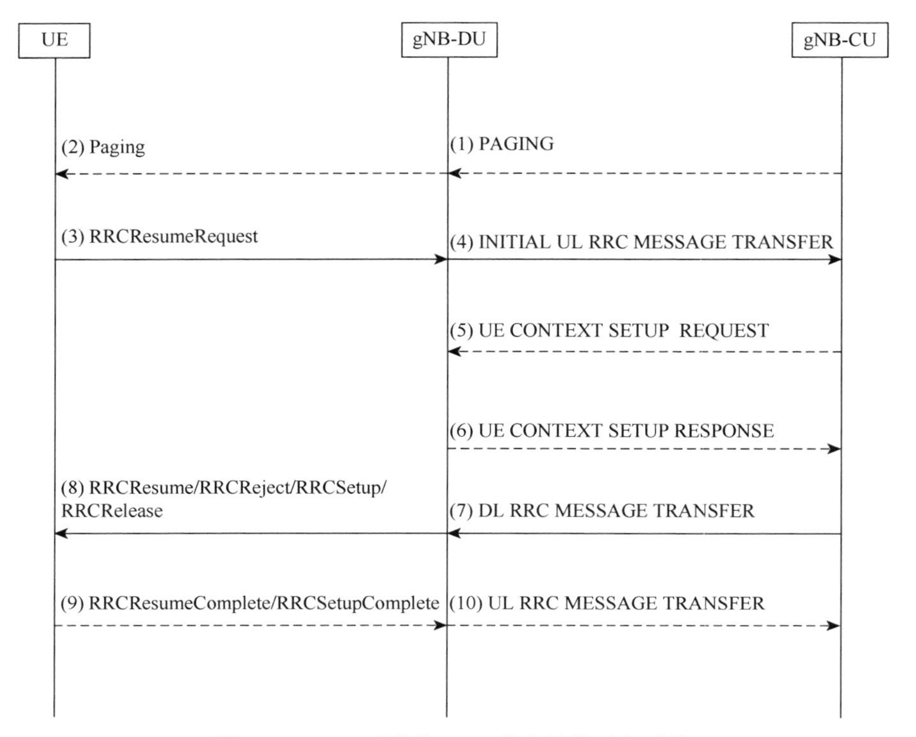

图 5.25 RRC 对其他 RRC 状态转换过程无效

（5）UE 对 UE 活动转换不活动，不包括仅由信令交换引起的转换，gNB-CU 分配 gNB-CU UE F1AP ID 并向 gNB-DU 发送 F1AP UE CONTEXT SETUP REQUEST 消息，其可包括 SRB ID 和 DRB 要设置的 ID。

（6）gNB-DU 以 F1AP UE CONTEXT SETUP RESPONSE 消息进行响应，该消息包含由 gNB-DU 提供的 SRB 和 DRB 的 RLC/MAC/PHY 配置。

注意：存在用于非活动到活动转换的步骤（5）和（6），排除仅由信令交换引起的转换。当 gNB-CU 成功检索并验证 UE 上下文时，它可以决定让 UE 进入 RRC 活动模式。gNB-CU 将在 gNB-CU 和 gNB-DU 之间触发 UE 上下文建立过程，在此期间可以建立 SRB1、SRB2 和 DRB。对于仅信令交换的转换，gNBCU 不触发 UE 上下文建立过程。对于非活动到空闲转换，gNB-CU 不触发 UE 上下文建立过程。

（7）gNB-CU 向 UE 生成 RRC 恢复/建立/拒绝/释放消息。RRC 消息与 SRB ID 一起封装在 F1AP DL RRC MESSAGE TRANSFER 消息中。

（8）如 SRB ID 所示，gNB-DU 通过 SRB0 或 SRB1 将 RRC 消息转发到 UE。

注意：在步骤（7）中，期望 gNB-CU 生成用于不活动到活动状态转换的 RRC 恢复消息（对于仅信令交换和 UP 数据交换的两种情况），生成用于回退的 RRC 建立消息以建立新的 RRC 连接，以及生成 RRC 释放消息而没有用于非活动状态转换的挂起配置，或者生成具有挂起配置的 RRC 释放消息以保持非活动状态。

如果不执行步骤（5）和（6），则 gNB-DU 从 SRB ID 推断在步骤（7）中传送 RRC 消息的 SRB，即 SRB ID“0”对应于 SRB0，SRB ID“1”对应于 SRB1。

（9）UE 向 gNB-DU 发送 RRC 恢复/建立完成消息。

（10）gNB-DU 将 RRC 封装在 F1AP UL RRC MESSAGE TRANSFER 消息中并发送给 gNB-CU。

注意：存在用于非活动状态到活动状态转换的步骤（9）和（10）（对于仅信令交换和 UP 数据交换的两种情况）。UE 生成 RRC 恢复/建立完成消息，分别用于恢复现有 RRC 连接或回退到新的 RRC 连接。

7. RRC 连接重建

此过程用于 UE 尝试重新建立 RRC 连接的情况，如图 5.26 所示。

（1）UE 向 gNB-DU 发送前导码。

（2）gNB-DU 分配新的 C-RNTI 并用 RAR 响应 UE。

（3）UE 向包含旧 C-RNTI 和旧 PCI 的 gNB-DU 发送 RRCReestablishment Request 消息。

（4）gNB-DU 包括 RRC 消息，并且如果 UE 被允许，则在 F1-AP 初始 UL RRC 消息传送消息中包括用于 UE 的相应低层配置，并且传送到 gNB-CU。INITAIL UL RRC MESSAGE TRANSFER 消息应包括 C-RNTI。

（5）gNB-CU 发送包括 RRC 连接重新建立消息和旧 gNB-DU F1AP UE ID 到 F1AP DL RRC MESSAGE TRANSFER 的消息，并且传送到 gNB-DU。

（6）gNB-DU 基于旧的 gNB-DU F1AP UE ID 检索 UE 上下文，用新的 CRNTI/PCI 替换旧的 C-RNTI/PCI。它向 UE 发送 RRCReestablishment 消息。

（7）～（8）UE 向 gNB-DU 发送 RRCReestablishmentComplete 消息。gNB-DU 将 RRC 消息封装在 F1AP UL RRC MESSAGE TRANSFER 消息中并发送给 gNBCU。

（9）～（10）gNB-CU 通过发送 UE 上下文修改请求来触发 UE 上下文修改过程，其可以包括要修改和释放的 DRB 列表。gNB-DU 响应 UE CONTEXT MODIFICATION RESPONSE 消息。

（9′）～（10′）gNB-DU 通过发送 UE 上下文修改来触发 UE 上下文修改过程，其可以包括要修改和释放的 DRB 列表。gNB-CU 响应 UE CONTEXT MODIFICATION CONFIRM 消息。

注意：这里假设 UE 从原始 gNB-DU 接入，其中 UE 上下文可用于该 UE，并且可以存在步骤（9）～（10）或步骤（9′）～（10′），或者可以跳过两者。

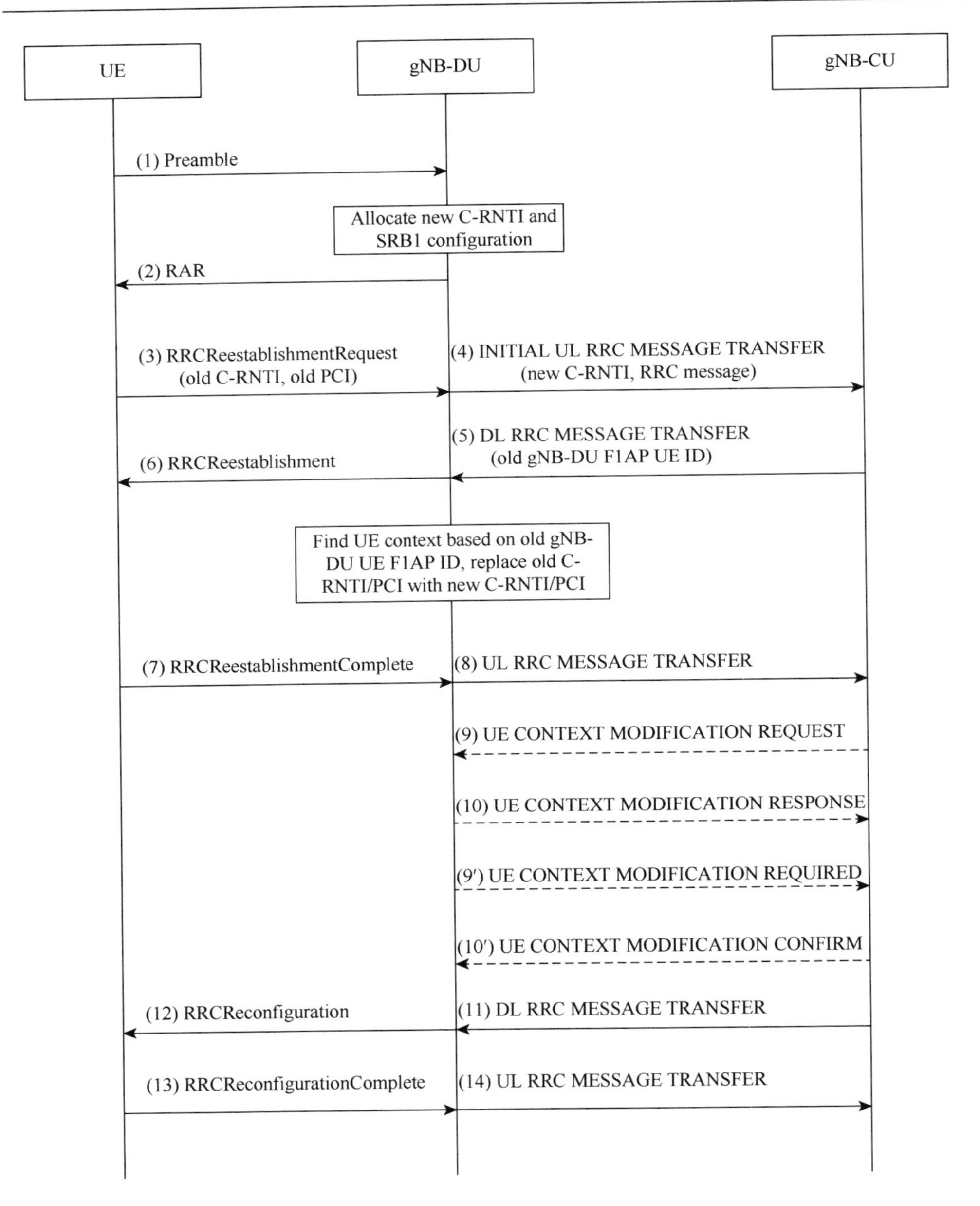

图 5.26　RRC 连接重建过程

注意：如果 UE 从除原始 gNB-DU 之外的 gNB-DU 接入，则 gNB-CU 应该针对该新 gNB-DU 触发 UE 上下文建立过程。

（11）～（12）gNB-CU 将 RRCReconfiguration 消息包括在 F1AP DL RRC

MESSAGE TRANSFER 消息中并传送到 gNB-DU。gNB-DU 将其转发给 UE。

（13）～（14）UE 向 gNB-DU 发送 RRCReconfigurationComplete 消息，并且 gNB-DU 将其转发到 gNBCU。

5.3.4　基本测试流程

1. RACH 参数的正确选择/随机接入前导序号和 PRACH 资源由 RRC 通过信令告知 UE/非竞争随机接入过程

1）测试目的

终端处于 RRC 连接态，当终端收到系统发送的包含 RACH-专用配置的 RRC 重配置消息时，验证终端能够发起对应流程及异常重传。

2）适用范围

该用例适用于支持 SA 的单模终端及支持 NSA 和 SA 的双模终端。

3）测试环境

系统配置：NR Cell 1、NR Cell 2。

UE 配置：无。

初始条件：系统模拟器：NR Cell1，未激活；被测终端：关机状态。

4）测试步骤

前置步骤：

激活 NR Cell1，系统模拟器配置下发 Master Information Block 和 System Information Block 广播消息。

终端开机，在 NR Cell1 上执行注册流程，并处于 RRC 连接状态（RRC_CONNECTED），开启终端测试环回模式 A。

测试主体（主要信令流程）如表 5.6 所示。

表 5.6　主要信令流程

步骤	主要信令流程			判断
	流程描述	U-S	消息信令	
1	系统发送 RRC 重配置消息从 NR Cell 1 切换到 NR Cell 2，包含 RACH-专用配置（注 1）	←	RRCReconfiguration	—
2	Void			
3	检查：终端是否在 PRACH 发送 Preamble 来响应步骤 1 中 NR Cell 2 的 ra-PreambleIndex	→	（PRACH Preamble）	Pass
4	检查：终端是否在 PRACH 重新发送 Preamble 来响应步骤 1 中 NR Cell 2 的 ra-PreambleIndex	→	（PRACH Preamble）	Pass

续表

步骤	主要信令流程			判断
	流程描述	U-S	消息信令	
5	系统在 NR Cell 2 发送随机接入响应，携带 RAPID 响应步骤 1 中的 ra-PreambleIndex	←	Random Access Response	—
6	检查：终端发送 RRCReconfiguratiomComplete（注 2）	→	RRCReconfigurationComplete	—

注：每条测试例都有主要信令流程，若要区分只能在表题中加入测试例的名称，过于冗长，故都简写为“主要信令流程”。

注 1：对于 EN-DC，NR RRCReconfiguration 消息包含在 RRCconnectionReconfiguration 36.508[7]中，表 4.6.1-8 使用条件 EN-DC_PsCell_HO 和 RBConfig_NoKeyChange。

注 2：对于 EN-DC NR Rrcreformation complete 消息包含在 RRCConnectionReconfigurationComplete。

5）预期结果

步骤 3：终端处于连接态，当系统发送包含 RACH-Configdedicated 信息的 RRCReconfiguration 消息时，终端应发送 RAC-ConfigDedicated 提供的 prach preamble。

步骤 4：当终端未收到上次发送的消息的回应时，终端应重新发送消息。

2. RACH 参数的正确选择/随机接入前导序号和 PRACH 资源由 PDCCH 命令通过信令告知 UE/非竞争随机接入过程

1）测试目的

终端处于 RRC_Connected 状态，验证当终端收到 NR PsCell PDCCH 控制命令时，终端应能完成随机接入及异常情况下的重传机制。

2）适用范围

该用例适用于支持 SA 的单模终端及支持 NSA 和 SA 的双模终端。

3）测试环境

系统配置：NR Cell 1、NR Cell 2。

UE 配置：无。

初始条件：系统模拟器：NR Cell1，未激活；被测终端：关机状态。

4）测试步骤

前置步骤：

激活 NR Cell1，系统模拟器配置下发 Master Information Block 和 System Information Block 广播消息。

终端开机，在 NR Cell1 上执行注册流程，并处于 RRC 连接状态（RRC_CONNECTED），开启终端测试环回模式 A。

测试主体如表 5.7 所示。

表 5.7　主要信令流程

步骤	主要信令流程			判断
	流程描述	U-S	消息信令	
0A	系统发送 RRCReconfiguration 消息来配置指定参数。PreambleTransMax = n4	←	RRCReconfiguration	—
0B	终端发送 RRCReconfigurationComplete 消息	→	RRCReconfigurationComplete	—
1	系统 NR PsCell 发送 PDCCH 命令，提供 Random Access Preamble	←	（PDCCH Order）	—
2	检查：终端是否在 PRACH 发送 Preamble，来响应步骤 1 的 ra-PreambleIndex	→	（PRACH Preamble）	Pass
3	检查：终端是否在 PRACH 重新发送 Preamble，来响应步骤 1 的 ra-PreambleIndex	→	（PRACH Preamble）	Pass
4	检查：终端是否在 PRACH 重新发送 Preamble，来响应步骤 1 的 ra-PreambleIndex	→	（PRACH Preamble）	Pass
5	检查：终端是否在 PRACH 重新发送 Preamble，来响应步骤 1 的 ra-PreambleIndex	→	（PRACH Preamble）	Pass
6	系统在 NR PsCell 发送 Random Access Response，携带响应步骤 1 中 ra-PreambleIndex 的 RAPID	←	Random Access Response	—

5）预期结果

步骤 2：终端在收到 PDCCH 命令后在 PRACH 上发送 Preamble。

步骤 3：终端在重新在 PRACH 上发送 Preamble。

步骤 4：终端在重新在 PRACH 上发送 Preamble。

步骤 5：终端在重新在 PRACH 上发送 Preamble。

3. 随机接入过程/成功/波束失败/MAC 层自主选择随机接入前导序号/基于竞争随机接入过程

1）测试目的

终端处于 RRC 连接态，因 beam 失败触发随机接入，验证终端基于自由竞争的随机接入 beam 失败恢复请求流程及多种指定情况下的流程执行情况。

2）适用范围

该用例适用于支持 SA 的单模终端及支持 NSA 和 SA 的双模终端。

3）测试环境

系统配置：NR Cell 1 System information combination NR-1。

UE 配置：无。

初始条件：系统模拟器：NR Cell1，未激活；被测终端：关机状态。

4）测试步骤

前置步骤：

激活 NR Cell1，系统模拟器配置下发 Master Information Block 和 System Information Block 广播消息。

终端开机，在 NR Cell1 上执行注册流程，并处于 RRC 连接状态（RRC_CONNECTED），且开启 UE TEST LOOP MODE A，上行链路不返回数据。

测试主体如表 5.8 所示。

表 5.8　主要信令流程

步骤	主要信令流程			判断
	流程描述	U-S	消息信令	
1	SS 传送一个 NR RRCReconfiguration 消息给 BFR 配置参数（注 1）	←	（RRCReconfiguration）	—
2	UE 响应 NR RRCReconfigurationComplete 消息	→	（RRCReconfigurationComplete）	—
3	SS 改变 NR Cell 1 水平功率根据表格 7.1.1.1.4.3.2-1 的“T1”行	—	—	—
4	检查：UE 是否在 PRACH 上传输无争用的前导码给随机访问在 NR Cell 1 Beam index #2	→	PRACH Preamble	Pass
5	SS 发送一个 MAC PDU 地址给 UE RA-RNTI，该 MAC PDU 包含多个 RAR，其中一个子报头包含匹配的 RAPID 在 NR Cell 1	←	Random Access Response	—
6	UE 使用与随机访问相关联的授权发送 msg3，在 NR Cell 1 的步骤 5 中接收到响应	→	msg3（C-RNTI MAC CONTROL ELEMENT）	—
7	SS 为 UE C-RNTI 安排 PDCCH 传输	←	Contention Resolution	—
8	SS 传送一个 NR RRCReconfiguration 建立随机资源给 BFR，BFR 与 SS 块显式关联	←	（RRCReconfiguration）	—
9	UE 响应 NR RRCReconfigurationComplete 消息	→	（RRCReconfigurationComplete）	—
10	SS 改变 NR Cell 1 水平功率，根据表 7.1.1.1.4.3.2-1 的第“T2”行	—	—	—
11	检查：UE 是否在 PRACH 上使用具有前导码来发送与 RRC 在 NR Cell 1 Beam index #1 上提供的所选 SS 块相对应的 ra-PreambleIndex	→	PRACH Preamble	Pass
12	SS 等待 ra-ResponseWindowBFR 过期 注：SS 不能发送随机响应给 UE	—	—	—
13	检查：UE 是否重新传输在 PRACH，通过 ra-PreambleIndex 与步骤 11 相同	→	PRACH Preamble	Pass
14	SS 传送一个 MAC PDU 地址给 UE C-RNTI，包含多个 RAR，其中一个 MAC 子头包含匹配的 RAPID 在 NR Cell 1	←	Random Access Response	—
15	SS 等待 ra-Response Window BFR 到期	—	—	—

续表

步骤	主要信令流程			判断
	流程描述	U-S	消息信令	
16	检查：UE 是否重新传送一个序言在 PRACH	—	—	Fail
—	异常：步骤 17 到 25 描述依赖于 UE 能力的行为	—	—	—
17	如果 pc_csi_RS_CFRA_For HO THEN，SS 传送一个 NR RRC Reconfiguration 消息，这个消息建立与 CSI-RS 显式相关联的随机访问资源给 BFR（注 1）	←	（RRCReconfiguration）	—
18	UE 响应 NR RRCReconfigurationComplete 消息（注 2）	→	（RRCReconfigurationComplete）	—
19	SS 改变 NR Cell 1 水平功率根据表 7.1.1.1.4.3.2-1 的第“T1”行	—	—	—
20	检查：UE 是否在 PRACH 上使用具有前导码来发送与 RRC 在 NR Cell 1 Beam index #2 上提供的所选 SS 块相对应的 ra-PreambleIndex	→	PRACH Preamble	Pass
21	SS 等待 ra-Response Window BFR 过期 注：SS 不能传送随机接近响应给 UE	—	—	—
22	检查：UE 是否重新传输在 PRACH，通过 ra-Preamble Index 与步骤 20 相同	→	PRACH Preamble	Pass
23	SS 传送一个 MAC PDU 地址给 UE C-RNTI，包含多个 RAR，其中一个 MAC 子头包含匹配的 RAPID 在 NR Cell 1	←	Random Access Response	—
24	SS 等待 ra-Response Window BFR 过期	—	—	—
25	检查：UE 是否重新传输一个序言在 PRACH	—	—	Fail

注 1：对于 EN-DC，NR RRCReconfiguration 消息包含在 RRCConnectionReconfiguration 36.508，使用 EN-DC_Embed NR_RRC Recon。

注 2：对于 EN-DC，NR RRCReconfigurationComplete 消息包含在 RRCConnectionReconfigurationComplete。

5）预期结果

步骤 4：终端发送 PRACH Preamble。

步骤 11：终端发送 PRACH Preamble。

步骤 13：终端发送 PRACH Preamble。

步骤 16：终端不应在 PRACH 上重传 preamble。

步骤 20：终端发送 PRACH Preamble。

步骤 22：终端发送 PRACH Preamble。

步骤 25：终端不应在 PRACH 上重传 preamble。

4. NR 内部切换/失败/安全密钥重配置

1）测试目的

验证处于 RRC 连接态的终端在收到配置特殊参数的 RRCReconfiguration 消息

进行切换时失败的后续处理流程。

2）适用范围

该用例适用于支持 SA 的单模终端及支持 NSA 和 SA 的双模终端。

3）测试环境

系统配置：NR Cell 1 为服务小区，NR Cell 2 为 NR Cell 1 适宜的同频邻区，System information combination NR-2。

UE 配置：无。

初始条件：系统模拟器：NR Cell1，未激活；被测终端：关机状态。

4）测试步骤

前置步骤：

激活 NR Cell1，系统模拟器配置下发 Master Information Block 和 System Information Block 广播消息；

终端开机，在 NR Cell1 上执行注册流程，并处于 RRC 连接状态（RRC_CONNECTED）。

测试主体如表 5.9 所示。

表 5.9 主要信令流程

步骤	主要信令流程			判断
	流程描述	U-S	流程描述	
1	系统更改功率等级设置 NR Cell 1-88dBm/SCS NR Cell 2-94dBm/SCS	—	—	—
2	系统发送 RRC Reconfiguration 消息，包括 configuationwithsync 的 key set change indicator 设置为 true，以命令终端向 NR Cell 2 执行切换并更新 KgNB 密钥	←	NR RRC：RRCReconfiguration	—
—	EXCEPTION：与步骤 3 同时执行的还有终端在 T304 运行期间重复尝试在 NR Cell 2 上发送 MAC 随机接入，且系统不回复	—	—	—
3	系统更改功率等级设置 NR Cell 1-88dBm/SCS NR Cell 2 Off	—	—	—
4	检查：终端是否在 NR Cell 1 发送 RRCReestablishment Request 消息	→	NR RRC：RRCReestablishment Request	Pass
5	系统发送 RRCReestablishment 消息，重建 NR Cell 1RRC 连接	←	NR RRC：RRCReestablishment	—
6	Does the UE transmit an RRCReestablishmentComplete on NR Cell 1 终端是否在 NR Cell 1 发送 RRCReestablishmentComplete	→	NR RRC：RRCReestablishment Complete	—

5）预期结果

步骤 4，终端在 NR Cell 1 发送 RRCReestablishmentRequest 消息。

5. NR 内部切换/失败/重新建立成功

1）测试目的

验证终端在收到 RRCReconfiguration 消息后切换小区失败的后续处理流程。

2）适用范围

该用例适用于支持 SA 的单模终端及支持 NSA 和 SA 的双模终端。

3）测试环境

系统配置：NR Cell 1 为服务小区，NR Cell 2 为 NR Cell 1 适宜的同频邻区，System information combination NR-2。

UE 配置：无。

初始条件：系统模拟器：NR Cell1，未激活；被测终端：关机状态。

4）测试步骤

前置步骤：

激活 NR Cell1，系统模拟器配置下发 Master Information Block 和 System Information Block 广播消息；

终端开机，在 NR Cell1 上执行注册流程，并处于 RRC 连接状态（RRC_CONNECTED）。

测试主体如表 5.10 所示。

表 5.10　主要信令流程

步骤	主要信令流程			判断
	流程描述	U-S	消息信令	
1	系统更改功率等级 NR Cell-88dBm/SCS NR Cell-88dBm/SCS	—	—	—
2	系统 NR Cell 1 发送 RRCReconfiguration 消息，命令终端执行到 NR Cell 2 的切换	←	NR RRC：RRC Reconfiguration	—
—	EXCEPTION：与步骤 3 同时执行的还有：在 T304 运行期间终端重复尝试使用随机接来切换到 NR Cell 2，系统不响应终端的随机接入请求	—	—	—
3	The SS changes the power level setting according to the row “T2” 系统更改功率等级 NR Cell 1-88dBm/SCS NR Cell 2 Off	—	—	—
4	检查：终端是否在 NR Cell 1 发送 RRCReestablishment Request 消息	→	NR RRC：RRC ReestablishmentRequest	Pass

续表

步骤	主要信令流程			判断
	流程描述	U-S	消息信令	
5	系统在 NR Cell 1 发送 RRCReestablishment 消息来恢复 SRB1 操作	←	NR RRC：RRC Reestablishment	—
6	Does the UE transmit an RRCReestablishmentComplete message using the security key derived from the nextHopChainingCount on NR Cell 1 终端在 NR Cell 1 发送的 RRCReestablishmentComplete 消息是否使用从 nextHopChainingCount 分离的密钥	→	NR RRC：RRC ReestablishmentComplete	Pass
7	系统更改功率等级 NR Cell 1-88dBm/SCS NR Cell 2-88dBm/SCS			
8	系统在 NR Cell 1 发送 RRCReconfiguration 消息，命令终端执行向 NR Cell 2 的切换	←	NR RRC：RRC Reconfiguration	—
—	EXCEPTION：与步骤 9 同时执行的还有：在 T304 运行期间终端重复尝试使用随机接来切换到 NR Cell 2，系统不响应终端的随机接入请求	—	—	—
9	终端更改功率等级 NR Cell 1 Off NR Cell 2-88dBm/SCS	—	—	—
10	检查:终端是否再 NR Cell 2 发送 RRCReestablishmentRequest 消息	→	NR RRC：RRC ReestablishmentRequest	—
11	系统在 NR Cell 2 发送 RRCReestablishment 消息,恢复 SRB1 操作且重新激活安全	←	NR RRC：RRC Reestablishment	—
12	终端在 NR Cell 2 发送的 RRCReestablishmentComplete 消息，是否先使用从 next Hop Chaining Count 分离的密钥	→	NR RRC：RRC ReestablishmentComplete	Pass
13	系统在 NR Cell 2 发送 RRCRelease 消息	←	NR RRC：RRCRelease	—

5）预期结果

步骤 4：终端在 NR Cell 1 发送 RRCReestablishmentRequest 消息。

步骤 6:终端在 NR Cell 1 发送 RRCReestablishmentComplete 消息,使用从 next Hop Chaining Count 派生的安全密钥。

步骤 12：终端在 NR Cell 2 发送 RRCReestablishmentComplete 消息，使用从 next Hop Chaining Count 派生的安全密钥。

6. NR 内部切换/失败/重新建立失败

1）测试目的

终端处于 RRC 连接态,收到用于切换到目标小区的 RRCReconfiguration 消息,其中包含 Reconfiguration with Sync。验证终端在切换到目标小区失败后的处理流程。

2）适用范围

该用例适用于支持 SA 的单模终端及支持 NSA 和 SA 的双模终端。

3）测试环境

系统配置：NR Cell 1 为服务小区，NR Cell 2 为 NR Cell 1 适宜的同频邻区，System information combination NR-2。

UE 配置：无。

初始条件：系统模拟器：NR Cell1，未激活；被测终端：关机状态。

4）测试步骤

前置步骤：

激活 NR Cell1，系统模拟器配置下发 Master Information Block 和 System Information Block 广播消息；

终端开机，在 NR Cell1 上执行注册流程，并处于 RRC 连接状态（RRC_CONNECTED）。

测试主体如表 5.11 所示。

表 5.11　主要信令流程

步骤	主要信令流程			判断
	流程描述	U-S	消息信令	
1	系统更改功率等级 NR Cell 1-88dBm/SCS NR Cell 2-88dBm/SCS	—	—	—
2	系统在 NR Cell 1 发送 RRCReconfiguration 消息，命令终端切换到 NR Cell 2	←	NR RRC：RRCReconfiguration	—
—	EXCEPTION：与步骤 3 同时执行的有： 在 T304 运行期间，终端重复尝试使用 MAC 随机接入切换到 NR Cell 2，系统不回应	—	—	—
3	系统更改功率等级 NR Cell 1-88dBm NR Cell 2 Off	—	—	—
4	检查：终端是否再 NR Cell 1 发送 RRCReestablishmentRequest 消息	→	NR RRC：RRCReestablishmentRequest	Pass
5	系统在 NR Cell 1 发送 RRCReestablishment 消息来恢复 SRB1 执行，且重新激活安全	←	NR RRC：RRCReestablishment	—
6	在对 NR RRC：RRCReestablishment 消息完整性保护检查失败后，系统允许终端在 1s 内完成切换到 RRC 空闲态			
7	检查：终端是否执行注册流程并最终处于 RRC 空闲态	—	—	—

5）预期结果

步骤 4：终端在 NR Cell 1 发送 RRCReestablishment 消息，来恢复 SRB1 操作且重新激活安全。

7. NR 内部切换/成功/专用 preamble/通用 preamble/同频

1）测试目的

验证终端处于 NR RRC 连接态，执行同频邻区测量后，收到包含随机专用配置的同步重配置后能够正确执行小区切换并发送 RRC 重配置完成消息。

2）适用范围

该用例适用于支持 SA 的单模终端及支持 NSA 和 SA 的双模终端。

3）测试环境

系统配置：NR Cell 1 为服务小区，NR Cell 2 为 NR Cell 1 的同频邻区，System information combination NR-2。

UE 配置：无。

初始条件：系统模拟器：NR Cell1，未激活；被测终端：关机状态。

4）测试步骤

前置步骤：

激活 NR Cell1，系统模拟器配置下发 Master Information Block 和 System Information Block 广播消息；

终端开机，在 NR Cell1 上执行注册流程，并处于 RRC 连接状态（RRC_CONNECTED）。

测试主体如表 5.12 所示。

表 5.12　主要信令流程

步骤	主要信令流程			判断
	流程描述	U-S	消息信令	
1	系统发送 RRC 重配置消息，消息包含测量配置，设置同频 NR 测量和报告同频 A3 事件	←	NR RRC：RRCReconfiguration	—
2	终端发送 RRC 重配置完成消息	→	NR RRC：RRCReconfiguration Complete	—
3	系统调整小区指定参考信号等级 NR Cell 1-85dBm/SCS NR Cell 2-79dBm/SCS	—	—	—
4	检查：终端是否发送测量报告消息来报告 A3 事件，报告将携带测量到的 NR Cell 2 的 RSRP 值	→	NR RRC：Measurement Report	—
5	系统发送一条 RRC 重配置消息，包括与专用配置的 RACH 同步的重配置，以命令 UE 执行到 NR Cell 2 的同频切换	←	NR RRC：RRC Reconfiguration	—

续表

步骤	主要信令流程			判断
	流程描述	U-S	消息信令	
6	检查：终端是否在 NR Cell 2 发送 RRC 重配置完成消息	→	NR RRC：RRCReconfiguration Complete	Pass
7	系统调整小区指定参考信号等级 NR Cell 1-79 NR Cell 2-85	—	—	—
8	检查：终端发送测量报告，报告 NR Cell 1 测量到的 A3 事件	→	NR RRC：MeasurementReport	—
9	系统发送一条 RRC 重配置消息，包括与专用配置的 RACH 同步的重配置，以命令 UE 执行到 NR Cell 1 的同频切换	←	NR RRC：RRCReconfiguration	—
10	检查：终端是否在 NR Cell 1 发送 RRC 重配置完成	→	NR RRC：RRCReconfiguration Complete	Pass

5）预期结果

步骤 6：终端在 NR Cell 2 上发送 RRC 重配置完成消息。

步骤 10：终端在 NR Cell 1 上发送 RRC 重配置完成消息。

8. NR 内部切换/成功/专用 preamble/通用 preamble/异频

1）测试目的

验证终端处于 NR RRC 连接态，执行异频邻区测量后，收到包含随机专用配置的同步重配置后能够正确执行小区切换并发送 RRC 重配置完成消息。

2）适用范围

该用例适用于支持 SA 的单模终端及支持 NSA 和 SA 的双模终端。

3）测试环境

系统配置：NR Cell 1 为服务小区，NR Cell 2 为 NR Cell 1 的同频邻区，System information combination NR-2。

UE 配置：无。

初始条件：系统模拟器：NR Cell1，未激活；被测终端：关机状态。

4）测试步骤

前置步骤：

激活 NR Cell1，系统模拟器配置下发 Master Information Block 和 System Information Block 广播消息；

终端开机；

终端在 NR Cell1 上执行注册流程，并处于 RRC 连接状态（RRC_CONNECTED）。

测试主体如表 5.13 所示。

表 5.13　主要信令流程

步骤	主要信令流程			判断
	流程描述	U-S	消息信令	
1	系统发送 RRC Reconfiguration 消息，包含 MeasConfig 来设置 NR 系统异频内测量和报告 A3 事件	←	NR RRC：RRCReconfiguration	—
2	终端发送 RRCReconfigurationComplete 消息	→	NR RRC：RRCReconfiguration Complete	—
3	SS adjusts the cell-specific reference signal level according to row “T1” 系统调整小区指定参考信号等级 NR Cell 1-85dBm/SCS NR Cell 3-79dBm/SCS	—	—	—
4	检查：终端是否发送测量报告消息，报告 NR Cell 3 A3 事件和测量到的 RSRP 值	→	NR RRC：Measurement Report	—
5	系统发送 RRC Reconfiguration 消息，包含 rach-Config Dedicated 的同步重配置，命令终端执行异频切换至 NR Cell 3	←	NR RRC：RRCReconfiguration	—
6	检查：终端是否在 NR Cell 3 发送 RRCReconfiguration Complete 消息	→	NR RRC：RRCReconfiguration Complete	Pass
7	系统发送包含测量配置的 RRCReconfiguration 消息，来设置 NR 系统内测量和报告异频 A3 事件	←	NR RRC：RRCReconfiguration	—
8	终端发送 RRCReconfigurationComplete 消息	→	NR RRC：RRCReconfiguration Complete	—
9	系统调整小区指定参考信号等级 NR Cell 1-79dBm/SCS NR Cell 3-85dBm/SCS	—	—	—
10	检查：终端是否再 NR Cell 1 发送测量报告，报告 A3 事件	→	NR RRC：Measurement Report	—
11	系统发送 RRC Reconfiguration 消息，包含没有 rach-Config Dedicated 的 reconfiguration with Sync 字段来命令终端执行异频小区切换至 NR Cell 1	←	NR RRC：RRCReconfiguration	—
12	检查：终端是否再 NR Cell 1 发送 RRCReconfiguration Complete	→	NR RRC：RRCReconfiguration Complete	Pass

5）预期结果

步骤 6：终端在 NR Cell 3 发送 RRCReconfigurationComplete 消息。

步骤 12：终端在 NR Cell 1 发送 RRCReconfigurationComplete 消息。

9. NR 内部切换/成功/安全密钥重配置

1）测试目的

验证终端收到包含密钥设置更改指示的 RRC Reconfiguration 消息后，小区切换的指定情况。

2）适用范围

该用例适用于支持 SA 的单模终端及支持 NSA 和 SA 的双模终端

3）测试环境

系统配置：NR Cell 1 为服务小区，NR Cell 2 为 NR Cell 1 适宜的同频邻区，System information combination NR-2。

UE 配置：无。

初始条件：系统模拟器：NR Cell1，未激活；被测终端：关机状态。

4）测试步骤

前置步骤：

激活 NR Cell1，系统模拟器配置下发 Master Information Block 和 System Information Block 广播消息；

终端开机；

终端在 NR Cell1 上执行注册流程，并处于 RRC 连接状态（RRC_CONNECTED）。

测试主体如表 5.14 所示。

表 5.14　主要信令流程

步骤	主要信令流程			判断
	流程描述	U-S	消息信令	
1	系统发送 RRCReconfiguration 消息，包括 configuationwithsync 的 keysetchangeindicator 设置为 true，以命令终端向 NR Cell 2 执行切换并更新 KgNB 密钥	←	NR RRC：RRCReconfiguration	—
2	检查：终端是否在 NR Cell 2 发送 RRCReconfigurationComplete 消息	→	NR RRC：RRCReconfigurationComplete	Pass

5）预期结果

步骤 2：终端在 NR Cell 2 上发送 RRCReconfigurationComplete 消息。

10. 4G／5G 网络间小区切换协议流程

1）测试目的

验证终端处于 RRC 连接态时收到 MobilityFromNRCommand 消息时，终端能够在 E-UTRA 小区完成切换。

2）适用范围

该用例适用于支持 SA 的单模终端及支持 NSA 和 SA 的双模终端。

3）测试环境

系统配置：NR Cell 1，E-UTRA Cell 1，System information Combination NR-6。

UE 配置：无。

初始条件：系统模拟器：NR Cell1，未激活；被测终端：关机状态。

4）测试步骤

前置步骤：

激活 NR Cell1，系统模拟器配置下发 Master Information Block 和 System Information Block 广播消息。

终端开机，在 NR Cell1 上执行注册流程，并处于 RRC 连接状态（RRC_CONNECTED）。

测试主体如表 5.15 所示。

表 5.15　主要信令流程

步骤	主要信令流程			判断
	流程描述	U-S	消息信令	
1	系统在 NR Cell 1 发送 MobilityFromNRCommand 消息	←	MobilityFromNRCommand	—
2	检查：终端发送的 RRCConnectionReconfigurationComplete 消息是否使用从新 KeNB 派生的安全密钥	→	RRCConnectionReconfigurationComplete	Pass
3	终端在指定测试例的小区发送 ULInformationTransfer 消息 这个消息包含 TRACKING AREA UPDATE REQUEST 消息 终端使用 5G 安全上下文对 TAU 请求进行完整性保护	→	RRC：ULInformationTransfer NAS：TRACKING AREA UPDATE REQUEST	—
4	系统测试用例指定小区发送 DLInformationTransfer 消息 这条消息包含 TRACKING AREA UPDATE ACCEPT 消息	←	RRC：DLInformationTransfer NAS：TRACKING AREA UPDATE ACCEPT	—
5	终端在测试用例指定小区发送 ULInformationTransfer 消息 这条消息包含 TRACKING AREA UPDATE COMPLETE 消息	→	RRC：ULInformationTransfer NAS：TRACKING AREA UPDATE COMPLETE	—

5）预期结果

步骤 2：终端发送 RRCConnectionReconfigurationComplete。

11. 异系统切换/自 E-UTRA 到 NR/成功

1）测试目的

终端处于 E-UTRA RRC 连接态，验证当终端收到 MobilityFromEUTRACommand 消息后，在 NR 小区发送 RRCReconfigurationComplete 消息。

2）适用范围

该用例适用于支持 SA 的单模终端及支持 NSA 和 SA 的双模终端。

3）测试环境

系统配置：NR Cell 1，E-UTRA Cell 1。

UE 配置：无。

初始条件：系统模拟器：NR Cell1，未激活；被测终端：关机状态。

4）测试步骤

前置步骤：

激活 E-UTRA Cell1，系统模拟器配置下发 Master Information Block 和 System Information Block 广播消息；

终端开机，在 E-UTRA Cell1 上执行注册流程，并处于 RRC 连接状态（RRC_CONNECTED），建立专用承载。

测试主体如表 5.16 所示。

表 5.16　主要信令流程

步骤	主要信令流程			判断
	流程描述	U-S	消息信令	
1	系统在 E-UTRA 小区 1 发送 MobilityFromEUTRACommand 消息	←	E-UTRA RRC：MobilityFromEUTRACommand	—
2	检查：终端是否在 NR Cell 1 发送 RRCReconfigurationComplete 消息	→	NR RRC：RRCReconfigurationComplete	Pass
3	终端发送 DLInformationTransfer 和包含“mobility registration updating”指示的 REGISTRATION REQUEST 消息，来更新实际注册跟踪区域	→	NR RRC：ULInformationTransfer 5GMM：REGISTRATION REQUEST	—
4	系统发送 ULInformationTransfer 消息和包含 5G-GUTI 的 REGISTRATION ACCEPT 消息	←	NR RRC：DLInformationTransfer 5GMM：REGISTRATION ACCEPT	—
5	终端发送 ULInformationTransfer 和 REGISTRATION COMPLETE 消息	→	NR RRC：ULInformationTransfer 5GMM：REGISTRATION COMPLETE	—

5）预期结果

步骤 2：终端在 NR Cell 1 发送 RRCReconfigurationComplete 消息。

5.3.5　空闲模式操作协议测试内容

空闲模式下协议测试内容主要包含 PLMN 选择和小区选择：终端对于不同 PLMN 的网络环境下能够根据正确的 PLMN 优先级顺序完成小区的进入，小区选择是验证 SA 终端在不同网络环境下能够根据服务小区的功率变化、网络下发的重选配置以及网络的重选门限完成小区选择的信令流程。

1. PLMN 选择：RPLMN，HPLMN/EHPLMN，UPLMN 和 OPLMN/自动模式

1）测试目的

检查终端是否能根据 RPLMN，HPLMN/EHPLMN，UPLMN 和 OPLMN 的选择顺序发起注册。

2）适用范围

该用例适用于支持 SA 的单模终端及支持 NSA 和 SA 的双模终端。

3）测试环境

系统配置：4 个异频 NR 小区均为高质量且合适的小区。

PLMN 选择如下。

NR Cell	PLMN name	MCC	MNC
1	PLMN4	001	01
12	PLMN1	001	11
13	PLMN2	001	21
14	PLMN3	001	31

UE 配置：

终端设置自动 PLMN 选择模式。

初始条件：

系统模拟器：NGC Cell 未激活。

被测终端：关机状态。

4）测试步骤

前置步骤：

激活 NR Cell 12，系统模拟器配置下发 Master Information Block 和 System Information Block 广播消息；

终端开机；

终端在 NR Cell 12 上执行注册流程，终端进入空闲态（NR RRC_IDLE）。

终端根据 pc_SwitchOnOff 和 pc_USIM_Removal 支持情况选择关机或移除 USIM，否则关闭终端电源；

终端执行 RRC 释放流程。

测试主体如表 5.17 和表 5.18 所示。

表 5.17　不同时间的小区配置

	Parameter	Unit	NR Cell 1	NR Cell 12	NR Cell 13	NR Cell 14
T0	SS/PBCH SSS EPRE	dBm/SCS	"Off"	−88	"Off"	"Off"
T1	SS/PBCH SSS EPRE	dBm/SCS	−88	−88	−88	"Off"
T2	SS/PBCH SSS EPRE	dBm/SCS	"Off"	−88	−88	"Off"
T3	SS/PBCH SSS EPRE	dBm/SCS	"Off"	−88	−88	−88

表 5.18　主要信令流程

步骤	主要信令流程			判断
	流程描述	U-S	消息信令	
1	系统根据 T1 时刻要求配置小区	—	—	—
2	终端开机	—	—	—
3	检查终端是否在 NR Cell 12 上发送 RRCSetupRequest 消息	→	RRCSetupRequest	Pass
4～21	依据 3GPP TS 38.508-1 第 4.5.2.2-2 章步骤 3～20 执行注册流程	—	—	—
22	检查终端在 120～660s 内在 NR Cell1 上发送 RRCSetupRequest 消息	→	RRCSetupRequest	Pass
23～27	依据 3GPP TS 38.508-1 表 4.9.5.2.2-1 步骤 2～6 执行	—	—	—
28	系统根据 T2 时刻要求配置小区	—	—	—
29	检查终端是否在 NR Cell 13 上驻留	—	—	Pass
30	系统根据 T3 时刻要求配置小区	—	—	—
31	检查终端在 120～660s 内在 NR Cell 14 上发送 RRC Setup Request 消息	→	RRCSetupRequest	Pass
32～36	依据 3GPP TS 38.508-1 表 4.9.5.2.2-1 步骤 2～6 执行	—	—	—

5）预期结果

步骤 3：终端应能选择 RPLMN 的小区发送注册请求。

步骤 22：当终端驻留在 NR VPLMN 小区上且该小区 NG-RAN HPLMN 可用，当 PLMN 搜索定时器到时，终端应能在 HPLMN 小区上发起注册请求。

步骤 29：终端应选择 PLMN 优先级最高 NR Cell 13 发起注册。

步骤 31：当终端驻留在 NG-RAN VPLMN 小区且该小区更高优先级的 NG-RAN PLMN 可用，当 PLMN 搜索定时器到时，终端应能在 PLMN 优先级最高的小区上尝试注册。

2. PLMN选择："其他PLMN/接入技术组合"/自动模式

1）测试目的

检查终端是否能根据RPLMN，HPLMN/EHPLMN，UPLMN和OPLMN的选择顺序发起注册。

2）适用范围

该用例适用于支持SA的单模终端及支持NSA和SA的双模终端。

3）测试环境

系统配置：4个异频NR小区均为高质量且合适的小区。

PLMN表示如下。

NR Cell	PLMN name
1	PLMN1
12	PLMN2
13	PLMN3
14	PLMN4

UE配置：终端设置自动PLMN选择模式。

初始条件：系统模拟器：NGC Cell未激活。

被测终端：关机状态。

4）测试步骤

前置步骤：清除终端RPLMN；终端关机。

测试主体如表5.19和表5.20所示。

表5.19　FR1不同时间的小区配置

	Parameter	Unit	NR Cell 1	NR Cell 12	NR Cell 13	NR Cell 14
T1	SS/PBCH SSS EPRE	dBm/SCS	–88	–88	–88	"Off"
T2	SS/PBCH SSS EPRE	dBm/SCS	"Off"	–88	–88	–88
T3	SS/PBCH SSS EPRE	dBm/SCS	"Off"	"Off"	–88	–88
T4	SS/PBCH SSS EPRE	dBm/SCS	"Off"	"Off"	"Off"	–88

表 5.20　主要信令流程

步骤	主要信令流程			判断
	流程描述	U-S	消息信令	
1	系统根据 T1 时刻要求配置小区	—	—	—
2	终端开机	—	—	—
3	检查终端是否在 NR Cell 1 上发送 RRCSetupRequest	→	NR RRC：RRCSetupRequest	Pass
4～21	依据 3GPP TS 38.508-1 第 4.5.2.2 步骤 3 至 20 在 NR Cell 1 上执行注册流程	—	—	—
22	系统根据 T2 时刻要求配置小区	—	—	—
23	检查终端是否在 NR Cell 12 上发送 RRCSetupRequest	→	NR RRC：RRCSetupRequest	Pass
24～28b1	依据 3GPP TS 38.508-1 第 4.9.5.2.2-1 步骤 2 至 6b1 在 NR Cell 12 上执行	—	—	—
29	系统根据 T3 时刻要求配置小区	—	—	—
30	检查终端是否在 NR Cell 13 上发送 RRCSetupRequest	→	NR RRC：RRCSetupRequest	Pass
31～35b1	依据 3GPP TS 38.508-1 第 4.9.5.2.2-1 步骤 2 至 6b1 在 NR Cell 12 上执行	—	—	—
36	系统根据 T4 时刻要求配置小区	—	—	—
37	检查终端是否在 NR Cell 14 上发送 RRCSetupRequest	→	NR RRC：RRCSetupRequest	Pass
38～42b1	依据 3GPP TS 38.508-1 第 4.9.5.2.2-1 步骤 2 至 6b1 在 NR Cell 12 上执行	—	—	—

5）预期结果

步骤 3：在 EHPLMN、UPLMN 和 OPLMN 可用的小区环境中，终端应选择 EHPLMN 尝试注册。

步骤 23：在 UPLMN、OPLMN 和 other PLMN 可用的小区环境中，终端应选择 UPLMN 尝试注册。

步骤 30：在 OPLMN 和 other PLMN 可用的小区环境中，终端应选择 OPLMN 尝试注册。

步骤 37：在 other PLMN 可用的小区环境中，终端应选择 other PLMN 尝试注册。

3. 手动模式的 ePLMN 小区重选

1）测试目的

检查终端是否能根据 RPLMN，HPLMN/EHPLMN，UPLMN 和 OPLMN 的选择顺序发起注册。

2）适用范围

该用例适用于支持 SA 的单模终端及支持 NSA 和 SA 的双模终端。

3）测试环境

系统配置：3 个异频 NR 小区。

PLMN 表示如下。

NR Cell	PLMN name
1	PLMN1
12	PLMN2
13	PLMN3

UE 配置：终端设置自动 PLMN 选择模式。

初始条件：系统模拟器：NGC Cell 未激活。

被测终端：关机状态。

4）测试步骤

前置步骤：

激活 NR Cell 1，系统模拟器配置下发 Master Information Block 和 System Information Block 广播消息；

终端开机；

系统发送带有等效 PLMN 列表中 PLMN2 的 REGISTRATION ACCEPT 消息；

终端在 NR Cell 1 上完成注册流程，终端进入空闲的态（RRC_IDLE）。

测试主体如表 5.21 和表 5.22 所示。

表 5.21　FR1 不同时间的小区配置

	Parameter	Unit	NR Cell 1	NR Cell 12	NR Cell 13
T1	SS/PBCH SSS EPRE	dBm/SCS	−99	−88	−67
T2	SS/PBCH SSS EPRE	dBm/SCS	“Off”	“Off”	“Off”

表 5.22　主要信令流程

步骤	主要信令流程			判断
	流程描述	U-S	消息信令	
1	系统根据 T1 时刻要求配置小区	—	—	—
2	检查终端是否依据 3GPP TS 38.508-1 第 4.9.5.2.2-1 章节驻留在 NR Cell 12 上	→	NR RRC：RRCSetupRequest	Pass
3	检查终端是否在 60 秒内在 NR Cell 1 和 13 上发送 RRCSetupRequest 消息	→	NR RRC：RRCSetupRequest	Fail
4	系统根据 T2 时刻要求配置小区	—	—	—
5	设置终端自动选择 PLMN 模式	—	—	—

5）预期结果

步骤 2：终端在上一个小区注册时，网络通过 REGISTRATION ACCEPT 下载等效 PLMN 列表，终端从新开机后，应能在更高质量的等效 PLMN 列表中的小区上注册。

步骤 3：终端在上一个小区注册时，网络通过 REGISTRATION ACCEPT 下载等效 PLMN 列表，终端从新开机后，不应在不属于等效 PLMN 列表中的小区上注册。

4. 共享网络环境中的 PLMN 选择/自动模式

1）测试目的

检查终端在多个 PLMN 标识的共享网络环境下执行正确的注册流程。

2）适用范围

该用例适用于支持 SA 的单模终端及支持 NSA 和 SA 的双模终端。

3）测试环境

系统配置：3 个异频 NR 小区。

PLMN 表示如下。

NR Cell	PLMN name
1	PLMN4
	PLMN15，PLMN1
2	PLMN15，PLMN1，PLMN16

UE 配置：终端设置自动 PLMN 选择模式，终端使用的 USIM 依据 3GPP TS 38.508-1 表 6.4.1-5 配置。

初始条件：系统模拟器：NR Cell，未激活；被测终端：关机状态。

4）测试步骤

前置步骤：

激活 NR Cell 1，系统模拟器配置下发 Master Information Block 和 System Information Block 广播消息；

终端开机；

终端在 NR Cell 1（PLMN4）上完成注册流程，终端进入空闲状态（RRC_IDLE）；

终端关机。

测试主体如表 5.23 和表 5.24 所示。

表 5.23　FR1 不同时间的小区配置

	Parameter	Unit	NR Cell 1	NR Cell 2
T0	SS/PBCH SSS EPRE	dBm/SCS	–88	“Off”
T1	SS/PBCH SSS EPRE	dBm/SCS	“Off”	“Off”
T2	SS/PBCH SSS EPRE	dBm/SCS	“Off”	–88

表 5.24　主要信令流程

步骤	主要信令流程			判断
	流程描述	U-S	消息信令	
1	系统根据 T0 时刻要求配置小区	—	—	—
2	终端开机	—	—	—
3	检查终端在 NR Cell 1 上是否发送 RRCSetupRequest 消息	→	NR RRC：RRCSetupRequest	Pass
4	系统发送 RRCSetup 消息	←	NR RRC：RRCSetup	—
5	检查终端是否发送 RRCSetupComplete 消息指示 HPLMN	→	NR RRC：RRCSetupComplete	Pass
6～21	依据 3GPP TS 38.508-1 第 4.5.2.2-2 章步骤 5 至 20 在 NR Cell 1 上执行注册流程	—	—	—
22	系统根据 T1 时刻要求配置小区	—	—	—
23	等待 15 秒让终端停止工作	—	—	—
24	系统根据 T2 时刻要求配置小区	—	—	—
25	检查终端在 NR Cell 2 上是否发送 RRCSetupRequest 消息	→	NR RRC：RRCSetupRequest	Pass
26	系统发送 RRCSetup 消息	←	NR RRC：RRCSetup	—
27～31b1	依据 3GPP TS 38.508-1 第 4.9.5.2.2-1 章步骤 2 至 6b1 执行	—	—	—

5）预期结果

步骤 3 和步骤 5：在存在多个 PLMN 标识，且都是 HPLMN 未注册过的 PLMN 的共享网络环境下，终端回到覆盖区域时应在 HPLMN 的共享小区上注册。

步骤 25：在存在多个 PLMN 标识，且都是注册过的 PLMN 的共享网络环境下，终端回到覆盖区域时应在注册过的 PLMN 共享小区上发起移动性注册流程。

5. 小区选择/Qrxlevmin 和小区重选（纯 NR 环境）

1）测试目的

验证终端在满足小区选择、小区重选条件下，终端能够正确执行响应流程。

2）适用范围

该用例适用于支持 SA 的单模终端及支持 NSA 和 SA 的双模终端。

3）测试环境

系统配置：NR Cell 1，NR Cell 11，System information combination NR-2。

UE 配置：无。

初始条件：

系统模拟器：NR Cell1，未激活。

被测终端：关机状态。

4）测试步骤

前置步骤：

激活 NR Cell1，系统模拟器配置下发 Master Information Block 和 System Information Block 广播消息；

终端开机，在 NR Cell1 上执行注册流程，并处于 RRC 连接状态（RRC_CONNECTED）。

测试主体如表 5.25 和表 5.26 所示。

表 5.25　小区功率水平和参数变化 FR1 的时间实例（一）

	Parameter	Unit	NR Cell 1	NR Cell 11
T1	SS/PBCH SSS EPRE	dBm/SCS	–88	Off
	Qrxlevmin	dBm	–80	—
	Qrxlevminoffset	dB	0	—
	Pcompensation	dB	0	—
T2	SS/PBCH SSS EPRE	dBm/SCS	–70	Off
	Qrxlevmin	dBm	–80	—
	Qrxlevminoffset	dB	0	—
	Pcompensation	dB	0	—
T3	SS/PBCH SSS EPRE	dBm/SCS	–70	–65
	Qrxlevmin	dBm	–80	–80
	Qrxlevminoffset	dB	0	0
	Pcompensation	dB	0	0

续表

	Parameter	Unit	NR Cell 1	NR Cell 11
T4	SS/PBCH SSS EPRE	dBm/SCS	–65	–70
	Qrxlevmin	dBm	–80	–80
	Qrxlevminoffset	dB	0	0
	Pcompensation	dB	0	0

表 5.26　主要信令流程

步骤	主要信令流程			判断
	流程描述	U-S	消息信令	
1	系统按照表 8.1.1.2.1.4-1“T1”行调整 NR Cell 1 SS/PBCH EPRE 等级	—	—	—
2	终端开机	—	—	—
3	检查：终端是否 60s 内在 NR Cell 1 发送 RRCSetupRequest 消息	→	NR RRC：RRCSetupRequest	Fail
4	系统按照表 8.1.1.2.1.4-1“T2”行调整 NR Cell 1 SS/PBCH EPRE 等级	—	—	—
5	检查：终端是否再 NR Cell 1 发送 RRCSetupRequest 消息	→	NR RRC：RRCSetupRequest	Pass
6～23	在 NR Cell 1 执行 TS 38.508-1 表 4.5.2.2-2 的注册流程的步骤 3～20 注意：终端执行注册和 RRC 连接释放	—	—	—
24	系统按照表 8.1.1.2.1.4-1“T3”行调整 NR Cell 11 SS/PBCH EPRE 等级	—	—	—
25～31	检查：终端是否按照 TS 38.508-1 章节 4.9.5 测试流程注册至 NR Cell 11 注意 1：终端执行注册且 RRC 连接释放	—	—	Pass
32	系统更改 NR Cell 1 SIB1	—	—	—
33	系统按照表 8.1.1.2.1.4-1“T4”行调整 NR Cell 1 SS/PBCH EPRE 等级	—	—	—
34	检查：终端是否按照 TS 38.508-1 章节 4.9.5 测试流程注册至 NR Cell 1	—	—	Fail

5）预期结果

步骤 3：终端开机，因 NR Cell 1 小区信号强度不满足系统消息所指定等级，故不注册至 NR Cell 1。

步骤 5：NR Cell 1 小区信号强度更改后满足注册条件，终端发送 RRCSetupRequest 消息至 NR Cell 1。

步骤 25～31：终端检测到 NR Cell 11 满足小区重选条件，终端按照 TS 38.508-1 节 4.9.5 所示流程，注册至 NR Cell 11。

步骤 34：因 NR Cell 1 未携带 tracking area code 参数，故终端不注册 NR Cell 1。

6. 不同频段间的小区重选

1）测试目的

验证当终端检测到不同频段频率的小区满足小区重选规则时，终端应能够完成小区重选流程。

2）适用范围

该用例适用于支持 SA 的单模终端及支持 NSA 和 SA 的双模终端。

3）测试环境

系统配置：NR Cell 1，NR Cell 10；System information combination NR-4；NR Cell 1 SIB2 cellReselectionPriority = 1；NR Cell 10 SIB2 cellReselectionPriority = 5。

UE 配置：无。

初始条件：

系统模拟器：NR Cell1，未激活。

被测终端：关机状态。

4）测试步骤

前置步骤：

激活 NR Cell1，系统模拟器配置下发 Master Information Block 和 System Information Block 广播消息；

终端开机，处于空闲态。

测试主体如表 5.27 和表 5.28 所示。

表 5.27　小区功率水平和参数变化 FR1 的时间实例（二）

	Parameter	Unit	NR Cell 1	NR Cell 10
T0	SS/PBCH SSS EPRE	dBm/SCS	−88	Off
T1	SS/PBCH SSS EPRE	dBm/SCS	−88	−76

表 5.28　主要信令流程

步骤	主要信令流程			判断
	流程描述	U-S	消息信令	
1	系统按照表“T1”行更改小区 SS/PBCH EPRE 等级	—	—	—
2	等待 10s 来允许终端识别更改	—	—	—
3	检查：终端是否按照 TS 38.508-1 表 4.9.4-1 所示步骤注册至 NR Cell 10	—	—	—

5）预期结果

步骤 3：终端按照 TS38.508-1 表 4.9.4.2.2-1 所示流程注册至 NR Cell 10。

7. 小区重选/等效 PLMN

1）测试目的

验证终端在正常注册过程中，系统下载等效 PLMN 列表后终端能够正确地根据小区重选准则和优先级等信息执行对应流程。

2）适用范围

该用例适用于支持 SA 的单模终端及支持 NSA 和 SA 的双模终端。

3）测试环境

系统配置：广播 PLMN 配置为三个异频多 PLMN NR 小区。

PLMN 标识符如表 5.29 所示。

表 5.29　PLMN 标识符

NR Cell	PLMN name	MCC	MNC
11	PLMN1	001	11
12	PLMN2	002	21
13	PLMN3	003	31

所有 NR 小区都是高质量小区，所有小区都是适宜小区，NR 小区使用 System information combination NR-4 配置。

UE 配置：

终端处于自动 PLMN 选择模式。

终端装在 USIM 包含默认参数，部分参数按照 TS38.508-1 表 6.4.1-14 配置。

初始条件：

系统模拟器：NR Cell1，未激活。

被测终端：关机状态。

4）测试步骤

前置步骤：

激活 NR Cell1，系统模拟器配置下发 Master Information Block 和 System Information Block 广播消息；

终端开机，在 NR Cell1 上执行注册流程，并处于 RRC 空闲状态(RRC_IDLE)，其中 REGISTRATION ACCEPT 消息中包含等效 PLMN 列表中的 PLMN3；

终端处于 1N-A 模式。

测试主体如表 5.30 和表 5.31 所示。

表 5.30　FR1 的单元配置随时间变化

	参数	单位	NR Cell 11	NR Cell 12	NR Cell 13
T0	SS/PBCH SSS EPRE	dBm/SCS	−67	−82	−97
T1	SS/PBCH SSS EPRE	dBm/SCS	−115	−82	−97
T2	SS/PBCH SSS EPRE	dBm/SCS	−67	−97	−82

表 5.31　主要信令流程

步骤	主要信令流程			判断
	流程描述	U-S	消息信令	
1	检查：终端是否在 *T* 秒内发送 RRCSetupRequest 消息（FR1 *T* = 100s）	→	NR RRC：RRCSetupRequest	Fail
2	系统按照上述表格“T1”行更改小区等级	—	—	—
3	检查：终端是否按照 TS 38.508-1 表 4.9.5.2.2-1 所示流程注册至 NR Cell 13 注意：终端执行“REGISTRATION REQUEST”流程类型为“mobility registration updating”，在 REGISTRATION ACCEPT 消息中包含 PLMN1 和 PLMN2 列表作为等效 PLMN；RRC 连接释放	—	—	—
4	检查：终端是否按照 TS 38.508-1 表 4.9.5.2.2-1 所示流程注册至 NR Cell 12 注意：终端执行“REGISTRATION REQUEST”流程类型为“mobility registration updating”，在 REGISTRATION ACCEPT 消息中包含 PLMN1 和 PLMN3 列表作为等效 PLMN；RRC 连接释放	—	—	—
5	系统按照上述表格“T0”行修改小区功率	—	—	—
6	检查：终端是否在 *T* 秒内发送 RRCSetupRequest 消息（*T* = 100s）	→	NR RRC RRCSetupRequest	Fail

续表

步骤	主要信令流程			判断
	流程描述	U-S	消息信令	
7	系统按照上述表格“T2”行修改小区功率	—	—	—
8	检查：终端是否按照 TS 38.508-1 表 4.9.5.2.2-1 所示流程注册至 NR Cell 13 注意：终端执行“REGISTRATION REQUEST”流程类型为“mobility registration updating”，在 REGISTRATION ACCEPT 消息中包含 PLMN1 和 PLMN2 列表作为等效 PLMN；RRC 连接释放	—	—	Pass

5）预期结果

步骤 1：终端在初始注册完毕之后由于没有更适宜注册的小区，故终端不注册至其他小区。

步骤 6：由于终端没有 Cell 11 的优先级信息，故终端不发送 RRCSetupRequest。

步骤 8：终端检测到 Cell 13 满足小区重选条件且 Cell 12 携带有 Cell 13 小区重选优先级信息，故终端重选至 Cell 13。

8. 小区重选，使用小区状态和小区保留/接入等级 1，2 或 12 到 14-cell Reserved for Operator Use

1）测试目的

终端 USIM 卡中接入标识为 1、2 和 12～14，验证当终端发现设置为保留的更高排序的小区时，终端不会尝试重选至该小区。

2）适用范围

该用例适用于支持 SA 的单模终端及支持 NSA 和 SA 的双模终端。

3）测试环境

系统配置：NR Cell 1 和 NR Cell 12 归属于不同跟踪区域；NR Cell 1 和 NR Cell 12 都是 HPLMN；NR Cell 按照 System information combination NR-4 设置小区系统信息。

UE 配置：无。

初始条件：

系统模拟器：NR Cell1，未激活。

被测终端：关机状态。

4）测试步骤

前置步骤：

激活 NR Cell1，系统模拟器配置下发 Master Information Block 和 System Information Block 广播消息；

终端开机，在 NR Cell1 上执行注册流程，并处于 1N-A 状态；
终端关机然后再开机；
终端在 NR Cell 上执行注册流程，并处于 1N-A 状态；
REGISTRATION ACCEPT 消息中关于 5GS 网络特性支持 IE 的 MPS 指示位设置为“Access identity 1 valid in RPLMN or equivalent PLMN”;
REGISTRATION ACCEPT 消息中关于 5GS 网络特性支持 IE 的 MCS 指示位设置为“Access identity 2 valid in RPLMN or equivalent PLMN”。
终端装载的 USIM 包含默认参数，部分参数按照表 5.32 进行配置。

表 5.32　USIM 配置

USIM 区域	值
EFUST	Service n°126（for UAC Access Identities Configuration）defined in TS 31.102 clause 4.2.8 is declared “available”
EFUAC_AIC and EFACC	For Bits b1，b2 in byte 1 of EFUAC_AIC（defined in TS 31.102 clause 4.4.11.7）and Bits b5 to b7 in byte 1 of EFACC（defined in TS 31.102 clause 4.2.15），any single bit can be set to 1. All remaining bits of the two file are set to 0
EFEHPLMN	This file is not present or empty

测试主体如表 5.33 和表 5.34 所示。

表 5.33　FR1 随时间更改小区功率等级和参数

	参数	单位	NR Cell 1	NR Cell 12
T0	SS/PBCH SSS EPRE	dBm/SCS	−88	Off
T1	SS/PBCH SSS EPRE	dBm/SCS	−88	−80
	cellReservedForOperatorUse	—	—	Reserved

表 5.34　主要信令流程

步骤	主要信令流程			判断
	流程描述	U-S	消息信令	
1	系统按照表 8.1.1.2.10-2“T1”行更改 SS/PBCH EPRE 等级	—	—	—
2	检查：终端是否在接下来的 120s 内在 NR Cell 12 初始化随机接入流程	—	—	Fail
3	检查：终端是否按照 TS38.508-1 表 4.9.4.2.2-1 所示流程在 NR Cell 1 完成注册步骤并处于 RRC_IDLE 状态	—	—	—

5）预期结果

步骤 2：小区在更改功率后所有小区满足重选条件，但 NR Cell 12 被设置为保留小区，故终端此时不发起任何初始随机接入流程。

9. 小区重选，使用小区状态和小区保留/接入等级 11 或 15–cell Reserved for Operator Use

1）测试目的

终端 USIM 卡中接入等级为 11 或者 15，终端正常注册 HPLMN/EPLMN 并处于 NR RRC_IDLE 状态，验证当终端发现更高排序的小区且该小区为保留小区时，终端重选至该小区。

2）适用范围

该用例适用于支持 SA 的单模终端及支持 NSA 和 SA 的双模终端。

3）测试环境

系统配置：NR Cell 1 与 NR Cell 3 归属于不同跟踪区域；NR Cell 1 为 HPLMN；NR Cell 按照 TS 38.508-1 节 4.4.3.1.2System information combination NR-4 配置系统信息。

UE 配置：无。

初始条件：

系统模拟器：NR Cell1 未激活。

被测终端：关机状态。

4）测试步骤

前置步骤：

激活 NR Cell1，系统模拟器配置下发 Master Information Block 和 System Information Block 广播消息；

终端开机，在 NR Cell1 上执行注册流程，并处于 RRC 空闲状态（RRC_IDLE）；

终端装载 USIM 包含默认参数，部分参数按照表 5.35 和表 5.36 进行配置。

表 5.35　USIM 配置

USIM 区域	值
EFUST	Service n°126（for UAC Access Identities Configuration）defined in TS 31.102 clause 4.2.8 is declared “available”
EFUAC_AIC	Bits b1 and b2 in byte 1 defined in TS 31.102 clause 4.4.11.7 are set to 0
EFACC	For Bits b4 and b8，in byte 1 defined in TS 31.102 clause 4.2.15，only single bit set to 1. All remaining bits of byte 1 and byte 2 are set to 0
EFEHPLMN	This data field only contains the HPLMN

表 5.36　FR1 随时间变化小区功率等级和参数设置

	参数	单位	NR Cell 1	NR Cell 3	Remark
T0	SS/PBCH SSS EPRE	dBm/SCS	−88	Off	
T1	SS/PBCH SSS EPRE	dBm/SCS	−88	−80	The power level values are assigned to satisfy RNRCell 1<RNRCell 3
	cellReservedForOperatorUse	—	—	Reserved	

测试主体如表 5.37 所示。

表 5.37　主要信令流程

步骤	主要信令流程			判断
	流程描述	U-S	消息信令	
1	系统按照表 8.1.1.2.11-2 “T1” 行更改 SS/PBCH EPRE 等级	—	—	—
2	检查：终端是否按照 TS38.508-1 表 4.9.5.2.2-1 所示流程注册至 NR Cell 3	—	—	Pass

5）预期结果

步骤 2：由于终端所使用的 USIM 卡中包含的接入等级为 11 或者 15，故终端可以接入 NR Cell 3。

10. 小区重选/EN-DC

1）测试目的

验证终端在 NSA 模式下的小区重选功能

2）适用范围

该用例适用于支持 NSA 的单模终端及支持 NSA 和 SA 的双模终端。

3）测试环境

系统配置：E-UTRA Cell 1，E-UTRA Cell2 为主小区 PCell；NR Cell 1 为主辅小区 PsCell。

UE 配置：无。

初始条件：终端处于关机状态。

4）测试步骤

前置步骤：

激活 E-UTRA Cell 1，E-UTRA Cell 2 和 NR Cell 1，系统模拟器配置下发 Master Information Block 和 System Information Block 广播消息；

终端开机；

终端工作在 EN-DC 模式下，并处于 RRC_IDLE 状态。

测试主体如表 5.38 所示。

表 5.38　主要信令流程

步骤	主要信令流程			判断
	流程描述	U-S	消息信令	
1	系统降低 E-UTRA Cell 1 功率	—	—	—
2	检查终端是否在 EUTRACell 2 上发起连接请求	→	RRC：RRCConnectionRequest	Pass
3～7	在 E-UTRAN Cell 1 上实现 3GPP 36.508 table 4.5A.2.1-1 中的步骤 3～7	—	—	—
8	网络发起 SCG 添加的流程	—	—	—
9	检查终端是否发送 SCG 失败消息	→	RRC：SCGFailureInformation	Fail

5）预期结果

步骤 2：终端重选至 E-UTRAN Cell2。

步骤 9：终端在 E-UTRAN Cell2 上成功添加 SCG。

5.3.6　层 2 协议测试内容

层 2 协议测试内容主要是通过协议信令符合性验证终端 MAC 层、RLC 层、PDCP 层和 SDAP 层的功能，MAC 层主要验证点是该层的随机接入、上下行数据传输、不连续接收和半持续调度等功能；RLC 层主要验证 RLC 非确认模式和确认模式的功能；PDCP 层主要验证该层的完整性保护、加密和分组数据的切换恢复功能；SDAP 层主要验证数据传输过程中对报头的正确处理功能。

1. 正确处理下行 MAC PDU/下行指配/HARQ 进程

1）测试目的

验证终端能够正确处理和解码收到的 MAC PDU，当接收及解码异常时能够处理异常情况。

2）适用范围

该用例适用于支持 SA 的单模终端及支持 NSA 和 SA 的双模终端。

3）测试环境

系统配置：NR Cell 1。

UE 配置：无。

初始条件：系统模拟器：NR Cell1，未激活；被测终端：关机状态。

4）测试步骤

前置步骤：

激活 NR Cell1，系统模拟器配置下发 Master Information Block 和 System Information Block 广播消息。

终端开机，在 NR Cell1 上执行注册流程，并处于 RRC 空闲状态(RRC_IDLE)，且开启 UE TEST LOOP MODE A，上行链路不返回任何数据。

测试主体如表 5.39 所示。

表 5.39　主要信令流程

步骤	主要信令流程			判断
	流程描述	U-S	消息信令	
1	SS 发送下行链路地址给 C-RNTI，并分配给 UE	←	(PDCCH(C-RNTI))	—
2	SS 在指定的下行链路中传输分配一个 MAC PDU，包括一个未设置轮询位的 RLC PDU	←	MAC PDU	—
3	检查：UE 是否发送一个 HARQ ACK 在 PUCCH	→	HARQ ACK	Pass
4	SS 发送一个下行链路分配，包括一个 C-RNTI，不同于被分配在 UE 上的	←	(PDCCH（unknown C-RNTI))	—
5	SS 在指定的下行链路中传输，在 MAC PDU 中分配 RLC PDU，包括一个带有轮询位的 RLC PDU 没有设置	←	MAC PDU	—
6	检查：UE 是否发送任何 HARQ ACK/NACK 在 PUCCH	→	HARQ ACK/NACK	Fail
—	异常：运行步骤 7～10，重复使用测试参数值如表 7.1.1.2.1.3.2.-2 中每次迭代所示	—	—	—
7	SS 通过 PDCCH 指示开启新的传输并发送一个 MAC PDU，该消息包括一个未被设置带有轮询位的 RLC PDU，设置内容用于 UE 未能成功解码数据在此缓冲	←	MAC PDU	—
8	检查：UE 是否发送一个 HARQ NACK	→	HARQ NACK	Pass
—	异常：重复步骤 9 直到在步骤 10 接收到 HARQ ACK 或直到 HARQ 重传计数 = 4 时在步骤 9 达到 MAC PDU	—	—	—
9	SS 表示在 PDCCH 重发，并发送相同的 MAC PDU 像步骤 7	←	MAC PDU	—
—	异常：最多[3]个 HARQ NACK 在步骤 10 应该允许 UE	—	—	—
10	检查：UE 是否发送一个 HARQ ACK	→	HARQ ACK	Pass
11	SS 发送包含三个 MAC 子 PDU，每个包含一个 260 字节的 MAC SDU（RLC PDU）最后是一个 padding MAC sub PDU。包含的第三个 RLC PDU 将设置轮询位	←	MAC PDU	—
12	检查：UE 是否发送 MAC PDU，包含 RLC STATUS PDU 承认接收所有 AMD PDU 在步骤 11	→	MAC PDU（RLC STATUS PDU）	Pass
13	SS 发送包含三个 MAC 子 PDU，每个包含一个 128 字节的 MAC SDU（RLC PDU）最后是一个 padding MAC sub PDU。包含的第三个 RLC PDU 将设置轮询位	←	MAC PDU	—

续表

步骤	主要信令流程			判断
	流程描述	U-S	消息信令	
14	检查：UE 是否发送 MAC PDU，包含 RLC STATUS PDU 承认接收所有 AMD PDU 在步骤 13	→	MAC PDU（RLC STATUS PDU）	Pass
15	SS 发送包含一个 MAC 子 PDU，每个包含一个 128 字节的 MAC SDU（RLC PDU）最后没有 padding MAC sub PDU。包含的 RLC PDU 将设置轮询位	←	MAC PDU	—
16	检查：UE 是否发送 MAC PDU，包含 RLC STATUS PDU 承认接收所有 AMD PDU 在步骤 15	→	MAC PDU（RLC STATUS PDU）	Pass
17	SS 发送包含一个 MAC 子 PDU，每个包含一个 128 字节的 MAC SDU(RLC PDU)，一个 MAC sub PDU 包含一个 260 字节的 MAC SDU（RLC PDU），最后没有 padding MAC sub PDU。包含的第二个 RLC PDU 将设置轮询位	←	MAC PDU	—
18	检查：UE 是否发送 MAC PDU，包含 RLC STATUS PDU 承认接收所有 AMD PDU 在步骤 17	→	MAC PDU（RLC STATUS PDU）	Pass
19	SS 发送一个 RRCConnectionReconfiguration 消息包含 NR RRCReconfiguration 消息，NR RRCReconfiguration 包含 TDD-UL-DL-ConfigCommon 并明确图案化在表 7.1.1.2.1.3.3-1	←	RRCConnectionReconfiguration（RRCReconfiguration）	—
20	检查：UE 是否发送一个 RRCConnectionReconfigurationComplete 消息，包含 NR RRCReconfigurationComplete message	→	RRCConnectionReconfigurationComplete（RRCReconfigurationComplete）	Pass
21	SS 发送下行链路分配地址给 C-RNTI，指派给 UE 表示下行接收图案 2 的槽部分中的符号	←	（PDCCH(C-RNTI)）	—
22	SS 在指定的下行链路中传输分配给的 MAC PDU，包括 RLC PDU 未设置轮询位	←	MAC PDU	—
23	检查：UE 是否发送一个 HARQ ACK 在 PUCCH	→	HARQ ACK	Pass

5）预期结果

步骤 3：终端发送 HARQ ACK。

步骤 6：终端不应发送 HARQ ACK/NACK。

步骤 8：终端发送 HARQ NACK。

步骤 10：终端发送 HARQ ACK。

步骤 12：终端发送 MAC PDU（RLC STATUS PDU）。

步骤 14：终端发送 MAC PDU（RLC STATUS PDU）。

步骤 16：终端发送 MAC PDU（RLC STATUS PDU）。

步骤 18：终端发送 MAC PDU（RLC STATUS PDU）。

步骤 20：终端发送 RRCConnectionReconfigurationComplete（RRCReconfiguration Complete）。

步骤 23：终端发送 HARQ ACK。

2. 正确处理上行 MAC PDU/上行指配/HARQ 进程

1）测试目的

验证终端正确处理上行 MAC PDU 和 HARQ 信息。

2）适用范围

该用例适用于支持 SA 的单模终端及支持 NSA 和 SA 的双模终端。

3）测试环境

系统配置：NR Cell 1。

UE 配置：无。

初始条件：系统模拟器：NR Cell1，未激活；被测终端：关机状态。

4）测试步骤

前置步骤：

激活 NR Cell1，系统模拟器配置下发 Master Information Block 和 System Information Block 广播消息。

终端开机，在 NR Cell1 上执行注册流程，并处于 RRC 连接状态（RRC_CONNECTED），且终端开启 UE TEST LOOP MODE A。

测试主体如表 5.40 所示。

表 5.40　主要信令流程

步骤	主要信令流程			判断
	流程描述	U-S	消息信令	
1	SS 忽略调度请求并且不分配任何上行链路授权	—	—	—
2	SS 发送一个 MAC PDU 包括一个 RLC SDU	←	MAC PDU	—
—	异常：步骤 3 并行运行的行为在表 7.1.1.3.1.3.2-2	—	—	—
3	对于 400ms，SS 每 10ms 发送一个 UL 授权，允许 UE 返回在 PDCCH 上的步骤 2 中接收到的 RLC SDU，但是 C-RNTI 不同于分配给 UE 的 C-RNTI	←	（UL Grant（unknown C-RNTI））	—
4	检查：UE 是否发送与步骤 3 中的授权对应的 MAC PDU	→	MAC PDU	Fail
5	SS 发送 UL 授权，允许 UE 在 PDCCH 上返回在步骤 2 中接收到的 RLC SDU，并将 C-RNTI 分配给 UE	←	（UL Grant（C-RNTI））	—
6	检查：UE 是否发送与步骤 6 中的授权对应的 MAC PDU	→	MAC PDU	Pass
7	SS 发送包含 RLC PDU 的有效 MAC PDU	←	MAC PDU	—
8	SS 为一个 HARQ 进程 X 分配 UL 授权，足以使一个 RLC SDU 在一个插槽中循环，并且 NDI 表示要用作 0 的新传输冗余版本	←	Uplink Grant	—

续表

步骤	主要信令流程			判断
	流程描述	U-S	消息信令	
9	检查：UE 是否在 HARQ 进程 X 中发送包括一个 RLC SDU 的 MAC PDU	→	MAC PDU	Pass
10	SS 发送一个 UL 对应于 HARQ 进程 X，NDI 未切换，冗余版本用作 1	←	Uplink Grant	—
11	检查：UE 是否使用冗余版本 1 为 HARQ 进程 X 重新传输 MAC PDU	→	MAC PDU	Pass
12	SS 发送与 HARQ 进程 X 的时隙相对应的 UL 授权，NDI 切换，冗余版本用作 2	←	Uplink Grant	—
13	检查：UE 是否重新传输包含 HARQ 进程 X 填充的 MAC PDU，使用冗余版本 2	→	MAC PDU	Pass
14	SS 发送一个 MAC PDU 包含一个 128 字节的 RLC PDU	←	MAC PDU	—
15	SS 发送 UL 授权，允许 UE 返回在步骤 14 和填充中接收到的 RLC SDU	←	（UL Grant（C-RNTI））	—
16	检查：UE 是否发送与步骤 14 中的授权对应的 MAC PDU，F 字段设置为 0，并且在 MAC sub PDU 中包括 8 位 L 字段，在末尾包括填充子 PDU	→	MAC PDU	Pass
17	SS 发送一个 MAC PDU 包含一个 512 字节的 RLC PDU	←	MAC PDU	—
18	SS 发送 UL 授权，允许返回在步骤 17 和填充中收到的 RLC SDU 的 UE	←	（UL Grant（C-RNTI））	—
19	检查：UE 是否发送与步骤 17 中的授权对应的 MAC PDU，F 字段设置为 1，并且在 MAC sub PDU 中包括 8 位 L 字段，在末尾包括填充子 PDU	→	MAC PDU	Pass
20	SS 发送一个 RRCConnectionReconfiguration 消息包含 NR RRCReconfiguration 消息，包括 TDD-UL-DL 配置通用于表 7.1.1.3.1.3.3-2 中指定的模式 2	←	RRCConnectionReconfiguration（RRCReconfiguration）	—
21	检查：UE 是否发送一个 RRCConnectionReconfigurationComplete 消息，包含 NR RRCReconfigurationComplete 消息	→	RRCConnectionReconfiguration Complete（RRCReconfigurationComplete）	Pass
22	SS 发送一个 MAC PDU 包含一个 RLC SDU	←	MAC PDU	—
23	SS 发送 UL 授权，允许 UE 在 PDCCH 上返回在步骤 22 中接收到的 RLC SDU，并将 C-RNTI 分配给 UE	←	（UL Grant（C-RNTI））	—
24	检查：UE 是否发送与步骤 23 中的授权对应的 MAC PDU	→	MAC PDU	Pass

5）预期结果

步骤 4：终端不应发送 MAC PDU。

步骤 6：终端发送 MAC PDU。

步骤 9：终端发送 MAC PDU。
步骤 11：终端发送 MAC PDU。
步骤 13：终端发送 MAC PDU。
步骤 16：终端发送 MAC PDU。
步骤 19：终端发送 MAC PDU。
步骤 21：终端发送 RRCConnectionReconfigurationComplete（RRCReconfiguration）。
步骤 24：终端发送 MAC PDU。

3. DL-SCH 传输块大小选择/DCI format 1_0

1）测试目的

验证终端在收到 PDCCH 信道 DCI format 1_0 指示的资源块后，能够正确解码且转发给上层。

2）适用范围

该用例适用于支持 SA 的单模终端及支持 NSA 和 SA 的双模终端。

3）测试环境

系统配置：NR Cell 1，NR Cell 1 应用最大 BWP，测试频率 NR f1 使用最大上行和下行信道，默认子载波间隔。

UE 配置：无。

初始条件：系统模拟器：NR Cell1，未激活；被测终端：关机状态。

4）测试步骤

前置步骤：

激活 NR Cell1，系统模拟器配置下发 Master Information Block 和 System Information Block 广播消息。

终端开机，在 NR Cell1 上执行注册流程，并处于 RRC 连接状态（RRC_CONNECTED），开启 UE TEST LOOP MODE A。

测试主体如表 5.41 所示。

表 5.41　主要信令流程

步骤	主要信令流程			判断
	流程描述	U-S	消息信令	
—	例外情况：对于 BWP 中 N_{PRB} 的允许值 1 至 $N_{RB}^{DL,BWP}$，依据表格 7.1.1.4.1.0-1 和 I_{MCS} 时域资源从 0～28，重复步骤 1～5	—	—	—
1	系统模拟器基于 S，L，I_{MCS} 和 n_{PRB} 的值计算或查找 TS 38.214 中的 TBS	—	—	—

续表

步骤	主要信令流程			判断
	流程描述	U-S	消息信令	
—	例外情况：如果 TBS 小于或等于表格 7.1.1.4.1.1.3.2-1 中规定的 UE capability“TTI 中收到的 DL-SCH 传输块比特的最大值”并且大于等于表格 7.1.1.4.1.1.3.2-2 中规定的 132bit，则执行步骤 2～5	—	—	—
2	系统模拟器依照表格 7.1.1.4.1.1.3.2-2，基于 TBS，生成一个或多个 PDCP SDU	—	—	—
3	系统模拟器发送连接到 MAC PDU 的 PDCP SDU，并在 PDCCH DCI Format 1_0 和 S，L，I_{MCS} 和 n_{PRB} 的值上进行指示	←	MAC PDU（NxPDCP SDU）DCI:（DCI Format 1_0，S，L，I_{MCS} and n_{PRB}）	—
4	在收到调度请求时，系统模拟器发送 UL Grant 以传输回 PDCP SDU	←	（UL Grant）	—
5	校验：UE 返回的 PDCP SDU 是否与步骤 3 中系统模拟器发送的内容和数量均相同	→	（NxPDCP SDU）	Pass

5）预期结果

步骤 5：UE 处于 RRC_CONNECTED 状态，当 UE 在 PDCCH 上收到 DCI format 1_0（用于标明与物理资源块、时域资源分配、调制和编码相应的资源块分配）时，应根据调制编码机制、时域资源分配和 PRB 对接收到的相应大小的传输块进行解码，并将其转发到高层。

4. 正确处理下行指配/半静态

1）测试目的

验证终端在 RRC-CONNECTED 状态下，能正确处理下行分配，并响应半静态配置。

2）适用范围

该用例适用于支持 SA 的单模终端及支持 NSA 和 SA 的双模终端。

3）测试环境

系统配置：NR Cell 1。

UE 配置：无。

初始条件：系统模拟器：NR Cell1，未激活；被测终端：关机状态。

4）测试步骤

前置步骤：

激活 NR Cell1，系统模拟器配置下发 Master Information Block 和 System Information Block 广播消息。

终端开机，在 NR Cell1 上执行注册流程，并处于 RRC 连接状态（RRC_CONNECTED），开启 UE TEST LOOP MODE A，且上行链路不返回任何数据。

测试主体如表 5.42 所示。

表 5.42　主要信令流程

步骤	主要信令流程			判断
	流程描述	U-S	消息信令	
1	系统模拟器在时隙“Y”内使用 UE 的 CS-RNTI 发送 DL 分配指令，NDI = 0	←	（DL SPS Grant）	—
2	系统模拟器在时隙“Y”内发送包含 UM DRB 上的 RLC PDU（DL–SQN = 0）的 DL MAC PDU	←	MAC PDU	—
3	校验：UE 是否发送 HARQ ACK	→	HARQ ACK	Pass
4	系统模拟器在时隙“Y + X”内发送包含 DRB 上的 RLC PDU（DL–SQN = 1）的 DL MAC PDU（备注 1）	←	MAC PDU	—
5	校验：UE 是否发送 HARQ ACK	→	HARQ ACK	Pass
6	系统模拟器在时隙“P”内使用 UE 的 CS-RNTI 发送 DL 分配指令，NDI = 0;（其中 Y + X＜P＜Y + 2X）	←	（DL SPS Grant）	—
7	系统模拟器在时隙“P”内发送包含 UM DRB 上的 RLC PDU（DL–SQN = 2）的 DL MAC PDU	←	MAC PDU	—
8	校验：UE 是否发送 HARQ ACK	→	HARQ ACK	Pass
9	系统模拟器在时隙“Y + 2X”内发送包含 UM DRB 上的 RLC PDU（DL–SQN = 3）的 DL MAC PDU	←	MAC PDU	—
10	校验：UE 是否发送 HARQ 反馈	→	HARQ ACK/NACK	Fail
11	系统模拟器在时隙“P + X”内使用 UE 的 C-RNTI 发送 DL 分配指令，NDI = 0	←	（DL Grant）	—
12	系统模拟器在时隙“P + X”内发送包含 UM DRB 上的 RLC PDU（DL–SQN = 3）的 DL MAC PDU（备注 2）	←	MAC PDU	—
13	校验：UE 是否发送 HARQ ACK	→	HARQ ACK	Pass
14	系统模拟器在时隙“P + 2X”内发送包含 UM DRB 上的 RLC PDU（DL–SQN = 4）的 DL MAC PDU	←	MAC PDU	—
15	校验：UE 是否发送 HARQ ACK	→	HARQ ACK	Pass
16	系统模拟器在时隙“P + 3X”内使用 UE 的 CS-RNTI 发送 DL 分配指令，NDI = 0	←	（DL SPS Grant）	—
17	系统模拟器在时隙“P + 3X”内发送包含 UM DRB 上的 1 RLC PDU（DL–SQN = 5）的 DL MAC PDU；以这种方式计算 CRC 将导致 UE 中的 CRC 错误	←	MAC PDU	—
18	校验：UE 是否发送 HARQ NACK	→	HARQ NACK	—
—	例外情况：应该重复步骤 19 和 20，直到步骤 17 中的 MAC PDU 的 HARQ 重传计数达到 3（备注 3）	—	—	—

续表

步骤	主要信令流程			判断
	流程描述	U-S	消息信令	
19	The SS transmits a DL assignment using UE CS-RNTI in Slot“Z”，NDI = 1；系统模拟器在时隙“Z”内使用 UE 的 CS-RNTI 发送 DL 分配指令，NDI = 1；其中（P + 3X<Z<P + 4X）；DL HARQ 过程与步骤 18 中的相同	←	（DL SPS Grant）	—
20	系统模拟器在时隙“Z”内重新发送包含 UM DRB 上的 RLC PDU（DL-SQN = 5）的 DL MAC PDU	←	MAC PDU	—
—	例外情况：在步骤 21 中，应最多允许来自 UE 的 3 个 HARQ NACK（备注 3）	—	—	—
21	校验：UE 是否发送 HARQ ACK	→	HARQ ACK	Pass
22	系统模拟器发送 NR RRCReconfiguration 以禁用 SPS-ConfigurationDL（备注 4）	←	RRCConnectionReconfiguration	—
23	UE 发送 NR RRCReconfigurationComplete（备注 5）	→	RRCConnectionReconfigurationComplete	—
24	系统模拟器在时隙“P + 5X”内发送包含 UM DRB 上的 1 RLC PDU（DL-SQN = 7）的 DL MAC PDU	←	MAC PDU	—
25	校验：UE 是否发送 HARQ 反馈	→	HARQ ACK/NACK	Fail

备注 1：在此 X 等于 semiPersistSchedIntervalDL。

备注 2：C-RNTI 的 DL 分配以及 MAC PDU 的大小与步骤 6 中存储的 CS-RNTI DL 分配的大小不同。这确保了 UE 根据针对 C-RNTI 的 DL 分配而不是根据针对 CS-RNTI 存储的 grant 接收 DSCH 数据。

备注 3：基于此测试例中使用给定的无线电条件的假设，选择了 HARQ 最大重传次数的值为 4，UE 软组合器实现应具有足够的重传以能够成功解码其软缓冲区中的数据。

备注 4：对于 EN-DC，在条件 EN-DC_EmbedNR_RRCRecon 下，NR RRCReconfiguration 消息包含在 RRCConnection Reconfiguration 36.508 [7]，表 4.6.1-8 中。

备注 5：对于 EN-DC，NR RRCReconfigurationComplete 消息包含在 RRCConnectionReconfigurationComplete 中。

5）预期结果

步骤 3：UE 处于已建立 DRB 的 RRC_Connected 状态，且 DL 中的 sps-Configuration 已激活，当 UE 在时隙 y 中收到寻址到其存储的 CS-RNTI 的 DL 分配且 NDI 设置为 0 时，UE 开始在时隙 y + n*[semiPersistSchedIntervalDL]中接收 DL MAC PDU，其中“n”是从零开始的正整数。

步骤 5：UE 处于已建立 DRB 的 RRC_Connected 状态，且 DL 中的 sps-Configuration 已激活，当 UE 在时隙 y 中收到寻址到其存储的 CS-RNTI 的 DL 分配且 NDI 设置为 0 时，UE 开始在时隙 y + n*[semiPersistSchedIntervalDL]中接收 DL MAC PDU，其中“n”是从零开始的正整数。

步骤 8：UE 处于已建立 DRB 的 RRC_Connected 状态，存储的 DL SPS 分配用以在时隙 y + n*[semiPersistSchedIntervalDL]中接收 MAC PDU。当 UE 在时隙 P 中收到寻

址至其 CS-RNTI 的 DL 分配且 NDI 设置为 0 时（其中 p！ = y + n*[semiPersistSchedIntervalDL]），UE 应开始在时隙 p + n*[semiPersistSchedIntervalDL]中接收 DL MAC PDU，并终止在时隙 y + n*[semiPersistSchedIntervalDL]中接收 DL MAC PDU，其中“n”是从零开始的正整数。

步骤 10：UE 处于已建立 DRB 的 RRC_Connected 状态，存储的 DL SPS 分配用以在时隙 y + n*[semiPersistSchedIntervalDL]中接收 MAC PDU。当 UE 在时隙 P 中收到寻址至其 CS-RNTI 的 DL 分配且 NDI 设置为 0 时（其中 p！ = y + n*[semiPersistSchedIntervalDL]），UE 应开始在时隙 p + n*[semiPersistSchedIntervalDL]中接收 DL MAC PDU，并终止在时隙 y + n*[semiPersistSchedIntervalDL]中接收 DL MAC PDU，其中“n”是从零开始的正整数。

步骤 13：UE 处于已建立 DRB 的 RRC_Connected 状态，存储的 DL SPS 分配用以在时隙 y + n*[semiPersistSchedIntervalDL]中接收 MAC PDU。当 UE 在时隙 p 中收到寻址至其 C-RNTI 的 DL 分配时（p = y + n*[semiPersistSchedIntervalDL]），UE 应根据寻址至 C-RNTI 的分配接收 MAC PDU。

步骤 15：UE 处于已建立 DRB 的 RRC_Connected 状态，且 DL 中的 sps-Configuration 已激活，当 UE 在时隙 y 中收到寻址到其存储的 CS-RNTI 的 DL 分配且 NDI 设置为 0 时，UE 开始在时隙 y + n*[semiPersistSchedIntervalDL]中接收 DL MAC PDU，其中“n”是从零开始的正整数。

步骤 21：UE 处于已建立 DRB 的 RRC_Connected 状态，存储的 DL SPS 分配用以在时隙 p + n*[semiPersistSchedIntervalDL]中接收 MAC PDU。当 UE 在时隙 z 中收到寻址至其 CS-RNTI 的 DL 分配（用于重传）且 NDI 设置为 1 时（其中 z！ = p + n*[semiPersistSchedIntervalDL]），UE 应根据 CS-RNTI 的重传授权接收 MAC PDU。

步骤 25：UE 处于已建立 DRB 的 RRC_Connected 状态，存储的 DL SPS 授权用以在时隙 z + n*[semiPersistSchedIntervalDL]中接收 MAC PDU。当 UE 接收到包含 sps-Configuration（其中 sps-ConfigurationDL 设置为“禁用”）的 RRC 消息并导致 DL SPS 授权停用时，UE 应删除存储的 sps-Configuration DL 参数并终止在时隙 z + n*[semiPersistSchedIntervalDL]中根据存储的 SPS 分配接收 DL MAC PDU。

5. 激活/去激活辅小区/激活/去激活 MAC 控制单元接收/sCellDeactivationTimer

1）测试目的

验证终端在 SCell 小区处于 RRC_CONNECTED 状态下，能正确处理激活态/去激活态的 SCells 和 MAC 控制单元接收。

2）适用范围

该用例适用于支持 SA 的单模终端及支持 NSA 和 SA 的双模终端。

3）测试环境

系统配置：NR Cell 1，NR Cell 3（同频段 CA），NR Cell 10（异频段 CA）。

UE 配置：无。

初始条件：系统模拟器：NR Cell1，未激活，被测终端：关机状态。

4）测试步骤

前置步骤：

激活 NR Cell1，系统模拟器配置下发 Master Information Block 和 System Information Block 广播消息。

终端开机，在 NR Cell1 上执行注册流程，并处于 RRC 连接状态（RRC_CONNECTED），开启 UE TEST LOOP MODE A，且额外的 NR Cell 3（同频段 CA）或者 Cell 10（异频段 CA）作为 NR 辅小区激活。

测试主体如表 5.43 所示。

表 5.43　主要信令流程

步骤	主要信令流程			判断
	流程描述	U-S	消息信令	
1	系统模拟器发送 RRCReconfiguration 消息以配置 SCell（NR Cell 3 或 Cell 10）（备注 1）	←	（RRCReconfiguration）	—
2	UE 发送 RRCReconfigurationComplete 消息（备注 2）	→	（RRCReconfigurationComplete）	—
3	系统模拟器发送 Activation MAC 控制单元以激活 NR PsCell 上的 Scell	←	MAC PDU（SCell 激活/去激活 MAC CE of one octet（C1 = 1））	—
4	在步骤 3 之后 200ms，系统模拟器指示 Scell 的 PDCCH 上有新的传输，并发送 MAC PDU（包含 RLC PDU）	←	MAC PDU	—
5	校验：UE 是否在 PUCCH 上发送 Scheduling Request	→	（SR）	Pass
6	系统模拟器发送适用于在 NRSpCell 上传输环回 PDU 的 UL grant	←	（UL Grant）	—
7	UE 发送与步骤 4 中对应的包含环回 PDU 的 MAC PDU	→	MAC PDU	—
8	在 NR PsCell 上，系统模拟器发送包含 RLC 状态 PDU（确认接收了步骤 7 中的 RLC PDU）的 MAC PDU	←	MAC PDU	—
9	在步骤4之后的400ms，系统模拟器指示NR Scell的PDCCH上有新的传输，并发送 MAC PDU（包含 RLC PDU）	←	MAC PDU	—
10	校验：接下来的 1s 内，UE 是否在 PUCCH 上发送 Scheduling Request	→	（SR）	Fail
11	系统模拟器发送 Activation MAC 控制单元以激活 NR PsCell 上的 Scell	←	MAC PDU（SCell 激活/去激活 MAC CE of one octet（C1 = 1））	—

续表

步骤	主要信令流程			判断
	流程描述	U-S	消息信令	
12	在步骤 11 之后的 200ms，系统模拟器指示在 NR Scell 的 PDCCH 上有新的传输，并发送 MAC PDU（仅包含 padding 或 RLC 状态 PDU，不包含 RLC 数据 PDU）	←	MAC PDU	—
13	在步骤 11 之后的 400ms，系统模拟器指示在 NR Scell 的 PDCCH 上有新的传输，并发送 MAC PDU（包含 RLC PDU）	←	MAC PDU	—
14	检验：UE 是否在 PUCCH 上发送 Scheduling Request	→	（SR）	Pass
15	系统模拟器发送适用于在 NR PsCell 上传输环回 PDU 的 UL grant	←	（UL Grant）	—
16	UE 发送发送与步骤 12 中对应的包含环回 PDU 的 MAC PDU	→	MAC PDU	—
17	系统模拟器发送包含 RLC 状态 PDU（确认接收了步骤 16 中的 RLC PDU）的 MAC PDU	←	MAC PDU	—
18	系统模拟器发送 Deactivation MAC 控制单元用于去激活 Scell	←	MAC PDU（SCell 激活/去激活 MAC CE of one octet（C1 = 0））	—
19	系统模拟器指示在 NR Scell 的 PDCCH 上有新的传输，并发送 MAC PDU（包含 RLC PDU）	←	MAC PDU	—
20	校验：在下 1s 内，UE 是否在 PUCCH 上发送 Scheduling Request	→	（SR）	Fail

备注 1：对于 EN-DC，NR RRCReconfiguration 消息包含在 RRCConnectionReconfiguration 中。

备注 2：对于 EN-DC，NR RRCReconfigurationComplete 消息包含在 RRCConnectionReconfigurationComplete 中。

5）预期结果

步骤 5：UE 处于 RRC_CONNECTED 状态且已配置 Scell。当 UE 收到 SCell 激活/去激活 MAC CE 后激活 Scell，UE 应开始监视已激活的 Scell 上的 PDCCH。

步骤 10：UE 处于 RRC_CONNECTED 状态且已激活 Scell。当 UE 收到 Scell PDCCH 上的 DL 分配时，应重新启动 sCellDeactivationTimer。

步骤 14：UE 处于 RRC_CONNECTED 状态且已配置 Scell。当 UE 收到 SCell 激活/去激活 MAC CE 后激活 Scell，UE 应开始监视已激活的 Scell 上的 PDCCH；UE 处于 RRC_CONNECTED 状态且已激活 Scell。当 UE 的 sCellDeactivationTimer 超时后，UE 应去激活 Scell 并终止监视 Scell 上的 PDCCH。

步骤 20：UE 处于 RRC_CONNECTED 状态且已激活 Scell。当 UE 收到 SCell 激活/去激活 MAC CE 后去激活 Scell，UE 应去激活 Scell 并终止监视 Scell 上的 PDCCH。

6. MAC 重置

1）测试目的

验证终端在 RRC_CONNECTED 状态下能正确处理不同条件下 MAC 重置。

2）适用范围

该用例适用于支持 SA 的单模终端及支持 NSA 和 SA 的双模终端。

3）测试环境

系统配置：NR Cell 1。

UE 配置：无。

初始条件：系统模拟器：NR Cell1，未激活，被测终端：关机状态。

4）测试步骤

前置步骤：

激活 NR Cell1，系统模拟器配置下发 Master Information Block 和 System Information Block 广播消息。

终端开机，在 NR Cell1 上执行注册流程，并处于 RRC 连接状态（RRC_CONNECTED），开启 UE TEST LOOP MODE A，AM DRB PDCP 参数 discardTimer = ms60。

测试主体如表 5.44 所示。

表 5.44　主要信令流程

步骤	主要信令流程			判断
	流程描述	U-S	消息信令	
1	系统模拟器在 DRB 上发送包含 RLC SDU 的 MAC PDU，但 CRC 的计算方式将会导致 UE 端出现 CRC 错误	←	MAC PDU（1 RLC SDU of 40 bytes on DRB）	—
2	UE 发送 HARQ NACK	→	HARQ NACK	—
3	系统模拟器发送 NR RRCReconfiguration 消息，以在同一 PsCell 中通过 reconfigurationWithSync 执行 SCG 更改（备注 1）	←	（RRCReconfiguration）	—
4	UE 发送 NR RRCReconfigurationComplete 消息（备注 2）	→	（RRCReconfigurationComplete）	—
5	校验：在 100ms 内，UE 是否发送任何 HARQ NACK	→	HARQ NACK	Fail
6	系统模拟器在 DRB 上发送包含 RLC SDU 的 MAC PDU。PDCCH 上的 HARQ 过程和 NDI 与步骤 1 中的相同。系统模拟器应该确保步骤 1 中使用的 HARQ 过程不会在步骤 3～步骤 5 被使用	←	MAC PDU（1 RLC SDU of 40 bytes on DRB）	—
7	校验：UE 是否发送调度请求	→	（SR）	Pass
8	系统模拟器分配足够的 UL Grant，以使 RLC SDU 能够在一个 TTI 内回传，且 NDI 指示新的传输	←	Uplink Grant	—
9	UE 发送包含 RLC SDU 的 MAC PDU	→	MAC PDU	—

续表

步骤	主要信令流程			判断
	流程描述	U-S	消息信令	
10	系统模拟器忽略调度请求并且不分配任何上行链路授权	—	—	—
11	系统模拟器在 DRB 上发送包含 RLC SDU 的 MAC PDU	←	MAC PDU（1 RLC SDU of 40 bytes on DRB）	—
12	UE 发送调度请求	→	（SR）	—
13	Wait for 60ms（Discard timer to expire at UE），等待 60ms（丢弃计时器，使其在 UE 处过期）	—	—	—
14	系统模拟器发送 NR RRCReconfiguration 消息，以在同一 PsCell 中通过 reconfigurationWithSync 执行 SCG 更改（备注 1）	←	（RRCReconfiguration）	—
15	UE 发送 NR RRCReconfigurationComplete 消息（备注 2）	→	（RRCReconfigurationComplete）	—
16	校验：在 100ms 内，UE 是否发送调度请求	→	（SR）	Fail
17	系统模拟器在 DRB 上发送包含 RLC SDU 的 MAC PDU	←	MAC PDU（1 RLC SDU of 40 bytes on DRB）	—
18	UE 发送调度请求	→	（SR）	—
19	系统模拟器为 HARQ 过程 X 分配一个 UL Grant，以使 RLC SDU 能够在一个 TTI 内回传，且 NDI 指示新的传输	←	Uplink Grant	—
20	UE 发送包含 RLC SDU 的 MAC PDU	→	MAC PDU	—
21	Void			
22	系统模拟器发送 NR RRCReconfiguration 消息，以在同一 PsCell 中通过 reconfigurationWithSync 执行 SCG 更改（备注 1）	←	（RRCReconfiguration）	—
23	UE 发送 NR RRCReconfigurationComplete 消息（备注 2）		（RRCReconfigurationComplete）	—
24	Void			
25	系统模拟器在 DRB 上发送包含 RLC SDU 的 MAC PDU。PDCCH 上的 HARQ 过程和 NDI 与步骤 17 中的相同。系统模拟器应该确保步骤 17 中使用的 HARQ 过程不会在步骤 22～步骤 23 被使用	←	MAC PDU（1 RLC SDU of 37 bytes on DRB）	—
26	UE 发送调度请求	→	（SR）	—
27	系统模拟器为 HARQ 过程 X 分配一个 UL Grant，与步骤 19 相比，NDI 没有切换，并且足以将一个最大 40 字节的 RLC SDU 在一个 TTI 内回传，且 NDI 指示新的传输	←	Uplink Grant	—
28	校验：UE 是否在 DRB 上发送包含 37 个字节的 RLC SDU 的 MAC PDU	→	MAC PDU	Pass

备注 1：对于 EN-DC，NR RRCReconfiguration 消息包含在 RRCConnectionReconfiguration 中。
备注 2：对于 EN-DC，NR RRCReconfigurationComplete 消息包含在 RRCConnectionReconfigurationComplete 中。

5）预期结果

步骤 5：UE 处于 RRC_CONNECTED 状态。当 UE MAC 由于同一小区上重新配置了同步而被重置后，UE 应更新 DL HARQ 缓存区。

步骤 7：UE 处于 RRC_CONNECTED 状态。当 UE MAC 由于同一小区上重新配置了同步而被重置后，UE 应认为每个 DL HARQ 进程的下一次传输都非常重要。

步骤 16：UE 处于 RRC_CONNECTED 状态且已触发调度请求流程。当 UE MAC 由于同一小区上重新配置了同步而被重置后，UE 应取消调度请求流程。

步骤 28：UE 处于 RRC_CONNECTED 状态。当 UE MAC 由于同一小区上重新配置了同步而被重置后：UE 应更新 UL HARQ 缓存区；UE 应认为每个 UL HARQ 进程的下一次传输都非常重要。

7. RLC 非确认模式/6-bit SN/正确使用队列号

1）测试目的

验证终端处于 RRC_CONNECTED 状态，且配置了 6-bit SN 时，终端能根据已发送的 PDU 部分正确使用队列号。

2）适用范围

该用例适用于支持 SA/NSA 的单模终端及支持 NSA 和 SA 的双模终端。

3）测试环境

系统配置如表 5.45 所示。

表 5.45　测试环境

Execution Condition	Cell configuration	System Information Combination
IF pc_NG_RAN_NR	NR Cell 1	NR：System information Combination NR-1
ELSE IF pc_EN_DC	E-UTRA Cell 1 is PCell，NR Cell 1 is PsCell	EUTRA：System information Combination 1 NR：N/A
ELSE IF pc_NGEN_DC	NG-RAN E-UTRA Cell 1 is PCell，NR Cell 1 is PsCell	EUTRA：System information Combination 1 NR：N/A

初始条件：系统模拟器：E-UTRA 小区和 NR Cell，未激活，被测终端：关机状态。

4）测试步骤

前置步骤：

激活 NR Cell1，系统模拟器配置下发 Master Information Block 和 System Information Block 广播消息；

终端开机；

终端在 NR Cell1 上执行注册流程，并处于 RRC 连接状态（RRC_CONNECTED）。

测试主体如表 5.46 所示。

表5.46 主要信令流程

步骤	主要信令流程			判断
	流程描述	U-S	消息信令	
0	系统模拟器停止分配任何UL授权	—	—	—
1	系统模拟器向终端发送包含RLS SDU#1的第一段的6位SN = 0的UMD PDU#1（SI字节 = 01）	←	UMD PDU#1	—
2	系统模拟器向终端发送包含RLC SDU#2的最后一段的6位SN = 0和SO字节的UMD PDU#2（SI字节 = 10）	←	UMD PDU#2	—
3	系统模拟器以20ms的间隔分配2个UL授权，以便在2个RLC/MAC PDU中环回RLC SDU#1（注释1）	←	UL Grants	—
4	检查：终端是否用包含RLC SD U#1第一段的6位SN = 0发送UMD PDU#1（SI字节 = 01）	→	（RLC SDU#1，first segment）	Pass
5	检查：终端是否用包含RLC SD U#1最后一段的6位SN = 0发送UMD PDU#2（SI字节 = 10）	→	（RLC SDU#1，last segment）	Pass
—	例外情况：步骤6到10执行63次，初始值k = 1，每次迭代递增一次	—	—	—
6	系统模拟器向终端发送包含RLC SDU#（k + 1）的第一段的6位SN = k的UMD PDU#（2*k + 1）（SI字节 = 01）	←	UMD PDU#（2*k + 1）	—
7	系统模拟器向终端发送包含RLC SDU#（k + 1）的最后一段的6位SN = k的UMD PDU#（2*（k + 1））（SI字节 = 10）	←	UMD PDU#(2*(k + 1))	—
8	系统模拟器以20ms的间隔分配2个UL授权，以便在2个RLC/MAC PDU中环回RLC SDU#（k + 1）（注释1）	←	UL Grants	—
9	检查：终端是否发送以包含RLC SD U#（k + 1）第一段（SI字节 = 01）的6位SN = 0发送UMD PDU#（2*k + 1）（注释2）	→	（RLC SDU#（k + 1），first segment）	Pass
10	检查：终端是否发送以包含RLC SD U#（k + 1）第一段（SI字节 = 10）的6位SN = 0发送UMD PDU#（2*（k + 1））（注释2）	→	（RLC SDU#（k + 1），last segment）	Pass
11	系统模拟器向终端发送包含RLS SDU#4的第一段的6位SN = 0的UMD PDU#129（SI字节 = 01）	←	UMD PDU#129	—
12	系统模拟器向终端发送包含RLC SDU#65的最后一段的6位SN = 0和SO字节的UMD PDU#130（SI字节 = 10）	←	UMD PDU#130	—
13	系统模拟器以20ms的间隔分配2个UL授权，以便在2个RLC/MAC PDU中环回RLC SDU#65	←	UL Grants	—
14	检查：终端是否用包含RLC SD U#65（SI字节 = 01）第一段的6位SN = 0发送UMD PDU#129	→	（RLC SDU#65，first segment）	Pass
15	检查：终端是否用包含RLC SD U#65（SI字节 = 10）最后一段的6位SN = 0发送UMD PDU#130	→	（RLC SDU#65，last segment）	Pass

注释1：RLC SDU大小应为10个八位字节，分成5个八位字节和5个八位字节。有2个八位MAC，短BSR的2个八位字节和RLC的1个八位字节（不带SO）第一段由80位组成，应分配此大小的TBS。对于2个八位MAC和3个八位RLC（带SO），第二段由80位组成，应分配一个这种大小的TBS（LRB：根据38.523-3[3]附件B）。

注释2：每次（SN + 1）mod 16 = 0时应提供判决结果。

5）预测结果

步骤 4：终端发送 RLC SDU#1 的第一部分。

步骤 5：终端发送 RLC SDU#1 的最后一部分。

步骤 9：终端发送 RLC SDU#（k + 1）的第一部分。

步骤 10：终端发送 RLC SDU#（k + 1）的最后一部分。

步骤 14：终端发送 RLC SDU#65 的第一部分。

步骤 15：终端发送 RLC SDU#65 的最后一部分。

8. RLC 确认模式/12-bit SN/正确使用队列号

1）测试目的

验证终端处于 RRC_CONNECTED 状态，且配置了 12-bit SN 时，终端能根据已发送的 PDU 部分正确使用队列号。

2）适用范围

该用例适用于支持 SA/NSA 的单模终端及支持 NSA 和 SA 的双模终端。

3）测试环境

系统配置如表 5.47 所示。

表 5.47　测试环境

Execution Condition	Cell configuration	System Information Combination
IF pc_NG_RAN_NR	NR Cell 1	NR：System information Combination NR-1
ELSE IF pc_EN_DC	E-UTRA Cell 1 is PCell，NR Cell 1 is PsCell	EUTRA：System information Combination 1 NR：N/A
ELSE IF pc_NGEN_DC	NG-RAN E-UTRA Cell 1 is PCell，NR Cell 1 is PsCell	EUTRA：System information Combination 1 NR：N/A

初始条件：系统模拟器：E-UTRA 小区和 NR Cell，未激活，被测终端：关机状态。

4）测试步骤

前置步骤：

激活 NR Cell1，系统模拟器配置下发 Master Information Block 和 System Information Block 广播消息；

终端开机；

终端在 NR Cell1 上执行注册流程，并处于 RRC 连接状态（RRC_CONNECTED）。

测试主体如表 5.48～表 5.50 所示。

表 5.48　主要信令流程

步骤	主要信令流程			判断
	流程描述	U-S	消息信令	
—	在整个测试序列中，除非在过程中明确说明，否则系统模拟器不应分配 UL 授权	—	—	—
—	例外情况：在第一步和第二步的系统模拟器提前 500ms 配置。步骤 1 执行 2048 次，使得每秒钟发送一个 AMD PDU（注释 1）。在步骤 1 中传输了第一个 DL AMD PDU 之后 60ms 开始步骤 2（注释 2 和注释 3）	—	—	—
—	例外情况：与步骤 1 和 2 并行，表 8.2.1.2.2.3.4-2 中描述的行为正在运行	—	—	—
1	系统模拟器向终端发送 AMD PDU，SN = 0，并且对于发送的每个 PDU 递增（注释 1 和注释 3）	←	AMD PDU	—
2	系统模拟器在每秒钟的无线电帧中发送 1 个 UL 授权（UL 收取按分配类型 2），以使验证终端能够在一个环回 AMD PDU 中返回每个接收到的 AMD PDU（注释 1 和注释 3）	←	UL Grants	—
3	系统模拟器不分配任何上行链路许可	—	—	—
—	例外情况：第 4 步和第 5 步的系统模拟器提前 500ms 配置。步骤 4 执行 131072 次，以便每秒钟发送一个 AMD PDU（注释 1），步骤 5 在步骤 4 中传输了第一个 DL AMD PDU 之后 60ms 开始（注释 1 和注释 3）	—	—	—
—	例外情况：与步骤 4 和 5 平行，表 8.2.1.2.2.3.4-3 所述的行为正在运行	—	—	—
4	系统模拟器向终端发送 AMD PDU，SN = 2048，并且对于发送的每个 PDU 递增	←	AMD PDU	—
5	系统模拟器在每秒钟的无线电帧中发送 1 个 UL 授权（UL 收取按分配类型 2），以使验证终端能够在一个环回 AMD PDU 中返回每个接收到的 AMD PDU（注释 1 和注释 3）	←	UL Grants	—
6	系统模拟器向终端发送 AMD PDU，SN = 0	←	AMD PDU	—
7	系统模拟器启动 UL 默认授权传输	—	—	—
8	检查：验证终端是否发送 SN = 0 的 AMD PDU	→	AMD PDU	Pass
9	系统模拟器发送 ACK_SN = 1 的 STATUS PDU	←	STATUS PDU	—

注释 1：DL 和 UL 中的传输之间的 20ms 间隔分别允许 TTCN 在发生这种情况时允许每个传输块进行一次 HARP 重传（FDD/TDD）（TS 38.523-3[3]）。

注释 2：将第一 UL 授权延时 60ms，确保每次发送一个 UL AMD PDU 时，UE UL 缓冲区不会变空，即验证终端不会为每个 UL AMD PDU 启用轮询。系统模拟器持续传输授权，直到收到 UL 中的所有 PDU。

注释 3：RLC SDU 的大小应为 8 个八位字节，有 2 个八位 MAC 和 2 个八位 RLC（不带 SO），RLC PDU 由 80 位组成，应分配 96 位 TBS。

表 5.49　平行信令流程

步骤	主要信令流程			判断
	流程描述	U-S	消息信令	
1	检查：验证终端是否 SN = 0 的 AMD PDU	→	AMD PDU	Pass
—	例外情况：步骤 2 和 3A1 执行 2047 次	—	—	—
2	检查：验证终端发送 AMD PDU 的 SN 是否比前一个增加一个 1（注释 1）	→	AMD PDU	Pass

注释 1：每次（sn + 1）mod256 = 0 时提供判决结果。

表 5.50　平行信令流程

步骤	主要信令流程			判断
	流程描述	U-S	消息信令	
—	例外情况：步骤 2 和 3A1 执行 2048 次	—	—	—
1	检查：验证终端发送 AMD PDU 的 SN 是否比前一个增加一个 1（注释 1）	→	AMD PDU	Pass

注释 1：每次（sn + 1）mod256 = 0 时提供判决结果。

5）预测结果

表 5.49 中步骤 1：终端发送第一个 SDU 时，终端发送的 PDU 的 SN 值设置为 0。

表 5.49 中步骤 2：随着终端传输 SDU，终端发送的 PDU 的 SN 号每次增加 1。

表 5.50 中步骤 1：终端发送超过 4096 个 SDU 后打包装 SN。

表 5.48 中步骤 8：4096 个 SDU 发送给终端，终端接收每 4096 个 SDU 包装一次的 SN 号。

9. 完整性保护/正确功能加密算法 SNOW3G

1）测试目的

验证终端对 SNOW3G 完整性保护算法的支持情况，以及信令消息和用户平面数据的完整性保护功能。

2）适用范围

该用例适用于支持 SA 的单模终端及支持 NSA 和 SA 的双模终端。

3）测试环境

系统配置：Cell1 为 NR 小区，NR Cell1，MCC = 001，MNC = 01，TAC = 01。

UE 配置：终端插入测试 SIM 卡，终端设置为自动搜网模式，终端工作在 SA 模式。

初始条件：系统模拟器：NR Cell1，未激活；被测终端：关机状态。

4）测试步骤

前置步骤：

激活 NR Cell1，系统模拟器配置下发 Master Information Block 和 System Information Block 广播消息；

配置 NR Cell1 的小区功率为–85dBm；

终端开机；

终端在 NR Cell1 上完成完整性保护算法“eia1（SNOW3G）”的算法协商；

终端在 NR Cell1 上执行注册流程，并处于 RRC 连接状态（RRC_CONNECTED）。

测试主体如表 5.51 所示。

表 5.51　主要信令流程

步骤	主要信令流程			判断
	流程描述	U-S	消息信令	
1	系统模拟器向终端发送完整性保护的终端能力询问请求消息	←	NR RRC：UECapabilityEnquiry	—
2	终端上发完整性保护的终端能力信息给系统模拟器	→	NR RRC：UECapabilityInformation	Pass
3	系统模拟器通过完整性保护的 DRB 上下发 PDCP PDU	←	PDCP PDU	—
4	验证终端在 DRB 上环回系统模拟器下发的 PDCP PDU	→	PDCP PDU	Pass

5）预期结果

步骤 2：终端应能正确响应能力询问请求，执行信令的完整性保护功能。

步骤 4：终端应能正确环回 DRB 上的 PDCP PDU，执行数据的完整性保护功能。

10. 完整性保护/正确功能加密算法 AES

1）测试目的

验证终端对 AES 完整性保护算法的支持情况，以及信令消息和用户平面数据的完整性保护功能。

2）适用范围

该用例适用于支持 SA 的单模终端及支持 NSA 和 SA 的双模终端。

3）测试环境

系统配置：Cell 1 为 NR 小区，NR Cell1，MCC = 001，MNC = 01，TAC = 01。

UE 配置：终端插入测试 SIM 卡，终端设置为自动搜网模式，终端工作在 SA 模式。

初始条件：系统模拟器：NR Cell1，未激活，被测终端：关机状态。

4）测试步骤

前置步骤：

激活 NR Cell1，系统模拟器配置下发 Master Information Block 和 System Information Block 广播消息；

配置 NR Cell1 的小区功率为–85dBm；

终端开机；

终端在 NR Cell1 上完成完整性保护算法“eia2（AES）”的算法协商；

终端在 NR Cell1 上执行注册流程，并处于 RRC 连接状态（RRC_CONNECTED）。

测试主体如表 5.52 所示。

表 5.52　主要信令流程

步骤	主要信令流程			判断
	流程描述	U-S	消息信令	
1	系统模拟器向终端发送完整性保护的终端能力询问请求消息	←	NR RRC：UECapabilityEnquiry	—
2	终端上发完整性保护的终端能力信息给系统模拟器	→	NR RRC：UECapabilityInformation	Pass
3	系统模拟器通过完整性保护的 DRB 上下发 PDCP PDU	←	PDCP PDU	—
4	验证终端在 DRB 上环回系统模拟器下发的 PDCP PDU	→	PDCP PDU	Pass

5）预期结果

步骤 2：终端应能正确响应能力询问请求，执行信令的完整性保护功能。

步骤 4：终端应能正确环回 DRB 上的 PDCP PDU，执行数据的完整性保护功能。

11. 完整性保护/正确功能加密算法 ZUC

1）测试目的

验证终端对 ZUC 完整性保护算法的支持情况，以及信令消息和用户平面数据的完整性保护功能。

2）适用范围

该用例适用于支持 SA 的单模终端及支持 NSA 和 SA 的双模终端。

3）测试环境

系统配置：Cell 1 为 NR 小区，NR Cell1，MCC = 001，MNC = 01，TAC = 01。

UE 配置：终端插入测试 SIM 卡，终端设置为自动搜网模式，终端工作在 SA 模式。

初始条件：系统模拟器：NR Cell1，未激活，被测终端：关机状态。

4）测试步骤

前置步骤：

激活 NR Cell1，系统模拟器配置下发 Master Information Block 和 System Information Block 广播消息；

配置 NR Cell1 的小区功率为–85dBm；

终端开机；

终端在 NR Cell1 上完成完整性保护算法“eia3（ZUC）”的算法协商；

终端在 NR Cell1 上执行注册流程，并处于 RRC 连接状态（RRC_CONNECTED）。

测试主体如表 5.53 所示。

表 5.53　主要信令流程

步骤	主要信令流程			判断
	流程描述	U-S	消息信令	
1	系统模拟器向终端发送完整性保护的终端能力询问请求消息	←	NR RRC：UECapabilityEnquiry	—
2	终端上发完整性保护的终端能力信息给系统模拟器	→	NR RRC：UECapabilityInformation	Pass
3	系统模拟器通过完整性保护的 DRB 上下发 PDCP PDU	←	PDCP PDU	—
4	验证终端在 DRB 上环回系统模拟器下发的 PDCP PDU	→	PDCP PDU	Pass

5）预期结果

步骤 2：终端应能正确响应能力询问请求，执行信令的完整性保护功能。

步骤 4：终端应能正确环回 DRB 上的 PDCP PDU，执行数据的完整性保护功能。

12. 加密和解密/正确功能加密算法/SNOW3G

1）测试目的

验证终端对 SNOW3G 加密和解密保护算法的支持情况，以及信令消息和用户平面数据的加密和解密功能。

2）适用范围

该用例适用于支持 SA 的单模终端及支持 NSA 和 SA 的双模终端。

3）测试环境

系统配置：Cell 1 为 NR 小区，NR Cell1，MCC = 001，MNC = 01，TAC = 01。

UE 配置：终端插入测试 SIM 卡，终端设置为自动搜网模式，终端工作在 SA 模式。

初始条件：系统模拟器：NR Cell1，未激活，被测终端：关机状态。

4）测试步骤

前置步骤：

激活 NR Cell1，系统模拟器配置下发 Master Information Block 和 System Information Block 广播消息。

配置 NR Cell1 的小区功率为–88dBm。

终端开机；

终端在 NR Cell1 上完成完整性保护算法“nea1（SNOW3G）”的算法协商；

终端在 NR Cell1 上执行注册流程，并处于 RRC 连接状态（RRC_CONNECTED）。

测试主体如表 5.54 所示。

表 5.54　主要信令流程

步骤	主要信令流程			判断
	流程描述	U-S	消息信令	
1	系统模拟器向终端发送加密的终端能力询问请求	←	NR RRC：UECapabilityEnquiry	—
2	终端上发加密的终端能力信息给系统模拟器	→	NR RRC：UECapabilityInformation	Pass
3	系统模拟器通过加密算法的 DRB 上下发 PDCP PDU	←	PDCP PDU	—
4	验证终端在 DRB 上环回系统模拟器下发的 PDCP PDU	→	PDCP PDU	Pass

5）预期结果

步骤 2：终端应能正确响应能力询问请求，执行信令的加密和解密功能。

步骤 4：终端应能正确环回 DRB 上的 PDCP PDU，执行数据的加密和解密功能。

13. 加密和解密/正确功能加密算法/AES

1）测试目的

验证终端对 AES 加密和解密保护算法的支持情况，以及信令消息和用户平面数据的加密和解密功能。

2）适用范围

该用例适用于支持 SA 的单模终端及支持 NSA 和 SA 的双模终端。

3）测试环境

系统配置：Cell 1 为 NR 小区，NR Cell1，MCC = 001，MNC = 01，TAC = 01。

UE 配置：终端插入测试 SIM 卡，终端设置为自动搜网模式，终端工作在 SA 模式。

初始条件：系统模拟器：NR Cell1，未激活，被测终端：关机状态。

4）测试步骤

前置步骤：

激活 NR Cell1，系统模拟器配置下发 Master Information Block 和 System Information Block 广播消息。

配置 NR Cell1 的小区功率为–88dBm。

终端开机；

终端在 NR Cell1 上完成完整性保护算法“nea2（AES）”的算法协商；

终端在 NR Cell1 上执行注册流程，并处于 RRC 连接状态(RRC_CONNECTED)。

测试主体如表 5.55 所示。

表 5.55　主要信令流程

步骤	主要信令流程			判断
	流程描述	U-S	消息信令	
1	系统模拟器向终端发送加密的终端能力询问请求	←	NR RRC：UECapabilityEnquiry	—
2	终端上发加密的终端能力信息给系统模拟器	→	NR RRC：UECapabilityInformation	Pass
3	系统模拟器通过加密算法的 DRB 上下发 PDCP PDU	←	PDCP PDU	—
4	验证终端在 DRB 上环回系统模拟器下发的 PDCP PDU	→	PDCP PDU	Pass

5）预期结果

步骤 2：终端应能正确响应能力询问请求，执行信令的加密和解密功能。

步骤 4：终端应能正确环回 DRB 上的 PDCP PDU，执行数据的加密和解密功能。

14. 加密和解密/正确功能加密算法/ZUC

1）测试目的

验证终端对 ZUC 加密和解密保护算法的支持情况，以及信令消息和用户平面数据的加密和解密功能。

2）适用范围

该用例适用于支持 SA 的单模终端及支持 NSA 和 SA 的双模终端。

3）测试环境

系统配置：Cell 1 为 NR 小区，NR Cell1，MCC = 001，MNC = 01，TAC = 01。

UE 配置：终端插入测试 SIM 卡，终端设置为自动搜网模式，终端工作在 SA 模式。

初始条件：系统模拟器：NR Cell1，未激活，被测终端：关机状态。

4）测试步骤

前置步骤：

激活 NR Cell1，系统模拟器配置下发 Master Information Block 和 System Information Block 广播消息。

配置 NR Cell1 的小区功率为–88dBm。

终端开机；

终端在 NR Cell1 上完成完整性保护算法“nea3（ZUC）”的算法协商；

终端在 NR Cell1 上执行注册流程，并处于 RRC 连接状态（RRC_CONNECTED）。

测试主体如表 5.56 所示。

表 5.56　主要信令流程

步骤	主要信令流程			判断
	流程描述	U-S	消息信令	
1	系统模拟器向终端发送加密的终端能力询问请求	←	NR RRC：UECapabilityEnquiry	—
2	终端上发加密的终端能力信息给系统模拟器	→	NR RRC：UECapabilityInformation	Pass
3	系统模拟器通过加密算法的 DRB 上下发 PDCP PDU	←	PDCP PDU	—
4	验证终端在 DRB 上环回系统模拟器下发的 PDCP PDU	→	PDCP PDU	Pass

5）预期结果

步骤 2：终端应能正确响应能力询问请求，执行信令的加密和解密功能。

步骤 4：终端应能正确环回 DRB 上的 PDCP PDU，执行数据的加密和解密功能。

5.3.7　RRC 层协议测试内容

RRC 层主要包含 NR RRC 层协议测试和 MR-DC RRC 层协议测试，主要涵盖 RRC 连接管理流程、连接重配置和不同场景下的测量控制等内容；MR-DC 主要验证终端在双连接情况下的信令流程，包含承载变更、PsCell 的更改和增加等功能。

1. 寻呼/寻呼连接/多寻呼记录

1）测试目的

验证终端响应多个记录、不同身份类型寻呼消息的响应消息。

2）适用范围

该用例适用于支持 SA 的单模终端及支持 NSA 和 SA 的双模终端。

3）测试环境

系统配置：Cell 1，MCC = 001，MNC = 01，TAC = 01（通用参数单 NR 小区）。

UE 配置：无。

初始条件：系统模拟器：NR Cell1，未激活；被测终端：关机状态。

4）测试步骤

前置步骤：

激活 NR Cell1，系统模拟器配置下发 Master Information Block 和 System Information Block 广播消息；

终端开机；

终端在 NR Cell1 上执行注册流程，并处于 RRC 空闲状态（RRC_IDLE）。

测试主体如表 5.57 所示。

表 5.57　主要信令流程

步骤	主要信令流程			判断
	流程描述	U-S	消息信令	
1	系统发送包含不匹配身份的寻呼消息（不正确的 ng-5G-S-TMSI）	←	NR RRC：Paging	—
2	检查：终端是否在 10s 内发送 RRCSetupRequest 消息	→	NR RRC：RRCSetupRequest	Fail
3	系统发送包含两个不匹配（不正确的 ng-5G-S-TMSI）和一个匹配的（正确的 nt-5G-S-TMSI）身份的寻呼消息	←	NR RRC：Paging	—
4	检查：终端是否发送 RRCSetupRequest 消息	→	NR RRC：RRCSetupRequest	Pass
5	系统发送 RRCSetup 消息	←	NR RRC：RRCSetup	—
6	终端发送 RRCSetupComplete 消息，包含 SERVICE REQUEST 来确认连接成功建立	→	NR RRC：RRCSetupComplete 5GMM：SERVICE REQUEST	—
7～10	完成连接态其余流程	—	—	—
11	系统发送 RRCRelease 消息，包含 suspendConfig	←	NR RRC：RRCRelease	—
12	系统发送寻呼消息，仅仅包含不匹配的身份（不正确的 fullI-RNTI）	←	NR RRC：Paging	—
13	检查：终端是否在 10s 内发送 RRCResumeRequest 消息	→	NR RRC：RRCResumeRequest	Fail
14	系统发送寻呼消息，包含两个不匹配的身份（不正确的 fullI-RNTI）和一个匹配的身份（正确的 fullI-RNTI）	←	NR RRC：Paging	—
15	检查：终端是否发送 RRCResumeRequest 消息	→	NR RRC：RRCResumeRequest	Pass
16	系统发送 RRCResume 消息	←	NR RRC：RRCResume	—
17	终端发送 RRCResumeComplete 消息	→	NR RRC：RRCResumeComplete	—

5）预期结果

步骤 2：终端不应在 10s 内发送 RRCSetupRequest。

步骤 4：终端发送 RRCSetupRequest。

步骤 13：终端不应在 10s 内发送 RRCResumeRequest。

步骤 15：终端应该发送 RRCResumeRequest。

2. 寻呼/寻呼连接/共享网络环境

1）测试目的

验证在单小区多个 PLMN 网络环境下，处于连接态或未激活态的终端对携带 ng-5G-S-TMSI 寻呼消息的响应情况。

2）适用范围

该用例适用于支持 SA 的单模终端及支持 NSA 和 SA 的双模终端。

3）测试环境

系统配置：Cell 1，MCC = 001，MNC = 01，TAC = 01（通用参数单 NR 小区）。

UE 配置：无。

初始条件：系统模拟器：NR Cell1，未激活；被测终端：关机状态。

4）测试步骤

前置步骤：

激活 NR Cell1，系统模拟器配置下发 Master Information Block 和 System Information Block 广播消息；

终端开机；

终端在 NR Cell1 上执行注册流程，并处于 RRC 空闲状态（RRC_IDLE），且 5G-GUTI 已经通过 REGISTRATION ACCEPT 消息分发。

测试主体如表 5.58 所示。

表 5.58　主要信令流程

步骤	主要信令流程			判断
	流程描述	U-S	消息信令	
1	系统发送寻呼消息，包括一个匹配的 nt-5G-S-TMSI	←	NR RRC：Paging	—
2	检查：终端是否发送一个 RRCSetupRequest 消息，伴随身份设置为 ng-5G-S-TMSI-Part1	→	NR RRC：RRCSetupRequest	Pass
3	系统发送 RRCSetup 消息	←	NR RRC：RRCSetup	—
4	检查：UE 是否发送一条 RRCSetupComplete 消息，包括 NG-5G-S-TMSI-Part2 和一条服务请求消息，以及一个与 UE 注册的 PLMN 对应的 IE SelectedPLMN 标识，以确认成功完成连接建立	→	NR RRC：RRCSetupComplete	Pass

续表

步骤	主要信令流程			判断
	流程描述	U-S	消息信令	
5～8	终端完成 RRC_CONNECTED 流程	—	—	—
9	系统发送 RRCRelease 消息，配置有 suspendConfig 参数使终端挂起 RRC 连接，终端处于 RRC_INACTIVE 状态	←	NR RRC：RRCRelease	—
10	等待 5s，系统发送寻呼消息，包含匹配的 ng-5G-S-TMSI 消息	←	NR RRC：Paging	—
11	检查：终端是否在指定的小区发送 RRCSetupRequest 消息	→	NR RRC: RRCSetupRequest	Pass
12～18	使终端处于 RRC_CONNECTED 状态	—	—	—

5）测试结果

步骤 2: 终端发送 ue-Identity 字段为 ng-5G-S-TMSI-Part1 的 RRCSetupRequest 消息。

步骤 4: 终端发送携带 ng-5G-S-TMSI-Part2 和服务请求的 RRCSetupComplete 消息。

步骤 11：终端在指定小区发送 RRCSetupRequest 消息。

3. 寻呼

1）测试目的

验证终端能够正确响应网络寻呼消息。

2）适用范围

该用例适用于支持 SA 的单模终端及支持 NSA 和 SA 的双模终端。

3）测试环境

系统配置：Cell 1，MCC = 001，MNC = 01，TAC = 01。

UE 配置：无。

初始条件：系统模拟器：NR Cell1，未激活；被测终端：关机状态。

4）测试步骤

前置步骤:

激活 NR Cell1，系统模拟器配置下发 Master Information Block 和 System Information Bloc 广播消息;

终端开机;

终端在 NR Cell1 上执行注册流程，并处于 RRC 空闲状态（RRC_IDLE）。

测试主体如表 5.59 所示。

表 5.59　主要信令流程

步骤	主要信令流程			判断
	流程描述	U-S	消息信令	
1	系统发送寻呼消息，消息包含 1 个匹配的身份（正确的 ng-5G-S-TMSI）	←	NR RRC：Paging	—
2	检查：终端是否发送 RRCSetupRequest 消息	→	NR RRC：RRCSetupRequest	Pass
3	系统发送 RRCSetup 消息	←	NR RRC：RRCSetup	—
4	终端发送 RRCSetupComplete 消息，消息包含 SERVICE REQUEST 以确认连接建立成功完成	→	NR RRC：RRCSetupComplete 5GMM：SERVICE REQUEST	—
5～8	完成 RRC_CONNECTED 状态的建立	—	—	—

5）预期结果

步骤 2：终端成功发送 RRCSetupRequest 消息。

4. RRC 连接建立/成功

1）测试目的

验证终端能够正确建立 RRC 连接。

2）适用范围

该用例适用于支持 SA 的单模终端及支持 NSA 和 SA 的双模终端。

3）测试环境

系统配置：Cell 1，MCC = 001，MNC = 01，TAC = 01。

UE 配置：无。

初始条件：系统模拟器：NR Cell1，未激活；被测终端：关机状态。

4）测试步骤

前置步骤：

激活 NR Cell1，系统模拟器配置下发 Master Information Block 和 System Information Bloc 广播消息；

配置 NR Cell1 的小区功率为–88dBm；

终端开机；

终端在 NR Cell1 上执行注册流程，并处于 RRC 空闲状态（RRC_IDLE）。

测试主体如表 5.60 所示。

表 5.60　主要信令流程

步骤	主要信令流程			判断
	流程描述	U-S	消息信令	
1	系统发送包含匹配的 ng-5G-S-TMSI 的寻呼消息	←	Paging	—

续表

步骤	主要信令流程			判断
	流程描述	U-S	消息信令	
2	终端发送 RRCSetupRequest 消息	→	RRCSetupRequest	
3	测试继续按照 RRC_CONNECTED 状态流程执行	—	—	Pass

5）预期结果

步骤 3：终端成功完成 RRC 建立流程。

5. RRC 连接建立/T300 定时器超时后返回空闲态

1）测试目的

验证在 T300 定时器超时后，终端能够返回空闲态。

2）适用范围

该用例适用于支持 SA 的单模终端及支持 NSA 和 SA 的双模终端。

3）测试环境

系统配置：Cell 1，MCC = 001，MNC = 01，TAC = 01。

UE 配置：无。

初始条件：系统模拟器：NR Cell1，未激活；被测终端：关机状态。

4）测试步骤

前置步骤：

激活 NR Cell1，系统模拟器配置下发 Master Information Block 和 System Information Bloc 广播消息；

配置 NR Cell1 的小区功率为–88dBm；

终端开机；

终端在 NR Cell1 上执行注册流程，并处于 RRC 空闲状态（RRC_IDLE），系统模拟器在 REGISTRATION ACCEPT 消息中分配 5G-GUTI 给终端。

测试主体如表 5.61 所示。

表 5.61　主要信令流程

步骤	主要信令流程			判断
	流程描述	U-S	消息信令	
1	系统发送包括匹配的 ng-5G-S-TMSI 的寻呼消息	←	Paging	—
2	终端发送 RRCSetupRequest 消息	→	RRCSetupRequest	—
3	系统等待 2s（T300 定时器超时）	—	—	—
4	检查：终端是否在 5s 内发送 RRCSetupRequest 消息	—	—	Fail
5	检查：终端是否处于 RRC_IDLE 状态	—	—	—

5）预期结果

步骤 4：终端未发送 RRCSetupRequest 消息。

6. RRC 连接建立/RRC 拒绝伴随等待时间

1）测试目的

验证终端在发送 RRC 设置请求后网络 RRC 拒绝（携带等待时间）的响应步骤。

2）适用范围

该用例适用于支持 SA 的单模终端及支持 NSA 和 SA 的双模终端。

3）测试环境

系统配置：Cell 1，MCC = 001，MNC = 01，TAC = 01。

UE 配置：无。

初始条件：系统模拟器：NR Cell1，未激活；被测终端：关机状态。

4）测试步骤

前置步骤：

激活 NR Cell1，系统模拟器配置下发 Master Information Block 和 System Information Block 广播消息；

配置 NR Cell1 的小区功率为–88dBm；

终端开机；

终端在 NR Cell1 上执行注册流程，并处于 RRC 连接状态（RRC_CONNECTED），开启测试循环功能，建立测试模式 B。

测试主体如表 5.62 所示。

表 5.62　主要信令流程

步骤	主要信令流程			判断
	流程描述	U-S	消息信令	
1	系统在小区 1 的 DRB 相关默认 PDU 会话发送一个 IP 包给终端	—	—	—
2	在步骤 1 发送完 1 个 IP 包之后，等待 1s	—	—	—
3	系统发送 RRCRelease 消息	←	NR RRC：RRCRelease	—
4	在 IP PDU 延时定时器超时后，终端为了发送在步骤 1 接收到的数据，发送 RRCSetupRequst 消息	→	NR RRC：RRCSetupRequest	—
5	系统响应 RRCReject 消息，且等待时间设置为 10s	←	NR RRC：RRCReject	—
6	检查：终端是否在 T302 运行期间发送 RRCSetupRequest 消息	→	NR RRC：RRCSetupRequest	Fail

续表

步骤	主要信令流程			判断
	流程描述	U-S	消息信令	
7	检查：终端是否在 T302 超时之后为了发送步骤 1 接收到的 IP 数据包而发送 RRCSetupRequest 消息	—	NR RRC：RRCSetupRequest	Pass
8～12	完成 RRC_CONNECTED 其他步骤	—	—	—
—	EXCEPTION：Steps 13 and 14 can occur in any order	—	—	—
13	终端在小区 1 上发送 RRCReconfigurationComplete 消息	→	NR RRC：RRCReconfigurationComplete	—
14	终端回送在步骤 1 中收到的 IP 包，在小区 1 DRB 相关默认 PDU 会话	—	—	—

5）测试结果

步骤 6：终端在 T302 运行期间不发送 RRCSetupRequest 消息。

步骤 7：终端在 T302 超时后发送 RRCSetupRequest 消息。

5.3.8　移动性管理测试内容

移动性管理主要是针对 SA 终端与 5GS 之间的信令交互验证，主要涵盖注册、去注册及相关的鉴权及密钥协商功能。

1. 初始注册/成功/5G-GUTI 重分配，最后访问 TAI

1）测试目的

检查在不同 5G-GUTI 和 TAI 配置条件下，终端能够正确发起注册流程。

2）适用范围

该用例适用于支持 SA 的单模终端及支持 NSA 和 SA 的双模终端。

3）测试环境

系统配置：NGC Cell A，NGC Cell C 根据 3GPP TS 38.508-1 中表格 6.3.2.2-1 配置。

UE 配置：无。

初始条件：系统模拟器：NGC Cell，未激活；被测终端：关机状态。

4）测试步骤

前置步骤：

激活 NGC Cell A，系统模拟器配置下发 Master Information Block 和 System Information Block 广播消息；

终端开机；

终端在 NGC Cell A 上执行注册流程，终端进入空闲态（NR RRC_IDLE）；

终端根据 pc_SwitchOnOff 和 pc_USIM_Removal 支持情况选择关机或移除 USIM，否则关闭终端电源；

终端执行 RRC 释放流程。

测试主体如表 5.63 所示。

表 5.63　主要信令流程

步骤	主要信令流程			判断
	流程描述	U-S	消息信令	
1	系统模拟器配置： NGC Cell A 为“Serving cell”； NGC Cell H 和 NGC Cell C 为“Non-Suitable”且处于关闭状态	—	—	—
2	终端开机	—	—	—
3～5	终端执行 RRC 建立流程	—	—	—
6	系统模拟器下发 REGISTRATION REJECT 消息，拒绝原因为“Illegal UE”	←	REGISTRATION REJECT	—
7	执行 RRC 空闲态的通用关机流程	—	—	—
8	终端恢复运行或插入 USIM 卡	—	—	—
9～11	终端执行 RRC 建立流程	—	—	—
12	检查终端发送包含 5GS 移动识别 IE 信息 SUCI 的 REGISTRATION REQUEST 消息	→	REGISTRATION REQUEST	Pass
13～21	执行 3GPP TS 38.508-1 表格 4.5.2.2-2 中规定的步骤 5～13	—	—	—
22	系统下发包含新 5G-GUTI-2 的 REGISTRATION ACCEPT 消息	←	REGISTRATION ACCEPT	
23～27a1	执行 3GPP TS 38.508-1 表格 4.5.2.2-2 中规定的步骤 15～19a1	—	—	—
28	执行 RRC 连接态的关机流程	—	—	—
29	系统模拟器配置： NGC Cell H 为“Serving cell”； NGC Cell A 和 NGC Cell C“Non-Suitable”且处于关闭状态	—	—	—
30	终端恢复运行或插入 USIM 卡	—	—	—
31～33	终端执行 RRC 建立流程	—	—	—
34	检查终端发送包含 5G-GUTI-2 和上一次注册的 TAI 信息 REGISTRATION REQUEST 消息	→	REGISTRATION REQUEST	Pass
35～43	执行 3GPP TS 38.508-1 表格 4.5.2.2-2 中规定的步骤 5～13	—	—	—

5）预期结果

步骤 12：终端应正确上发包含 SUCI 的 REGISTRATION REQUEST 的消息。

步骤 34：终端应正确上发包含 5G-GUTI-2 和上一次注册 TAI 信息的 REGISTRATION REQUEST 的消息。

2. 初始注册/5GS 服务/等效 PLMN 列表处理

1）测试目的

初始注册状态下，终端应能够正确处理接收到的不同配置的 REGISTRATION ACCEPT 消息。

2）适用范围

该用例适用于支持 SA 的单模终端及支持 NSA 和 SA 的双模终端。

3）测试环境

系统配置：NGC Cell A、NGC Cell E 和 NGC Cell F 根据 3GPP TS 38.508-1 中表格 6.3.2.2-1 配置。

UE 配置：无。

初始条件：系统模拟器：NGC Cell，未激活；被测终端：关机状态。

4）测试步骤

前置步骤：

激活 NGC Cell，系统模拟器配置下发 Master Information Block 和 System Information Block 广播消息；

终端开机；

终端在 NGC Cell A 上执行注册流程，终端进入空闲状态（RRC_IDLE）。

测试主体如表 5.64 所示。

表 5.64　主要信令流程

步骤	主要信令流程			判断
	流程描述	U-S	消息信令	
1	系统模拟器配置： NGC Cell A 为“Serving cell”； NGC Cell H 和 NGC Cell C 为“Non-Suitable”且处于关闭状态	—	—	—
2	终端开机	—	—	—
3～14	执行 3GPP TS 38.508-1 表格 4.5.2.2-2 中规定的步骤 2～13	—	—	—
15	系统下发包含与 NGC Cell F 等效 PLMN IE 的 REGISTRATION ACCEPT 消息	←	REGISTRATIO N ACCEPT	—
16～20a1	执行 3GPP TS 38.508-1 表格 4.5.2.2-2 中规定的步骤 15～19a1	—	—	—
21	执行 RRC 连接态的关机流程	—	—	—
22	终端开机	—	—	—
23～34	执行 3GPP TS 38.508-1 表格 4.5.2.2-2 中规定的步骤 2～13	—	—	—

续表

步骤	主要信令流程			判断
	流程描述	U-S	消息信令	
35	系统下发包含与NGC Cell E等效PLMN IE的REGISTRATION ACCEPT消息	←	REGISTRATIO N ACCEPT	—
36～40a1	执行3GPP TS 38.508-1表格4.5.2.2-2中规定的步骤15～19a1	—	—	—
41	执行RRC连接态的关机流程	—	—	—
42	系统模拟器配置： NGC Cell A设置为“Non-Suitable”且处于关闭状态； NGC Cell E设置为“Suitable neighbour cell”； NGC Cell F设置为“Serving cell”	—	—	—
43	终端开机	—	—	—
44～62	执行3GPP TS 38.508-1表格4.5.2.2-2中规定的步骤2～20	—	—	Pass
63	执行RRC空闲态的通用关机流程	—	—	—
64	终端开机	—	—	—
65～76	执行3GPP TS 38.508-1表格4.5.2.2-2中规定的步骤2～13	—	—	Pass
77	系统发送拒绝原因为“PLMN not allowed”的REGISTRATION REJECT消息	←	REGISTRATIO N REJECT	—
78	系统释放RRC连接	—	—	—
79	系统模拟器配置： NGC Cell A设置为“Serving cell”； NGC Cell E设置为“Suitable neighbour cell”； NGC Cell F设置为“Non-Suitable”且处于关闭状态	—	—	—
80～93	执行3GPP TS 38.508-1表格4.5.2.2-2中规定的步骤2～13	—	—	—
94	系统下发包含与NGC Cell E和NGC Cell F等效PLMN IE的REGISTRATION ACCEPT消息	←	REGISTRATIO N ACCEPT	—
95～99a1	执行3GPP TS 38.508-1表格4.5.2.2-2中规定的步骤15～19a1	—	—	—
100	执行RRC连接态的关机流程	—	—	—
101	系统模拟器配置： NGC Cell A设置为“Non-Suitable”且处于关闭状态； NGC Cell E设置为“Suitable neighbour cell”； NGC Cell F设置为“Serving cell”	—	—	—
102	终端开机	—	—	—
103～121	执行3GPP TS 38.508-1表格4.5.2.2-2中规定的步骤2～20	—	—	Pass
122	执行RRC空闲态的通用关机流程	—	—	—
123	系统模拟器配置： NGC Cell A设置为“Non-Suitable”且处于关闭状态； NGC Cell E设置为“Non-Suitable”且处于关闭状态； NGC Cell F设置为“Serving cell”	—	—	—
124	终端开机	—	—	—
125～143	执行3GPP TS 38.508-1表格4.5.2.2-2中规定的步骤2～20	—	—	—

5）预期结果

步骤 44～62：终端在接收到新的等效 PLMN 后，应能删除旧的 PLMN 列表使用新的等效 PLMN 列表完成初始注册流程。

步骤 65～76：终端在未接收到新的等效 PLMN 后，应能删除旧的 PLMN 列表并完成初始注册流程。

步骤 103～121：终端在接收到等效 PLMN 列表后，检测到等效 PLMN 列表中存在禁用的 PLMN 列表，应能删除等效 PLMN 列表中存在于禁用 PLMN 列表中的条目并完成初始注册流程。

3. *初始注册/拒绝/非法 UE*

1）测试目的

终端应能正确响应拒绝原因为非法 UE 的注册拒绝消息。

2）适用范围

该用例适用于支持 SA 的单模终端及支持 NSA 和 SA 的双模终端。

3）测试环境

系统配置：NGC Cell A 根据 3GPP TS 38.508-1 中表格 6.3.2.2.1-1 配置。

UE 配置：无。

初始条件：系统模拟器：NGC Cell，未激活；被测终端：关机状态。

4）测试步骤

前置步骤：

激活 NGC Cell A，系统模拟器配置下发 Master Information Block 和 System Information Block 广播消息；

终端开机；

终端在 NGC Cell A 上执行注册流程，终端进入空闲态（NR RRC_IDLE）；

终端根据 pc_SwitchOnOff 和 pc_USIM_Removal 支持情况选择关机或移除 USIM，否则关闭终端电源；

终端执行 RRC 释放流程。

测试主体如表 5.65 所示。

表 5.65　主要信令流程

步骤	主要信令流程			判断
	流程描述	U-S	消息信令	
1	系统模拟器配置： NGC Cell A 为“Serving cell”	—	—	—
—	除特殊说明，如下消息在 NGC Cell A 上交换		—	

续表

步骤	主要信令流程			判断
	流程描述	U-S	消息信令	
2	终端开机	—	—	—
3～14	依据 3GPP TS 38.508-1 表 4.5.2.2-2 步骤 2～13 执行	—	—	—
15	系统发送拒绝原因为“Illegal UE”的 REGISTRATION REJECT 消息	←	5GMM：REGISTRATION REJECT	—
16	系统释放 RRC 连接	—	—	—
17	接下来的 30s，检查终端是否在 NGC Cell A 上发送 REGISTRATION REQUEST	→	5GMM：REGISTRATION REQUEST	Fail
18	通过 MMI 或者 AT 命令发起注册请求		—	—
19	接下来的 30s，检查终端是否在 NGC Cell A 上发送 REGISTRATION REQUEST	→	5GMM：REGISTRATION REQUEST	Fail
20	根据终端的支持情况移除 USIM 或者直接关闭电源		—	—
21	终端恢复或者 USIM 已重新插入，终端开机或恢复供电		—	—
22	检查终端是否在 NGC Cell A 上发送注册请求	→	5GMM：REGISTRATION REQUEST	Pass
23～38	在 NGC Cell B 上依据 3GPP TS 38.508-1 表 4.5.2.2-2 步骤 5～20 执行相应的流程		—	—

5）预期结果

步骤 17：终端收到拒绝原因为#3（Illegal UE）的注册拒绝消息后，不应再发起注册请求。

步骤 19：终端收到拒绝原因为#3（Illegal UE）的注册拒绝消息后，不应接收用户发起的注册请求。

步骤 22：终端关机后应能删除存储的 5G-GUTI，上一次访问的 TAI 和 ngKSI 以及等效 PLMN 列表并进入 5GMM-DEREGISTERED 状态，重新开机后能够重新发起注册流程。

4. 移动性注册更新/TAI 列表处理

1）测试目的

终端在 5GMM-REGISTERED 和 5GMM-IDLE 状态应能根据跟踪区 TAI 的情况正确执行移动注册更新流程。

2）适用范围

该用例适用于支持 SA 的单模终端及支持 NSA 和 SA 的双模终端。

3）测试环境

系统配置：NGC Cell A、NGC Cell B 和 NGC Cell D 属于相同的 PLMN 不同

的 TA，依据 3GPP TS 38.508-1 表格 6.3.2.2-1，不同的系统消息定义在 3GPP TS 38.508-1 第 4.4.3.1.2 章节。

UE 配置：无。

初始条件：系统模拟器：NGC Cell，未激活；被测终端：关机状态。

4）测试步骤

前置步骤：

激活 NGC Cell A，系统模拟器配置下发 Master Information Block 和 System Information Block 广播消息，NGC Cell B 和 NGC Cell D 处于“Non-Suitable cell”状态；

终端开机；

终端在 NGC Cell A 上执行注册流程，终端进入空闲态（NR RRC_IDLE）。

测试主体如表 5.66 所示。

表 5.66　主要信令流程

步骤	主要信令流程			判断
	流程描述	U-S	消息信令	
1	系统模拟器配置： NGC Cell B 为“Serving cell”； NGC Cell A 为“Non-Suitable cell”	—	—	—
2	检查终端是否在 NGC Cell B 上发起移动注册更新的注册流程，通过该流程检查终端驻留的新小区是否属于一个新的 TA，依据标准 3GPP TS 38.508-1 第 4.9.5 章节 注：系统模拟器分配的 TAI 列表包含 NGC Cell B 和 NGC Cell D 的 TAI	—	—	Pass
3	系统模拟器配置： NGC Cell D 为“Serving cell”； NGC Cell B 为“Non-Suitable cell”	—	—	—
4	检查终端是否在接下来的 30s 内发送 RRC 连接建立的请求	→	NR RRC: RRCSetupRequest	Fail
5	检查是否在 NGC Cell D 上执行 3GPP TS 38.508-1 第 4.9.4 章节指示的终端进入 5GC RRC_IDLE 的一般流程	—	—	—
6	系统模拟器配置： NGC Cell A 为“Serving cell”； NGC Cell D 为“Non-Suitable cell”	—	—	—
7	检查是否在 NGC Cell A 上执行 3GPP TS 38.508-1 第 4.9.5 章节指示的终端发起移动注册更新的注册流程	—	—	Pass

5）预期结果

步骤 2：终端发现跟踪区不属于拒绝接入 TA 并且不在先前注册过的 AMF 列表中，应能发起移动注册更新流程。

步骤4：终端发现跟踪区不属于拒绝接入TA但属于先前注册过的AMF列表中的跟踪区，应不发起移动注册更新流程。

步骤7：终端在移动更新过程中接收到新的TAI列表，应能删除旧的TAI列表存储接收到新的TAI列表。

5. 周期注册更新/接收

1）测试目的

终端在5GMM-REGISTERED和5GMM-IDLE状态应能发起周期的移动注册更新流程，且能接收系统发送的周期的移动注册更新的时间。

2）适用范围

该用例适用于支持SA的单模终端及支持NSA和SA的双模终端。

3）测试环境

系统配置：NGC Cell A。

UE配置：无。

初始条件：系统模拟器：NGC Cell，未激活；被测终端：关机状态。

4）测试步骤

前置步骤：

激活NGC Cell A，系统模拟器配置下发Master Information Block和System Information Block广播消息；

终端开机；

终端在NGC Cell A上执行注册流程，终端进入空闲态（NR RRC_IDLE）；

终端根据pc_SwitchOnOff和pc_USIM_Removal支持情况选择关机或移除USIM，否则关闭终端电源；

终端执行RRC释放流程。

测试主体如表5.67所示。

表5.67　主要信令流程

步骤	主要信令流程			判断
	流程描述	U-S	消息信令	
1	终端开机	—	—	—
2～14	依据3GPP TS 38.508-1表格4.5.2.2-2的步骤1～13执行注册流程	—	—	—
15	系统发送REGISTRATION ACCEPT	←	REGISTRATION ACCEPT	—
16～21	依据3GPP TS 38.508-1表格4.5.2.2-2的步骤15～20执行注册流程	—	—	—

续表

步骤	主要信令流程			判断
	流程描述	U-S	消息信令	
22	系统等待 3min（T3512 超时）	—	—	—
23	检查终端发送包含注册 IE 类型为“periodic registration updating”的 REGISTRATION REQUEST 消息	→	REGISTRATION REQUEST	Pass
24	系统发送 REGISTRATION ACCEPT	←	REGISTRATION ACCEPT	—
25	系统模拟器释放 RRC 连接	—	—	—
26	系统等待 1min（T3512 超时）	—	—	—
27	检查终端是否发送 REGISTRATION REQUEST 消息	→	REGISTRATION REQUEST	Pass
28	系统发送 REGISTRATION ACCEPT	←	REGISTRATION ACCEPT	—

5）预期结果

步骤 2：移动注册更新定时器 T3512 超时后，终端应能发起注册类型为“periodic registration updating”的移动更新注册流程。

步骤 4：终端应能网络下发的 T3512 定时器设置，并且能根据定时器超时时间发起移动注册更新流程。

6. UE 触发去注册/关机/异常/去注册与 5GMM 通用过程冲突

1）测试目的

终端应能在 5GMM-REGISTERED 状态和 5GMM-DEREGISTERED-INITIATED 状态下正确执行去注册流程。

2）适用范围

该用例适用于支持 SA 的单模终端及支持 NSA 和 SA 的双模终端。

3）测试环境

系统配置：NGC Cell A。

UE 配置：无。

初始条件：系统模拟器：NGC Cell，未激活；被测终端：关机状态。

4）测试步骤

前置步骤：

激活 NGC Cell，系统模拟器配置下发 Master Information Block 和 System Information Block 广播消息；

终端开机；

终端在 NGC Cell A 上执行注册流程，终端进入连接态（NR RRC_CONNECTED）。

测试主体如表 5.68 所示。

表 5.68　主要信令流程

步骤	主要信令流程			判断
	流程描述	U-S	消息信令	
0	在 SRB2 上接收到 DEREGISTRATION REQUEST 消息时系统模拟器配置不发送 RLC ACK 消息	—	—	—
1	去注册原因设置为关机	—	—	—
2	检查终端是否发送带有去注册 IE 类型为“switch off”的 DEREGISTRATION REQUEST 消息	→	DEREGISTRATION REQUEST	Pass
3	SS 发送 DEREGISTRATION REQUEST 消息	←	DEREGISTRATION REQUEST	—
4	检查终端 6s（T3522）内是否发送 DEREGISTRATION ACCEPT 消息	→	DEREGISTRATION ACCEPT	Fail
5	SS 释放 RRC 连接	—	—	—
6	终端开机	—	—	—
7	终端依据 3GPP TS 38.508-1 第 4.5.2 章节执行注册过程“connected without release”	—	—	—
7a	在 SRB2 上接收到 DEREGISTRATION REQUEST 消息时系统模拟器配置不发送 RLC ACK 消息	—	—	—
8	去注册原因设置为关机			
9	终端发送带有去注册 IE 类型为“switch off”的 DEREGISTRATION REQUEST 消息	→	DEREGISTRATION REQUEST	—
10	系统发送 IDENTITY REQUEST 消息	←	IDENTITY REQUEST	
11	检查终端 6s 内是否发送了 IDENTITY RESPONSE 消息	→	IDENTITY RESPONSE	Fail
12	系统释放 RRC 连接			
—	注：步骤 13a1 到 13a4 描述的终端行为取决于终端是否支持 pc_USIM_Removal = TRUE			
13a1	终端开机			
13a2	终端依据 3GPP TS 38.508-1 第 4.5.2 章节执行注册过程“connected without release”			
13a3	不关闭电源的情况下移除终端的 USIM 卡			
13a4	检查终端是否发送带有去注册 IE 类型为“switch off”的 DEREGISTRATION REQUEST 消息	→	DEREGISTRATION REQUEST	Pass

5）预期结果

步骤 2：在 5GMM-REGISTERED 状态下，当终端关闭时，应能发送带有去注册 IE 类型为“switch off”的 DEREGISTRATION REQUEST 消息。

步骤 4：在 5GMM-DEREGISTERED-INITIATED 状态下，终端发起去注册流程完成之前应忽略系统下发的去注册消息。

步骤 11：在 5GMM-DEREGISTERED-INITIATED 状态下，终端发起去注册流程完成之前应忽略系统下发的 5GMM 通用流程请求。

步骤 13a4：终端支持热插拔 USIM 卡的前提下，应能在未关机直接移除 USIM 卡的情况下，发送带有去注册 IE 类型为“switch off”的 DEREGISTRATION REQUEST 消息。

7. 网络触发去注册/3GPP 接入去注册/需要重新注册

1）测试目的

5GMM-REGISTERED 状态，终端应能正确响应网络指示“re-registration required”的去注册请求。

2）适用范围

该用例适用于支持 SA 的单模终端及支持 NSA 和 SA 的双模终端。

3）测试环境

系统配置：NGC Cell A。

UE 配置：无。

初始条件：系统模拟器：NGC Cell，未激活；被测终端：关机状态。

4）测试步骤

前置步骤：

激活 NGC Cell，系统模拟器配置下发 Master Information Block 和 System Information Block 广播消息；

终端开机；

终端在 NGC Cell A 上执行注册流程，终端进入连接态（NR RRC_CONNECTED）。

测试主体如表 5.69 所示。

表 5.69　主要信令流程

步骤	主要信令流程			判断
	流程描述	U-S	消息信令	
1	系统发送指示“re-registration required”的 DEREGISTRATION REQUEST 消息	←	DEREGISTRATION REQUEST	—
2	检查终端是否发送 DEREGISTRATION ACCEPT 消息	→	DEREGISTRATION ACCEPT	Pass
3	系统释放 RRC 连接	—	—	—
4	终端发送 RRCSetupRequest 消息	→	NR RRC：RRCSetupRequest	—
5	系统发送 RRCSetup 消息	←	NR RRC：RRCSetup	—

续表

步骤	主要信令流程			判断
	流程描述	U-S	消息信令	
6	检查终端是否发送 RRCSetupComplete 消息和注册类型为“initial registration”的 REGISTRATION REQUEST 消息	→	NR RRC：RRCSetupComplete 5GMM：REGISTRATION REQUEST	Pass
7～23	依据 3GPP TS 38.508-1 表 4.5.2.2-2 步骤 5～20 执行	—	—	—

5）预期结果

步骤 2：终端收到系统发送的指示“re-registration required”的去注册请求时，应能释放当前的 NAS 信令连接，发送 DEREGISTRATION ACCEPT 消息。

步骤 6：终端应能重新发起初始注册请求。

8. 基于 EAP 的主鉴权和密钥协商/EAP-AKA 相关过程

1）测试目的

验证终端是否正确响应基于 EAP 的鉴权和密钥协商流程。

2）适用范围

该用例适用于支持 SA 的单模终端及支持 NSA 和 SA 的双模终端。

3）测试环境

系统配置：NGC Cell A 按照 3GPP TS 38.508-1 表 6.3.2.2-1 所示配置。

UE 配置：无。

初始条件：系统模拟器：NGC Cell，未激活；被测终端：关机状态。

4）测试步骤

前置步骤：

终端处于关机状态（state 0N-B）；

测试主体如表 5.70 所示。

表 5.70　主要信令流程

步骤	主要信令流程			判断
	信令流程	U-S	消息序列	
1	终端开机	—	—	—
2～4	终端通过运行 TS38.508-1 表 4.5.2.2-2 所示第 2～4 步，建立 RRC 连接并初始化注册流程	—	—	—
5	系统发送 AUTHENTICATION REQUEST 消息，包含 EAP-Request/AKA-Identity 消息	←	5GMM：AUTHENTICATION REQUEST	

续表

步骤	主要信令流程			判断
	信令流程	U-S	消息序列	
6	检查：终端是否回应 AUTHENTICATION REPONSE 消息包含 EAP-Response/AKA-Identity	→	5GMM：AUTHENTICATION RESPONSE	Pass
7	系统发送 AUTHENTICATION QINGQIU 消息包含 EAP-Request/AKA-challenge 消息包含不正确的序列号	←	5GMM：AUTHENTICATION REQUEST	—
8	检查：终端是否回应 AUTHENTICATION RESPONSE 消息包含 EAP-Response/AKA-synchronization-failure	→	5GMM：AUTHENTICATION RESPONSE	Pass
9	系统发送正确的 AUTHENTICATION REQUEST 消息包含 EAP-Request/AKA-challenge 消息	←	5GMM：AUTHENTICATION REQUEST	—
10	检查:终端是否回应正确的 AUTHENTICATION RESPONSE 消息，包含 EAP-Response/AKA-challenge 消息	→	5GMM：AUTHENTICATION RESPONSE	Pass
11	系统发送 AUTHENTICATION RESULT 消息包含 EAP-Success 消息	←	5GMM：AUTHENTICATION RESULT	—
12～18	通过 TS38.508-1 表 4.5.2.2-2 中步骤 8～14 执行注册流程	—	—	—
19	检查：终端发送 REGISTRATION COMPLETE 消息	→	5GMM：REGISTRATION COMPLETE	Pass

5）预期结果

步骤 6：终端应发送包含 EAP-response/AKA-Identity 的鉴权响应消息。

步骤 8：终端应发送包含 EAP-response/AKA-synchronization-failure 的鉴权响应消息。

步骤 10：终端应发送包含 EAP-response/AKA-challenge 的鉴权响应消息。

步骤 19：终端应发送注册完成消息。

9. 基于 EAP 的主鉴权和密钥协商/拒绝

1）测试目的

验证终端是否正确响应基于 EAP 的鉴权和密钥拒绝流程。

2）适用范围

该用例适用于支持 SA 的单模终端及支持 NSA 和 SA 的双模终端。

3）测试环境

系统配置：NGC Cell A 为服务小区。

UE 配置：终端插入测试 SIM 卡，终端设置为自动搜网模式，终端工作在 SA 模式。

初始条件：系统模拟器：NGC Cell A，未激活；被测终端：关机状态。

4）测试步骤

前置步骤：

激活 NGC Cell A，系统模拟器配置下发 Master Information Block 和 System Information Block 广播消息；

终端处于关机状态。

测试主体如表 5.71 所示。

表 5.71　主要信令流程

步骤	主要信令流程			判断
	信令流程	U-S	消息序列	
1	终端开机	—	—	—
2～4	终端通过运行 TS38.508-1 表 4.5.2.2-2 所示第 2～4 步，建立 RRC 连接并初始化注册流程	—	—	—
5	系统发送 AUTHENTICATION REQUEST 消息，包含 EAP-Request/AKA-challenge 消息	←	5GMM：AUTHENTICATION REQUEST	
6	检查：终端是否回应 AUTHENTICATION REPONSE 消息包含 EAP-Response/AKA-authentication-reject	→	5GMM：AUTHENTICATION RESPONSE	Pass
7	系统发送 AUTHENTICATION REQUEST 消息包含 EAP-Request/AKA-challenge 消息	←	5GMM：AUTHENTICATION REQUEST	—
8	终端发送 AUTHENTICATION RESPONSE 消息包含 EAP-Response/AKA-challenge	→	5GMM：AUTHENTICATION RESPONSE	—
9	系统发送正确的 AUTHENTICATION REQUEST 消息包含 EAP-Request/AKA-notification 消息	←	5GMM：AUTHENTICATION REQUEST	—
10	检查：终端是否回应正确的 AUTHENTICATION RESPONSE 消息，包含 EAP-Response/AKA-notification 消息	→	5GMM：AUTHENTICATION RESPONSE	Pass
11	系统发送 AUTHENTICATION REJECT 消息包含 EAP-Failure 消息	←	5GMM：AUTHENTICATION REJECT	—
12	系统释放 RRC 连接	—	—	—
13	检查：终端是否在接下来的 30s 内发起初始注册流程	→	NR RRC：RRCSetupRequest	Fail
14	终端关机	—	—	—
15	终端开机	—	—	—
16	检查：终端是否发送注册请求	—	5GMM：REGISTRATION REQUEST	Pass
17	终端依据 3GPP TS 38.508-1 表 4.5.2.2-2 步骤 5～20 执行注册流程	—	—	—

5）预期结果

步骤 6：终端应发送包含 EAP-response/AKA-authentication-reject 的鉴权响应消息。

步骤 10：终端应发送包含 EAP-response/AKA-notification 的鉴权响应消息。

步骤 13：终端应删除存储的 5G-GUTI、上一次访问的 TAI 和 ngKSI，并进入去注册状态，USIM 不可用，该条件下不应发起注册请求。

步骤 16：开关机后，终端发起注册流程。

10. NAS 安全模式命令

1）测试目的

验证终端能够正确执行 NAS 安全模式控制相关流程。

2）适用范围

该用例适用于支持 SA 的单模终端及支持 NSA 和 SA 的双模终端。

3）测试环境

系统配置：NGC Cell A。

UE 配置：无。

初始条件：系统模拟器：NR Cell1，未激活；被测终端：关机状态。

4）测试步骤

前置步骤：

激活 NR Cell1，系统模拟器配置下发 Master Information Block 和 System Information Block 广播消息；

终端执行 3GPP TS 38.508-1 4.9.8 所示流程，确保终端无有效的 5G NAS 安全上下文。

终端处于 RRC_IDLE 状态。

测试主体如表 5.72 所示。

表 5.72　主要信令流程

步骤	主要信令流程			判断
	流程描述	U-S	消息信令	
1	终端开机	—	—	—
2	3GPP TS 38.508-1 表 4.5.2.2-2 步骤 1～6 终端注册通用流程被执行	—	—	—
3	系统发送 SECURITY MODE COMMAND 消息来激活 NAS 安全。其为完整性保护且包含不匹配的重放安全能力	←	SECURITY MODE COMMAND	—
4	检查：终端是否发送 SECURITY MODE REJECT 消息包含原因值“#23：终端安全能力不匹配”	→	SECURITY MODE REJECT	Pass

续表

步骤	主要信令流程			判断
	流程描述	U-S	消息信令	
5	系统发送 IDENTITY REQUEST 消息（未使用安全）	←	IDENTITY REQUEST	—
6	检查：终端是否发送未安全保护的 IDENTITY RESPONSE 消息	→	IDENTITY RESPONSE	Pass
7	系统发送 SECURITY MODE COMMAND 消息来激活 NAS 安全。其为完整性保护且包含 IMEISV	←	SECURITY MODE COMMAND	—
8	检查：终端是否发送 SECURITY MODE COMPLETE 消息且是否建立初始安全配置	→	SECURITY MODE COMPLETE	Pass
9	TS38.508-1 表 4.5.2.2-2 步骤 9a1～19a1 终端通用注册步骤被执行	—	—	—
10	The SS transmits an IDENTITY REQUEST message（Security protected as per the algorithms specified in step 7） 系统发送 IDENTITY REQUEST 消息（安全保护算法如步骤 7 所示）	←	IDENTITY REQUEST	—
11	检查：终端是否发送 IDENTITY RESPONSE 消息（安全保护算法如步骤 7 所示）	→	IDENTITY RESPONSE	Pass

5）预期结果

步骤 4：因网络发送的 SECURITY MODE COMMAND 中包含的安全能力与终端安全能力不匹配，故终端拒绝此安全模式控制流程。

步骤 6：因终端未使用安全模式，故此处终端发送的消息未经安全模式保护。

步骤 8：因网络发送的 SECURITY MODE COMMAND 中包含的安全能力与终端安全能力匹配，故终端接收次安全模式控制流程，并建立初始安全配置。

步骤 11：因终端已经建立安全配置，故终端发送以步骤 7 中所设置的加密算法加密 IDENTITY RESPONSE 消息。

5.3.9　会话管理测试内容

会话管理主要验证终端在 NSA 和 SA 模式下的 PDU 会话建立、鉴权以及网络和终端请求的 PDU 会话修改和释放等相关测试内容。

1. PDU 会话鉴权/UE 请求的 PDU 会话过程中

1）测试目的

验证终端在建立有 PDN SessiNon 的 5GMM-REGISTERED 状态下，在终端请求 PDN Session 过程中收到的消息及反馈。

2）适用范围

该用例适用于支持 SA 的单模终端及支持 NSA 和 SA 的双模终端。

3）测试环境

系统配置：NGC Cell A。

初始条件：系统模拟器：NGC Cell A，未激活；被测终端：关机状态。

4）测试步骤

前置步骤：

激活 NGC Cell A，系统模拟器配置下发 Master Information Block 和 System Information Block 广播消息；

终端开机；

终端工作在 SA 模式下，并处于 RRC 空闲状态（RRC_IDLE）。

测试主体如表 5.73 所示。

表 5.73　主要信令流程

步骤	主要信令流程			判断
	流程描述	U-S	消息信令	
1	终端请求额外的 PDU Session 连接（备注 1）	—	—	—
2	终端发送 RRCSetupRequest 消息后发送 service type IE 设置为“signalling”的 SERVICE REQUEST 消息	→	SERVICE REQUEST	—
3	步骤 5 和步骤 6 是 3GPP TS 38.508-1 4.5.4.2 章节的 NR RRC_Connected 的常规步骤	—	—	—
4	系统模拟器发送 RRCReconfiguration 消息和 SERVICE ACCEPT 消息来建立 SRB2	←	NR RRC：RRCReconfiguration 5GMM：SERVICE ACCEPT	—
5	终端发送 PDU SESSION ESTABLISHMENT REQUEST 消息来请求额外的 PDU Session 备注：PDU SESSION ESTABLISHMENT REQUEST 在 UL NAS transport 中，UL NAS transport 消息在 ULInformationTransfer 消息的 dedicatedNAS 消息中。DNN 信息被包含在 UL NAS transport 消息中	→	5GMM：UL NAS TRANSPORT 5GSM：PDU SESSION ESTABLISHMENT REQUEST	—
6	系统模拟器发送包括 EAP-Request 消息的 PDU SESSION AUTHENTICATION COMMAND 信令中	←	PDU SESSION AUTHENTICATION COMMAND	
7	检查终端是否发送包含 EAP-Response 的 PDU SESSION AUTHENTICATION COMPLETE 消息	→	PDU SESSION AUTHENTICATION COMPLETE	Pass
8	系统模拟器发送附带有 5GSM cause #29 EAP-Failure 消息的 PDU SESSION ESTABLISHMENT REJECT 信令	←	PDU SESSION ESTABLISHMENT REJECT	
9	系统模拟器释放 RRC 连接	—		—
10	终端请求额外的 PDU Session 连接（备注 1）	—	—	—
11	终端发送 RRCSetupRequest 消息后发送 service type IE 设置为“signalling”的 SERVICE REQUEST 消息	→	SERVICE REQUEST	—

续表

步骤	主要信令流程			判断
	流程描述	U-S	消息信令	
12	步骤 5 和步骤 6 是 3GPP TS 38.508-1 4.5.4.2 章节的 NR RRC_Connected 的常规步骤	—	—	—
13	系统模拟器发送 RRCReconfiguration 消息和 SERVICE ACCEPT 消息来建立 SRB2	←	NR RRC：RRCReconfiguration 5GMM：SERVICE ACCEPT	—
14	终端发送 PDU SESSION ESTABLISHMENT REQUEST 消息来请求额外的 PDU Session 备注：PDU SESSION ESTABLISHMENT REQUEST 在 UL NAS transport 中，UL NAS transport 消息在 ULInformationTransfer 消息的 dedicatedNAS 消息中。DNN 信息被包含在 UL NAS transport 消息中	→	5GMM：UL NAS TRANSPORT 5GSM：PDU SESSION ESTABLISHMENT REQUEST	Pass
15	系统模拟器发送包括 EAP-Request 消息的 PDU SESSION AUTHENTICATION COMMAND 信令中	←	PDU SESSION AUTHENTICATION COMMAND	
16	检查终端是否包含 EAP-Response 的 PDU SESSION AUTHENTICATION COMPLETE 消息	→	PDU SESSION AUTHENTICATION COMPLETE	—
17	系统模拟器发送附带有 5GSM EAP-Success 消息和 PDU SESSION ESTABLISHMENT ACCEPT 的 RRCReconfiguration 信令	←	PDU SESSION ESTABLISHMENT ACCEPT	
18	终端发送 RRCReconfigurationComplete 消息来确认 DRB 的建立	—	—	Pass
—	例外情况：步骤 19a1 描述了依赖终端能力的行为	—	—	—
19a1	如果终端初始化后，4.5.6 章节的用户层的 IP 地址的常规步骤会在用户层完成 IP 地址的分配	—	—	—

备注 1：连接额外的 PDN Session 的请求可能会通过 MMI 或者 AT 指令触发。

5）预期结果

步骤 7：终端收到 PDU SESSION AUTHENTICATION COMMAND 消息后，终端发送 PDU SESSION AUTHENTICATION COMPLETE 消息。

步骤 14：终端在 PDU SESSION ESTABLISHMENT REJECT 消息中收到 EAP-Failure 消息后，终端认为 PDU Session 没有建立。

步骤 18：终端在 PDU SESSION ESTABLISHMENT ACCEPT 消息中收到 EAP-Success 消息后，终端认为 PDN Session 已经建立。

2. PDU 会话鉴权/UE 请求的 PDU 会话过程后

1）测试目的

验证终端在建立有 PDN SessiNon 的 5GMM-REGISTERED 状态下，在终端请求 PDN Session 后收到的消息及反馈。

2）适用范围

该用例适用于支持 SA 的单模终端及支持 NSA 和 SA 的双模终端。

3）测试环境

系统配置：NGC Cell A。

初始条件：系统模拟器：NGC Cell A，未激活；被测终端：关机状态。

4）测试步骤

前置步骤：

激活 NGC Cell A，系统模拟器配置下发 Master Information Block 和 System Information Block 广播消息；

终端开机；

终端工作在 SA 模式下，并处于 RRC 空闲状态（RRC_IDLE）。

测试主体如表 5.74 所示。

表 5.74　主要信令流程

步骤	主要信令流程			判断
	流程描述	U-S	消息信令	
1	终端发送包含 EAP-Request 消息的 PDU SESSION AUTHENTICATION COMMAND 信令	←	PDU SESSION AUTHENTICATION COMMAND	—
2	检查终端是否发送包含 EAP-Response 消息的 PDU SESSION AUTHENTICATION COMPLETE 信令	→	PDU SESSION AUTHENTICATION COMPLETE	Pass
3	终端发送包含 EAP-Success 消息的 PDU SESSION AUTHENTICATION RESULT 信令	←	PDU SESSION AUTHENTICATION RESULT	—
4	终端发送包含 EAP-Request 消息的 PDU SESSION AUTHENTICATION COMMAND 信令	←	PDU SESSION AUTHENTICATION COMMAND	—
5	检查终端是否发送包含 EAP-Response 的 PDU SESSION AUTHENTICATION COMPLETE 信令	→	PDU SESSION AUTHENTICATION COMPLETE	Pass
6	系统模拟器发送包含 5GSM cause #26“insufficient resources”的 PDU SESSION RELEASE COMMAND 信令	←	PDU SESSION RELEASE COMMAND	—
7	终端发送 PDU SESSION RELEASE COMPLETE 消息	→	PDU SESSION RELEASE COMPLETE	—
8	终端请求建立 PDU Session（备注 1）	—	—	—
9	终端发送 RRCSetupRequest 消息后发送附带有 service type IE 设置为“signalling”的 SERVICE REQUEST 消息	→	SERVICE REQUEST	—
10	步骤 5 和步骤 6 是 3GPP TS 38.508-1 4.5.4.2 章节的 NR RRC_Connected 的常规步骤	—	—	—
11	系统模拟器发送 RRCReconfiguration 和 SERVICE ACCEPT 消息来建立 SRB2	←	SERVICE ACCEPT	—

续表

步骤	主要信令流程			判断
	流程描述	U-S	消息信令	
12	终端发送 PDU SESSION ESTABLISHMENT REQUEST 消息来请求额外的 PDU Session 备注：PDU SESSION ESTABLISHMENT REQUEST 在 UL NAS transport 中，UL NAS transport 消息在 ULInformation Transfer 消息的 dedicatedNAS 消息中。DNN 信息被包含在 UL NAS transport 消息中	→	PDU SESSION ESTABLISHMENT REQUEST	—
13	系统模拟器发送包含 PDU SESSION ESTABLISHMENT ACCEPT 消息的 RRCReconfiguration 信令	←	PDU SESSION ESTABLISHMENT ACCEPT	—
14	终端发送 RRCReconfigurationComplete 消息来确立 DRB 的建立	—	—	—
15	例外情况：步骤 15a1 描述了依赖终端能力的行为	—	—	—
16	如果终端初始化后，4.5.6 章节的用户层的 IP 地址的常规步骤会在用户层完成 IP 地址的分配	—	—	—
17	系统模拟器发送包含 EAP-Request 消息的 PDU SESSION AUTHENTICATION COMMAND 信令	←	PDU SESSION AUTHENTICATION COMMAND	—
18	终端发送包含 EAP-Response 的 PDU SESSION AUTHENTICATION COMPLETE 消息	→	PDU SESSION AUTHENTICATION COMPLETE	—
—	系统模拟器发送包含 5GSM cause #29 “user authentication or authorization failed” 的 PDU SESSION RELEASE COMMAND 消息	→	PDU SESSION PDU SESSION RELEASE COMMAND	—
19a1	检查终端是否发送 PDU SESSION RELEASE COMPLETE 消息	→	PDU SESSION PDU SESSION RELEASE COMPLETE	Pass

备注 1：连接额外的 PDN Session 的请求可能会通过 MMI 或者 AT 指令触发。

5）预期结果

步骤 2：终端收到 PDU SESSION AUTHENTICATION COMMAND 消息后，终端发送 PDU SESSION AUTHENTICATION COMPLETE 消息。

步骤 5：终端在 PDU SESSION RELEASE COMMAND 消息中收到 EAP-Failure 消息后，终端的 5GSM 状态为 PDU SESSION INACTIVE。

步骤 19a1：终端在 PDU SESSION AUTHENTICATION RESULT 消息中收到 EAP-Success 消息后，终端的 5GSM 状态为 PDU SESSION ACTIVE。

3. 网络请求的PDU会话修改/异常/PDU会话状态为 PDU SESSION INACTIVE

1）测试目的

验证终端在建立有 PDN SessiNon 的 5GMM-REGISTERED 状态下，终端收到 PDU SESSION MODIFICATION COMMAND 后的反馈。

2）适用范围

该用例适用于支持 SA 的单模终端及支持 NSA 和 SA 的双模终端。

3）测试环境

系统配置：NGC Cell A。

初始条件：系统模拟器：NGC Cell A，未激活；被测终端：关机状态。

4）测试步骤

前置步骤：

激活 NGC Cell A，系统模拟器配置下发 Master Information Block 和 System Information Block 广播消息；

终端开机；

终端工作在 SA 模式下，并处于 NR RRC_CONNECTED 状态。

测试主体如表 5.75 所示。

表 5.75　主要信令流程

步骤	主要信令流程			判断
	流程描述	U-S	消息信令	
1	系统模拟器发送 PDU Session Release Command 消息和 PDU Session ID IE（根据 PDU SESSION ESTABLISHMENT REQUEST 消息中的参数值），这条消息被包含在 DLInformationTransfer 消息中	←	PDU SESSION RELEASE COMMAND	—
2	终端发送 PDU Session Release Complete 消息和 PDU Session ID IE（根据 PDU SESSION RELEASE COMMAND 消息中的参数值）	→	PDU SESSION RELEASE COMPLETE	—
3	系统模拟器发送 PDU Session Modification Command 消息和 PDU Session ID IE（根据 PDU SESSION RELEASE COMMAND 消息中的参数值），这条消息被包含在 DLInformationTransfer 消息中	←	PDU SESSION MODIFICATION COMMAND	—
4	检查终端是否发送 5GSM STATUS 和 5GSM cause IE 指示“invalid PDU session identity”	→	5GSM STATUS	Pass
5	系统模拟器发送 PDU Session Release Command 消息和 PDU Session ID IE（根据 PDU SESSION ESTABLISHMENT REQUEST 消息中的参数值），这条消息被包含在 DLInformationTransfer 消息中	←	PDU SESSION MODIFICATION COMMAND	—
6	检查终端是否发送 PDU Session Modification Reject 消息且 5GSM cause IE 指示为#43“invalid PDU Session identity”	→	PDU SESSION MODIFICATION REJECT	Pass

5）预期结果

步骤 4：终端发送 5GSM STATUS 且 5GSM cause IE 指示为#43“invalid PDU session identity”。

步骤 6：终端发送 PDU Session Modification Reject 消息且 5GSM cause IE

指示为#43“invalid PDU Session identity”。

4. UE 请求的 PDU 会话修改

1）测试目的

验证终端在 PDU SESSION ACTIVE 状态和 5GMM-CONNECTED 模式下，终端对修改 PDU Session 的反馈。

2）适用范围

该用例适用于支持 SA 的单模终端及支持 NSA 和 SA 的双模终端。

3）测试环境

系统配置：NGC Cell A。

初始条件：系统模拟器：NGC Cell A，未激活；被测终端：关机状态。

4）测试步骤

前置步骤：

激活 NGC Cell A，系统模拟器配置下发 Master Information Block 和 System Information Block 广播消息；

终端开机；

终端工作在 SA 模式下，并处于 NR RRC_CONNECTED 状态。

测试主体如表 5.76 所示。

表 5.76 主要信令流程

步骤	主要信令流程			判断
	流程描述	U-S	消息信令	
1	使终端到PDU会话在前导码处与先前建立的 PDU 会话一起修改（注释 1）	—	—	—
2	检查：终端是否发送 PDU 会话修改请求的信息	→	PDU SESSION MODIFICATION REQUEST	Pass
3	系统模拟器发送 PDU 会话修改命令信息	←	PDU SESSION MODIFICATION COMMAND	—
4	终端发送 PDU 会话修改完成信息	→	PDU SESSION MODIFICATION COMPLETE	—

注释 1：PDU 会话的请求可以由 MMI 或 AT 命令执行。

5）预期结果

步骤 2：终端发送 PDU SESSION MODIFICATION REQUEST 消息。

5. 默认 EPS 承载上下文激活

1）测试目的

验证终端能正确激活 EPS 默认承载。

2）适用范围

该用例适用于支持 NSA 的单模终端及支持 NSA 和 SA 的双模终端。

3）测试环境

系统配置：E-UTRA Cell 1 为主小区 PCell，MCC = 001，MNC = 01，TAC = 01；NR Cell 1 为主辅小区 PsCell。

UE 配置：终端插入测试 SIM 卡，终端设置为自动搜网模式，终端工作在 EN-DC 模式。

初始条件：系统模拟器：E-UTRA Cell1，未激活，NR Cell1，未激活；被测终端：关机状态。

4）测试步骤

前置步骤：

激活 E-UTRA Cell 和 NR Cell，系统模拟器配置下发 Master Information Block 和 System Information Block 广播消息；

配置 E-UTRA Cell 的小区功率为–85dBm；

终端开机；

终端工作在 EN-DC 模式下，并处于 RRC 连接状态（RRC_IDLE）。

测试主体如表 5.77 所示。

表 5.77　主要信令流程

步骤	主要信令流程			TP	判断
	流程描述	U-S	消息信令		
1	使终端请求连接到其他 PDN	—			—
2	终端通过服务请求消息上发原因为“mo-data”RRC 的连接建立请求	→	SERVICE REQUEST		—
3	系统建立与默认 eps 承载上下文相关的 srb2 和 drb	—			—
4	终端按照指定的方式发送 PDN 连接请求消息，以请求额外的 PDN	→	PDN CONNECTIVITY REQUEST		—
5	系统发送 RRC 连接重新配置消息，以添加 nr PsCell 和 scg drb。RRC 连接重新配置消息包含扩展 APN-AMBR IE 的激活默认 EPS 承载上下文请求消息	←	RRC：RRCConnectionReconfiguration（RRCReconfiguration） NAS：ACTIVATE DEFAULT EPS BEARER CONTEXT REQUEST		—
6	终端发送了一个重新配置完成消息以确认默认承载的成立	→	RRC：RRCConnectionReconfigurationComplete（RRCReconfigurationComplete）		—
7	终端发送激活默认 EPS 承载上下文接收消息	←	RRC：ULInformationTransfer NAS：ACTIVATE DEFAULT EPS BEARER CONTEXT ACCEPT	1	Pass

5）预期结果

步骤 7：终端应能正确发送激活默认 EPS 承载上下文接收消息。

6. 专用 EPS 承载上下文激活

1）测试目的

验证终端能正确激活 EPS 专用承载。

2）适用范围

该用例适用于支持 NSA 的单模终端及支持 NSA 和 SA 的双模终端。

3）测试环境

系统配置：E-UTRA Cell 1 为主小区 PCell，NR Cell 1 为主辅小区 PsCell。

UE 配置：无。

初始条件：终端在 E-UTRA Cell1 小区处于 RRC_IDLE 状态。

4）测试步骤

前置步骤：

激活 E-UTRA Cell1 和 NR Cell1，系统模拟器配置下发 Master Information Block 和 System Information Block 广播消息；

终端开机；

终端工作在 EN-DC 模式下，并处于 RRC 空闲状态（RRC_IDLE）。

测试主体如表 5.78 所示。

表 5.78　主要信令流程

步骤	主要信令流程			判断
	流程描述	U-S	消息信令	
1～6	终端处于 E-UTRA 连接状态	—		—
7	系统模拟器通过发送激活专用 EPS 承载上下文请求（包括扩展的 QoS IE）来配置与默认 EPS 承载上下文关联的专用 EPS 承载	←	NAS：ACTIVATE DEDICATED EPS BEARER CONTEXT REQUEST	—
8	终端是否按规定发送激活专用 EPS 承载上下文接收消息	→	ACTIVATE DEDICATED EPS BEARER CONTEXT ACCEPT	Pass

5）预期结果

步骤 8：终端应能按规定发送激活专用 EPS 承载上下文接收消息。

第6章　5G终端通用测试

6.1　天 线 测 试

6.1.1　OTA测试的意义与发展现状

中国积极推进5G技术的研发和产业落地，于2019年6月6日向传统三大运营商和中国广电正式发放5G商用牌照，成为全球第五个开通5G服务的国家，表明中国5G产业链已经具备商用基础。其中，Sub-6GHz是我国最先实现5G商用的核心频段，制定并完善全面的测试规范对指导和推动我国5G终端产品的商用以及性能提升具有重要意义。

OTA测试是目前移动通信认证测试例中，唯一可以从终端整机方式来评估智能手机的发射机和接收机性能的测试，这也是终端厂商和运营商最为关注的指标之一，因为该指标性能直接影响网络中终端与基站端的稳定连接，影响终端的产品设计，也同时间接决定了运营商的网络覆盖和布网成本。例如，在同样的网络环境下，终端的天线性能差异可能会导致有些终端信号良好，而另一些终端却无服务的情况。

此外，从用户体验角度讲，终端OTA发射和接收性能，直接反映了用户真实使用场景下的终端通信性能。OTA测试可以评估在用户手持状态、通话状态和人体影响下等多种场景下的用户体验。在实际应用的过程中，个别手机在用户手握住手机的特定部位时，信号强度出现了显著降低甚至无法正常通信的情况，业界戏称这种状态为“死亡之握”。这就是手持手机时人手对终端天线性能造成了显著影响，因此评估被测设备在多种场景下的OTA性能，可以有效避免终端在自由空间下性能良好但在实际的使用场景中用户体验极差的情况，更贴合产品的实际使用需求。

发射功率和接收灵敏度是终端传统的OTA测试指标，同时是影响终端在现实网络环境中性能与运营商分布基站覆盖的核心因素。其中，总全向辐射功率（Total Isotropic Radiated Power，TIRP）描述了无线终端在空间三维球面上的射频辐射功率积分值，反映了无线终端在所有方向上的发射特性，TIRP性能跟手机在传导情况下的发射功率和天线辐射性能有关。总全向辐射灵敏度（Total Isotropic Radiated Sensitivity，TIRS）则表征了无线终端在空间三维球面上的接收灵敏度积分值，反映了无线终端在所有方向上的接收特性，TIRS 性能与手机在传导情况下的接收灵敏度和天线性能有关。这两项指标的性能直接影响着终端用户的实际用户体验，因此 TIRP 和 TIRS 在射频指标里面被列为第一优先级进行研究和讨论。

目前，国内 CCSA TC9 标准组正在创新性地制定 5G NR 终端（SA 和 NSA）在 Sub-6GHz 频段下的射频辐射功率和接收机性能测试方法及限值要求，该规范将作为 YD/T 1484 系列行业标准的新部分写入《无线终端空间射频辐射功率和接收机性能测量方法 第 9 部分：5G NR 无线终端（Sub-6GHz）》。目前，标准起草组已经完成测试配置、测试方法限值要求部分的制定，已于 2020 年 12 月提交报批稿进入发布流程，完成国际首个包含 SA 与 NSA 模式的 5G 终端 OTA 测试方法与性能要求标准。

频谱资源是 5G 技术研发与商用的基础，对推动 5G 发展起着重要作用。随着 5G 将频谱向毫米波频段拓展，5G 将面向 Sub-6GHz 与毫米波进行全频段布局，以综合满足网络对容量、覆盖、性能等方面的要求。对于工作在 6GHz 以上频段的 NR 终端，其射频前端将具有高度集成的特性，这种高度集成的结构可能包含创新的射频前端解决方案、多元天线阵列、有源或无源馈电网络等。也就意味着该 NR 终端不再保留射频测试端口，因此传导测试方法在 5G 毫米波频段的测试中不再适用，NR 终端的全部性能指标需要在空口环境下进行测量。因此，OTA 测量方案也是 5G 毫米波的研究重点。

从终端测试的角度来看，传统 4G LTE 的射频测试主要采用传导的测试方法，OTA 测试仅针对 TIRP/TIRS 等辐射性能指标。而在 5G 新空口（5G NR）时代，频谱向毫米波频段拓展，无线通信的运行频段主要分为 FR1 与 FR2 两部分。对于 Sub-6GHz 场景下的 5G FR1 频段，5G 与 LTE 并没有显著的测试差异。而在毫米波频段，信号传播面临的挑战和较小的天线尺寸激发了波束成形技术的广泛应用，较窄波束宽度的高增益波束能够优化移动设备的信号强度。然而，波束成形最终为终端测试带来重大的挑战，需要对每个波束进行特性分析和测试，因此 OTA 测试对于验证终端天线性能具有十分重要的意义。

3GPP Rel-15 版本已经制定完成 5G FR1 和 FR2 的射频指标，其中 Sub-6GHz 下发射功率与接收灵敏度这两项指标与 LTE 相同，而 FR2 采用波束赋形，因此增加了空间覆盖性能与发射/接收波束一致性这两个新的性能要求，以保证终端在动态切换毫米波波束下仍可建立稳定的网络通信。

目前，3GPP RAN4 已于 2018 年 9 月发布了全球首个 5G 终端测试规范 TR38.810（Study on Test Methods for New Radio）V16.0 版本，该规范涵盖所有一致性测试内容，包括射频、无线资源管理和解调，中国信息通信研究院泰尔终端实验室作为标准的联合报告人推动了标准的研究进展。

此外，2018年6月中国信息通信研究院作为首席报告人在3GPP RAN4牵头立项了R16阶段的首个5G MIMO测试规范TR38.827（Study on Radiated Metrics and Test Methodology for The Verification of Multi-antenna Reception Performance of NR User Equipment）。该项目研究覆盖5G全部FR1与FR2频段，研究内容包括5G终端整机MIMO OTA性能要求和测试方法，以弥补Rel-15阶段5G标准并未考虑终端多天线系统性能、无法保证实际网络性能的缺陷。该项目已于2020年7月3GPP RAN#88次全会正式结项，发布TR38.827V16.0.0。

针对5G终端测试，CTIA已向3GPP发送联络函，在5G阶段将与3GPP RAN4/RAN5形成官方合作，共同开展5G测试标准，以争取形成产业统一的测试方法。CTIA与3GPP将各自在自己擅长的领域进行研究，CTIA专注于暗室认证、不确定度分析与头手模型研究等领域，3GPP则致力于测试方法、测试场景、信道模型等方面，双方将定期沟通研究进展，促进5G测试标准的迅速成型。

在2018年的5G研究进程中，CTIA在原有工作组的基础上新成立了5G Millimeter Wave OTA与OTA Near Field Phantom工作组。NR FR2频段的测试标准讨论将在新成立的5G Millimeter Wave OTA工作组中展开，该工作组已于2020年3月发布5G终端毫米波OTA测试规范的第一版本，而适用于5G的头手模型研发任务则由OTA Near Field Phantom工作组承担。

CTIA已通过讨论确立了5G阶段研究优先级，目前以Sub-6GHz频段的TIRP/TIRS研究为最高优先级，其次为毫米波NR频段的等效全向辐射功率（Equivalent Isotropic Radiated Power，EIRP）/等效全向灵敏度（Effective Isotropic Sensitivity，EIS）研究，接下来是头手模型研究与NR MIMO OTA标准研究。针对Sub-6GHz测试标准，CTIA将在原有的CTIA OTA TEST PLAN标准内进行内容的扩充，研究新的静区测试方法、优化测试栅格等，将传统LTE的OTA测试方法扩展至NR FR1频段。目前，该工作组已针对FR1频段SISO OTA的测试方法、参数配置等方面展开了大量讨论，于2019年11月25日发布OTA Test Plan V3.9版本，该版本中包含5G终端FR1 SA OTA测试方法。

国内方面，CCSA正在开展5G天线OTA性能与测试方法的相关研究。目前已分别立项了《无线终端空间射频辐射功率和接收机性能测量方法 第9部分：5G NR无线终端（Sub-6GHz）》、《终端毫米波天线技术要求及测量方法》、《终端MIMO天线性能要求和测量方法 第2部分：5G NR无线终端（Sub-6GHz）》与《终端MIMO天线性能要求和测量方法 第3部分：5G NR无线终端（mmWave）》等多项5G NR终端OTA行业标准，补充国内行业标准在相关测试领域的空白，为5G产业的研发和落地提供有力支撑。

6.1.2　Sub-6GHz 终端天线性能

在 Sub-6GHz 频段上，国际标准组织 CTIA 与 3GPP 目前尚无完整的 5G SA/NSA OTA 测试标准发布。为满足国内终端产品上市需要，CCSA 将终端 Sub-6GHz OTA 测试标准的研究制定为高优先级，针对 5G 阶段的技术细节进行优化与更新，完成国内首个 5G 终端 OTA 测试标准。

该行业标准规定了 5G 无线终端空间射频辐射功率和接收机性能测量方法和限值要求，包括 FR1 频段的 SA 和 NSA 两种模式，适用于便携和车载使用的无线终端，也适用于那些在固定位置使用的无线终端以及通过 USB 接口、Express 接口和 PCMCIA 接口等连接在便携式计算机的数据设备。Sub-6GHz 终端运行在表 6.1 所示的 NR FR1 频段，其中 n77、n78、n79 为 5G 阶段新增的三个 TDD 频段[1]。

表 6.1　NR FR1 运行频段（3GPP TS38.521-1 Table 5.2-1）

NR 运行频段	上行运行频段 基站接收/终端发送 FUL_low～FUL_high	下行运行频段 基站发送/终端接收 FDL_low～FDL_high	模式
n1	1920～1980MHz	2110～2170MHz	FDD
n2	1850～1910MHz	1930～1990MHz	FDD
n3	1710～1785MHz	1805～1880MHz	FDD
n5	824～849MHz	869～894MHz	FDD
n7	2500～2570MHz	2620～2690MHz	FDD
n8	880～915MHz	925～960MHz	FDD
n12	699～716MHz	729～746MHz	FDD
n20	832～862MHz	791～821MHz	FDD
n25	1850～1915MHz	1930～1995MHz	FDD
n28	703～748MHz	758～803MHz	FDD
n34	2010～2025MHz	2010～2025MHz	TDD
n38	2570～2620MHz	2570～2620MHz	TDD
n39	1880～1920MHz	1880～1920MHz	TDD
n40	2300～2400MHz	2300～2400MHz	TDD
n41	2496～2690MHz	2496～2690MHz	TDD
n51	1427～1432MHz	1427～1432MHz	TDD
n66	1710～1780MHz	2110～2200MHz	FDD

续表

NR 运行频段	上行运行频段 基站接收/终端发送 FUL_low～FUL_high	下行运行频段 基站发送/终端接收 FDL_low～FDL_high	模式
n70	1695～1710MHz	1995～2020MHz	FDD
n71	663～698MHz	617～652MHz	FDD
n75	N/A	1432～1517MHz	SDL
n76	N/A	1427～1432MHz	SDL
n77	3300～4200MHz	3300～4200MHz	TDD
n78	3300～3800MHz	3300～3800MHz	TDD
n79	4400～5000MHz	4400～5000MHz	TDD
n80	1710～1785MHz	N/A	SUL
n81	880～915MHz	N/A	SUL
n82	832～862MHz	N/A	SUL
n83	703～748MHz	N/A	SUL
n84	1920～1980MHz	N/A	SUL
n86	1710～1780MHz	N/A	SUL

表 6.2 所示为每个 NR FR1 频段支持的信道带宽与子载波间隔，最大信道带宽可达 100MHz。

表 6.2　每个 NR 频段支持的信道带宽（3GPP TS38.521-1 Table 5.3.5-1）

NR 频段/子载波间隔/UE 信道带宽													
NR 频段	SCS /kHz	5MHz	10[1,2]MHz	15[2]MHz	20[2]MHz	25[2]MHz	30MHz	40MHz	50MHz	60MHz	80MHz	90MHz	100MHz
n1	15	Yes	Yes	Yes	Yes								
	30		Yes	Yes	Yes								
	60		Yes	Yes	Yes								
n2	15	Yes	Yes	Yes	Yes								
	30		Yes	Yes	Yes								
	60		Yes	Yes	Yes								
n3	15	Yes	Yes	Yes	Yes	Yes	Yes						
	30		Yes	Yes	Yes	Yes	Yes						
	60		Yes	Yes	Yes	Yes	Yes						
n5	15	Yes	Yes	Yes	Yes								
	30		Yes	Yes	Yes								
	60												

续表

NR 频段/子载波间隔/UE 信道带宽													
NR 频段	SCS /kHz	5MHz	10[1,2]MHz	15[2]MHz	20[2]MHz	25[2]MHz	30MHz	40MHz	50MHz	60MHz	80MHz	90MHz	100MHz
n7	15	Yes	Yes	Yes	Yes								
	30		Yes	Yes	Yes								
	60		Yes	Yes	Yes								
n8	15	Yes	Yes	Yes	Yes								
	30		Yes	Yes	Yes								
	60												
n12	15	Yes	Yes	Yes									
	30		Yes	Yes									
	60												
n20	15	Yes	Yes	Yes	Yes								
	30		Yes	Yes	Yes								
	60												
n25	15	Yes	Yes	Yes	Yes								
	30		Yes	Yes	Yes								
	60		Yes	Yes	Yes								
n28	15	Yes	Yes	Yes	Yes								
	30		Yes	Yes	Yes								
	60												
n34	15	Yes	Yes	Yes									
	30		Yes	Yes									
	60		Yes	Yes									
n38	15	Yes	Yes	Yes	Yes								
	30		Yes	Yes	Yes								
	60		Yes	Yes	Yes								
n39	15	Yes	Yes	Yes	Yes	Yes	Yes	Yes					
	30		Yes	Yes	Yes	Yes	Yes	Yes					
	60		Yes	Yes	Yes	Yes	Yes	Yes					
n40	15	Yes	Yes	Yes	Yes	Yes	Yes	Yes	Yes				
	30		Yes	Yes	Yes	Yes	Yes	Yes	Yes	Yes	Yes		
	60		Yes	Yes	Yes	Yes	Yes	Yes	Yes	Yes	Yes		
n41	15		Yes	Yes	Yes			Yes	Yes				
	30		Yes	Yes	Yes			Yes	Yes	Yes	Yes	Yes	Yes
	60		Yes	Yes	Yes			Yes	Yes	Yes	Yes	Yes	Yes
n50	15	Yes	Yes	Yes	Yes			Yes	Yes				
	30		Yes	Yes	Yes			Yes	Yes	Yes	Yes[3]		
	60		Yes	Yes	Yes			Yes	Yes	Yes	Yes[3]		

续表

NR 频段/子载波间隔/UE 信道带宽													
NR 频段	SCS /kHz	5MHz	10[1,2]MHz	15[2]MHz	20[2]MHz	25[2]MHz	30MHz	40MHz	50MHz	60MHz	80MHz	90MHz	100MHz
n51	15	Yes											
	30												
	60												
n66	15	Yes	Yes	Yes	Yes			Yes					
	30		Yes	Yes	Yes			Yes					
	60		Yes	Yes	Yes			Yes					
n70	15	Yes	Yes	Yes	Yes[3]	Yes[3]							
	30		Yes	Yes	Yes[3]	Yes[3]							
	60		Yes	Yes	Yes[3]	Yes[3]							
n71	15	Yes	Yes	Yes	Yes								
	30		Yes	Yes	Yes								
	60												
n74	15	Yes	Yes	Yes	Yes								
	30		Yes	Yes	Yes								
	60		Yes	Yes	Yes								
n75	15	Yes	Yes	Yes	Yes								
	30		Yes	Yes	Yes								
	60		Yes	Yes	Yes								
n76	15	Yes											
	30												
	60												
n77	15		Yes	Yes	Yes			Yes	Yes				
	30		Yes	Yes	Yes			Yes	Yes	Yes	Yes	Yes	Yes
	60		Yes	Yes	Yes			Yes	Yes	Yes	Yes	Yes	Yes
n78	15		Yes	Yes	Yes			Yes	Yes				
	30		Yes	Yes	Yes			Yes	Yes	Yes	Yes	Yes	Yes
	60		Yes	Yes	Yes			Yes	Yes	Yes	Yes	Yes	Yes
n79	15							Yes	Yes				
	30							Yes	Yes	Yes	Yes		Yes
	60							Yes	Yes	Yes	Yes		Yes
n80	15	Yes	Yes	Yes	Yes	Yes	Yes						
	30		Yes	Yes	Yes	Yes	Yes						
	60		Yes	Yes	Yes	Yes	Yes						
n81	15	Yes	Yes	Yes	Yes								
	30		Yes	Yes	Yes								
	60												

续表

NR 频段/子载波间隔/UE 信道带宽													
NR 频段	SCS /kHz	5MHz	10[1,2]MHz	15[2]MHz	20[2]MHz	25[2]MHz	30MHz	40MHz	50MHz	60MHz	80MHz	90MHz	100MHz
n82	15	Yes	Yes	Yes	Yes								
	30		Yes	Yes	Yes								
	60												
n83	15	Yes	Yes	Yes	Yes								
	30		Yes	Yes	Yes								
	60												
n84	15	Yes	Yes	Yes	Yes								
	30		Yes	Yes	Yes								
	60		Yes	Yes	Yes								
n86	15	Yes	Yes	Yes	Yes			Yes					
	30		Yes	Yes	Yes			Yes					
	60		Yes	Yes	Yes			Yes					

注 1：30kHz SCS 可能无法达到 90%频谱利用率。

注 2：60kHz SCS 可能无法达到 90%频谱利用率。

注 3：该 UE 信道带宽仅适用于下行链路。

本节简要介绍了评估 Sub-6GHz 终端天线的发射与接收性能的测试方法，用于认证的测试指标与测试步骤以各标准化组织或机构正式发布的相关规范为准。

1. NR FR1 独立组网射频辐射功率测量

3GPP 已经完成 Sub-6GHz 不同频段下对应频率、带宽、子载波间隔等参数的制定，其中 NR 基站配置参数按照 3GPP TS 38.521 最大输出功率测量要求的相应配置，保证 EUT 在整个测试过程中以最大功率发射。

目前，TS 38.521-1 已经完成了部分 Sub-6GHz 终端 TIRP 测试例的制定，参数配置如表 6.3 所示。终端的 OTA 测试通常在传导测试案例的基础上选取典型测试案例，如最大带宽的满 RB 配置。

表 6.3　TIRP 测试配置（TS38.521-1 Table 6.2.1.4.1-1）

测试参数			
测试 ID	下行链路配置	上行链路配置	
	最大输出功率测试例为 N/A	调制（注 1）	RB 分配（注 2）
1		DFT-s-OFDM PI/2 BPSK	Inner Full
2		DFT-s-OFDM PI/2 BPSK	Inner 1RB Left

续表

测试参数			
测试 ID	下行链路配置	上行链路配置	
3	最大输出功率测试例为 N/A	DFT-s-OFDM PI/2 BPSK	Inner 1RB Right
4		DFT-s-OFDM QPSK	Inner Full
5		DFT-s-OFDM QPSK	Inner 1RB Left
6		DFT-s-OFDM QPSK	Inner 1RB Right

注 1：DFT-s-OFDM PI/2 BPSK 仅应用于支持 FR1 频段 π/2 BPSK 的 UE。

注 2：每个 RB 分配的具体配置见 3GPP TS38.521-1 表 6.1-1 中定义。

CCSA 行业标准根据国内频段划分情况以及运营商的实际需求制定测试频段的配置参数。根据终端厂商、芯片厂商与运营商等产业界各方达成的一致意见，独立组网的射频辐射功率测量需在 EUT 所支持频段内选择对应的信道进行测试，表 6.4 给出了部分 NR FR1 频段上的信道的选择情况示例，其他许可的频段按照相同原则进行选择。实际测试频段范围以国家无线电管理委员会的规定、中国运营商实际使用范围为准。

表 6.4　NR FR1 独立组网射频辐射功率测试信道列表

频段	上行信道号	信道带宽/MHz	子载波间隔/kHz	上行调制格式	载波频率/MHz	上行 RB 配置	下行 RB 配置
频段 n28	142600	20	15	DFT-s-OFDM QPSK	713	50@25	N/A
频段 n41	513000	100	30		2565	24@12	N/A
	519000				2595	24@125	N/A
	525000				2625	24@237	N/A
频段 n78	630000				3450	135@67	N/A
	636666				3549.99		N/A
频段 n79	723334				4850.01	24@12	N/A
						24@125	N/A
						24@237	N/A

注：下行 RB 数以及下行 RB 起始位置按 3GPP TS 38.521-1，6.2 章节中规定进行配置。频段 n28 上行参考测量信道按 3GPP TS 38.521-1 表 A.2.2.2-1 进行设置，频段 n78 上行参考测量信道按 3GPP TS 38.521-1 表 A.2.3.2-2 进行设置，频段 n41 和 n79 上行参考信道配置参照表 6.5；频段 n28 下行参考测量信道按 3GPP TS 38.521-1 表 A.3.2.2-1 进行设置，频段 n41/n78/n79 下行参考测量信道按 3GPP TS 38.521-1 表 A.3.3.2-2 进行设置。频段 n28 的接收灵敏度测试时，2Rx 作为基线，频段 n41/n78/n79 的接收灵敏度测试时，4Rx 作为基线。

其中，n78 频段对应 5G FR1 典型的工作频段 3.5GHz，该频段 OTA 天线性能测试配置与国际标准化组织 3GPP 中相应传导测试配置保持一致。频段 n41、n79 为划分给中国移动的 2.6GHz 与 4.9GHz 频段，n28 为中国广电使用的 700MHz 低频段 5G 频率，对应频段的具体参数配置根据我国 5G 商用网络规划的实际需求而确定。

我国行业标准在 n41 频段的测试配置如表 6.4 所示，从运营商布网以及终端用户实际应用角度来看，该配置能够更好地评估终端工作在 n41 的 160MHz 带宽内不同频率位置处的网络性能，更加准确地评估宽频段下的性能一致性，更加符合我国现网的实际网络配置。n41 和 n79 射频辐射功率测试上行参考信道配置见表 6.5。

表 6.5　n41 和 n79 射频辐射功率测试上行参考信道配置

参数	取值
带宽	100MHz
子载波间隔	30kHz
资源块 RB	24
每时隙 OFDM 符号个数	11
调制方式	QPSK
MCS 索引	2
目标码率	1/6
信息 bit 负载 （时隙 8, 9, 18, 19）	1192bit
CRC 校验	16bit
LDPC 因子图	16
码块数 （时隙 8, 9, 18, 19）	1
二进制信道 bit （时隙 8, 9, 18, 19）	6336bit
调制信号个数 （时隙 8, 9, 18, 19）	3168

注 1：PUSCH 采用映射类型 Type-A，DMRS 采用单符号 DMRS 配置 Type-1 及 2 个 DMRS 符号，因此 DMRS 符号位于 OFDM 符号位 2、7、11。DMRS 符号与 PUSCH 数据采用 TDM 方式轮发。

注 2：MCS 序列号参考 3GPP TS 38.214 表格 6.1.4.1-1。

注 3：若大于 1 个码块，则每个码块需增加 $L = 24$bit 的 CRC 校验位。

完整的射频辐射功率测量应该包括在 EUT 所有可能的实际应用场景（如自由空间、人头加人手模型等条件）下及 EUT 所支持的主机械模式（如天线可伸缩 EUT 的天线拔出状态，翻盖 EUT、滑盖 EUT 以及屏幕可折叠 EUT 的屏幕展开状态）下进行所有信道的测试。设备类型见 YD/T 1484.1 附录 A。EUT 在规定频段上所有测试信道的 NR FR1 独自组网 TIRP 测量结果的平均值和最小值不应低于行业标准制定的相应限值。

2. NR FR1 与 LTE 双连接下射频辐射功率测量

5G 商用初期，绝大多数 5G 终端支持 NSA 模式，即通过 NR FR1 与 LTE 的双连接实现 5G 网络通信。在该模式下，射频辐射功率的测量方式与独立组网模式的不同之处在于终端需要完成 LTE TIRP 和 NR TIRP 的测试。按照 3GPP TS 38.521-1 6.2.1 章节与 3GPP TS 36.521-1 6.2.2 章节中关于最大输出功率测量章节中定义的参数分别配置 NR 基站模拟器与 LTE 基站模拟器，在 EUT 与基站模拟器之间建立 NR FR1 与 LTE 双连接链接的环回测试模式。对于 LTE TIRP 和 NR TIRP 的测试，终端既可以同时完成 LTE 与 NR 链路的 TIRP 指标测试，也可以使终端保持在统一状态下，先后测试 LTE 链路与 NR 链路的 TIRP 性能。

由于终端的总发射功率上限受到终端发射能力与法规标准的限制，因此在 LTE 与 NR FR1 双链接模式下，LTE 链路与 NR 链路的发射功率会受到总发射功率的限制。为了更好地评估 5G 终端天线辐射性能，在测量过程中可通过基站模拟器向 EUT 发送功率控制指令，使得 LTE 链路以最大 20dBm 的功率发射（设置 $P_{\text{LTE}} = 20\text{dBm}$），NR 链路以终端可实现的最大功率发射。此时，LTE 和 NR 同时进行上行发送，测试 NR TIRP 和 LTE TIRP，并不考虑 MPR 以及 A-MPR 的配置影响。

NR FR1 非独立组网下射频辐射功率测试信道可参考表 6.6。

实际采用的测试频段范围以国家无线电管理委员会的规定、中国运营商实际使用范围为准。

表 6.6　NR FR1 非独立组网射频辐射功率测试信道列表

EN-DC 频段	LTE 频段	NR 频段	LTE 上行信道号	LTE 上行载波/MHz	NR 上行信道号	NR 上行载波/MHz
DC_1_n78	频段 1	频段 n78	18100	1930	630000	3450
			18300	1950	636666	3549.99
DC_3_n41	频段 3	频段 n41	19300	1720	513000	2565
			19575	1747.5	519000	2595
			19850	1775	525000	2625
DC_3_n78	频段 3	频段 n78	19850	1775	630000	3450
			19650	1755	636666	3549.99
DC_3_n79	频段 3	频段 n79	19300	1720	723334	4850.01
			19575	1747.5		
			19850	1775		
DC_5_n78	频段 5	频段 n78	20460	830	630000	3450
DC_8_n78	频段 8	频段 n78	21750	910	636666	3549.99
DC_39_n41	频段 39	频段 n41	38350	1890	513000	2565
			38450	1900	519000	2595
			38550	1910	525000	2625

续表

EN-DC 频段	LTE 频段	NR 频段	LTE 上行信道号	LTE 上行载波/MHz	NR 上行信道号	NR 上行载波/MHz
DC_39_n79	频段 39	频段 79	38350	1890	723334	4850.01
			38450	1900		
			38550	1910		

注：LTE 频段测试信道具体配置按照 YD/T 1484.6 2014 中表 1、表 4 规定进行配置。NR 频段测试信道具体配置按照本规范中表 1、表 2 规定进行配置。对于 LTE TDD 与 NR TDD 的 ENDC 频段，测试时需配置 LTE 延迟 2 个子帧或 NR 延迟 3 个子帧，保证测试周期内 LTE 与 NR 同时发送。

3. NR FR1 独立组网接收机性能测量

接收机性能测量为多天线分集接收测试。若 EUT 支持多根接收天线的分集接收，则测试过程中，其多根接收天线需保持同时开启。

目前，TS 38.521-1 已经完成了部分 Sub-6GHz 终端 TIRS 测试例的制定，测试配置如表 6.7 所示。

表 6.7　TIRS 测试配置

测试参数				
测试 ID	下行链路配置		上行链路配置	
	解调	RB 分配	解调	RB 分配
1	CP-OFDM QPSK	Full RB（注 1）	DFT-s-OFDM QPSK	REFSENS（注 2）

注 1：每个子载波与信道带宽应使用满 RB 分配，如 3GPP TS38.521 表 7.3.2.4.1-2 所示。

注 2：表 7.3.2.4.1-3 定义了每个子载波、信道带宽和 NR 频段的上行 RB 配置与起始 RB 位置。

对于 NR FR1 独立组网接收机性能测量，测试方法与 LTE 接收机灵敏度测试保持一致。通过基站模拟器控制 EUT 以最大功率发射，记录 EUT 达到最大吞吐量的 95%时，EUT 端下行链路的功率值为该角度下的接收机灵敏度。在测量过程中，测试的数据量应该足够多以保证 BLER 测试结果的置信率大于 95%。按照 YD/T 1484.1 附录 H 中的规定，使用所有测试点的灵敏度测试值计算得到 TIRS。

在 EUT 所支持频段内选择对应的信道进行完整的 TIRS 测试。表 6.8 中给出了部分 NR FR1 频段上信道的选择情况示例，其他许可的频段按照相同原则进行选择。实际测试频段范围以国家无线电管理委员会的规定、中国运营商实际使用范围为准。

表 6.8　NR FR1 独立组网接收灵敏度测试信道列表

频段	下行信道号	信道带宽/MHz	子载波间隔/kHz	下行调制格式	载波频率/MHz	上行 RB 配置	下行 RB 配置
频段 n28	153600	20	15	CP-OFDM QPSK	768	25@81	106@0
频段 n41	513000	100	30		2565	270@0	273@0
	525000				2625		
频段 n78	630000				3450		
	636666				3549.99		
频段 n79	723334				4850.01		

注：上行 RB 数以及上行 RB 起始位置按 3GPP TS 38.521-1，7.3 章节中规定进行配置。频段 n28 的上行参考测量信道按 3GPP TS 38.521-1 表 A.2.2.2-1 进行设置，频段 n41/n78/n79 的上行参考测量信道按 3GPP TS 38.521-1，表 A.2.3.2-2 进行设置；频段 n28 的下行参考测量信道按 3GPP TS 38.521-1 表 A.3.2.2-1 进行设置；频段 n41/n78/n79 的下行参考测量信道按 3GPP TS 38.521-1 表 A.3.3.2-2 进行设置。频段 n28 的接收灵敏度测试时，2Rx 作为基线，频段 n41/n78/n79 的接收灵敏度测试时，4Rx 作为基线。

4. NR FR1 与 LTE 双连接下接收机性能测量

在 CCSA 行业标准定义中，对于所有 5G NSA 终端，应分别测试和制定非独立组网状态下 NR TIRS 和 LTE TIRS 性能指标。对于非独立组网状态下的 TIRS 性能，配置 LTE 以最大 20dBm 的功率发射，NR 链路以终端支持的最大功率发射，LTE 和 NR 同时进行上行发送。

在 NR TIRS 测试过程中，LTE 下行链路功率设置需保证稳定连接且 BLER 为零，测试 NR TIRS，并不考虑 MPR 以及 A-MPR 的配置影响。注意：NR 下行链路功率初始值需保证在初始测试时，NR 链路的 BLER 为零，其余测试步骤与独立组网模式下的 NR 接收机灵敏度测试相同。相似地，对于 NSA LTE TIRS 测试，NR 下行链路功率设置需保证稳定连接且 BLER 为零，并测试 LTE TIRS。

表 6.9 所示为典型的 NR FR1 非独立组网接收灵敏度测试信道，实际测试频段范围以国家无线电管理委员会的规定、中国运营商实际使用范围为准。

表 6.9　NR FR1 非独立组网接收灵敏度测试信道列表

EN-DC 频段	LTE 频段	NR 频段	LTE 下行信道号	LTE 下行载波/MHz	NR 下行信道号	NR 下行载波/MHz
DC_1_n78	频段 1	频段 n78	100	2120	630000	3450
			300	2140	636666	3549.99
DC_3_n41	频段 3	频段 n41	1300	1815	513000	2565
			1850	1870	525000	2625
DC_3_n78	频段 3	频段 n78	1650	1850	636666	3549.99
			1850	1870	630000	3450
DC_3_n79	频段 3	频段 n79	1300	1815	723334	4850.01
			1575	1842.5		
			1850	1870		

续表

EN-DC 频段	LTE 频段	NR 频段	LTE 下行信道号	LTE 下行载波/MHz	NR 下行信道号	NR 下行载波/MHz
DC_5_n78	频段 5	频段 n78	2460	875	630000	3450
DC_8_n78	频段 8	频段 n78	3750	955	636666	3549.99
DC_39_n41	频段 39	频段 n41	38350	1890	513000	2565
			38550	1910	525000	2625
DC_39_n79	频段 39	频段 n79	38350	1890	723334	4850.01
			38450	1900		
			38550	1910		

注：LTE 频段测试信道具体配置按照 YD/T 1484.6 2014 中表 6、表 8 规定进行配置。NR 频段测试信道具体配置按照表 6.8 规定进行配置。

6.1.3　毫米波终端天线性能

在 5G 阶段，波束赋形技术使毫米波的应用成为可能，同时也带动了射频技术的革命。毫米波的引入使得被测设备的集成度显著升高，射频前端需要完成更精确的信号同步以及更多路信号处理，形成集成化的天线阵列与射频前端。毫米波终端测试无法使用电缆实现被测设备与测试设备之间的物理连接，因此毫米波频段的所有测试指标需要采用 OTA 的方法进行评估。

毫米波信号具有更窄的波束宽度，可以获得更大的信号带宽，但同时毫米波频段也存在信号衰耗大、易受阻挡、覆盖距离短，受天气影响严重等缺陷。

在大气中，毫米波主要受氧气、湿度、雾和雨水等因素的影响，其影响程度根据频率的不同也存在相应的差异。例如，60GHz 的毫米波信号需要承受约 20dB/km 的氧气吸收损耗，这一特性将直接导致毫米波信号的覆盖距离显著减小。而在 28GHz、38GHz 与 73GHz 频段，这一损耗会显著减小，这也正是目前大部分运营商将 28GHz 定为 5G 毫米波的主要研究频段的原因。

同样，大气湿度对于毫米波的衰减影响也十分显著。在高温和高湿度环境下，毫米波信号在 1 公里内可衰减一半（3dB/km）。极端情况下，如特大暴雨天气下（降雨强度为 50mm/h），毫米波传播损耗可高达 18.4dB/km。这将意味着毫米波通信网络的链路损耗受到天气变化的显著影响。试想我们在使用毫米波信号时，当天气晴朗干燥时可以享受高速稳定的通信体验，而一旦出现阴天、潮湿甚至雨雪等恶劣天气时通信网络就由于显著增大的损耗而出现不稳定甚至断路的情况，这显然是不可接受的。因此，对于 5G 毫米波的应用，合理的网络规划与准确的链路预算十分重要。

此外，在毫米波频段信号的穿透能力明显下降，除去建筑物等因素的遮挡外，人手、头、身体等部位的遮挡也会对天线的增益与空间覆盖角度产生更加显著影响，对天线设计、终端测试带来较大挑战。对标准多层玻璃而言，毫米波穿透损耗约为 17dB，标准混凝土外墙约为 65dB，因此毫米波信号很难达到较远的覆盖距离，多数情况下需要与 Sub-6GHz 频段结合使用。

在 LTE 时代，由于 Sub-6GHz 具有相对较好的传输特性，终端测试的性能在考虑人手模型时相比自由空间的整体性能下降 2dB 左右。而在毫米波频段，由于高频段、窄波束的特性，人手的影响在局部甚至可以接近 10dB，这不仅对终端天线设计提出了很大的挑战，同时也增加了测试的难度。对于毫米波终端的 OTA 测试，需要提出相应的性能要求来保证终端性能，同时如何选择合适的人头、手模型、测试场景设置是准确判断终端在现实网络中性能的关键。

根据 3GPP 5G 标准定义，5G 毫米波终端运行在表 6.10 所示的 NR FR2 频段，新分配 n257、n258、n260、n261 四个 TDD 频段[2]。与此同时，ITU 已于 2019 年 11 月正式宣布为 5G 毫米波频段扩容，将 24.25～27.5GHz、37～43.5GHz、45.5～47GHz、47.2～48.2GHz 和 66～71GHz 等频段纳入 5G 毫米波规划，工业和信息化部也计划尽快发布我国对毫米波频段的进一步规划。

表 6.10　NR FR2 运行频段

NR 运行频段	上行运行频段基站接收/终端发送 FUL_low～FUL_high	下行运行频段基站发送/终端接收 FDL_low～FDL_high	模式
n257	26500～29500MHz	26500～29500MHz	TDD
n258	24250～27500MHz	24250～27500MHz	TDD
n260	37000～40000MHz	37000～40000MHz	TDD
n261	27500～28350MHz	27500～28350MHz	TDD

从基站的角度看，相同的频段内可以支持不同的终端信道带宽，以实现终端和基站间的数据发送和接收。可支持多个载波向同一终端或者多个载波向基站信道带宽内不同终端的数据传输。

从终端的角度看，终端配置一个或多个带宽部分（Bandwidth Part，BWP）/载波，每个 BWP/载波具备自己的信道带宽。终端不需要知道基站信道带宽或者基站是如何为不同的终端分配带宽的。

信道带宽、保护带宽和传输带宽配置间的关系如图 6.1 所示。

表 6.11 所示为每个 NR FR2 频段支持的信道带宽与子载波间隔，最大信道带宽可达 400MHz。

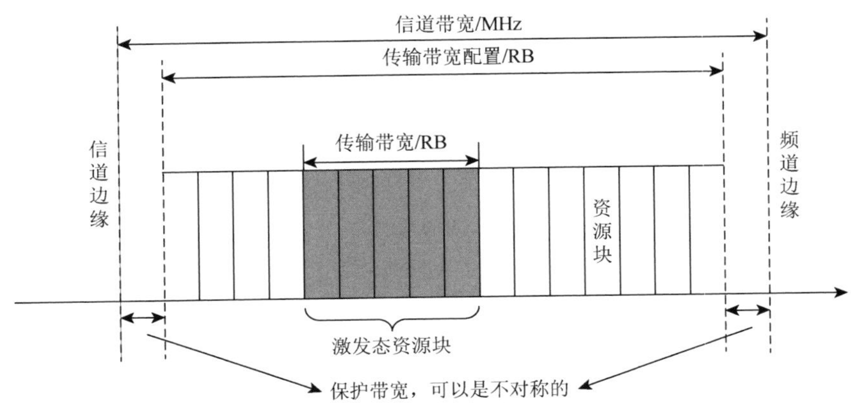

图 6.1　NR 信道内信道带宽、保护带宽与传输带宽配置定义

表 6.11　每个 NR 频段的信道带宽

NR 频段/子载波间隔/UE 信道带宽					
运行频段	SCS/kHz	50MHz	100MHz	200MHz	400MHz
n257	60	Yes	Yes	Yes	
	120	Yes	Yes	Yes	Yes
n258	60	Yes	Yes	Yes	
	120	Yes	Yes	Yes	Yes
n260	60	Yes	Yes	Yes	
	120	Yes	Yes	Yes	Yes
n261	60	Yes	Yes	Yes	
	120	Yes	Yes	Yes	Yes

由于 5G 终端的波束较窄，并且可根据基站及环境特性进行自适应波束赋形，能够完成灵活的指向切换，因此如何定义新的性能指标评估终端天线性能显得尤为重要。本节简要介绍了通过峰值 EIRP、TRP 与球面覆盖率等几项核心指标评估终端毫米波天线的发射与接收性能的测试方法，用于认证的测试指标与测试步骤以各标准化组织或机构正式发布的相关规范为准。

1. 发射波束峰值方向搜索

发射波束峰值方向指具有最大 EIRP 值的波束方向，即对发射波束进行 360°的扫描测试，找到波束可以发射的最大功率方向。由于毫米波波束具有指向性特性，在评估毫米波终端 EIRP 与 TRP 指标时均需按照发射波束的峰值方向配置 DUT，因此首先需要进行发射波束峰值方向的搜索测试。

本小节简要介绍了发射波束峰值方向的搜索步骤。

在搜索发射波束峰值方向过程中，首先将被测终端放置于暗室静区之内，通过极化状态为 θ 的参考测量天线连接系统模拟器与被测终端，以形成指向测量天线的发射波束。通过基站模拟器向被测终端持续发送上行功率"up"的控制指令，至少保持 200ms 以上以确保 UE 以最大输出功率进行信号传输。

在整个测试过程中，系统模拟器应激活 UE 的波束锁定功能。测量到达功率测量设备的调制信号的平均功率 P_{Meas}（$Pol_{Meas}=\theta$，Pol_{Link}），将测量得到的 P_{Meas}（$Pol_{Meas}=\theta$，Pol_{Link}）与整个传输链路上的综合损耗相加（通常由信号链路、L_{EIRP}，θ 以及频率等综合决定），计算得到 EIRP（$Pol_{Meas}=\theta$，$Pol_{Link}=\theta$）。类似地，测量到达功率测量设备的调制信号的平均功率 P_{Meas}（$Pol_{Meas}=\phi$，Pol_{Link}），计算得到 EIRP（$Pol_{Meas}=\phi$，$Pol_{Link}=\theta$）。如此，我们可以通过计算得到 θ 极化下的 EIRP 结果，EIRP（$Pol_{Link}=\theta$）= EIRP（$Pol_{Meas}=\theta$，Pol_{Link}）+ EIRP（$Pol_{Meas}=\phi$，Pol_{Link}），并解除 UE 的波束锁定。

对于极化状态 ϕ，将参考测量天线连接系统模拟器与被测终端，以形成指向测量天线的发射波束，重复极化状态 θ 时的测量步骤。

在整个测试过程，按照一定的测试网格点（如固定步长采样或固定密度采样）进行采样测试。最终，最大发射波束方向是测量到最大 EIRP（$Pol_{Link}=\theta$）或 EIRP（$Pol_{Link}=\phi$）的方向。

表 6.12 描述了对终端 TIRP 和 EIRP 最大发射功率的要求，允许的最大 EIRP 根据监管要求确定。在发射波束峰值方向，使用波束锁定模式下的 TIRP 的测试度量和 EIRP 的总分量来验证要求。

表 6.12　终端最大发射功率限制（功率等级 3）

频段	最大 TIRP/dBm	最大 EIRP/dBm
n257	23	43
n258	23	43
n260	23	43
n261	23	43

保障终端发射性能的另一个重要指标是波束的空间覆盖角度（EIRP Spherical Coverage），这也是 Rel-15 阶段新增的性能要求（表 6.13）。波束的覆盖范围是 5G 毫米波终端的核心指标之一，描述了终端在满足一定发射功率下波束可以覆盖的球面角度范围。5G 终端的波束需满足一定范围内的覆盖来保证稳定的通信以及高速移动数据的传输，因此基于 360°下所有的测试结果分析累积分布函数 50%处终端天线的性能要求。

表 6.13　终端空间覆盖角度要求（功率等级 3）

频段	50% CDF 处的最小 EIRP/dBm
n257	11.5
n258	11.5
n260	8
n261	11.5

2. 峰值 EIRP 测试流程

最大发射波束方向上的峰值 EIRP 是毫米波频段 OTA 测试的主要评估指标之一。

毫米波频段定义了峰值 EIRP 来衡量终端的最大功率发射性能，判断依据为波束最大方向上的 EIRP 值。即基于前面对发射波束峰值方向的搜索结果，采用波束最大方向上的 EIRP 值来作为终端的最大发射功率。对于支持单个 FR2 频段的终端，3GPP RAN4 TS 38.101-2 定义最小峰值 EIRP 性能要求如表 6.14 所示。

表 6.14　UE 最小峰值 EIRP（功率等级 3）

频段	最小峰值 EIRP/dBm
n257	22.4
n258	22.4
n260	20.6
n261	22.4

本小节简要介绍了发射波束峰值方向上的最大输出功率 EIRP 的测试过程。

首先将被测终端放置于系统静区内，系统模拟器根据 TS 38.521-2 表 6.2.1.1.1.4.1-1 的规定通过 PDCCH DCI 格式为 C_RNTI 发送每个 UL HARQ 进程的上行链路调度信息，以调度上行 RMC。

其次，基站模拟器向 DUT 持续发送上行功率“up”的控制指令，至少保持 200ms 以确保 UE 以最大输出功率进行传输。此时，按照发射波束峰值方向配置被测终端：

（1）通过具有参考极化状态 $\mathrm{Pol_{Link}}$ 的测量天线连接系统模拟器与 DUT，以形成指向发射波束峰值方向的波束和相应极化，该极化参考方向具有最大发射波束；

（2）系统模拟器按照 TS 38.508-1 4.9.2 章节中规定的步骤（仅发射部分）激活 UE 波束锁定功能；

（3）测量到达功率测量设备的调制信号的平均功率 $P_{\mathrm{Meas}}(\mathrm{Pol_{Meas}}=\theta,\ \mathrm{Pol_{Link}})$；

（4）将测量得到的 P_{Meas}（$Pol_{Meas}=\theta$，Pol_{Link}）与整个传输链路上的综合损耗相加，计算得到 EIRP（$Pol_{Meas}=\theta$，Pol_{Link}）;

（5）测量到达功率测量设备的调制信号的平均功率 P_{Meas}（$Pol_{Meas}=\phi$，Pol_{Link}）;

（6）将测量得到的 P_{Meas}（$Pol_{Meas}=\phi$，Pol_{Link}）与整个传输链路上的综合损耗相加，计算得到 EIRP（$Pol_{Meas}=\phi$，Pol_{Link}）;

最后，计算得到 EIRP（Pol_{Link}）= EIRP（$Pol_{Meas}=\theta$，Pol_{Link}）+ EIRP（$Pol_{Meas}=\phi$，Pol_{Link}）。

3. TRP 测试流程

在 TIRP 测试过程中，针对用于智能手机终端的非稀疏天线阵列，使用 8×2 天线阵列进行测量栅格的分析，参考的天线阵列如图 6.2 所示。对于所有被测设备类型，最小 TIRP 测量点数应保证 TIRP 测量栅格的标准偏差不超过 0.25dB。

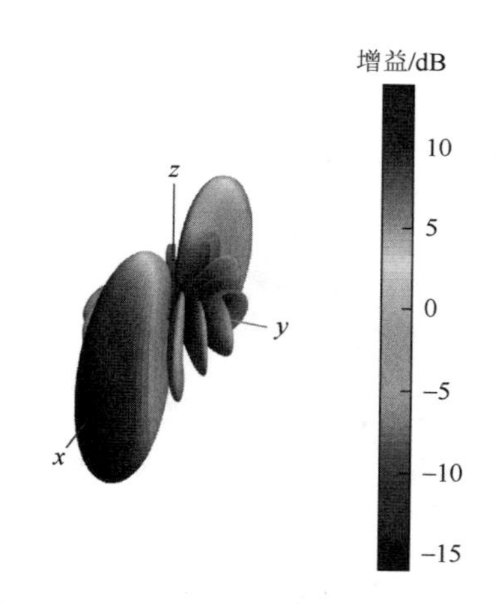

图 6.2　参考 8×2 天线方向图（见彩图）

针对波束扫描、EIRP 和 TIRP 测试等，3GPP Rel-15 阶段提出了固定步长和固定密度两种测试栅格测量方式。传统 LTE OTA 测试采用固定步长法，该测量栅格具有均匀分布的方位角与仰角，从二维（2D）的视角来看，测量采样点在横轴（方位角）与纵轴（仰角）上均以等间距分布，如图 6.3 所示。三维（3D）恒定步长测量网格示意图见图 6.4，每 15°测试一个点，这样不同位置的功率具有不同的权重值（球面南北极和赤道处测试点的权重差别最大）。

而新定义的固定密度测量栅格，具有均匀分布在球体表面上的测量点，密度恒定。该测量栅格的二维示意图如图 6.5 所示，三维示意图如图 6.6 所示。固定密度法中各个测试点的功能相同，更加适合毫米波的窄波束测试场景。在相同测试误差下，采用固定密度法可以显著缩减测试时间，减少测试点数。

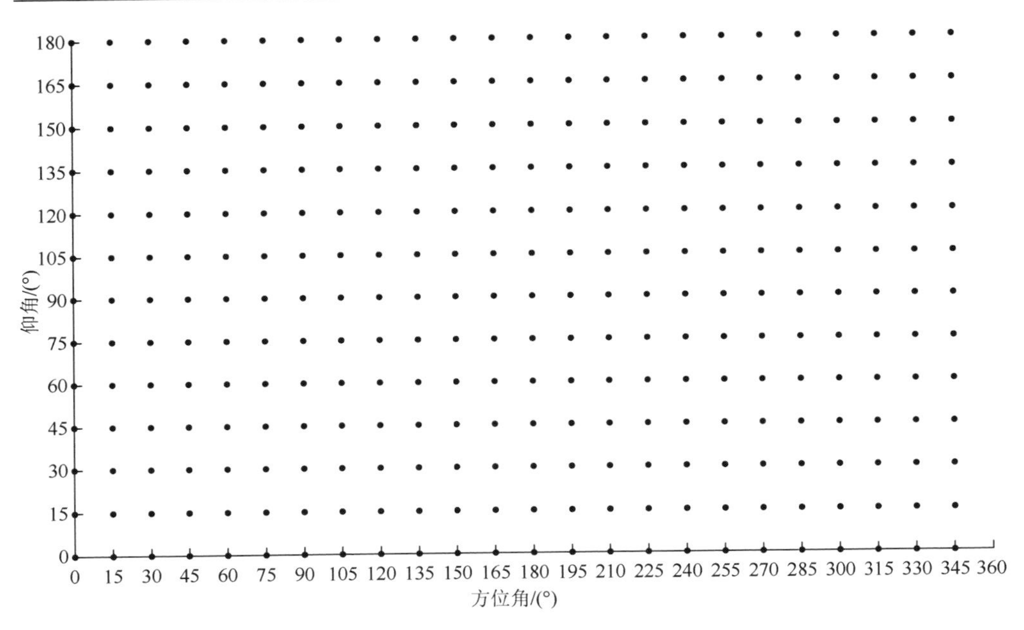

图 6.3 $\theta=\Delta\phi=15°$的固定步长栅格在 2D 中测量采样点的分布（266 个测量点）

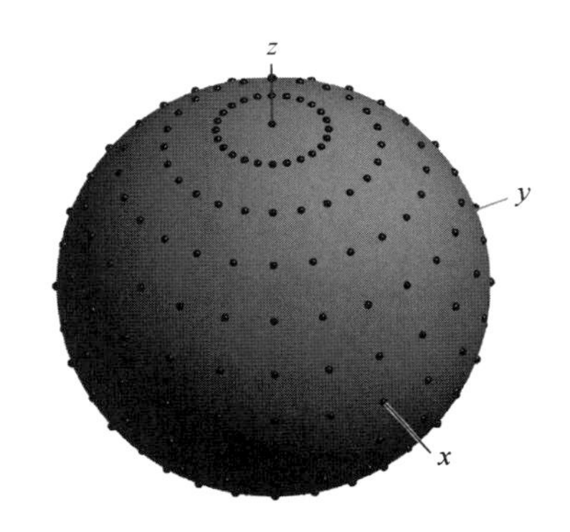

图 6.4 $\theta=\Delta\phi=15°$的固定步长栅格在 3D 中测量采样点的分布（266 个测量点）

基于以上测试栅格，TIRP 测量方法包括以下步骤。

（1）将被测终端放置于静区内。

（2）系统模拟器根据 TS 38.521-2 表 6.2.1.1.1.4.1-1 的规定通过 PDCCH DCI 格式为C_RNTI 发送每个 UL HARQ 进程的上行链路调度信息，以调度上行 RMC。由于上行链路没有需要传输的负载或反馈数据，UE 在上行 RMC 上发送上行 MAC 填充比特。按照 TS 38.508-1 4.6 章节配置合适的上行调制。

（3）基站模拟器向 DUT 持续发送上行功率“up”控制指令，至少保持 200ms 以确保 UE 以最大输出功率进行传输。

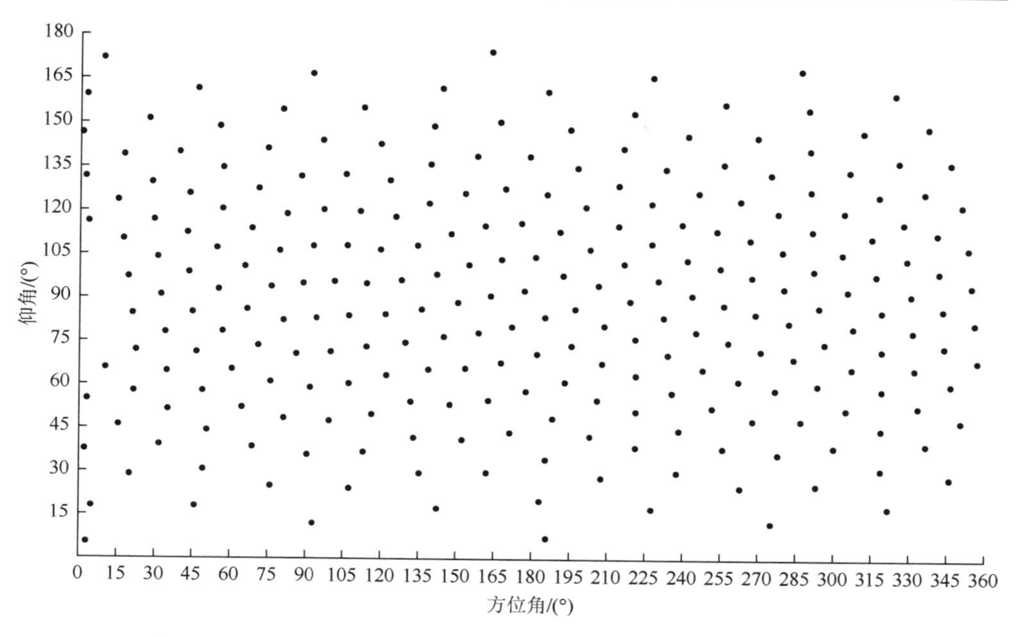

图 6.5 固定密度栅格在 2D 中测量采样点的分布（266 个测量点）

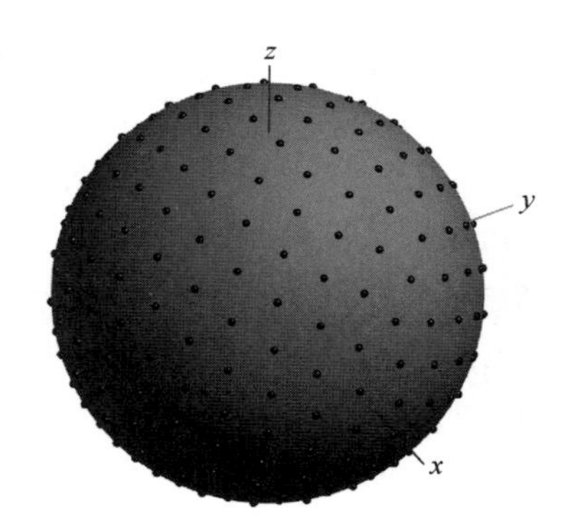

图 6.6 固定密度栅格在 3D 中测量采样点的分布（266 个测量点）

（4）按照发射波束峰值方向配置 DUT。

①通过具有所需参考极化状态 $\mathrm{Pol_{Link}}$ 的测量天线连接系统模拟器与 DUT，该极化参考方向具有最大发射波束峰值，以形成指向所需方向的发射波束和相应的极化。

②系统模拟器按照 TS 38.508-1 4.9.2 章节的规定（仅发射部分）在整个测试过程中激活 UE 波束锁定功能。

（5）对于每个测量点，测量 P_{Meas}（$\mathrm{Pol_{Meas}}=\theta$，$\mathrm{Pol_{Link}}$）与 P_{Meas}（$\mathrm{Pol_{Meas}}=\phi$，$\mathrm{Pol_{Link}}$）；通过旋转测量天线与 DUT 实现测量天线与 DUT 之间的角度（θ_{Meas}，ϕ_{Meas}）。

（6）将测量得到的 P_{Meas} 与整个传输链路上由信号链路、$L_{\text{EIRP},\theta}$ 以及频率决定的综合损耗相加，计算得到 EIRP（$\text{Pol}_{\text{Meas}}=\theta$, Pol_{Link}）与 EIRP（$\text{Pol}_{\text{Meas}}=\phi$, Pol_{Link}）。

（7）采用定义的 TRP 积分方法计算测量网格的 TRP 值。

①对于固定步长测量栅格，TRP 可表示为

$$\text{TRP}\approx\frac{1}{2M}\sum_{i=0}^{N}\sum_{j=0}^{M-1}(\text{EIRP}_{\theta}(\theta_i,\phi_j)+\text{EIRP}_{\phi}(\theta_i,\phi_j))W(\theta_i) \tag{6.1}$$

其中，N 表示标称 θ 下从 0 到 π 的角度间隔数目；M 表示标称ϕ下从 0 到 2π 的角度间隔数目；$W(\theta)$表示权重函数。

②对于固定密度栅格，TRP 可表示为

$$\text{TRP}\approx\frac{1}{N}\sum_{i=0}^{N-1}(\text{EIRP}_{\theta}(\theta_i,\phi_i)+\text{EIRP}_{\phi}(\theta_i,\phi_i)) \tag{6.2}$$

其中，N 为测量点个数。

以上两种测量栅格都是权衡测量不确定度、测量点数量和测试时间后的结果，可采用其中任一种开展 TRP 测试。

4. 接收波束峰值方向搜索

接收波束峰值方向即具有最小平均 EIS 值的波束方向，本节定义了接收波束峰值方向的搜索步骤。

（1）将被测终端放置于静区内，通过极化状态 $\text{Pol}_{\text{Link}}=\theta$ 的参考测量天线连接系统模拟器与被测终端，以形成指向测量天线的接收波束。

（2）在每个上行链路调度信息中向 UE 持续发送上行链路功率控制“up”命令，至少保持 200ms 以确保 UE 以最大输出功率进行传输。

（3）确定 θ 极化状态下的 EIS（$\text{Pol}_{\text{Meas}}=\theta$，$\text{Pol}_{\text{Link}}=\theta$），即吞吐量超过参考测量信道要求时 θ 极化的功率水平。当链路功率接近灵敏度电平时，按照 TS 38.521-2 附录 H.2.2 中规定测量足够长的时间以获得平均吞吐量，此时基站模拟器的功率下降步长应不大于 0.2dB。

（4）通过极化状态 $\text{Pol}_{\text{Link}}=\phi$ 的参考测量天线连接系统模拟器与 DUT，以形成指向测量天线的接收波束。在每个上行链路调度信息中向 UE 持续发送上行链路功率控制“up”命令，至少保持 200ms 以确保 UE 以最大输出功率进行传输。

（5）确定ϕ极化状态下的 EIS（$\text{Pol}_{\text{Meas}}=\phi$，$\text{Pol}_{\text{Link}}=\phi$），即吞吐量超过参考测量信道要求时$\phi$极化的功率水平。当链路功率接近灵敏度电平时，按照 TS 38.521-2 附录 H.2.2 中规定测量足够长的时间以获得平均吞吐量，此时基站模拟器的功率下降步长应不大于 0.2dB。

（6）前进至下一测量点并重复步骤（2）～步骤（5），直至完成全部测量。

（7）计算每个网格点的平均 EIS：

$$\mathrm{EIS_{avg}} = 2\times(1/\mathrm{EIS}(\mathrm{POI_{Means}}=\theta,\mathrm{POI_{Link}}=\theta)+1/\mathrm{EIS}(\mathrm{POI_{Means}}=\phi,\mathrm{POI_{Link}}=\phi))^{-1} \tag{6.3}$$

最终，接收波束峰值方向是测量到最小 $\mathrm{EIS_{avg}}$ 的方向。

5. 峰值 EIS 测量流程

本小节概述了接收波束峰值方向上的平均 EIS 值的测试步骤。

在接收波束峰值方向上的平均 EIS 测试过程定义如下。

（1）将被测终端放置于静区内。

（2）通过极化状态 $\mathrm{Pol_{Link}}=\theta$ 的参考测量天线连接系统模拟器与 DUT，以形成指向测量天线的接收波束。在每个上行链路调度信息中向 UE 持续发送上行链路功率控制“up”命令，至少保持 200ms 以确保 UE 以最大输出功率进行传输。

（3）确定 θ 极化状态下的 EIS（$\mathrm{Pol_{Meas}}=\theta$，$\mathrm{Pol_{Link}}=\theta$），即吞吐量超过参考测量信道要求时 θ 极化的功率水平。当链路功率接近灵敏度电平时，按照 TS 38.521-2 附录 H.2.2 中规定测量足够长的时间以获得平均吞吐量，此时基站模拟器的功率下降步长应不大于 0.2dB。

（4）通过极化状态 $\mathrm{Pol_{Link}}=\phi$ 的参考测量天线连接系统模拟器与 DUT，以形成指向测量天线的接收波束。在每个上行链路调度信息中向 UE 持续发送上行链路功率控制“up”命令，至少保持 200ms 以确保 UE 以最大输出功率进行传输。

（5）确定 ϕ 极化状态下的 EIS（$\mathrm{Pol_{Meas}}=\phi$，$\mathrm{Pol_{Link}}=\phi$），即吞吐量超过参考测量信道要求时 ϕ 极化的功率水平。当链路功率接近灵敏度电平时，按照 TS 38.521-2 附录 H.2.2 中规定测量足够长的时间以获得平均吞吐量，此时基站模拟器的功率下降步长应不大于 0.2dB。

（6）前进至下一网格点并重复步骤（2）～步骤（5），直至完成全部测量。

（7）计算接收波束峰值方向上的平均 EIS 值：

$$\mathrm{EIS_{avg}} = 2\times(1/\mathrm{EIS}(\mathrm{POI_{Means}}=\theta,\mathrm{POI_{Link}}=\theta)+1/\mathrm{EIS}(\mathrm{POI_{Means}}=\phi,\mathrm{POI_{Link}}=\phi))^{-1} \tag{6.4}$$

6.2　电磁兼容测试

6.2.1　电磁兼容概述

电磁兼容一直是电子产品无法避开的问题，小到手机、电子手环，大到汽车、飞机，都存在电磁兼容问题。电磁兼容是指电子设备或系统在其电磁环境中能正常工作且不对该环境中任何事物构成不能承受电磁骚扰的能力。因此，电磁兼容涉及两个方面——电磁干扰和电磁抗干扰。一个好的电磁环境就需要较低的电磁干扰（相对于发射限值）和较好的电磁抗干扰性能（抗扰度限值/等级），这就是电磁兼容性环境图，见图 6.7。

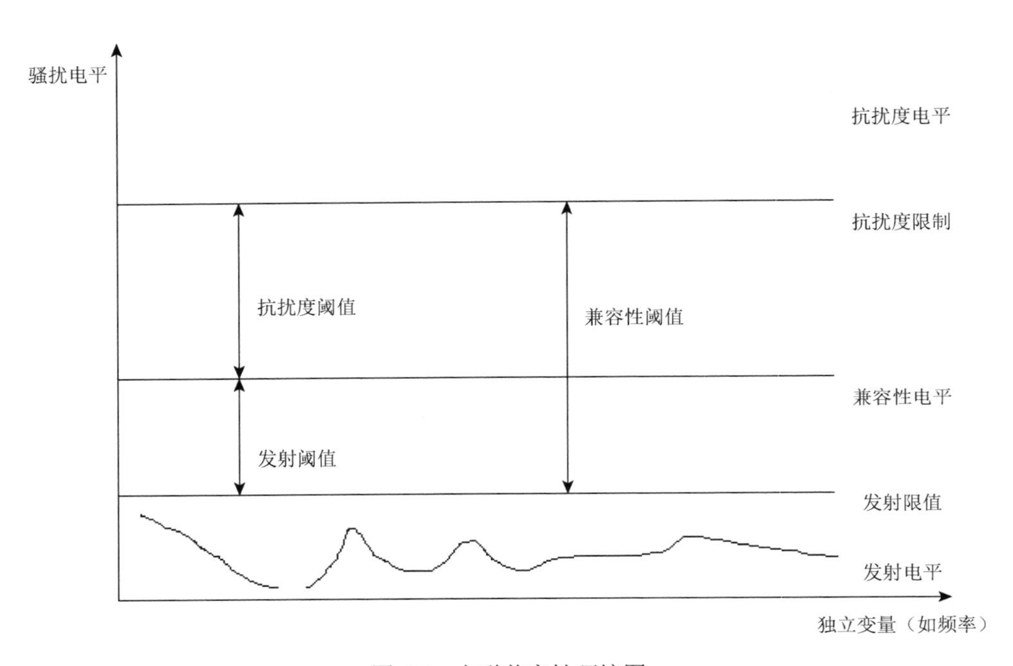

图 6.7　电磁兼容性环境图

对于大部分人来说，一直对电磁兼容有误解，认为电磁兼容是电子设备在使用时对使用人的影响。其实不然，电子设备对人干扰的这种情况是另一个学科，我们称为电磁波吸收比值或比吸收率（SAR）。而电磁兼容这一学科的建立，是为了研究人、自然对电子设备的影响，或是电子设备之间的影响。

电子兼容有三要素，即干扰源、传播途径和敏感设备。一个电磁环境中没有干扰源，也就不用研究抗干扰的问题，那么传播途径和敏感设备是没有研究必要的；如果缺少传播途径，干扰源产生的干扰信号无法干扰到敏感设备，那么也不存在干扰和抗干扰；如果没有敏感设备，干扰信号也不用研究。因此在一个正常的电磁环境中，这三要素缺少任何一个，电磁兼容都没有研究的意义。

电磁干扰源有很多，分类的方法也很多，最常见的分类是：自然干扰源和人为干扰源。自然干扰源有很多，如生活中最常见的雷电、静电，还有宇宙噪声等。人为干扰源在通信发展迅速的今天，可以说无处不在。这些干扰包括有意发射干扰源和无意发射干扰源。雷达、广播和用于蜂窝通信的无线电设备，这些都是有意发射干扰源。无意发射干扰源则是在实现自身功能的同时产生的无意电磁能量发射，如照明设备、电源适配器、家用电器等。

电磁干扰传播途径一般分为传导耦合和辐射耦合。传导耦合是指：干扰源和敏感设备存在电路连接（包括导线、元器件、接地平板等），干扰源产生的干扰信号会沿着这个电路传到敏感设备。辐射耦合是指：干扰源通过介质以电磁波的形式传播，并干扰敏感设备。但是在实际的传播过程中，这两种传播途径并非互斥存在的，而是相互作用、相互影响的。正因为干扰源通过这两种传播途径交叉耦合，产生了新的干扰，使得干扰源变得多变、难以控制。

敏感设备是对被干扰设备的总称，它可能是一个很小的元器件或一个电路板，也可能是一个单独的使用设备或是一个大型系统。

6.2.2　电磁兼容对 5G 终端的重要性

电磁兼容和通信是密不可分的，尤其是使用蜂窝网络的终端设备。从 1982 年 1G 的商用，到 2019 年 5G 的商用，30 多年的时间里，通信的发展可以说是飞跃的。通信在技术在发展的过程中，更多的频谱被使用，许多国家可用的无线频谱已经非常少，这也恰恰说明了有意发射的泛滥。5G 时代一个重要发展方向就是海量设备连接，在方便人们生活的，终端设备的数量在爆发式的增长，这些终端设备的无意发射更是不可避免的。越来越密集的有意发射和越来越多的无意发射导致电磁环境日益复杂。复杂的电磁环境下，无线终端要具有更好的电磁兼容性能，才能保障其正常运行，这也促使电磁兼容技术不断进步。

国际通信行业标准化机构第三代合作伙伴计划（3GPP）定义了 5G 的三大应用场景：eMBB、mMTC、uRLLC。通过 3GPP 的三大场景定义我们可以看出，对于 5G 通信的发展不再是对速度的单一追求，而是要多场景应用，这些多场景的应用，已经超出了我们对传统通信的理解。5G 通信的三大场景促生了许多 5G 典型应用，如 5G 虚拟现实、5G 智慧家居、5G 智慧工厂、5G 远程驾驶等。

（1）5G 虚拟现实。

5G 的高速率、低时延特性对于改善 VR 图像传播和处理性能具有突破性帮助，有望解决市场上 VR 设备常见的眩晕感问题。

（2）5G 智慧家居。

智慧家居被提及多年，但无法真正地做到互联互通，这也是智慧家居一直遭遇的落地难问题。5G 有助于解决设备不可靠、时延过高等消费者主要投诉的问题，能够对智能家居终端的部署和服务方式进行彻底的变革，促进智能家居落地。

（3）5G 智能工厂。

MWC2018（世界移动通信大会）现场，某厂商使用 9 台 WAVE 机器人根据指令快速组装 3 种圆珠笔，它们之间通过无线网络分工协作；在另一厂商的智能工厂演示中，参与者组装含有印刷电路板、机盖等部件的远程射频装置，这一切都可通过触摸屏实时控制机械臂来实现。5G 将为越来越多的企业打造自己的智能工厂提供便利。

（4）5G 远程驾驶。

3GPP 在一份技术报告中提出 5G 车联网应用的 4 大场景，包括已经得到测试的 5G 远程驾驶。汽车在基于预标准 5G 网络中以 20km/h 左右的速度行驶，远程制动响应误差仅为 6cm。当然，这是以 5G 的超低延迟、高可靠的通信为前提的。

上述应用只是 5G 许多典型应用中的几个，5G 未来的典型应用及其衍生的应用可以说能颠覆人们的日常生活。据统计，到 2025 年，全球将有 1000 亿连接，商业领域的连接会达到 55%，如智慧城市、智能化生产等，生产效率将会显著提升。此外，余下 45%的连接会应用于可穿戴设备、车联网、智能家居等面向消费者的领域，能够极大地提升人们的生活品质。5G 通信给人带来便利和效益同时，带来的还有“问题”，这个“问题”就是电磁兼容问题。电磁兼容问题会使部分 5G 产品无法正常工作，轻则设备失灵，用户体验下降，重则埋下安全隐患或酿成灾祸。

以上述的几个典型应用为例，具体如下。

（1）5G 虚拟现实的电磁兼容问题。

5G 的低延时是 VR 给客户带来良好体验的前提，但是如果设备在静电、辐射、浪涌等干扰下出现电磁兼容问题，致使设备性能降低，这就可能使设备无法达到 5G 标准的低延时要求，随之而来的可能就是 VR 设备出现眩晕感。虽然，眩晕可能不会让客户出现人身安全问题，但是较差的客户体验则会让商家流失客户，市场最终会遗弃 5G 虚拟现实，市场的遗弃也就意味着该技术没有了存在的价值。当 VR 设备用于一些危险作业中，有可能会让人身体不适，更严重的会威胁到人身安全。

（2）5G 智慧家居的电磁兼容问题。

智能家居一直是人们向往的生活方式。但是智能家居真的安全么？2018 年，网络上曝光了部分指纹门锁在某些干扰器发射强电磁脉冲的情况下不用输入指纹就可以开锁，而这种能产生强电磁脉冲的干扰器在网络上就可以购买，虽然后来网络封锁了关键字，无法通过搜索关键字购买到干扰器，但是真正懂得原理的人制作一个强电磁脉冲干扰器是非常简单的。窥一斑而知全豹，5G 智能家居在电磁兼容方面还有很长的路要走。

（3）5G 智能工厂的电磁兼容问题。

5G 智能工厂同时使用了 5G 的 eMBB、mMTC、uRLLC 三大应用场景。智能工厂对 5G 的通信有着近乎苛刻的要求，三大场景缺一不可，所以智能工厂的电磁环境也同样有着苛刻的要求。曾经发生过由钢铁厂天车控制电路受电磁干扰导致的钢水包失控倾倒人员伤亡事件。惨痛的代价敲响了电磁兼容的警钟。如果 5G 智能工厂在制造一些汽车乃至航天的精密器件时，出现电磁兼容问题，导致加工的器件未能按预期完成，这些器件流入市场后，其造成的危害无法估量。因此，实现布局工业 4.0 的道路上，电磁兼容是绕不开的障碍。

（4）5G 远程驾驶的电磁兼容问题。

远程驾驶被提出，一个很重要的原因就是要远程驾驶应用于恶劣环境和危险区域中，如无人区、矿区、垃圾运送区域等，提升操作效率、节省人力。但是当电磁兼容问题干扰了通信质量，远程的驾驶员对车辆有延时操控，甚至是无法对车辆进行操控时，不受控制的车辆可能就会对其所在区域内的其他物品或生物构成威胁。大自然中的静电和雷电、人为的电磁辐射都是远程驾驶的干扰源，这些干扰都可能会导致车辆失控。电磁兼容对远程驾驶来说，有太多不可控因素，要发展 5G 远程驾驶，提高车辆本身的抗干扰性能是发展的另一个关键所在。

随着 5G 通信飞速的发展，通信设备的电磁兼容问题会日益突出，所以 5G 的发展是离不开电磁兼容的助力的。5G 的发展，不仅掀起了经济布局大规模调整的浪潮，还伴随着科技的整体进步。电磁兼容的发展和 5G 通信发展是密不可分的。电磁兼容学科发展推动电子产品与电磁环境协调发展。这也是对 5G 通信发展的助力。

6.2.3　5G 终端电磁兼容试验

电磁兼容对 5G 蜂窝网无线终端（以下简称 5G 终端）的重要性不言而喻，那么研究 5G 终端的电磁兼容问题就是研究电磁兼容测试，电磁兼容测试就是模拟 5G 终端在日常使用时的干扰与抗干扰。在电磁兼容式样过程中，出现问题、解决问题、再出现问题、再解决问题，往复如此，直至终端不会再出现电磁兼容问题。

1. 电磁兼容试验场地

电磁兼容测试对环境有要求，为了满足这些环境要求，建造了许多种测试场地，如开阔试验场、屏蔽室、半电波暗室、全电波暗室等。

1）开阔试验场

开阔试验场是重要的电磁兼容测试场地。开阔试验场，顾名思义，其典型的特点就是空旷、水平。这种试验场地要求避开建筑物、电力线和树木等，并远离除受试设备供电和运行所必需的线缆的地下线缆。这些特点都是为了建造一个足够大，并且远离电磁骚扰的区域，使得测试区域外的骚扰不会对开阔试验场内的测量产生影响。因此开阔试验场往往是建在人迹罕至的地方，国内的第一个标准的电磁兼容开阔试验场就是建在一个山坳里。

2）屏蔽室

为了使工作间内的电磁场不泄漏到外部或外部电磁场不透入工作间内，就需要把整个工作间屏蔽起来，这种专门设计的能对射频电磁能量起衰减作用的封闭室称为屏蔽室。屏蔽室是一个用金属材料制成的房间。金属板/网对入射电磁波有吸收、反射的作用，而使屏蔽室对电磁波有屏蔽的效果。电磁兼容的部分测试需要在一个能隔绝外部电磁能量的封闭空间内进行，所以屏蔽室是电磁兼容测试所需的一个重要测试场地。

屏蔽室有多种建造方法，如单层屏蔽室、双层屏蔽室、双层电气隔离屏蔽室、螺栓紧固、固定式、可拆卸式等。屏蔽室的材料一般是：铜、钢、铝或金属化纺织物。屏蔽室的用途也是广泛，如电波暗室、混响室等，都是在屏蔽室的基础上进行再改造的。屏蔽室可根据其用途和建造方法，在建造时考虑屏蔽室的体积。

3）电波暗室

电波暗室有两种结构形式——半电波暗室和全电波暗室。

如今 5G 时代来临，基站覆盖已经非常普遍，这也为开阔试验场建造选址带来了非常大的困难，而且开阔试验场还有造价高、远离市区使用不便等诸多问题。半电波暗室能模拟开阔试验场，并普遍地应用于电磁兼容测试场地。美国 FCC 的 ANSI C63.5-2006、日本 VCCI 以及 IEC 的 CISPR 等标准允许用半电波暗室进行电磁兼容测试，以代替开阔试验场。半电波暗室是在屏蔽室的基础上，将屏蔽室的上、前、后、左、右这 5 个面贴上吸波材料，模拟只有直射波和地面反射波的开阔试验场。

全电波暗室与半电波暗室不同，全电波暗室的 6 个面（前后左右上下）均贴有吸波材料，模拟自由空间传播环境。建造完成后的全电波暗室要求和半电波暗室相同。

2. 5G 终端电磁兼容标准现状

电磁兼容测试依据的是电磁兼容标准。电磁兼容标准按适用范围和考虑的对象的不同，可以将电磁兼容标准分为：基础标准、通用标准、产品族（产品类）标准、产品标准。

基础标准：编制其他标准的基础，规范电磁兼容的名词术语、测量设备规范、测量方法等，不涉及具体产品或指令性限制。

通用标准：以基础标准建议的实验方法为指导，给出最低电磁兼容性能要求，对暂时没有相应标准的产品有参考价值。

产品族标准：电磁兼容标准中所占份额最多的标准，针对特定产品类别给出电磁兼容性能要求和测量方法，要求不能与通用标准相抵触。

产品标准：增加产品性能和价格的判据，通常以专门条款包含在产品通用技术条件中，不单独形成标准。

从电磁兼容标准的分类中可以看出，对于一个产品而言，电磁兼容测试时首选的标准应该是产品标准，因为产品标准的针对性强。在 4G、3G、2G 时代，蜂窝网无线终端都有其相对应的电磁兼容产品标准。以 4G 为例，电磁兼容国内的标准是 YD/T 2583.14，此标准中，可直接引用 4G 的其他标准中的通信指标、参数等，如吞吐量、调制方式、带宽等。所以 5G 终端的电磁兼容试验也是依据相应的产品标准。目前，国际上制定电磁兼容产品标准且具有一定影响力的协会或组织有 3GPP 和 ETSI，中国制定电磁兼容产品标准的协会是 CCSA。虽然电磁兼容产品标准针对性强，但是 5G 时代的终端产品会无孔不入，渗透到各行各业，所以在考虑 5G 终端的通信特性外，还应考虑其他特性。

无论 3GPP、ETSI 还是 CCSA，制定的 5G 电磁兼容标准都以通信为基础，所以 5G 电磁兼容标准还要都会参考 3GPP 中关于无线网络、终端等标准要求。目前 3GPP 制定的通信及终端要求的标准都是 Release 15 版本，因此 3GPP、ETSI 和 CCSA 制定的 5G 电磁兼容标准都是参考此版本所制定的。

3GPP 制定的 5G 终端的电磁兼容标准是 3GPP TS 38.124，目前该标准最近一次更新日期是 2019 年 4 月 4 日。最新一版的 3GPP TS 38.124 中，FR2 部分还未开始编写，FR1 部分的内容主体结构完成，但主体结构中的内容完成不多，FR1 部分的完成度约为 40%，所以 3GPP TS 38.124 的参考意义不大。

ETSI 制定的 5G 终端的电磁兼容标准是 ETSI EN 301 489-52，ETSI EN 301 489-52 在 2019 年将蜂窝网 5G 的部分加入该标准中，但截至目前，该版本还未正式发布。ETSI EN 301 489-52 的蜂窝网 5G 的部分是针对 FR1 的，FR2 部分还未开始编写。但是目前，部分 CE 认证 FR1 部分的电磁兼容测试已经将此版和上一个正式版共同使用，作为 CE 认证电磁兼容依据的标准。

CCSA 制定的 5G 终端的电磁兼容标准是 YD/T 2583.18—2019。YD/T 2583.18—2019 自 2018 年 9 月完成第一版草稿后，已经在 CCSA 的 TC9WG1 工作组中进行了多次讨论和修改，在 2019 年 6 月进行标准报批，并于 2020 年 1 月 9 日正式发布。国内 5G 终端已经可以参考 YD/T 2583.18—2019 进行 FR1 部分的电磁兼容测试。

3. 电磁兼容测试中 5G 终端的工作状态

5G 的三大应用场景是区别 4G 时代、3G 时代的主要内容。这三大应用场景在 5G 终端电磁兼容测试中都有体现。eMBB 状态时，电磁兼容的关注点应该是 5G 终端的高速率，即 5G 终端应工作在最高速率，并且在受到干扰时不应出现速率的明显变化；uRLLC 状态时，5G 终端应工作在高可靠低时延连接状态，并且在受到干扰时不应出现延时发生明显变化且通信不稳定的情况。除了以上内容要考虑外，还需要考虑产品产生最大骚扰的状态、设备的典型使用状态等电磁兼容要注意的内容。综合考虑以上内容，5G 终端在进行骚扰测试时的工作状态可参考以下几点。

（1）确定测试频率。3GPP TS 38.101-1 的 5G 频段有很多，但还需要考虑各国能分配到的频率，结合以上两部分内容，确定工作频段。确定工作频段后，选择工作频段中的高、中、低信道分别进行试验，找到最大骚扰的情况。

（2）5G 终端的运行状态应尽可能地接近实际使用状态，如屏幕常亮、音量调至中等、保持通信等状态，应同时测试业务模式和空闲模式。

（3）5G 终端为最大发射功率，可参见 3GPP TS 38.521。

（4）5G 终端其他设置。可导致最大骚扰的方面还很多，如调制方式、带宽、信道、资源块数量等的设置。

（5）5G 终端的工作状态在抗干扰测试时基本等同于骚扰测试的工作状态，但终端不产生最大骚扰，这与最后一点有所不同。在不同应用场景下，5G 终端的工作状态应有所不同。抗干扰测试时，5G 终端作为敏感设备应处于敏感的工作状态下，例如，在增强移动宽带业务时应处于最大速率下，注重高可靠、低时延指标，以检验高速率通信时的抗干扰性能。

4. 5G 终端电磁兼容测试

1）5G 终端电磁兼容测试概述

从现有的标准（仅有 FR1 部分）来看，5G 终端相较于 4G 终端，电磁兼容测试没有变化。测试包含（但不限于）：辐射杂散、辐射连续骚扰（辅助设备的机箱端口）、传导连续骚扰和瞬态传导骚扰（车载环境）、静电放电抗扰度、射频电磁场辐射抗扰度、电快速瞬变脉冲群抗扰度、浪涌（冲击）抗扰度、射频场感应的传导骚扰抗扰度、电压暂降、短时中断和电压变化抗扰度、工频磁场抗扰度以及瞬变和浪涌抗扰度。上述的电磁兼容测试按干扰与抗干扰分为两大类，干扰测试（即骚扰测试）包括辐射杂散、辐射连续骚扰（辅助设备的机箱端口）、传导连续骚扰和瞬态传导骚扰（车载环境），抗干扰测试（即抗扰测试）包括静电放电抗扰度、射频电磁场辐射抗扰度、电快速瞬变脉冲群抗扰度、浪涌（冲击）抗扰度、射频场感应的传导骚扰抗扰度、电压暂降、短时中断和电压变化抗扰度、瞬变和浪涌抗扰度、工频磁场抗扰度。

骚扰测试有几个要素：试验场地、限值、测量方法。

骚扰测试对试验场地的要求尤为严苛，在前面介绍的开阔试验场、半电波暗室、全电波暗室、屏蔽室都会用于骚扰测试。试验场地对骚扰测试很重要，所以试验场地要定期进行场地验证，并满足相关标准要求。

骚扰测试的限值就是将干扰源的干扰信号限制在一定范围内。限值的制定是经过大量试验，并结合敏感设备的特性所制定的。各行业的电磁兼容骚扰测试限值是不同的，这也是考虑到不同领域敏感设备的特殊性。

骚扰测试的测量方法也非常重要。测量方法是指导测试、保证测试数据准确性、可复现性的重要依据。

抗扰测试有以下几个要素：试验环境、试验等级、试验实施、试验结果判定。

抗扰测试的试验环境很重要，一些试验对环境的要求很高，试验环境的变化会直接导致这些试验的测试结果发生变化，从而使试验结果不具有可复现性。在静电放电抗扰度试验时，环境中温度和湿度过高的情况下，电子的放电会受到严重影响，可能会出现静电无法耦合到被测设备上；射频电磁场辐射抗扰度试验时，环境因素会对测试的均匀域产生影响，较大的环境变化会导致均匀域变化，这时则需要重新校准均匀域；电快速瞬变脉冲群抗扰度试验，如果相对湿度很高，可能在 EUT 和试验仪器上产生凝雾，则无法进行试验。

虽然 5G 终端已经有了《蜂窝式移动通信设备电磁兼容性能要求和测量方法 第 18 部分：5G 用户设备和辅助设备》（YD/T 2583.18—2019）这个产品标准，标准中给出了明确的试验等级，但是 5G 时代，5G 终端会应用于各个领域，当 5G 终端是其他设备的一部分或 5G 终端应用于某些特殊环境中时，除了考虑通信领域的要求外，还要考虑这个设备的多功能性，即其他领域的要求。因此 5G 终端选择试验等级时要具体问题具体分析。在国内抗扰度试验使用的标准是《电磁兼容 试验和测量技术》（GB/T 17626）系列标准。

抗扰度试验的实施对于形态各异、跨领域使用的 5G 终端产品来说，仅满足 YD/T 2583.18—2019 可能就不够了，这时试验等级的选择需要结合产品的使用环境。因此抗扰度的实施需要引用 GB/T 17626 系列标准。GB/T 17626 系列标准中试验的实施说明主要是以下几个步骤：试验前考核受试设备的状态；受试设备工作在典型工作状态；按标准要求对设备进行试验布置；对受试设备施加干扰信号；在试验中和/或试验后，检查受试设备的状态。

根据受试设备功能丧失或性能降低现象对结果进行分类，性能水平由设备制造方和需求方一方确定或双方协商。GB/T 17626 系列标准抗扰度分类如下：

（1）在制造商、委托方或购买方规定的限值内性能正常；

（2）功能或性能暂时丧失或降低，但在骚扰停止后能自行恢复，不需要操作者干预；

（3）功能或性能暂时丧失或降低，但需要操作者干预才能恢复；

（4）因设备硬件或软件损坏，或数据丢失而造成不能恢复的功能丧失或性能降低。

在没有合适的通用产品或产品类标准时，上述抗扰度的性能分类可作为制造商和购买方协商的性能规范的框架。如果受试设备有相关产品标准和产品类标准则尽量采用产品标准和产品类标准，因为产品标准和产品类标准会针对该类产品做出更加详细的要求。

2）辐射杂散

辐射杂散指能量以电磁波（辐射杂散的）的形式由骚扰源发射到空间，并对周围环境中的电子设备造成干扰。在电子设备飞速发展的今天，无论传统的手机、平板电脑、无线路由，还是新兴的物联网终端，这些设备在正常工作时的无意发射都是骚扰源。如此复杂的电磁环境，我们必须要保证电子设备的辐射杂散发射在一定的范围内，这个“一定的范围”就是辐射杂散的限值，电子设备的辐射杂散发射应在限值以下，这也是电磁兼容辐射杂散测试的意义。辐射杂散试验就是模拟一个设备在开阔试验场或电波暗室中，设备正常运行时所产生的辐射杂散骚扰信号需要满足相应的限值。在 YD/T 2583.18—2019 中给出了 5G 终端的辐射杂散测量限值，见表 6.15 和表 6.16。

表 6.15 机箱端口的辐射杂散限值（业务模式）

频率范围	限值（ERP）
30MHz～1GHz	–36dBm
1～12.75GHz	–30dBm
F_{UL_low}-F_{OOB}<f<F_{UL_hight} + F_{OOB}	不要求

注 1：最大测试频率为 12.75GHz 和工作频率的 5 次谐波取较大值。

注 2：F_{OOB}（MHz）= $BW_{Channel}$（MHz）+ 5MHz。

表 6.16 机箱端口的辐射杂散骚扰限值（空闲模式）

频率范围	限值（ERP）
30MHz～1GHz	–57dBm
1～12.75GHz	–47dBm
F_{UL_low}-F_{OOB}<f<F_{UL_hight} + F_{OOB}	不要求

注 1：最大测试频率为 12.75GHz 和工作频率的 5 次谐波取较大值。

注 2：F_{OOB}（MHz）= $BW_{Channel}$（MHz）+ 5MHz。

5G 终端的辐射杂散的测量方法见 YD/T 2583.18—2019 的 8.1.1。

3）辐射连续骚扰（辅助设备的机箱端口）

辐射连续骚扰（辅助设备的机箱端口）与辐射杂散基本相同，均指能量以电磁波的形式由骚扰源发射到空间，并对周围环境中的电子设备造成干扰。不同的是，辐射杂散测试的是电子设备的辐射杂散的电磁波，而辐射连续骚扰（辅助设备的机箱端口）测试的是电子设备的辅助设备辐射发射的电磁波。在电子设备飞速发展的同时，电子设备的辅助设备（如充电器、线缆等）也在产生着干扰信号，所以对电子设备的辅助设备的辐射发射也应进行限制。辐射连续骚扰（辅助设备的机箱端口）试验就是模拟一个设备在开阔试验场或电波暗室中，电子设备与辅助设备正常运行时辅助设备所产生的辐射骚扰需要满足相应的限值。在 YD/T 2583.18—2019 中给出了 5G 终端的辐射连续骚扰（辅助设备的机箱端口）测量限值，见表 6.17 和表 6.18。

表 6.17　辐射连续骚扰限值（30MHz～1GHz）

频率范围/MHz	准峰值限值/(dB(μV/m))	
	10m 测量距离	3m 测量距离
30～230	30	40
230～1000	37	47

注：（1）在过渡频率处（230MHz）应采用较低的限值。
（2）当出现环境干扰时，可以采取附加措施。

表 6.18　辐射连续骚扰限值（1～6GHz，3m 测量距离）

频率范围/GHz	平均值限值/(dB(μV/m))	峰值限值/(dB(μV/m))
1～3	50	70
3～6	54	74

注：（1）在过渡频率处（3GHz）应采用较低的限值。
（2）当出现环境干扰时，可以采取附加措施。

辐射连续骚扰（辅助设备进项端口）具体测试方法见 YD/T 2583.18—2019 的 8.2.2。

4）传导连续骚扰

传导连续骚扰是骚扰信号指通过一个或多个导体（如电源线、网线、控制线或其他金属）传播，从而干扰在同一网络中（如电网、局域网等）工作的其他设备。各种电子设备都离不开电，而且在万物互联的浪潮下，许多电子设备也离不开网络，设计有缺陷的电子设备会将自身的设计缺陷所产生的骚扰信号通过电网或局域网干扰其他设备。如果每个电子设备都有较大的干扰信号产生并传播到电网或局域网中，那么工作在这个网络中的其他电子设备将可能无法正常工作。

5G 终端的传导连续骚扰试验是测试被测设备的三种端口：交流电源端口、直流电源端口、信号端口。在 YD/T 2583.18—2019 中给出了 5G 终端传导连续骚扰限值，见表 6.19～表 6.21。

表 6.19　直流电源端口传导连续骚扰限值

频率范围/MHz	限值/(dBμV)	
	平均值	准峰值
0.15～0.5	56～46	66～56
0.5～5	46	56
5～30	50	60

注：（1）在过渡频率处（0.50MHz 和 5MHz）应采用较低的限值。
（2）在 0.15～0.50MHz 频率范围内，限值随频率的对数呈线性减小。

表 6.20　交流电源端口传导连续骚扰限值

频率范围/MHz	限值/(dBμV)	
	平均值	准峰值
0.15～0.50	56～46	66～56
0.50～5	46	56
5～30	50	60

注：（1）在过渡频率处（0.50MHz 和 5MHz）应采用较低的限值。
（2）在 0.15～0.50MHz 频率范围内，限值随频率的对数呈线性减小。

表 6.21　信号端口传导连续骚扰限值

频率范围/MHz	电压限值/(dBμV)		电流限值/(dBμA)	
	准峰值	平均值	准峰值	平均值
0.15～0.5	84～74	74～64	40～30	30～20
0.5～30	74	64	30	20

注：（1）在 0.15～0.5MHz 内，限值随频率的对数呈线性减小。
（2）电流限值是在阻抗为 150Ω的端口上加 ISN 测得的。变换因子为：$20\log_{10}150 = 44\text{dB}$。

5G 终端传导连续骚扰的测量方法见 YD/T 2583.18—2019 的 8.3.1、8.4.1、8.5.1。

5）瞬态传导骚扰（车载环境）

近年来汽车电子在快速地发展，5G 通信和车联网会让人们的生活更便捷，如无人驾驶、远程驾驶、智能导航、碰撞预警等。但是生活方便快捷的代价就是汽车内有更多的电子设备被使用。这些电子设备在其正常运行时，会产生骚扰信号，这些骚扰信号的频段很宽，并且会通过传导的方式耦合到车载电子设备和系统中。因此车载无线通信终端的瞬态传导骚扰（车载环境）试验对车辆中其他电子设备的正常使用等方面尤为重要。

5G 终端的瞬态传导骚扰（车载环境）试验是测试被测设备（车载环境）的直流电源端口。

5G 终端的瞬态传导骚扰（车载环境）在 YD/T 2583.18—2019 的测量限值见表 6.22。

表 6.22　直流电源端口瞬态传导骚扰

脉冲极性	限值/V	
	12V 系统	24V 系统
正	+ 75	+ 150
负	–100	–450

5G 终端的瞬态传导骚扰（车载环境）试验方法见 YD/T 2583.18—2019 的 8.8.1。

6）静电放电抗扰度

静电放电现象指的是当有电位差的物体相互接触之后电荷转移现象。静电放电现象对电子产品危害极大，必须提高电子产品的抗静电能力。

静电放电抗扰度的实验主要模拟的是人体带电直接或间接接触被试物品所进行的放电。直接放电：模拟人体直接对受试设备实施放电。间接放电：模拟人体对受试设备周围的物体放电，从而耦合到受试设备上。

静电放电有接触放电和空气放电两种方式。接触放电：人体在接触周围的导体时所发生的静电放电。空气放电：人体在靠近周围导体导致静电击穿空气时的静电放电。优先考虑接触放电，没有条件时以空气放电替代。

无线通信终端的静电放电抗扰度试验是测试被测设备的机箱端口。

静电放电抗扰度试验环境如下。

在空气放电试验的情况下，气候条件应在下述范围内：

环境温度：15～35℃。

相对湿度：30%～60%。

大气压力：86～106kPa。

温度和湿度是物体电特性的直接影响因素之一，对电阻值的变化呈反相关，从而与静电泄放速度正相关。高湿度会使物体表面凝结一层水膜，尤其对于吸湿材料，导电性增加。

在 GB/T 17626.2 中静电放电抗扰度试验等级见表 6.23。

表 6.23　静电放电抗扰度试验等级

接触放电		空气放电	
等级	试验电压/kV	等级	试验电压/kV
1	2	1	2

续表

接触放电		空气放电	
等级	试验电压/kV	等级	试验电压/kV
2	4	2	4
3	6	3	6
4	8	4	15
X	特殊	X	特殊

注：X 是开放等级，该等级必须在专用设备的规范中加以规定，如果规定了高于表格中的电压，则可能需要专用的试验设备。

YD/T 2583.18—2019 标准中，静电放电抗扰度试验等级的选择是：对于接触放电，设备应能通过±2kV 和±4kV 的试验等级；对于空气放电，设备应能通过±2kV、±4kV 和±8kV 的试验等级。

静电放电抗扰度试验实施如下。

静电放电抗扰度除遵循抗扰度试验实施的几个步骤外，还需要注意以下几点：除非在通用标准、产品标准或产品类标准中有其他规定，静电放电只施加在正常使用时人员可接触到的受试设备上的点和面。以下是例外情况。

（1）在维修时才接触到的点和面。

（2）最终用户保养时接触到的点和表面。这些极少接触到的点，如换电池时接触到的电池、录音电话中的磁带等。

（3）设备安装固定后或按使用说明使用后不再能接触到的点和面，例如，底部和/或设备的靠墙面或安装端子后的底方。

（4）外壳为金属的同轴连接器和多芯连接器可接触到的点。

静电放电抗扰度试验点如表 6.24 所示。

表 6.24　静电放电抗扰度试验点

例	连接器外壳	涂层材料	空气放电	接触放电
1	金属	无	—	外壳
2	金属	绝缘	涂层	可接触的外壳
3	金属	金属	—	外壳和涂层
4	绝缘	无	a	—
5	绝缘	绝缘	涂层	—
6	绝缘	金属	—	涂层

注：若连接器插脚有防静电涂层，涂层或设备上采用涂层的连接器附件应用静电放电警告标签；a 表示若产品（类）标准要求对绝缘连接器的各个插脚进行试验，应采用空气放电。

静电放电抗扰度试验结果判定遵从 GB/T 17626 系列标准抗扰度结果判定。在 YD/T 2583.18—2019 标准中静电放电抗扰度的性能判据在 6.3 节。

7）射频电磁场辐射抗扰度

射频电磁场辐射干扰是以辐射的方式影响所在电磁环境中其他的电子设备。射频电磁场辐射干扰是人们最早考虑的电磁干扰，早在 1934 年，国际电工委员会（International Electrotechnical Commission，IEC）就成立了国际无线电干扰特别委员会（International Special Committee on Radio Interference，CISPR）。当时国际无线电干扰特别委员会研究的是电气设备工作时所产生的电磁骚扰对通信和广播接收效果的影响，旨在保护通信和广播。在 1984 年，IEC 的 TC6 委员会把射频电磁场辐射作为对电子设备抗扰度试验的重要试验之一。随着通信的发展，手持无线对讲机、无线电广播、电视台的发射机等各类通信设备应运而生，射频使用的频率也越来越广，各种无线通信终端的使用频率都能覆盖到 0.4～5GHz，这还不算毫米波等通信频段。这些电磁辐射对于电气设备的功能和使用性能产生了不可忽视的影响，甚至可能产生不可逆的损坏。

射频电磁场辐射抗扰度试验就是模拟电子设备在其所在的电磁环境内能否正常工作的情况。所以试验设计就是，在一定的频率范围内给电子设备施加规定的试验场强，并观察该设备在该环境内的运行情况。无线通信终端的射频电磁场辐射抗扰度测试是依据《电磁兼容 试验和测量技术 射频电磁场辐射抗扰度试验》（GB/T 17626.3—2016）进行的。

无线通信终端的射频电磁场辐射抗扰度试验是测试被测设备的机箱端口。

射频电磁场辐射抗扰度试验等级如表 6.25 所示。

表 6.25　射频电磁场辐射抗扰度试验等级

等级	试验场强/(V/m)
1	1
2	3
3	10
4	30
X	特定

注：X 是开放的等级，可在产品规范中规定。

试验等级和频段是根据被测设备（Equipment Under Test，EUT）最终安装所处的电磁辐射环境来选择的，在选择所采用的试验等级时应考虑所能承受的失效后果，若失效后果严重，可选用较高的等级。

（1）等级 1：低电平电磁辐射环境。位于 1km 以外的地方广播台/电视台和低功率的发射机/接收机所发射的电平为典型的低电平。

（2）等级 2：中等的电磁辐射环境。使用低功率的便携收发机（通常功率小于 1W），但限定实在设备附近使用，是一种典型的商业环境。

（3）等级 3：严重的电磁辐射环境。使用低功率的便携收发机（额定功率 2W 或更大），可接近设备使用，但距离不小于 1m。设备附近有大功率广播发射器和工业设备，是一种典型的工业环境。

（4）等级 X：X 为开放的等级，可以通过协商或在产品标准或设备说明书中规定。

YD/T 2583.18—2019 标准中，射频电磁场辐射抗扰度试验等级的选择是：试验应在 80MHz～6GHz 频率范围内进行；骚扰信号经过 1kHz 的正弦音频信号进行 80%的幅度调制，测试等级应是 3V/m。

80MHz～1GHz 频段内频率扫描步长不大于前一频率的 1%，1～6GHz 频段内频率扫描步长不大于前一频率的 0.5%。

射频电磁场辐射抗扰度试验实施：射频电磁场辐射抗扰度试验实施遵循 GB/T 17626 系列标准的试验实施。

射频电磁场辐射抗扰度试验结果判定：射频电磁场辐射抗扰度试验结果判定遵循 GB/T 17626 系列标准的试验结果判定。在 YD/T 2583.18—2019 标准中射频电磁场辐射抗扰度的性能判据在 6.2 节。

8）电快速瞬变脉冲群抗扰度

电子技术的发展已实现微机化及数字化，尤其是无线数据终端产品，产品的大小可能直接影响其销量，所以复杂的电路产生了复杂的电磁环境。电快速瞬变脉冲群就是复杂电路产生的典型骚扰信号。

电感性负载在断开的瞬间可能在断点处产生连续的脉冲群，被称为瞬态骚扰，这是开关触点的间隙被绝缘击穿，或者是触点弹跳的原因。当电感性负载多次开关时，由于脉冲群的积累效应，骚扰电平幅度可能超过电路的噪声容限。另外，脉冲波间隔时间缩短，在第一个还未消失时第二个便已经到来，容易达到较高的电压，影响电路正常工作。

该测试的目的是检验电子设备在电快速瞬变脉冲群骚扰时的抗干扰能力。无线通信终端的射频电磁场辐射抗扰度测试是依据《电磁兼容 试验和测量技术 电快速瞬变脉冲群抗扰度试验》（GB/T 17626.4—2018）（等同于 IEC 61000-4-4）进行的。

无线通信终端的电快速瞬变脉冲群抗扰度试验是测试被测设备的三种端口：交流电源端口、直流电源端口、信号端口。

电快速瞬变脉冲群抗扰度试验等级如表 6.26 所示。

表 6.26 电快速瞬变脉冲群抗扰度试验等级

开路输出试验电压和脉冲的重复频率				
等级	在供电电源端口，保护接地（PE）		在 I/O（输入/输出）信号、数据和控制端口	
	电压峰值/kV	重复频率/kHz	电压峰值/kV	重复频率/kHz
1	0.5	5 或者 100	0.25	5 或者 100
2	1	5 或者 100	0.5	5 或者 100
3	2	5 或者 100	1	5 或者 100
4	4	5 或者 100	2	5 或者 100
X	特定	特定	特定	特定

注 1：传统上用 5kHz 的重复频率；然而，100kHz 更接近实际情况。专业标准化技术委员会决定与特定的产品类型相关的那些频率。

注 2：对于某些产品，电源端口和 I/O 端口之间没有清晰的区别，在这种情况下，应由专业标准化技术委员会根据试验目的来确定如何进行。

X 是一个开放等级，在专用设备技术规范中必须对这个级别加以规定。

根据通常的安装实践，建议按照电磁环境的要求来选择电快速瞬变脉冲群试验的试验等级。

（1）第 1 级：具有良好保护的环境。设施具有下列特性：①在被切换的电源和控制电路中，电快速瞬变脉冲群被全部抑制；②电源线（交流和直流）与属于较高严酷度等级的其他环境中的控制和测量电路分离；③电源电缆带有屏蔽层，屏蔽层的两端都在设施的接地参考平面接地，并通过滤波进行电源保护。计算机房可作为这类环境的代表。采用此级别对设备进行试验时，只适用于型式试验中电源电路及安装后试验中的接地线路和设备机柜。

（2）第 2 级：受保护的环境。设施具有下列特性：①仅采用继电器（无接触器）切换的电源和控制电路中，电快速瞬变脉冲群被部分控制；②较高严酷等级环境有关的其他电路和工业环境中的工业电路分离不完善；③非屏蔽的电源电缆和控制电缆与信号电缆和通信电缆在结构上分离。工厂和发电厂的控制室或终端室可作为这类环境的代表。

（3）第 3 级：典型的工业环境。设施具有下列特性：①仅采用继电器（无接触器）切换的电源和控制电路中，对电快速瞬变脉冲群无控制；②工业线路与同较高严酷等级环境有关的其他线路分离不完善；③电源、控制、信号和通信线路采用专用电缆；④电源、控制、信号和通信电缆之间的分离不完善；⑤存在由电缆托架（同保护接地系统相连）中的导电管道、接地导体和接地网提供的接地系统。工业过程设备的适用场所可作为这类环境的代表。

（4）第 4 级：严酷的工业环境。设施具有下列特性：①由继电器和接触器切换的电源和控制电路中，对电快速瞬变脉冲群无控制；②严酷的工业环境中的工业线路与较高严酷等级环境有关的其他线路不分离；③电源、控制、信号和通信电缆之间不分离；④控制盒信号线共用多芯电缆。未采取特定安装措施的工业过程设备的户外区域、发电厂、露天的高压变电站的继电器房和工作电压达 500kV 的气体隔离的变电站（采用典型的安装措施）等区域可作为这类环境的代表。

（5）第 5 级：需要具体分析的特殊环境。可以采用不同于上述等级的环境等级，依据是骚扰源与设备的电磁分离程度和安装质量。一般来说，高等级设备可应用于低等级环境。

YD/T 2583.18—2019 标准中，电快速瞬变脉冲群抗扰度试验等级选择是：信号/通信/控制端口的试验等级为开路电压 0.5kV；直流电源输入/输出端口的试验等级为开路电压 1kV；交流电源输入端口的试验等级为开路电压 1kV。

电快速瞬变脉冲群抗扰度试验实施：电快速瞬变脉冲群抗扰度试验实施遵循 GB/T 17626 系列标准。

电快速瞬变脉冲群抗扰度试验结果判定：电快速瞬变脉冲群抗扰度试验结果判定遵循 GB/T 17626 系列标准。在 YD/T 2583.18—2019 标准中电快速瞬变脉冲群抗扰度的性能判据在 6.3 节。

9）浪涌（冲击）抗扰度

浪涌（冲击）可近似看作瞬间过电压，本质是几毫秒之内的一次剧烈脉冲。浪涌产生的原因可分为外部原因和内部原因。外部原因主要是雷电引发的方圆 1.5～2km 内的电涌过电压，属于单项脉冲型，蕴含巨大能量，可瞬间从几百伏升高至两万伏，传输距离长。内部原因则主要在于电气设备启停和故障等。一个简单的例子，由系统内部的状态变化导致的系统参数变化会引起电力内部电磁能量转换，最终会在系统内部形成过电压。

浪涌的危害主要分为灾难性和累积性两种。前者指的是设备不足以承受浪涌电压而导致的设备寿命减少，后者则是由累积效应而导致的性能下降，最终削弱生产力。

浪涌（冲击）试验的本质就是模拟电子设备在遭受浪涌后，电子设备是否可以正常工作的试验。无线通信终端的浪涌（冲击）试验是依据《电磁兼容 试验和测量技术 浪涌（冲击）抗扰度试验》（GB/T 17626.5—2019）进行的。

无线通信终端的浪涌（冲击）试验是测试被测设备的三种端口：交流电源端口、直流电源端口、信号端口。

浪涌（冲击）抗扰度试验等级如表 6.27 所示。

表 6.27　浪涌（冲击）抗扰度试验等级

等级	开路试验电压(±10%)/kV
1	0.5
2	1.0
3	2.0
4	4.0
X	特定

注：X 可以是高于、低于或在其他等级之间的任何等级。该等级可以在产品标准中规定。

其试验等级应根据安装情况来选择。

（1）0 类：保护良好的电气环境，常常在一间专用的房间内。

（2）1 类：有部分保护的电气环境。

（3）2 类：电缆隔离良好，甚至短走线也隔离良好的电气环境。

（4）3 类：电缆平行敷设的电气环境。

（5）4 类：互连线按户外电缆沿电源电缆敷设，并且这些电缆被作为电子和电气线缆的电气环境。

（6）5 类：在非人口稠密区电子设备与通信电缆以及架空电力线路连接的电气环境。

（7）X 类：产品技术要求中规定的特殊环境。

《蜂窝式移动通信设备电磁兼容性能要求和测量方法 第 18 部分：5G 用户设备和辅助设备》（YD/T 2583.18—2019）标准中，浪涌（冲击）抗扰度试验等级是：2kV（线对地）和 1kV（线对线），交流电源端口试验电平；1kV（线对地），直接与室外电缆连接的信号端口；0.5kV（线对地），信号中心设备试验电平和与室内电缆接通且电缆长于 10m 的信号端口；0.5kV（线对线），直流电源线上试验电平。

浪涌（冲击）抗扰度试验实施：浪涌（冲击）抗扰度实施遵循 GB/T 17626 系列标准的试验实施。

浪涌（冲击）抗扰度结果判定：浪涌（冲击）抗扰度结果判定遵循 GB/T 17626 系列标准的试验结果判定。在《蜂窝式移动通信设备电磁兼容性能要求和测量方法 第 18 部分：5G 用户设备和辅助设备》（YD/T 2583.18—2019）标准中浪涌（冲击）抗扰度的性能判据在 6.3 节。

10）瞬变和浪涌抗扰度（车载环境）

瞬变和浪涌抗扰度（车载环境）试验的目的就是模拟车载电子设备在遭受车内其他设备产生的干扰信号时，车载电子设备是否可以正常工作。无线通信终端的瞬变和浪涌抗扰度（车载环境）试验是依据《道路车辆 由传导和耦合引起的电

骚扰 第 2 部分：沿电源线的电瞬态传导》（GB/T 21437.2—2008）（等同于 ISO 7637-2）进行的。

瞬变和浪涌抗扰度（车载环境）试验有以下几种试验脉冲：试验脉冲 1、试验脉冲 2a 和 2b、试验脉冲 3a 和 3b、试验脉冲 4。这些试验脉冲都是模拟汽车在静止或行驶时车辆产生的骚扰信号。

（1）试验脉冲 1，模拟电源与感性负载断开连接时所产生的瞬态现象，适用于各种被测设备在车辆上使用时与感性负载保持直接并联的情况。

（2）试验脉冲 2a 和 2b，试验脉冲 2a 模拟由线束电感使与被测设备并联的装置内电流突然中断引起的瞬态现象；试验脉冲 2b 模拟直流电机充当发电机，点火开关断开时的瞬态现象。

（3）试验脉冲 3a 和 3b，模拟有开关过程引起的瞬态现象。这些瞬态现象的特性受线束的分布电容和分布电感的影响。

（4）试验脉冲 4，模拟内燃机的起动机电路通电时产生的电源电压的降低，不包括起动时的尖峰电压。

无线通信终端的瞬变和浪涌抗扰度测试（车载环境）试验是测试被测设备的直流电源端口。

瞬变和浪涌抗扰度测试（车载环境）试验等级如表 6.28 和表 6.29 所示。

表 6.28　瞬变和浪涌抗扰度（12V 车载环境）试验等级

试验脉冲	试验等级	脉冲数或试验时间	重复时间	
			最小	最大
1	−75	10 个脉冲	0.5s	5s
2a	+ 37	10 个脉冲	0.2s	5s
2b	+ 10	10 个脉冲	0.5s	5s
3a	−112	20min	90ms	100ms
3b	+ 75	20min	90ms	100ms
4	−6	10 个脉冲	（注 1）	（注 1）

注 1：如果做多个脉冲则最小的重复时间为 1min。

表 6.29　瞬变和浪涌抗扰度（24V 车载环境）试验等级

试验脉冲	试验等级	脉冲数或试验时间	重复时间	
			最小	最大
1	−450	10 个脉冲	0.5s	5s
2a	+ 37	10 个脉冲	0.2s	5s
2b	+ 20	10 个脉冲	0.5s	5s

续表

试验脉冲	试验等级	脉冲数或试验时间	重复时间	
			最小	最大
3a	−150	20min	90ms	100ms
3b	+ 150	20min	90ms	100ms
4	−12	10 个脉冲	（注 1）	（注 1）

注 1：如果做多个脉冲则最小的重复时间为 1min。

《蜂窝式移动通信设备电磁兼容性能要求和测量方法 第 18 部分：5G 用户设备和辅助设备》（YD/T 2583.18—2019）标准中瞬变和浪涌抗扰度（车载环境）的试验等级同表 6.28 和表 6.29。

瞬变和浪涌抗扰度（车载环境）试验实施参见《道路车辆 由传导和耦合引起的电骚扰 第 2 部分：沿电源线的电瞬态传导》（GB/T 21437.2—2008）。

瞬变和浪涌抗扰度（车载环境）结果判定遵循 GB/T 17626 系列标准的试验结果判定。在《蜂窝式移动通信设备电磁兼容性能要求和测量方法 第 18 部分：5G 用户设备和辅助设备》（YD/T 2583.18—2019）标准中瞬变和浪涌抗扰度（车载环境）的性能判据在 6.3 节。

11）电压暂降、短时中断和电压变化抗扰度

在 20 世纪 90 年代，我国电网还不够完善，电力不够充足的时候，不少家庭都会有一个稳压器。稳压器的作用是控制电压在指定范围内输出，避免由故障或超负荷造成的电压暂降、短时中断，有时会多次出现该状况。不稳定的电压会导致设备的电源模块出现故障，从而导致电子设备无法正常使用。

电压暂降、短时中断和电压变化试验的本质就是模拟电子设备在遭受供电系统电压的突变，电子设备是否可以正常工作的试验。无线通信终端的电压暂降、短时中断和电压变化试验是依据《电磁兼容 试验和测量技术 电压暂降、短时中断和电压变化的抗扰度试验》（GB/T 17626.11—2008）和《电磁兼容 试验和测量技术 直流电源输入端口电压暂降、短时中断和电压变化的抗扰度试验》（GB/T 17626.29—2006）进行的。

无线通信终端的电压暂降、短时中断和电压变化试验是测试被测设备的交流电源端口和直流电源端口。

《蜂窝式移动通信设备电磁兼容性能要求和测量方法 第 18 部分：5G 用户设备和辅助设备》（YD/T 2583.18—2019）标准中电压暂降、短时中断、电压变化的试验等级见表 6.30～表 6.32。

表 6.30　电压暂降试验等级和性能判据

试验项目	试验等级/% U_T	持续时间/s	性能判据
电压暂降	70	0.01	YD/T 2583.18—2019 的 6.2 节
		1	
	40	0.01	
		1	

注：如果 EUT 在后备电源或双路电源工作时进行测试，那么采用 YD/T 2583.18—2019 中的 6.2 节，否则采用 6.4 节。

表 6.31　电压短时中断试验等级和性能判据

试验项目	试验条件	试验等级/% U_T	持续时间/s	性能判据
电压短时中断	高阻抗（试验发生器输出阻抗）	0	0.001	YD/T 2583.18—2019 的 6.2 节
			5	
	低阻抗（试验发生器输出阻抗）	0	0.001	
			5	

注：如果 EUT 在后备电源或双路电源工作时进行测试，那么采用 YD/T 2583.18—2019 中的 6.2 节，否则采用 6.4 节。

表 6.32　电压变化试验等级和性能判据

试验项目	试验等级/% U_T	持续时间/s	性能判据
电压变化	80	0.1	YD/T 2583.18—2019 的 6.2 节
		10	
	120	0.1	
		10	

电压暂降、短时中断和电压变化抗扰度试验实施遵循 GB/T 17626 系列标准的试验实施。

电压暂降、短时中断和电压变化抗扰度结果判定遵循 GB/T 17626 系列标准的试验结果判定。在《蜂窝式移动通信设备电磁兼容性能要求和测量方法 第 18 部分：5G 用户设备和辅助设备》（YD/T 2583.18—2019）标准中电压暂降、短时中断和电压变化抗扰度的性能判据在表 6.30～表 6.32 中提供。

12）射频场感应的传导骚扰抗扰度（150kHz～80MHz）

在通信不断发展的情况下，越来越多的频率被应用于通信，而低频率也一直在被使用，如 RFID 工作的低频是从 125kHz 到 134kHz，RFID 工作的高频是 13.56MHz。这些较低频率的射频干扰信号会通过空间耦合到其他设备上。对于一些尺寸较小的设备来说，这些频率较低的射频干扰信号是不会直接通过机箱端口耦合到被测设备上的。但是这些设备的电源线、信号线、接口线等，其长度可能是射频干扰信号的几个波长，这些线缆就成了无源的接收天线，把射频场的辐射干扰信号转换成了沿导线传导的射频电压和电流，从而干扰电子设备。

射频场感应的传导骚扰抗扰度试验的本质就是模拟电子设备在遭受射频场感应的传导干扰，电子设备是否可以正常工作的试验。无线通信终端的射频场感应的传导骚扰抗扰度试验是依据《电磁兼容 试验和测量技术 射频场感应的传导骚扰抗扰度》（GB/T 17626.6—2017）进行的。

射频场感应的传导骚扰抗扰度试验等级如表 6.33 所示。

表 6.33 射频场感应的传导骚扰抗扰度试验等级

频率范围 150kHz～80MHz		
试验等级	电压/(e.m.f)	
	U_0/(dBμV)	U_0/V
1	120	1
2	130	3
3	140	10
X	特定	特定

注：X 是一个开放等级。

射频场感应的传导骚扰抗扰度试验等级选择方法如下。

等级选择参考设备和电缆所处电磁环境。若设备要求更高的可靠度，应考虑更高的试验等级。若骚扰源功率已知，则通过检查射频源来评估场强，否则在感兴趣位置通过测量得到实际场强。根据设备工作环境，可参考以下等级。

1 类：低电平辐射环境。无线电电台/电视台位于大于 1km 的距离上的典型电平和低功率发射接收的典型电平。

2 类：中等电磁辐射环境。用于设备邻近的低功率编写式发射接收机（典型额定值小于 1W）。典型的商业环境。

3 类：严酷电磁发射环境。用于相对靠近设备，但距离小于 1m 的手提式发射接收机（≥2W）。用在靠近设备的高功率广播发射机和靠近工、科、医设备。典型工业环境。

X 类：X 是由协商或产品规范和产品标准规定的开放等级。

《蜂窝式移动通信设备电磁兼容性能要求和测量方法 第 18 部分：5G 用户设备和辅助设备》（YD/T 2583.18—2019）标准中射频场感应的传导骚扰抗扰度的试验等级为：试验信号由 1kHz 的音频信号进行 80%的幅度调制；在 150kHz～80MHz

频率范围，频率增加的步长不超过前一频率的 1%；试验电平为 3V/m。

射频场感应的传导骚扰抗扰度试验实施参见《道路车辆 由传导和耦合引起的电骚扰 第 2 部分：沿电源线的电瞬态传导》（GB/T 21437.2—2008）。

射频场感应的传导骚扰抗扰度结果判定遵循 GB/T 17626 系列标准的试验结果判定。在《蜂窝式移动通信设备电磁兼容性能要求和测量方法 第 18 部分：5G 用户设备和辅助设备》（YD/T 2583.18—2019）标准中射频场感应的传导骚扰抗扰度的性能判据为标准中 6.2 节。

13）工频磁场抗扰度

工频是指电力系统的发电、输电、变电与配电设备以及工业与民用电气设备采用的额定频率，单位为 Hz。中国采用 50Hz，有些国家采用 60Hz。工频磁场的产生源头有两种，一种是导体中的工频电流，另一种是附近变压器的漏磁通等其他装置。正常情况下的电流产生的稳定磁场幅值较小，故障时产生的磁场幅值较高，持续时间短。磁场会在保护装置断电后消失，这个过程中，熔断器工作时间为几毫秒，继电器的工作时间比前者高三个数量级。在 4G 时代，人们就在发展可穿戴设备，5G 来临后，万物互联是机遇，更是挑战。可穿戴设备、物联网设备可能出现在各种电磁环境中，这就避免不了上述设备进入工频磁场的环境。工频磁场会导致显示器等设备出现抖动、一类设备出现数据丢失、霍尔器件产生误动作等。

工频磁场抗扰度试验的本质就是模拟电子设备在工频磁场环境中是否可以正常工作的试验。5G 终端的工频磁场抗扰度试验是依据《电磁兼容 试验和测量技术 工频磁场抗扰度试验》（GB/T 17626.8—2006）（等同于 IEC 61000-4-8）进行的。

从工频磁场影响的分类可以看出，工频磁场抗扰度试验可分为稳定持续磁场和短时磁场如表 6.34 和表 6.35 所示。

表 6.34　稳定持续磁场试验等级

等级	磁场强度/(A/m)
1	1
2	3
3	10
4	30
5	100
X	特定

注：X 是一个开放等级，可在产品规范中给出。

磁场强度用 A/m 表示，1A/m 相当于自由空间的磁感应强度为 1.26μT。

表 6.35　1～3s 的短时磁场试验等级

等级	磁场强度/(A/m)
1	—
2	—
3	—
4	300
5	1000
X	特定

注：X 是一个开放等级，可在产品规范中给出。

工频磁场抗扰度试验等级可根据下列情况选择：

（1）电磁环境；

（2）骚扰源与所关心设备的邻近情况；

（3）兼容性裕度。

根据一般安装的实际情况，工频磁场抗扰度的试验等级选择导则如下。

1 级：有电子束的敏感装置能使用的环境水平。

2 级：保护良好的环境。这类环境的特征如下：①不存在像电力变压器这样可能产生漏磁通的电气设备；②不受高压母线影响的区域。远离接地保护装置、工业区和高压变电所的住宅、办公室和医院保护区域为这类环境的代表。

3 级：保护的环境。这类环境的特征如下：①可能产生漏磁通的电气设备或电缆；②邻近保护系统接地装置的区域；③远离有关设备（几百米）的中压电路和高压母线。商业区、控制楼、非重工业区以及高压变电所的计算机房为这类环境的代表。

4 级：典型的工业环境。这类环境的特征如下：①短支路电力线，如母线；②可能产生漏磁通的大功率电气设备；③保护系统接地装置；④与有关设备相对距离为几十米的中压回路和高压母线。重工业厂和发电厂以及高压变电所的控制室为这类环境的代表。

5 级：严酷的工业环境。这类环境的特征如下：①载流量为数十 kA 的导体、母线或中压和高压线路；②保护系统接地装置；③邻近中压和高压母线的区域；④邻近大功率电气设备的区域。重工业厂矿的开关站、中压和高压的开关站以及电厂为这类环境的代表。

X 级：特殊环境。可根据干扰源与设备的电路、电缆和线路等之间的电磁隔离情况，以及设施的特性采用高于或低于上述等级的环境等级。

《蜂窝式移动通信设备电磁兼容性能要求和测量方法 第 18 部分：5G 用户设

备和辅助设备》（YD/T 2583.18—2019）标准中说明该标准中的工频磁场抗扰度试验只适用于带有对磁场敏感装置的 5G 终端。《蜂窝式移动通信设备电磁兼容性能要求和测量方法 第 18 部分：5G 用户设备和辅助设备》（YD/T 2583.18—2019）的工频磁场抗扰度的试验等级为 3A/m（稳定持续磁场试验）。

工频磁场抗扰度试验实施参见《电磁兼容 试验和测量技术 工频磁场抗扰度试验》（GB/T 17626.8—2006）。

工频磁场抗扰度结果判定遵循 GB/T 17626 系列标准的试验结果判定。在《蜂窝式移动通信设备电磁兼容性能要求和测量方法 第 18 部分：5G 用户设备和辅助设备》（YD/T 2583.18—2019）标准中工频磁场抗扰度的性能判据为标准中 6.2 节。

6.3　电磁辐射测试

电磁辐射[3]是电场和磁场在空气中交互变化传播形成的，电磁波的频率和强度决定了电磁辐射能量的高低。能量较低的辐射被称为非电离辐射（NIR），一般通过激发原子或分子的振动产生热能。与之相对的是电离辐射（IR）。无线通信终端符合 3kHz～300GHz 频率区间的电磁辐射就属于 NIR，本书研究的 5G 设备属于该区间。

6.3.1　电磁辐射的限值背景介绍

美国和加拿大等国在 1979 年之前提出过一个粗略的人体电磁辐射安全标准。该标准基于当时的理论计量学和试验剂量学规定人体受长期电磁波辐射的功率密度是 $\rho \leqslant 10\mathrm{mW/cm^2}$[4]，在任何环境下都成立。1980 年，Chaterjee 等基于不均匀的分块模型研究了近场辐射下的电磁辐射剂量[5]。

同时从 20 世纪 70 年代起，通过与世界卫生组织（World Health Organization，WHO）环境卫生部的合作，国际辐射防护协会（International Radiation Protection Association，IRPA）/国际非电离辐射委员会（International Non-ionizing Radiation Commission，INIRC）制定了众多有关非电离辐射健康的标准文件。

1992 年，第八次国际辐射防护协会会议成立了国际非电离辐射防护委员会（ICNIRP），组织开展 IRPA/INIRC 的相关工作，调查非电离辐射的危害，制定相关的国际规定，处理非电离辐射防护问题[6]。

ICNIRP 对全世界范围内的非电离辐射科学研究结果进行评估，提出了电磁场导则并给出了推荐的电磁场辐射限值。

大多数国家通信设备采用的电磁辐射安全防护标准是 ICNIRP 制定的时变电磁场指导原则，该原则得到了 WHO 和 ITU 的支持，后者基于此于 2000 年制定 ITU-TK.52 建议，在多国推广。

需要注意的一点是，导则所规定的限值并不是一个安全和危险的精确的界限。也就是说，目前的科学研究成果并没有确立一个值，在这个值之上的电磁辐射对健康就是有害的。实际情况是随着电磁辐射值的增大，潜在的健康风险也在逐渐增加。因此当前规定的限值能够保证的是，根据现有的科学知识，在给定的阈值之下，电磁辐射是安全的[7]。

考虑到人体实验可能带来的危害性，当前的研究更多的是通过谨慎地选择动物来进行。当实验中动物出现了明显的行为变化时，此时的辐射水平将会作为电磁辐射的暴露门限值。不过此时的门限值不会直接作为导则推荐的限值。ICNIRP 使用了一个 10 倍的安全因子，来得到职业暴露限值（即开始出现行为异常的门限值的 1/10），使用 50 倍的安全因子来得到普通公众的暴露限值。因此，在射频和微波频段，普通公众在环境中和家中可能遇到的最大辐射值一般要比能够最先引起动物明显的行为变化的辐射值的 1/50 还要小。

职业人士指的是这样的成年人，他们经过必要的防护培训，知悉所面临的风险，暴露在电磁辐射环境下作业时自觉主动采取防护措施；普通人群指的是这样一群人，不限年龄和健康状况，他们对于所处环境、辐射危害、避免措施等知之甚少，缺乏或没有自我保护意识和能力。因此，公众暴露标准应比职业暴露标准更加严苛。

辐射影响限值是以确定的健康效应为基础的，被称为基本限值。为了防止对健康造成负面影响，这些基本限值应当被严格遵守。

ICNIRP 导则根据不同的频率范围制定了不同的基本辐射限值。详细的限值参数和采用依据请见表 6.36。

表 6.36　基本限值采用的参数和依据

频段	采用参数	依据的效应
100kHz～10GHz	比吸收率（SAR）/(W/kg)	全身的温升和局部组织的热效应
10～300GHz	功率密度 /(W/m^2)	身体表面组织的温升

对于 100kHz～10GHz 频率范围而言，全身平均 SAR、局部暴露 SAR 的职业和公众暴露请见表 6.37。

表 6.37　频率低于 10GHz 的时变电场和磁场基本限值

暴露特性	频率范围	全身平均 SAR/(W/kg)	局部暴露 SAR（头部和躯干）/(W/kg)	局部暴露 SAR（肢体）/(W/kg)
职业暴露	100kHz～10MHz	0.4	10	20
	10MHz～10GHz	0.4	10	20
公众暴露	100kHz～10MHz	0.08	2	4
	10MHz～10GHz	0.08	2	4

注 1：所有 SAR 值都为任意 6 分钟内的平均值。

注 2：局部暴露 SAR 平均值是利用任意 l0g 相邻组织内的平均量来进行计算的；这样获得的最大 SAR 值应是辐射估计的值。

对于 10～300GHz 频率范围而言，功率密度的职业和公众暴露请见表 6.38。

表 6.38　10～300GHz 频率范围内的功率密度基本限值

暴露特性	功率密度/(W/m^2)
职业暴露	50
公众暴露	10

注 1：功率密度应在 20cm^2 的辐射面积和任意 $68/f^{1.05}$ 分钟的作用时间内（f 单位为 GHz）进行平均，后者是为了补偿随着频率的增加逐渐减小的透入深度的减小。

注 2：1cm^2 面积进行平均的空间最大功率密度不应超过上述值 20 倍。

6.3.2　应用 6GHz 以下频段的通信终端设备电磁辐射测试方案

频谱是无线通信技术的基础资源，5G 设备的各类通信及数据操作都是在频谱间进行的。

根据目前发布的标准，未来的 5G 终端设备将会工作在以下三个不同的频段区域——从 1GHz 以下的低频带到 1～10GHz 的中频带，以及被命名为毫米波的 24GHz 以上的高频带。

目前世界各国都在加紧 5G 的相关部署，并相继发布了各自的频率规划方案。这些方案大都涵盖了前面提到的低、中、高三个频带。

工业和信息化部在 2017 年发布《工业和信息化部关于第五代移动通信系统使用 3300-3600MHz 和 4800-5000MHz 频段相关事宜的通知》（工信部无〔2017〕276 号），正式宣布规划中频带 3300～3600MHz、4800～5000MHz 频段作为 5G 系统的工作频段，其中 3300～3400MHz 频段原则上限室内使用。

按照 6.3.1 节的介绍，应用低、中频带的 5G 无线通信终端设备，在进行电磁辐射测试时，需要考虑的计量指标为比吸收率。

1. SAR

在电磁环境中人体会产生感应电磁场，进而产生感应电流。SAR 一般被用在小于 6GHz 的频段衡量单位时间（dt）恒定密度（ρ）的质量微元（dm）或者体积微元（dv）所吸收的能量：

$$\mathrm{SAR}=\frac{\mathrm{d}}{\mathrm{d}t}\left(\frac{\mathrm{d}w}{\mathrm{d}m}\right)=\frac{\mathrm{d}}{\mathrm{d}t}\left(\frac{\mathrm{d}w}{\rho\mathrm{d}v}\right) \tag{6.5}$$

式中，dw 为单位电磁能量。同时 SAR 也可以使用式（6.6）得到：

$$\mathrm{SAR}=\frac{\sigma E^2}{\rho} \tag{6.6}$$

式中，SAR 为比吸收率，单位是 W/kg；E 为组织内电场强度的均方根值，单位是 V/m；σ 为介质电导率，单位是西门子每米（S/m）；ρ 为组织密度，单位是 kg/m^3。

2. 符合性判定方案

目前国际上不同国际组织、国家和地区对工作在 6GHz 以内，同时靠近人体（通常距离设定为 20cm 以内）使用的无线通信终端设备电磁辐射评估，都是使用 SAR 值进行判定的。

一类是采用以 ICNIRP 标准，以 10g 组织平均的限值（公众头部和躯干局部暴露 SAR 值不超过 2W/kg）。

另一类则是采用 ANSI/IEEE C95.1 标准，以 1g 组织平均的限值（公众头部和躯干局部暴露 SAR 值不超过 1.6W/kg）。

目前采用第二类方案的主要为北美，世界上绝大多数国家和地区都采用的是 ICNIRP 的限值标准。中国的无线通信终端设备电磁辐射局部暴露限值也属于 ICNIRP 限值体系。

根据《移动电话电磁辐射局部暴露限值》（GB 21288—2007）中的规定，任意 10g 生物组织、任意连续 6 分钟平均比吸收率值不得超过 2.0W/kg。

3. SAR 测试标准和测试系统

1）国际和国内 SAR 测试应用的标准

当前国际上的测试标准主要分为两大类，分别由 IEEE 和 IEC 这两个国际组织发布各自的系列标准，不过这两个国际组织的标准在测试评估方面是很类似的。

测试方案的主要国际标准包括以下。

（1）IEC 62209-1：2016：Measurement procedure for the assessment of specific absorption rate of human exposure to radio frequency fields from hand-held and body-mounted wireless communication devices-Part 1：Devices used next to the ear（Frequency range of 300MHz to 6GHz）

（2）IEC 62209-2：2010：Human exposure to radio frequency fields from hand-held and body-mounted wireless communication devices-Human models，instrumentation，and procedures-Part 2：Procedure to determine the specific absorption rate（SAR）for wireless communication devices used in close proximity to the human body（frequency range of 30MHz to 6GHz）

（3）IEEE 1528：2013：Recommended Practice for Determining the Peak Spatial-Average Specific Absorption Rate（SAR）in the Human Head from Wireless Communications Devices：Measurement Techniques

（4）EN 62479：2010：Assessment of the compliance of low power electronic and electrical equipment with the basic restrictions related to human exposure to electromagnetic fields（10MHz-300GHz）

（5）EN 50663：2017：Generic standard for assessment of low power electronic and electrical equipment related to human exposure restrictions for electromagnetic fields（10MHz-300GHz）

中国目前对于工作在 6GHz 以下频段的无线通信终端设备进行 SAR 测试评估时，使用的标准包括如下。

（1）《手持和身体佩戴的无线通信设备对人体的电磁照射的评估规程 第 1 部分：靠近耳朵使用的设备（频率范围 300MHz～6GHz）》（YD/T 1644.1—2020）。

（2）《手持和身体佩戴使用的无线通信设备对人体的电磁照射 人体模型、仪器和规程 第 2 部分：靠近身体使用的无线通信设备的比吸收率（SAR）评估规程（频率范围 30MHz～6GHz）》（YD/T 1644.2—2011）。

（3）《多发射器终端比吸收率（SAR）评估要求》（YD/T 2828—2015）。

2）SAR 测试系统的构成和要求[8]

人体内不同频段下组织的电导率和介电常数的数值是已知的，同时人体所在特定位置稳定场强的振幅值也是已知的，当无线通信终端设备离人体比较近时（小于等于 20cm），可以通过计算得到人体特定位置的 SAR 值。

目前大多数无线通信终端电磁辐射的测试方案是对前述的方案的扩展，即通过将被测试区域（头部或躯干）进行精细的网格划分，再通过 SAR 测量系统获得场强值，最后使用软件的内插及外推算法进行一系列数据分析得到被测区域的 SAR 值。

SAR 测量系统的框图如图 6.8 所示，其中淡绿色框图是 SAR 测量系统，目前主流的 SAR 测量系统为瑞士 SPEAG 公司的 DASY 测量系统（图 6.9）。

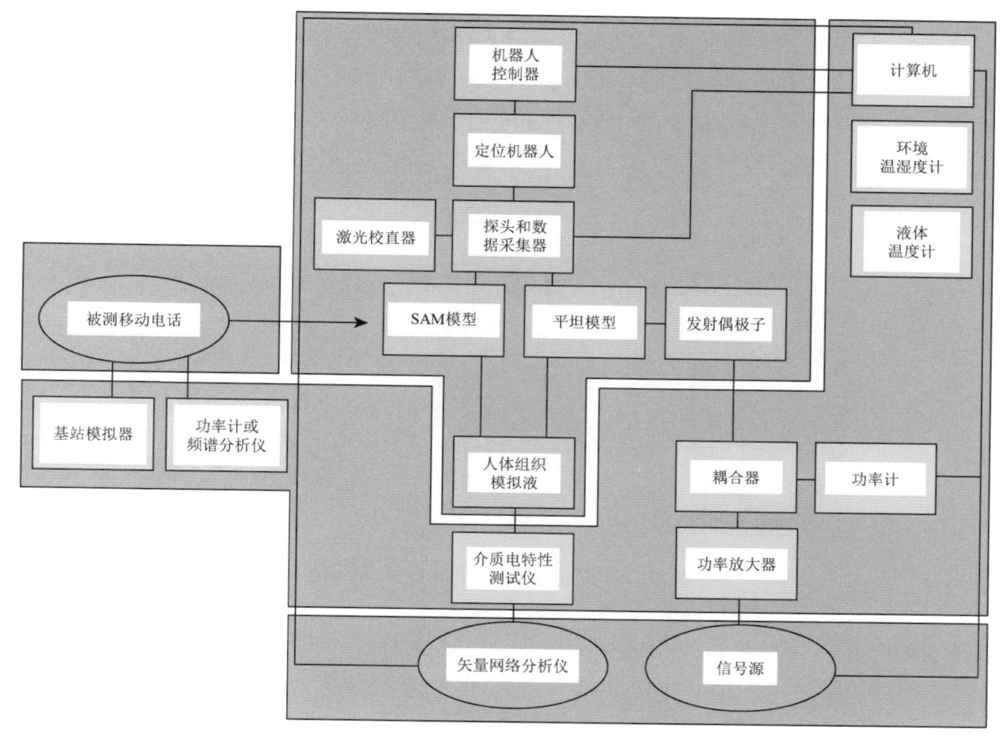

图 6.8　SAR 测量系统框图（见彩图）

SAR 测量系统模拟人体生物环境的电特性、湿度和温度，保证最终结果符合相关标准，具有参考价值。

目前 SAR 测试所用到的人体模型分为头部模型和身体模型。

图 6.9　DASY6 测量系统实物图

人体头部模型（图 6.10）是以 SAM 模型（以美国军队中成年男子的头部统计数据为基础）为基础获得的。SAM 壳体一般是纵向平分，方便探头定位系统固着；同时模型的耳朵部分是扁平的，这是为了模拟人在使用移动电话机时耳朵压成的扁平状。

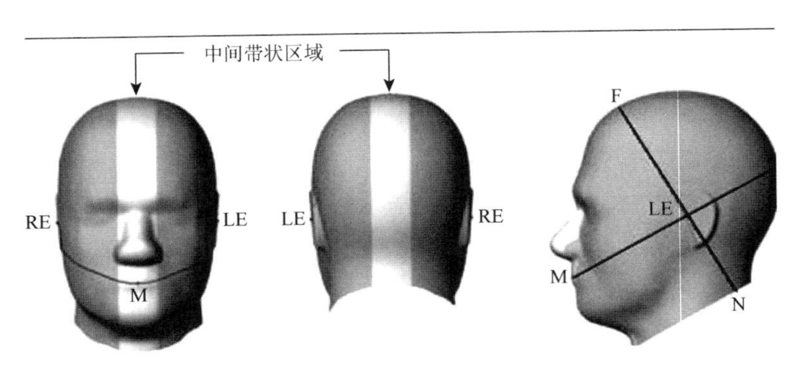

图 6.10　SAR 测试所使用的人体头部模型

SAR 测量系统常用的测试模型是在 SAM 人体头部模型纵向切分后再拼接得到的双头身体模型（图 6.11）。模型两个半头中间部分可以用作身体模型，用于测量靠近人体躯干部位使用的无线通信终端设备 SAR 的测试，例如，无线网卡的测试，以及类似将手机挂在腰部情形下的测试。

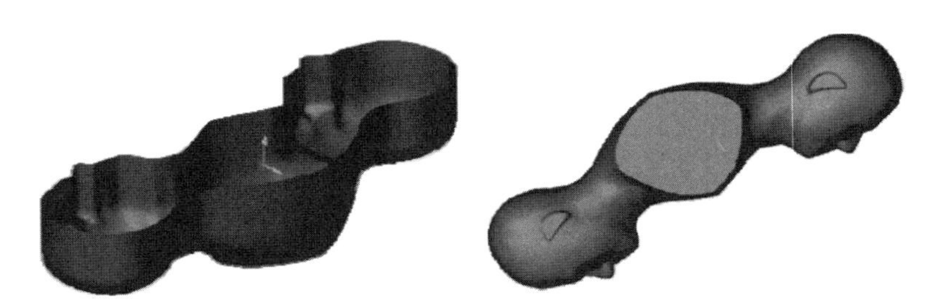

图 6.11　双头身体模型（左侧为顶视图，右侧为底视图）

SAR 测试系统进行电场测量通常是通过一根可进入液体的封装场强电场探头来完成。目前所使用的这类微型电场探头（图 6.12）是基于肖特基二极管检波器制造而成的。

这类探头一般是由三个体积很小的检波二极管传感器组成，三个传感器之间两两正交。将所测得的三个数值取均方根作为最终结果。在二极管平方律区域，传感器数值正比于相应的均方值。

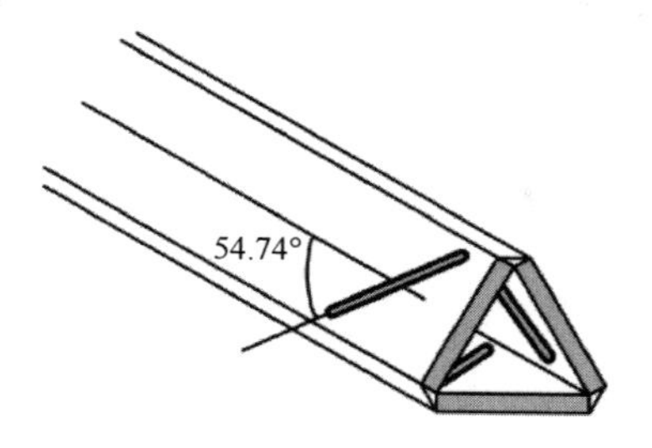

图 6.12　电场探头的内部结构

4. SAR 测试评估方法

1）测试前的准备

开始 SAR 测量前，必须提前一天测试模拟的组织液的电介质特性，确保温度与正式试验时相差不超过±2℃。对测得的相对介电常数和电导率允许的公差可放宽至不超过目标的±10%，在不确定度评估中应加入前者和目标的偏离对比吸收率的影响。

组织液深度要求 15cm 以上，测量前搅拌放入人体模型的液体，防止液面反射和气泡干扰最终数据。液体的黏滞性也在考察范围内，避免过于黏稠阻碍探头的运动。

测试前需要检查系统以保证试验结果符合指导要求的试验条件，且这种试验环境是可重复的，不存在短期的偏差和不确定性。系统检查的过程是以 1g 或 10h 作为样本进行一次测试，频率选择被测设备中间的 10%数值。将所测得的 SAR 均值进行归一化，并和相同条件下的目标值进行比较，若误差不大于 10%则系统正常。

图 6.13 为系统检查的配置图。

2）被测设备在 SAR 测试前的配置

对于将要进行 SAR 测试的被测设备，通常在其内部装备发射器，同时应使用制造厂商指定的天线、电池和附件。应在测试开始前将电池充满电，在测试进行的过程中不能有外部电源与被测设备进行连接。必须使用商业成品抽样检测，若达不到此要求，则应使用与商业版的机械性能和电特性相同的原型机进行测试。

测试时应使用测试设备（如基站模拟器）或专用的测试程序，控制被测设备的输出功率和工作频率（信道）。在对头部或身体部位进行测试时，被测设备应被设置在最高功率电平发射，按照基于实际使用方式和辐射特性（如工作模式、天线配置等）进行电磁辐射的测试。如果被测设备不能在最高的时间平均功率电平上工作，且被测设备的 SAR 响应是线性的，那么可以在较低的功率上进行测试，然后把测试结果按比例换算到最大输出功率对应的值。

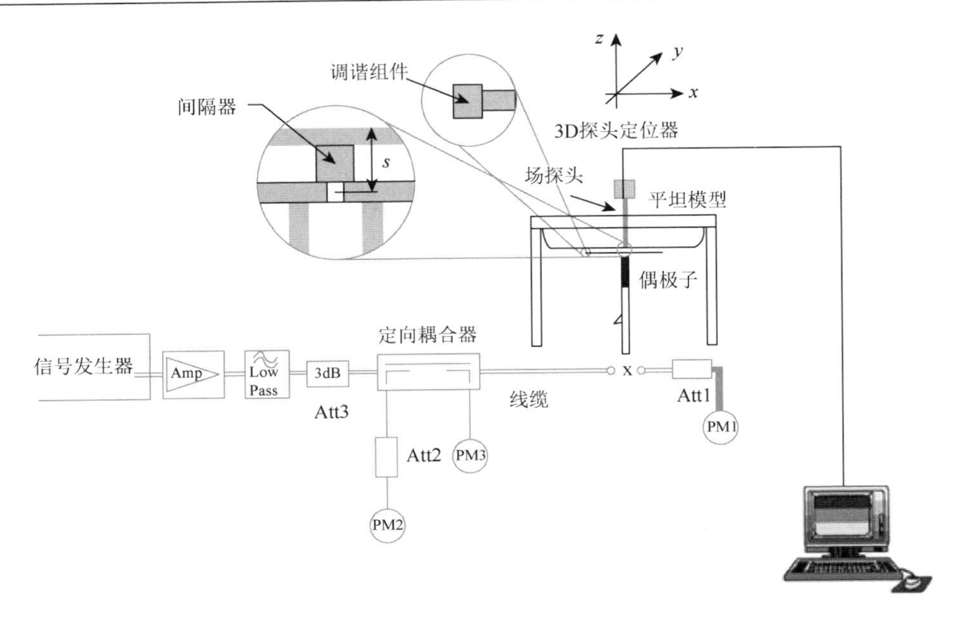

图 6.13　系统检查的配置图

当被测设备有多种工作模式时，除非可以证明在相同频率下，某些模式可以使用比其他模式低的时间平均功率，否则所有模式都应进行测试。例如，如果 DUT 具有多发射时隙，应该对最大时隙数的模式进行测试，而在相同频率下使用较低时隙数的模式则不需要进行测试（假定所有模式的时隙具有相同的时间平均功率）。当某些模式不需要测试时，应该对功率等级、转换因子、运行频率、使用天线与工作模式之间的关系进行明确解释。空闲模式相较于发射模式具有较低的时间平均功率，所以不需要测试。

被测设备无须在所有的信道进行电磁辐射测试，而是按照相关测试标准的要求进行。测试应包含设备的每一种工作模式，且取发射频率的频道中位数。若发射带宽超过 1%，则在频率低端和高端都需要接受测试；若超过 10%，则应使用下面所示公式确定试验信道数：

$$N_c = 2 \times \text{roundup}(10(f_{\text{high}} - f_{\text{low}}) / f_c) + 1 \tag{6.7}$$

其中，f_c 表示发射频率中位数；f_{high} 和 f_{low} 分别表示频率高端和低端，它们的单位均为 Hz；N_c 表示信道数，总是奇数；函数 roundup(x)表示对 x 向上取整。

3）头部测试方案

在头部进行电磁辐射测试时需要按照国际标准的规定，分别将被测设备放置在 SAM 人头模型的贴脸和倾斜位置进行测试。同时考虑到无线通信设备实际应用的场景，需要在左侧和右侧模型都进行这两个位置的测试。若由于无线通信设备结构的特殊性而导致测量结果不准确，则需要重新放置测试设备，并将此情况详细记录在案。

如图 6.14 所示，中垂线与被测设备的前表面尽量贴合，过上下短边的中点。一般情况下 A 点即听筒的中心位置。

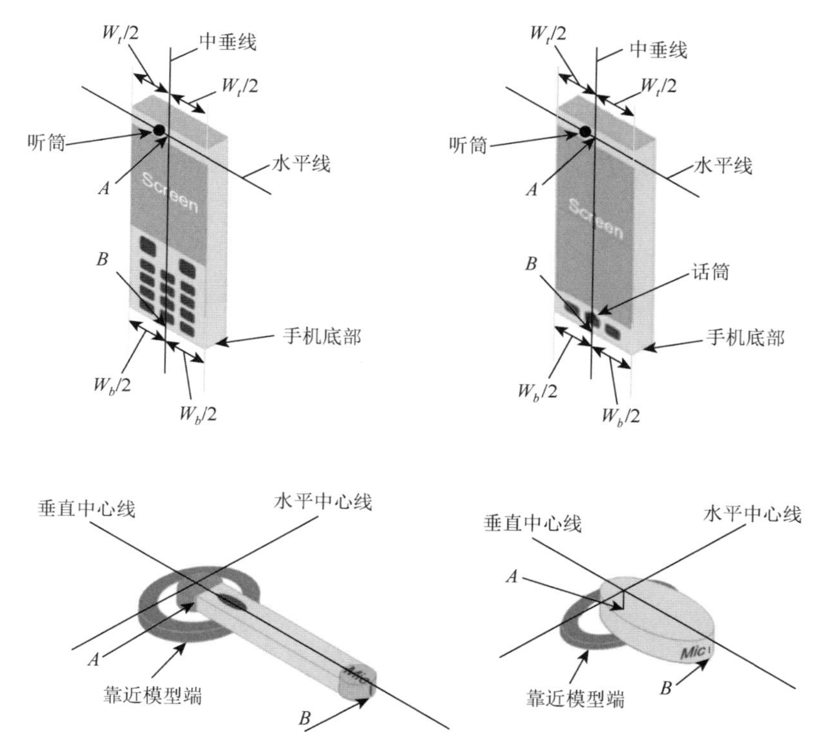

图 6.14　被测设备坐标和参考点

贴脸位置和倾斜位置如图 6.15 和图 6.16 所示。

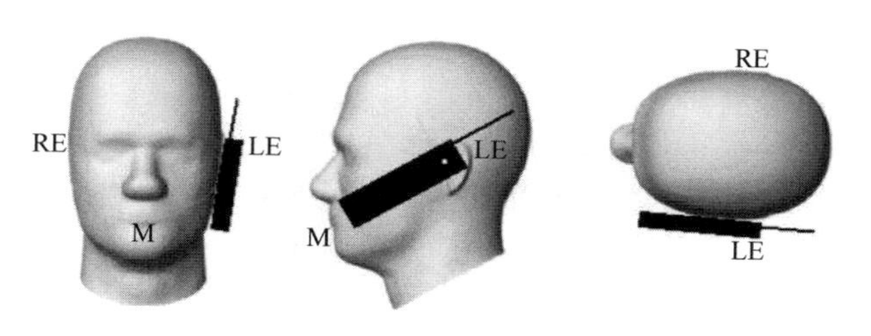

图 6.15　被测设备贴脸位置

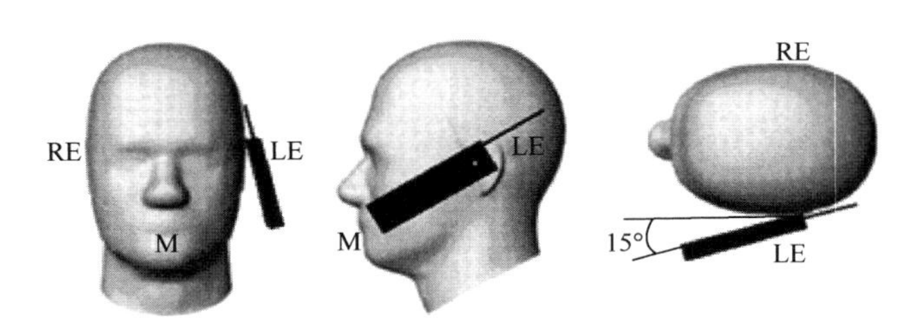

图 6.16　被测设备倾斜位置

4）身体测试方案

相关测试标准将身体测试方案划分成以下几种情况进行处理。

（1）一般设备。

对于找不到对应分类的设备，应按一般设备处理；也就是表征为一个至少带有一个内部射频发射机和天线的封闭盒子，其测试位置如图 6.17 所示。

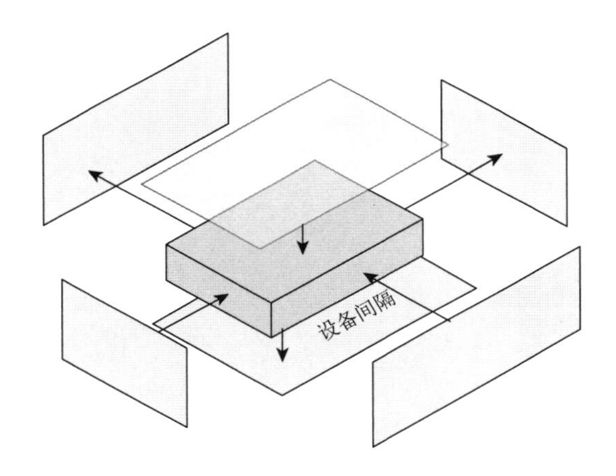

图 6.17　一般设备的测试位置

（2）身体佩戴式设备。

身体佩戴式的典型设备是移动电话，内置无线 PDA 或其他电池供电的无线设备，这种设备可以使用制造商提供的附件佩戴在人的身体上进行发射。如果制造商提供的用户说明书中指出了该设备要结合附件（皮带夹、皮套等）一起使用，则在测试时应将 DUT 置于附件中，并将附件紧贴平坦模型。如果制造商提供的用户说明书中指定了带有附件的设备对于身体的使用距离，则在测试过程中，设备与模型外表面的距离应该与使用距离一致。如果用户说明书中没有指定使用距离，则应该将 DUT 的所有表面紧贴平坦模型进行测试。其具体测试位置请见图 6.18。

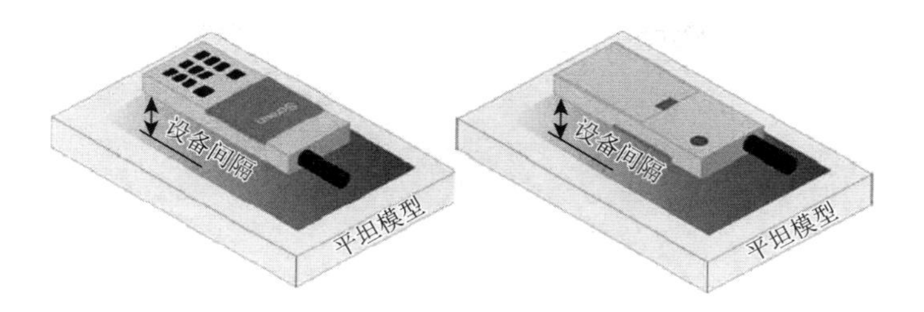

图 6.18　身体佩戴式设备的测试位置

（3）天线可折叠或旋转的设备。

对于使用一个或多个可改变位置（伸缩、旋转）的外部天线的设备，要根据制造商提供的用户说明书来定位。对于只有一个天线且没有指定其如何定位的设备，应在平行和垂直模型表面的位置上进行测试。为了获得最大暴露情况，天线在打开（可折叠）和/或伸缩的所有状态下都应被测试（图 6.19）。如果天线可以在一两个位面内进行旋转，应该在测试报告中加以说明，并且评估这些位置中的最大暴露状态，并在该位置下进行测试。

图 6.19　天线可折叠或旋转设备的测试位置

（4）身体支撑式设备。

身体支撑式的典型设备是无线膝上计算机，该设备也可能支持在膝上使用。为了模拟这种使用位置，应将 DUT 的底面紧贴平坦模型。制造商在用户说明书中可能指定其他使用位置。如果没有指定，则设备将在所有可用的方向上紧贴平坦模型进行测试。设备的屏幕部分应该打开至 90°（图 6.20（a）），或者定位在用户说明书中规定的使用角度上。当身体支撑式设备有一块整体屏幕用于操作时，如果该屏幕通常距离身体 200mm 以上，则不需要对屏幕进行测试。当屏幕上带有天线时，如果使用状态允许，屏幕将紧贴平坦模型进行测试（图 6.20（b））。

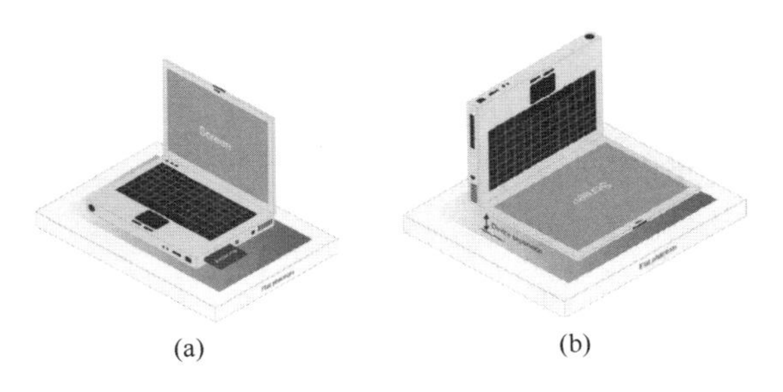

(a)　　(b)

图 6.20　身体支撑式设备的测试位置

（5）桌面式设备。

桌面式设备的典型设备是放在桌上使用的内置无线桌上计算机。DUT 与模型之间的测试距离和方向要根据制造商在用户说明书上指定的进行确定。对于带有可改变位置的外部天线的设备，应该在所有指定的天线位置上进行测试。具体测试位置如图 6.21 所示。

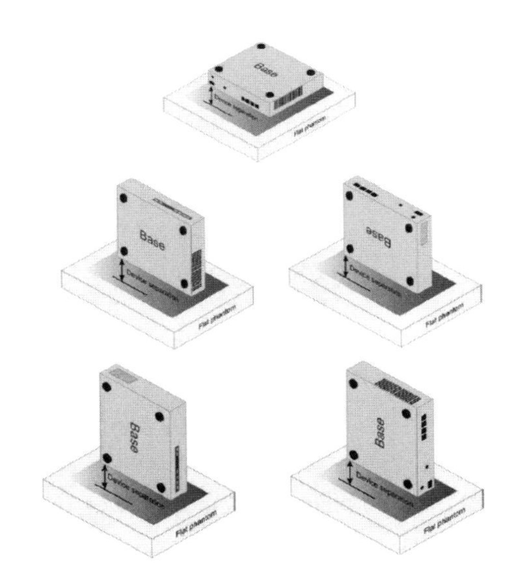

图 6.21　桌面式设备的测试位置

（6）置于脸前式设备。

置于脸前式设备的典型设备是一个双工无线电对讲机，它在发射时与用户的脸部保持一定距离。这种 DUT 在测试时与模型表面的距离应与制造商在用户说明书中指定的使用距离相一致（图 6.22）。

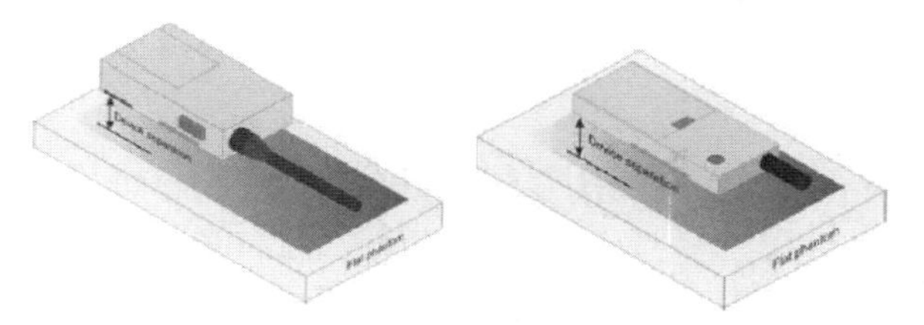

图 6.22　置于脸前式设备的测试位置

（7）肢体佩戴式设备。

肢体佩戴式设备是一个工作时（空闲模式除外）用带子固定在胳膊或腿上的装置。它类似于身体佩戴式设备。带子应被打开以便使它分成两部分，见图 6.23。测试时，应使设备的背面朝向模型并紧贴模型表面，设备上的带子要尽量拉直。如果设备上的带子不能够打开以使设备背面紧贴模型表面，则需要将带子弄断，但要确保不要损坏天线。

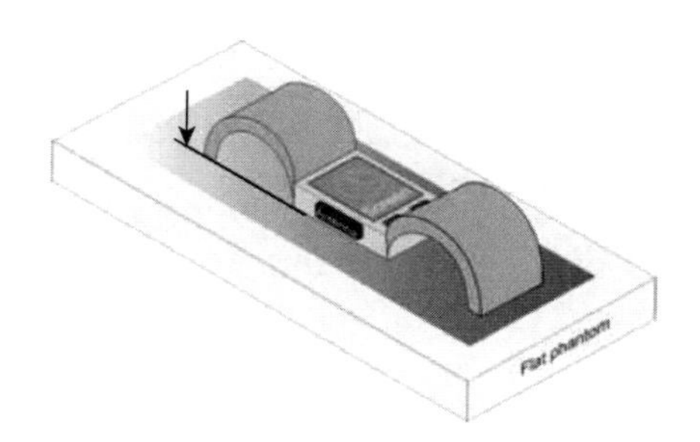

图 6.23　肢体佩戴式设备的测试位置

（8）集成在服装内的设备。

集成在服装内的典型设备是一个集成在夹克中的无线设备（移动电话），它可以通过在衣服中植入的扬声器和麦克风进行语音通话。这种类型也包括了集成于帽子中的无线设备。当所有无线或射频发射机组件集成于衣服中时，它的测试方向和测试距离都应根据设备的预期使用目的来确定（图 6.24）。

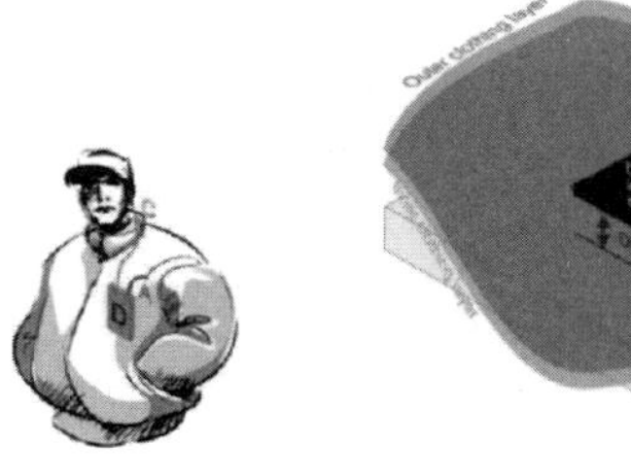

图 6.24　集成在服装内的设备的测试位置

5）测试步骤

SAR 测试的步骤如下。

（1）从模型内表面起在其法线方向上 10mm 或更小范围之内测量局部 SAR。

（2）在模型内（区域粗扫阶段）测量 SAR 的分布。SAR 的分布是沿着模型一侧的内表面进行扫描的，至少在比手机和天线的发射区更大的区域内进行扫描。详细的设置如表 6.39 所示。

表 6.39　区域扫描参数

参数	测试的发射频段	
	f≤3GHz	3GHz<f≤6GHz
测量点（传感器的几何中心）和模型内表面间的最大间距/mm	5±1	$\delta\ln(2)/2\pm0.5$[a]
邻近测量点的最大间距/mm	20/f 或者相应局部细扫长度的一半，选择两者更小的	60/f 或者相应局部细扫长度的一半，选择两者更小的
探头轴和模型平面正交的最大角/(°)[b]	30	20
探头角度的偏差/(°)	1	1

a：δ 为在平面半空间上的平面波入射的穿透深度。

b：由于在具有陡峭的空间梯度的场中的测量精度会降低，相对于表面法线的探头角度很严格。探头角度和频率增加，会造成测量精度的降低。这是在大于 3GHz 的频段探头角度变严格的原因。

（3）从所扫描的 SAR 的分布中，确定 SAR 最大值的位置，同时也要确定在 SAR 最大值 2dB 以内的区域粗扫的局部最大值。仅当主要峰值在 SAR 限值 2dB 之内时（对于 1g 平均的 1.6W/kg 的限值是 1W/kg，对于 10g 平均的 2.0W/kg 的限值是 1.26W/kg），才需要测量其他峰值点。

（4）依据步骤（3）中确定的局部最大值位置，在其区域进行三维 SAR 分布测量（局部细扫程序）。水平网格步长应该为 24/f(mm)或更小，最大不应超过 8mm。对于频率在等于或小于 3GHz 以下的情况，最小的局部细扫尺寸为 30mm×30mm×30mm。对于更高的频率，最小的局部细扫尺寸可以减小到 22mm×22mm×22mm。详细的设置如表 6.40 所示。

表 6.40　局部细扫参数

参数	测试的发射频段	
	f≤3GHz	3GHz<f≤6GHz
最近的测量点和模型内表面间的最大间距/mm	5	$\delta\ln(2)/2$[a]
x 方向和 y 方向的测量点间的最大距离/mm[b]	8	24/f[b]
探头轴和模型平面正交的最大角/(°)	30	20

续表

参数	测试的发射频段	
	$f \leqslant 3$GHz	3GHz $< f \leqslant 6$GHz
对于均匀网格： 正交于模型表面的测量点间的最大距离/mm	5	8/f
对于分级网格： 正交于模型表面的最近的测量点间的最大距离/mm	4	12/f
对于分级网格： 正交于模型表面的测量点间的最大增量增长距离/mm	1.5	1.5
x 方向和 y 方向的局部细扫最小长度/mm	30	22
正交于模型表面的局部细扫最小长度/mm	30	22
探头角度的偏差/(°)	1	1

a：δ 为在平面半空间上的平面波入射的穿透深度。

b：这是允许的最大间距，这可能不适用于所有情况。

（5）SAR 测量得到的数据需要使用内插法和外推法进行数据的后处理。如果测量网格的解析度达不到用于计算给定质量内的平均 SAR 值所需的要求，就要在测量点之间进行内插。用于测量 SAR 的电场探头通常包括三个非常接近的、相互正交的偶极子，并且封装在保护套中。测量（校准）点位于离探头尖端几毫米的地方，并且当需要明确 SAR 测量点的位置时，我们就要考虑这个偏移。这时需要用到外推法。

还需要特殊说明的是平均体积的定义，平均体积应该为一个能构建 1g 或 10g 质量的立方体。1g 立方体的边长应该是 10mm，10g 的应该是 21.5mm。如果立方体与模型相交，应使它朝向接触模型表面的三个至高点，或表面中心正切的一个正面。应修正立方体最接近于模型表面的一个面，使其与表面相吻合，同时要在立方体的相对面减去增加的体积。

为了寻找最大值，平均立方体应该在局部最大 SAR 值附近靠近模型内表面的局部细扫体积内移动。有最高的局部最大 SAR 值的立方体不应该在局部细扫体积的边缘/周边。如果发生这种情况，必须移动局部细扫体积并且重新测量。

同时为了应对目前 SAR 测试耗时过长的问题，目前最新的快速 SAR 扫描系统已开始应用。目前这个系统最具代表性的是瑞士 SPEAG 公司的 cSAR3D 系统，如图 6.25 所示。

6.3.3　应用 6GHz 以上频段的通信终端设备电磁辐射测试方案

随着 5G 通信技术的快速发展，各国相继发布的频率规划方案中大多包含 6～

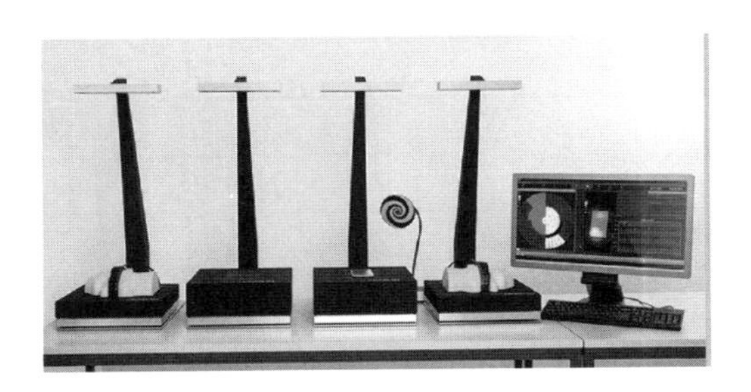

图 6.25　快速 SAR 测量系统——cSAR3D

100GHz 频段。根据通信原理，信号带宽随着载波频率的提高而增加，前者约等于后者的 5%。28GHz 频段频谱带宽相比于 100MHz 提升了 10 倍以上。然而，毫米波的绕射能力弱、传播损耗大，受限于这些特性，5G 毫米波在应用上仍面临如微基站、大规模 MIMO 和波束成形等问题。

根据表 6.36 的介绍，工作在这个频率范围的 5G 无线通信终端设备，在进行电磁辐射测试时，需要考虑的计量指标将从 SAR 变成功率密度（Power Density）。

1. 高频电磁辐射的研究现状

按照 ICNIRP 导则的说明，高频电磁辐射会对人体产生热效应。电磁波能够穿透的体表深度与辐射频率成反比，因此无法穿透人体在内部传输。

6GHz 频段以人体电磁暴露检测技术日趋完善；毫米波段则目前主要停留在理论计算和仿真阶段。

东京都立大学曾研究过不同辐射环境下兔子眼球的电磁吸收情况。图 6.26

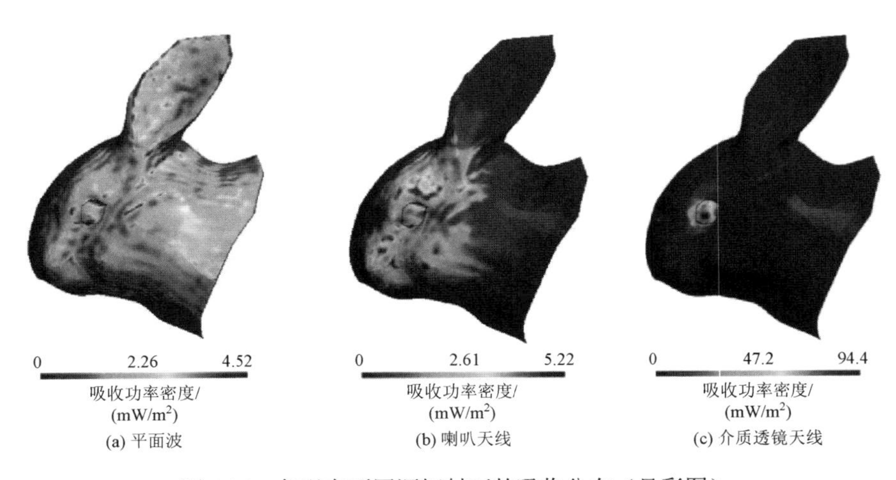

(a) 平面波　(b) 喇叭天线　(c) 介质透镜天线

图 6.26　兔眼在不同源辐射下的吸收分布（见彩图）

分别是 40GHz 平面波、喇叭天线、介质透镜天线辐射下兔头部分电磁吸收功率密度。介质透镜天线由于具有良好的聚束效应，局部电磁吸收最高。

该实验采用 PMCHWT-MoM-FDTD 算法，计算兔眼内 SAR 分布。峰值位于眼球外表面，约为 40W/kg，辐射功率为 4.66mW（图 6.27）。

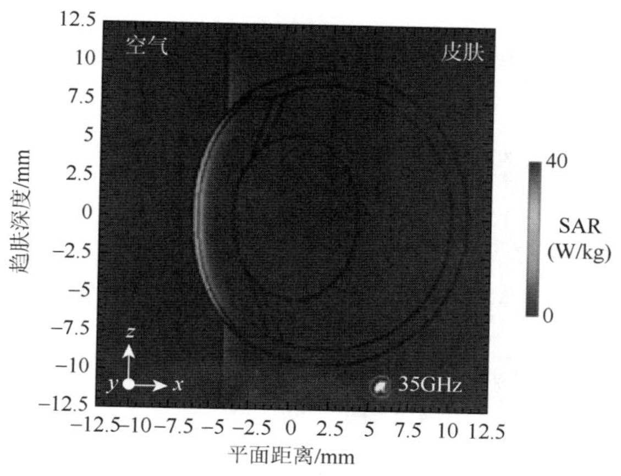

图 6.27 兔眼内部的 SAR 分布（见彩图）

Zhadobov 等模拟进行了单层细胞的毫米波电磁吸收试验[9]。如图 6.28（a）

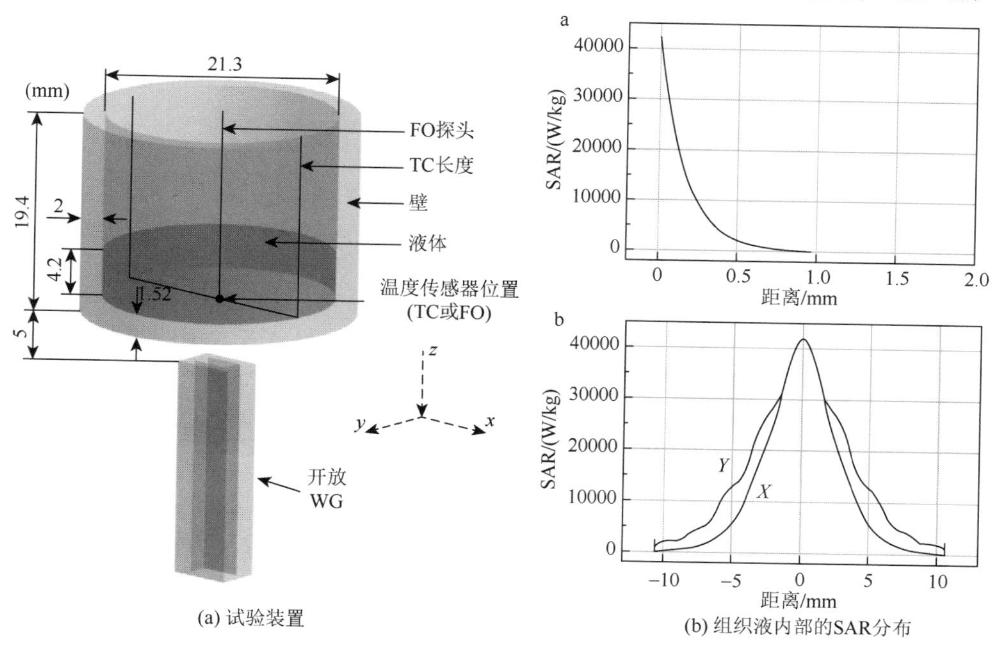

图 6.28 试验装置以及组织液内部的 SAR 分布

所示，培养皿使用四氟乙烯制成，用标准波导向人体模拟组织液发射 58.4GHz 毫米波辐射。采用 25μm 直径热偶计测量液体温度，提高检测解析度。将温度和介电特性作为参数计算出波导 1W 输出功率时的 SAR 值，见图 6.28（b）。可以发现，SAR 峰值在模型表面，为 40kW/kg，向内 1mm 处迅速衰减至 0 附近。

计算可知，人体表面峰值 SAR 高于整体 SAR，目前还无法模拟毫米波对电磁辐射的影响。

对此东京都立大学针对兔眼进行试验[10]，如图 6.29 所示。

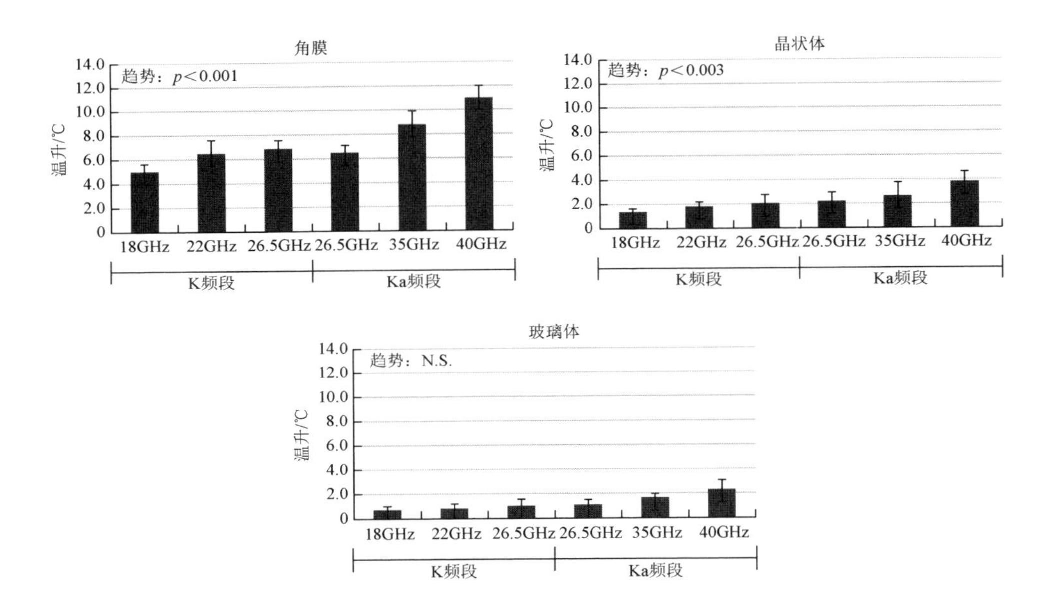

图 6.29　电磁暴露下兔子眼球内部的温度变化

角膜、晶状体、玻璃体都有所升温，角膜因为靠近眼球表面最明显。由试验数据可得，电磁波的热效应与频率成正比。

试验人员向眼球前房注入热敏液晶颗粒，研究眼球热传导过程，图 6.30 是电磁波辐射前后眼球温度变化情况。

试验人员在 76GHz 频段长期辐射兔的眼球，损伤情况见图 6.31。

由试验可知，兔眼在 10～50mW/cm^2 电磁波辐射两三天后，未见明显病变；75～100mW/cm^2 辐射时角膜上皮组织发生可逆性伤害；200mW/cm^2 辐射时角膜混浊，瞳孔缩小，眼部发炎。

目前国内也在毫米波电磁辐射领域做了很多研究工作[11]。

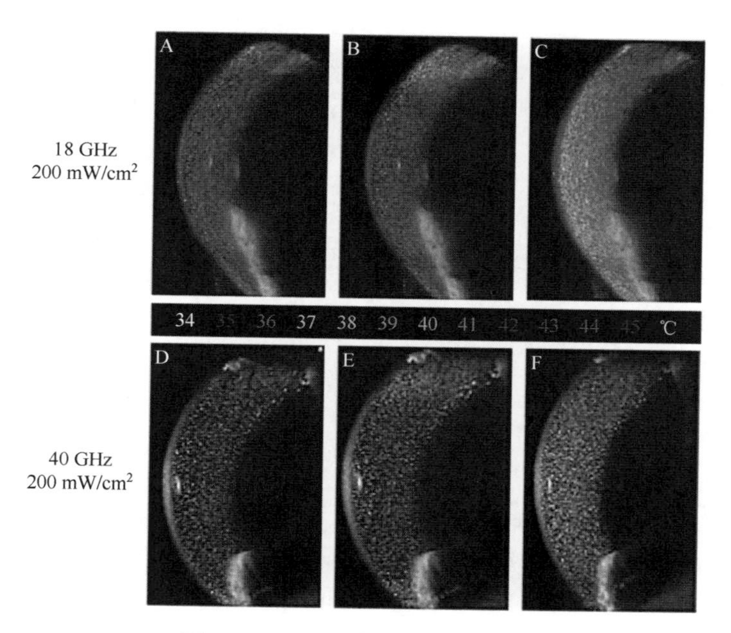

图 6.30　眼球内部的热量传导情况

A、D 分别为辐射 5s 后的温度分布；B、E 分别为辐射 10s 后的温度分布；C、F 分别为辐射 30s 后的温度分布

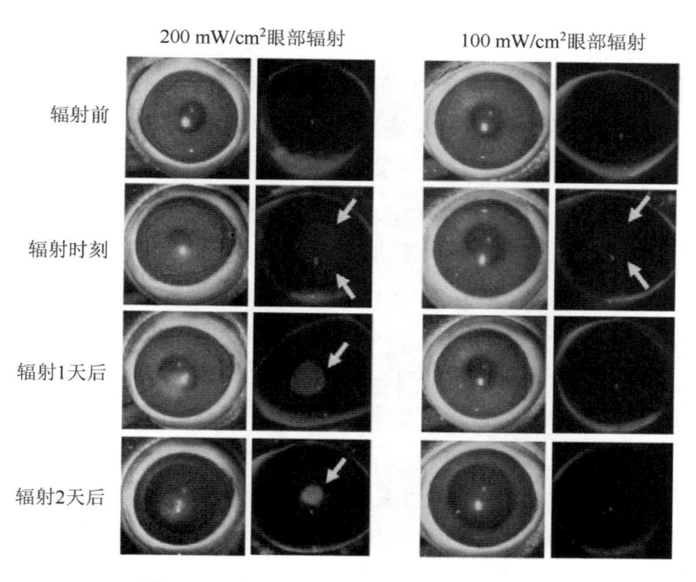

图 6.31　兔眼在不同时间辐射下的状况

2. 高于 6GHz 的通信终端设备电磁辐射测试方案

根据 6.3.2 节所述，当前相关的通信终端电磁辐射测试方案主要都是针对 6GHz 以下频率设备制定的，而对于高于 6GHz 频率的设备，目前国际上的相关组织都在开展相应的研究工作，例如，目前正在修订的 ICNIRP 2018 导则的草案中，针对功率密度的部分作了一些更新，这包括[12]：

（1）更改了功率密度的频率适用范围，从原来的 10～300GHz 更改为 6～300GHz，对于 6GHz 以下频段则仍采用 SAR，并且保留原有限值；

（2）更改了电磁辐射的参数定义，从原来的等效平面波功率密度（S）更改为发射功率密度（Str）。

此外新修订的版本中，非均匀暴露场景下的测量方案中的辐射面积也发生了改变，具体的变化为：

（1）在 6～30GHz 频率范围内，发射功率密度在任意 4cm^2 辐射面积的平均值不得超过 20W/m^2（公众暴露）及 100W/m^2（职业暴露）；

（2）在 30～300GHz 频率范围内，发射功率密度在任意 1cm^2 辐射面积的平均值不得超过 20W/m^2（公众暴露）及 100W/m^2（职业暴露）。

同时美国联邦通信委员会（FCC）也已经开始对相关标准的修订进行意见征求[13]，并在最新的 TCB 会议中确认对于 Sub-6GHz 频段仍保留使用 SAR；而对于大于 6GHz 的情况在过渡时期的“法规拟议公告”（NPRM）指出：

（1）为了能与 6GHz 的局部 SAR 限值 1.6W/kg 保持连贯性，尽量考虑局部功率密度限值为 4mW/cm^2；

（2）局部限值为 4mW/cm^2 的频率上限至少为 100GHz，在该范围内统一使用这个限值还可以防止由毫米波的连续暴露造成的温升；

（3）局部暴露使用 4cm^2 的平均区域，限值为 1mW/cm^2，但如果最终局部暴露的平均区域为 1cm^2，功率密度限值将设定为 4mW/cm^2；

（4）对于便携式设备，如果最终 FCC 采用 4mW/cm^2 作为局部限值，平均区域则将会恢复到 1cm^2；

（5）对于全身将保留 1cm^2 的平均区域，限值为 1mW/cm^2。

在具体的毫米波设备电磁辐射测试方法方面，目前国际电工委员会 IEC TC106 和美国电气电子工程师学会第 34 技术委员会（IEEE/ICES TC34）共享了大部分的标准工作人员。因此这两个组织协同合作，开展 IEC/IEEE 双标识 5G 标准，共同推进人体辐射在电场、磁场和电磁场中的评估方法方面的研究。

目前相关专家组成了 JW11 和 JW12 两个联合工作组，分别处理“用于评估靠近头部和身体的功率密度的计算方法”和“用于评估靠近头部和身体的功率密度的测量方法”两个部分。

虽然目前还没有正式发布应用于 6GHz 以上频段的无线通信终端产品的电磁辐射方案，但是随着 5G 技术的快速发展，各项标准的制定工作也在紧锣密鼓地进行中。

根据截止到 2018 年 11 月发布的 IEC TC106 & ICES SC34 联合工作组最新工作会议的标准进度规划，相关的标准制定工作按照预期的时间进度顺利进行，一直持续到 2021 年 11 月，届时将正式发布完整的毫米波测试标准。目前相关标准已进行到委员会草案版本阶段，预计将在 2021 年的会议中进行审议并发布下一阶段的版本。

接下来将会介绍联合工作组对于高于 6GHz 频段，特别是用于靠近头部和身体的毫米波频段电磁辐射测试方案草案[10]。

1）一般方案

所有测试条件下的最高空间平均以及峰值功率密度需要依据在每个测试频带中的设备位置、配置和操作模式中最大的功率密度来确定。

功率密度测试方案流程图如图 6.32 所示。

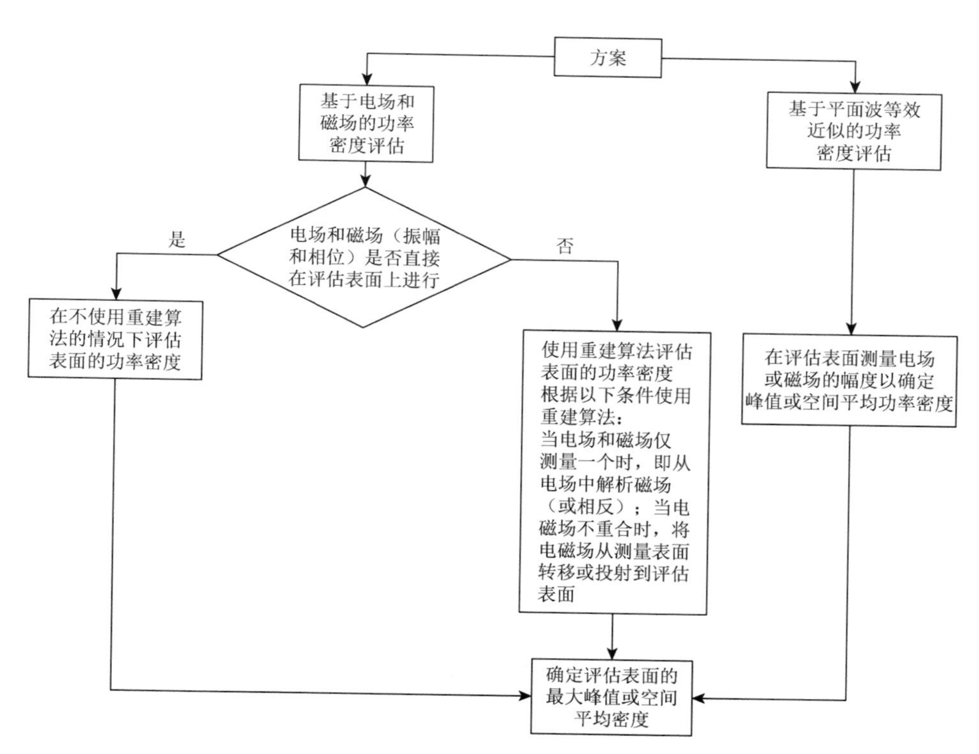

图 6.32　功率密度测试方案流程图

根据测量数据重建场信息（如仅测量幅度则需重建相位）

为了确定近场的功率密度，电场（E）和磁场（H）是必要的。此时功率密度均值 S_{av} 为自由空中穿过面积为 A 的坡印亭矢量的平均值，即

$$S_{\mathrm{av}}=\frac{1}{TA}\iint E\times H\cdot\hat{n}\,\mathrm{d}T\mathrm{d}A \tag{6.8}$$

其中，T 为平均时间；电场（E）和磁场（H）分别为相应的时间函数。对于时谐场，由于 $E=\Re(E\mathrm{e}^{\mathrm{i}\omega t})$，$H=\Re(H\mathrm{e}^{\mathrm{i}\omega t})$，则

$$S_{\mathrm{av}}=\frac{1}{2A}\Re\left(\int E\times H^{*}\cdot\hat{n}\,\mathrm{d}A\right) \tag{6.9}$$

其中，H^{*}为磁场相量的复共轭；$\hat{n}$ 为垂直于 A 的单位矢量。

在源的远场中，空间中每个点位置的电场和磁场相互正交并且它们是同相，同时它们相关于常量：$H=\frac{\hat{r}\times E}{\eta}$，则此时功率密度可以简化为

$$S_{\mathrm{av}}=\frac{1}{2\eta A}\left(\int|E|^{2}\,\hat{r}\cdot\hat{n}\,\mathrm{d}A\right)\text{或}S_{\mathrm{av}}=\frac{\eta}{2A}\left(\int|H|^{2}\hat{r}\cdot\hat{n}\,\mathrm{d}A\right) \tag{6.10}$$

其中，$\hat{r}$ 为与传播方向对应的矢量；η 是自由空间中波的阻抗。这代表远场中的功率密度可以通过仅评估电场或磁场的幅度来确定。

在距离源很近的区域，电场和磁场之间没有可以简化的联系，因此电场和磁场都必须进行评估，以确定正确的功率密度。当评估平面处于近场时，平面波的等效近似会造成评估出现偏差。

2）基于电场和磁场的功率密度评估

当处于离发射源很近的状态下，功率密度通常是基于电场和磁场来确定的。在足够大的平面上，电场或磁场的分布用相位和幅度两个量来描述，进而计算求出功率密度。测试表面按照所用方法选择测试点组成，当和评估表面有出入时，通过重建算法可投影到后者。总体的测量方法如下。

（1）测试环境的场要远大于噪声，此时在参考位置对测量表面的局部电场或磁场进行测量。在测量结束时需要对参考电平进行评估，确定测量期间被测设备的输出功率的漂移。

（2）在测量平面对电场或磁场进行扫描。测量表面的尺寸（包括扫描边缘区域的测量场强与峰值的比例）和空间解析度的选择取决于所使用的测量系统和评估方法。

应细心确认被测设备到测量表面的距离，以避免由探头引发的场干扰。探头采集到的一部分信号可能在被测设备和源之间造成散射和反射。多个被测设备与探头之间相互的场可能改变器件周边的场分布。随着测量距离的增加，反射造成的误差会减小。对于微型矩阵或圆形波导探头，通常需要几个波长的距离以避免不可接受的场扰动。对于低方向性的被测设备天线，间距可能会缩短。小型偶极

子或小型环路传感器组成的测量探头对于测量场的扰动可以降低很多，这使得距离可以减小到 λ。在任何情况下，探头的扰动和由多次反射引起的不确定度都需要进行评估。

（3）空间的测量解析度主要取决于系统使用的测量场特性和测量方法。平面扫描设备通常设为 $\lambda/2$。对于圆柱形的扫描设备，垂直方向的解析度通常也设定为 $\lambda/2$。在方位方向上，角度的步长 $\Delta\phi$ 需要小于 $\lambda/(2\rho_{\mathrm{Meas}})$，这里的 ρ_{Meas} 为测量位置处的发射方向的距离。对于球面系统，仰角和方位角的最大步长可以定义为 $\Delta\theta=\Delta\varphi=\lambda/(2R_{\mathrm{Meas}})$，其中 R_{Meas} 为测量位置处的发射方向的距离。应分析并记录测量点定位的不确定度。

（4）当只测量一个场（即只测量电场或磁场）时，需要使用重建算法从测量场计算得到另一个场。根据式（6.8），得到功率密度需要知道幅度和相位的相关信息，因此重建算法还可以用来从测量得到的数据获得场信息（例如，当仅测量幅度时，可以得到相应的相位）。此外，当测量表面不能与评估表面相对应时，可以采用重建算法将场从测量表面投影或转移到评估表面。实际上，重建算法可以视为应用于评估表面上的测量场，以确定评估表面上的电场和磁场（幅度和相位）的一组算法、数学技术和程序。

应详细说明并详细记录重建算法的有效性，包括最小测量平面的尺寸和算法，以及适用于特定测量探头或方法的距离。

（5）如果能够在评估表面上直接测量得到电场和磁场（幅度和相位），则不需要重建算法来评估功率密度。当通过式（6.9）对评估表面上的空间平均功率密度进行分析时，空间平均面积 A 由适用的暴露限制或监管要求限定。如果该区域的形状不符合相关法规的要求，则建议使用圆形的方案进行评估。

（6）评估表面上的最大空间平均功率密度或峰值功率密度的最终数量将用来评估是否符合要求。

（7）在步骤（1）中选择的参考位置进行测量得到局部电场或磁场。被测设备的功率漂移为步骤（1）和（6）中取得的场幅度平方的差值。当漂移小于±5%时，可以认为满足不确定度的要求。如果漂移大于 5%，应分析被测设备的设计和操作特性，并参考监管的要求，以确定是否满足符合性的要求。

3）仅基于电场或磁场幅度评估的功率密度测量

如果评估表面处于被测设备的远场区域，则功率密度的计算可以使用式（6.10），同时只需要在评估表面上测量电场或磁场的幅度以确保正确推导出功率密度。

对于相应的测试配置，若被测设备的发射天线和评估表面间的距离需要满足表 6.41 的远场标准，则可以使用下面的方案来替换“基于电场和磁场的功率密度评估”的方案。

表 6.41　被测设备的发射天线与式（6.10）适用的评估表面间的最小间隔距离

天线尺寸	最小距离
$D<\frac{1}{3}\lambda$	1.6λ
$\frac{1}{3}\lambda<D<2.5\lambda$	$5D$
$D>2.5\lambda$	$\frac{2D^2}{\lambda}$

注：D 为所选配置中天线的最大线性尺寸。

（1）测试环境的场要远大于噪声，此时在参考位置对测量表面的局部电场或磁场进行测量。在测量结束时需要对参考电平进行评估，确定测量期间被测设备的输出功率的漂移。

（2）测量评估表面上的电场或磁场幅度。推荐采用的解析度为 $\lambda/2$。如果测量不确定度的评估影响了评估和记录，则可采用较粗略的采样率。

（3）通过式（6.10）来评估表面上的空间平均功率密度。平均面积 A 依据适用的暴露限值或管理规范要求。如果该区域的形状不合规，则建议使用圆形。在式（6.10）中，发射方向矢量可以认为由发射天线的几何中心确定。如果没有相关被测设备天线的信息，则可以通过式（6.11）来保守评估功率密度：

$$S_{\mathrm{av}}=\frac{1}{2\eta A}\int\left|E\right|^2\mathrm{d}A \tag{6.11}$$

如果评估曲面不与坡印亭矢量正交，则式（6.11）比式（6.10）更加保守。

（4）在评估表面上计算最大空间平均功率密度或峰值功率密度。

（5）对前面方案中步骤（1）中选择的参考位置进行测量得到表面位置的局部电场或磁场。被测设备的功率漂移为步骤（1）和（6）中取得的场幅度平方的差值。当漂移小于±5%时，可以认为满足不确定度的要求。如果漂移大于 5%，应分析被测设备的设计和操作特性，并参考监管的要求，以确定是否满足符合性的要求。

4）多天线或多发射器设备的功率密度测量

本小节主要关注如何确定拥有多个天线的同时发射设备（如阵列或不同频段内操作的各个源的组合）的暴露。

天线产生的场可以是相关的也可以是不相关的。在不同的频率条件下，场一般是不相关的，且功率密度可以通过空间中各个点位置的相应源的空间平均值求和，以确定总暴露比（Total Exposure Ratio，TER）。假设有 I 个源，则空间上每个点的 TER 等于：

$$\mathrm{TER}^{\mathrm{uncorr}}(r)=\sum_{i=1}^{I}\mathrm{ER}_i=\sum_{i=1}^{I}\frac{S_{\mathrm{av},i}(r,f_i)}{S_{\lim}(f_i)} \tag{6.12}$$

其中，$S_{\mathrm{av},i}$ 是在频率 f_i 下工作的源 i 的功率密度；$S_{\lim}$ 为相关标准规定的功率密度限值。

若发射器的工作频率在 f_{tr} 以上和以下的暴露不相关（这里的 f_{tr} 表示 SAR 过渡到功率密度的频率），则 TER 可以定义为

$$\mathrm{TER}^{\mathrm{uncorr}}(r)=\mathrm{TER}(r)_{f\leqslant f_{\mathrm{tr}}}+\mathrm{TER}(r)_{f>f_{\mathrm{tr}}} \tag{6.13}$$

图 6.33 简单说明了对于假定平面上的功率密度以及平面模型表面处的 SAR，其在“r”处组合评估 SAR 和功率密度。

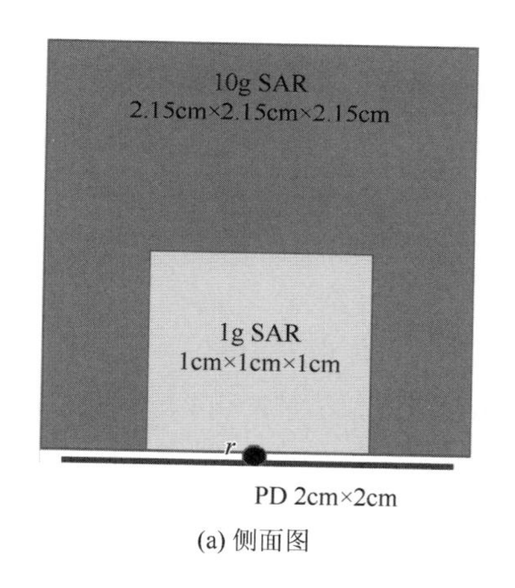

(a) 侧面图

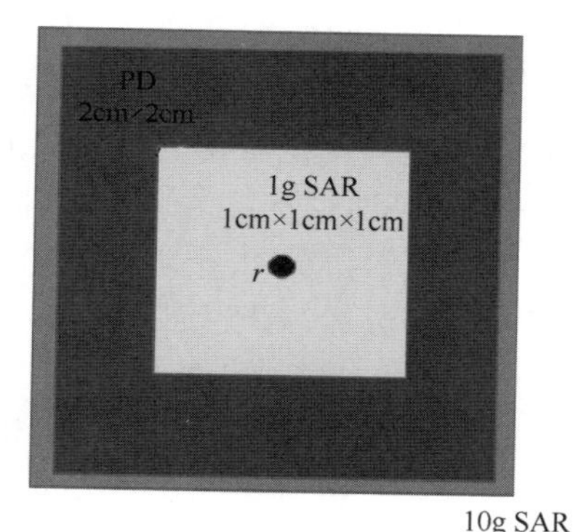

(b) 俯视图

图 6.33　在点 r 处进行 SAR 和功率密度评估

在对 TER 进行求和（式（6.13））之前，根据适用的标准对相应的 SAR 和功率密度在 r 点附近进行空间平均的计算（图 6.33 示例中 SAR 分为 1g 和 10g，功率密度区域为 $4\mathrm{cm}^2$）。

注意在模型的内部，各个点的峰值空间平均 SAR 的中心，与 1g 或 10g 立方体的表面不重合。

对于相干的场，需要根据实际的矢量求和来确定从 N 处源同时发射的情况：

$$E^{\mathrm{corr}}(r)=\sum_{n=1}^{N}E_j(r,f) \tag{6.14}$$

$$H^{\mathrm{corr}}(r)=\sum_{n=1}^{N}H_j(r,f) \tag{6.15}$$

由于功率密度通过式（6.11）～式（6.13）确定，再通过式（6.14）和式（6.15）将暴露进行归一化得到 $\mathrm{TER}^{\mathrm{corr}}$。

5）表面评估和被测设备的测试位置

下面将会给出两种评估表面和被测设备测试位置的方案。这两个替代方案都需要足够大的评估表面以确保最大空间平均或最大峰值的功率密度满足测试方案。

方案 1：评估用户的暴露。

在对应用户头部或身体的局部位置，对其表面进行功率密度的评估。分别使用满足 IEC 62209 要求的 SAM 模型或平坦模型进行头部或身体的暴露评估。在 IEC 标准中对靠近耳部、身体和四肢位置的测试位置进行了定义，目前可以继续使用该方案对功率密度进行评估。

SAM 模型共形的评估表面可能会使得功率密度的测量和评估过于复杂化，因此作为替代方案，当可以证明评估足够保守时，可以考虑使用与 SAM 模型形状的内壳表面相切的平面作为测量或评估的表面。

对于某些基于近场重建算法的测试技术，这类场相较于 SAM 模型会更加复杂，因此对于这类方案还需要进行进一步的研究。按照本方案，可以简化为在与 SAM 模型正切的平面进行评估，但这可能会导致 SAM 模型上的点会对应一个具有不同方向的平面。因此对于这个情况，可能需要重建多个平面的功率密度，这就需要进一步的研究以简化过程。

方案 2：评估用户的最大暴露状态。

在最大可接触区域的峰值或空间平均功率密度的评估表面，可以评估功率密度。对于这个方案，可以考虑从设备表面上的天线或天线阵列的几何中心点到评估表面的间隔距离，如图 6.34 所示。

图 6.34　替代方案 2 示意图

对于本替代方案，由于不像替代方案 1 采用 IEC 62209 标准的方案，因此需要对这类平面的方法和优化技术进行检验。同时在测试中需要采用最保守的方案，在不同的平面上评估功率密度（如使用重建算法），这将导致相当长的耗时。

同时由于评估平面的方案与 IEC 62209 规定的不同，在评估多个发射器的 SAR 和功率密度组合方案时，本替代方案无法使用。对于这类具有多个发射器的被测设备（如利用波束成形的天线阵列），还需要考虑最大功率密度的平面可能会随着天线权重的变化而变化。

此外，对于本替代方案，需要进一步研究简化方案。

对于多重暴露环境，目前两种替代方案都可以用来评估总暴露比。替代方案

1 可以同替代方案 2 结合使用，以降低测试过程的复杂性。一些测试位置或暴露场景（如头部暴露），可以根据替代方案 1 进行评估，其余的测试位置或暴露场景（如身体暴露）可以通过替代方案 2 进行优化，以确保对所有的测试位置和暴露场景进行充分的评估。

6）测量系统的检查

系统检查的目的是验证系统在明确定义的条件下在设备测试频率下的规格内运行。系统检查在合规性测试之前验证功率密度系统的测量精度和可重复性，并不是对所有系统规范的验证。系统检查可检测系统中可能存在的短期漂移和不可接受的测量误差或不确定性，例如：

（1）系统检查组件出现问题；

（2）测量系统组件出现漂移；

（3）在测量设置或软件参数设置中出现错误；

（4）系统配置和测试环境中的其他可能的不利条件，如射频干扰、温度变化。

系统检查是使用系统检查天线在 1cm^2 和/或 4cm^2 进行峰值空间平均功率密度的测量。系统组件、软件设置和其他系统参数需要与符合性测试使用的参数相同。应用的校准参数需要在符合性测试的频率进行验证。这意味着应对每个适用于符合性测试的探头频率校准点进行系统检查。

系统检查应在功率密度评估之前 24 小时内进行，注意，需要评估在将用于评估被测设备的同一套功率密度测量系统上进行。由于系统检查天线的设计变化、机械误差和介电公差，系统检查目标功率密度值可能会偏离系统制造商给出的目标值。因此，系统检查目标值应根据特定系统检查天线的校准证书确定。

系统检查使用的天线应平行于评估表面，公差为±2°；评估表面和天线之间的距离（s）应足够精确，以确保可重复性的偏差小于 2%。

天线回波损耗应至少每年进行一次，测量方案可以使用网络分析仪进行，以确保由功率反射导致的低功率密度测量不确定度满足要求。由于经常使用系统检查天线，它们可能会损坏（如机械失真或天线输入连接器退化）；系统检查天线的回波损耗应由用户定期检查，以避免对系统检查结果造成影响。

系统检查天线应每年在指定距离的评估表面上，校准一个 1cm^2 和/或 4cm^2 的值，应提供校准目标值的不确定度列表，其不得超过 1dB（$k=2$）。

当满足下列要求时，可以认为系统检查是成功的：

（1）校准天线在 1cm^2 和/或 4cm^2 的测量值峰值空间平均功率密度与目标值之间的绝对差值，其与测量系统和校准天线的混合不确定度 u_{comb} 的关系满足式（6.16）：

$$\frac{|\text{psPD}_{\text{Meas}} - \text{psPD}_{\text{tgt}}|}{\text{psPD}_{\text{tgt}}} < 2 \times u_{\text{comb}} \tag{6.16}$$

$$u_{\text{comb}} = \sqrt{u_{\text{antenna\_cal}}^2 + u_{\text{power}}^2 + u_{\text{Meas}}^2} \tag{6.17}$$

其中，$u_{\text{antenna\_cal}}$ 包括校准天线和物理建模，标准不确定度 $k=1$；u_{power} 为发射天线的功率，标准不确定度 $k=1$；u_{Meas} 为测量系统（探头校准、电子器件和定位），标准不确定度 $k=1$；psPD 表示峰值功率密度。

（2）使用相同的设备和设置，辐射天线测量得到的峰值空间平均功率密度值与目标值之间的所有相对差异，均在 1cm^2 和/或 4cm^2 的系统重复性不确定度范围内，如式（6.18）所示：

$$\left(\frac{\left|\text{psPD}_{\text{Meas},n} - \text{psPD}_{\text{tMeas},n\text{-}x}\right|}{\text{psPD}_{\text{tgt}}}\right) \times 100\% < u_{\text{Drift}} \tag{6.18}$$

其中，u_{Drift} 是系统制造商默认时间的最大系统漂移（功率源、探头等）。

在以任何配置进行被测设备的功率密度测试之前，必须满足上述系统检查的要求。

目标值既可以是数值计算的目标值也可以是在校准过程中评估的测量目标值。系统检查的经实验验证的目标值每年至少评估一次。经实验验证的目标值与数值计算的目标值之间的偏差不能超过±10%。

7）系统验证

系统验证是使用特定天线来验证测量系统在满足测量不确定度要求的情况下进行确认的程序。换句话说，系统验证是按照本文档的方案确认准确度。系统验证应每年至少进行一次，当有新系统投入使用或者对系统进行硬件和/或软件修改时（如更改重建算法、使用不同的读取电子器件或探头校准后）应进行系统验证。系统验证可以由系统制造商或系统使用者进行。

系统验证的源可以是简单的锥形喇叭天线，如图 6.35 和图 6.36 所示。在孔径

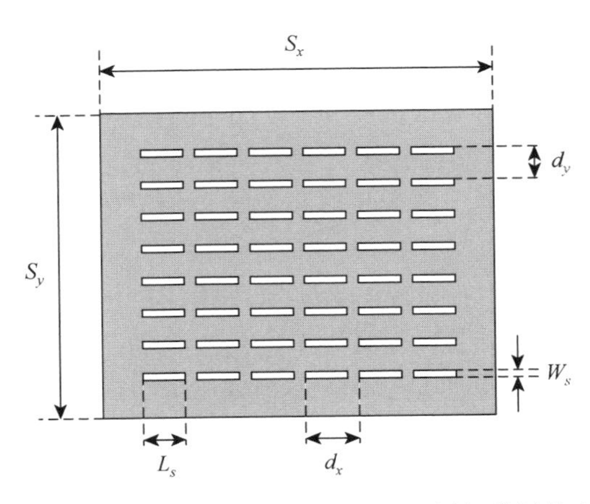

图 6.35　带插槽阵列的厚度为 0.15mm 的不锈钢模板的主要尺寸

此图给出锥形喇叭天线的表面结构；所示元件对应于 90GHz 的设计

的中心，喇叭天线在 y 方向上提供线性极化的电场，在 x 方向上提供线性极化的磁场。这些喇叭天线具有同轴馈电或波导馈电。

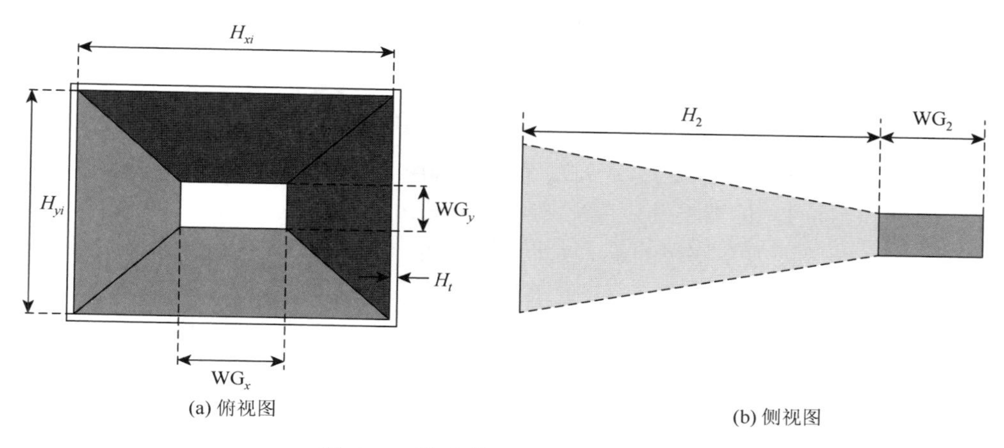

图 6.36　锥形喇叭天线的主要尺寸

系统检查的源有 4 个频率：10GHz、30GHz、60GHz 和 90GHz。如果校准参数在这些频段外，则需要重新定义其他的系统验证源。回波损耗应优于 20dB。

对于验证天线，系统验证是在其适用的频率范围以 $1cm^2$ 和/或 $4cm^2$ 进行峰值空间平均功率密度的测量。在平坦的分析平面与验证天线分别以 2mm、5mm、10mm、50mm 的间距进行测试。峰值空间平均功率密度的测量方案应按照图 6.32 所示的方案进行。将测量的结果与归一化为发射功率的目标值进行比较。

为了使峰值空间平均功率密度的值在规定的动态范围内，需要对天线的发射功率进行调整。

系统验证的评估准则应适用于验证天线在 $1cm^2$ 和/或 $4cm^2$ 的所有间隔距离测量得到的数值。此外应对场分布进行图示化处理，并将其同标准规定的分布进行比较。

验证准则为验证功率密度测量系统是否在使用范围和相应的不确定度区间内进行。

目标值 $V_{\mathrm{tgt},x,j}$ 和测量值 $V_{\mathrm{Meas},x,j}$ 的相关偏差 $r_{V,x,j}$ 通过式（6.19）得到，其用 dB 表示：

$$r_{V,x,j} = 10\log\left(\frac{V_{\mathrm{Meas},x,j} - V_{\mathrm{tgt},x,j}}{V_{\mathrm{tgt},x,j}}\right) \tag{6.19}$$

其中，V 是目标值；x 是间隔距离，单位是 mm；j 是验证天线。

所有的天线和分析平面中的最大和最小 $r_{V,x,j}$ 都需要进行计算。最大的允许误差是最小公差（$+O$，$-U$）中包含的所有计算的相对差异。

因此系统验证满足下列公式，则可以认为通过评估准则：

$$-U < r_{V,x,j} < +O \tag{6.20}$$

$$+O = 2 \times \sqrt{u_{\text{antenna\_cal}}^2 + u_{\text{power}}^2 + u_{\text{Meas}}^2} \tag{6.21}$$

$$-U = -2 \times \sqrt{u_{\text{antenna\_cal}}^2 + u_{\text{power}}^2 + u_{\text{Meas}}^2} \tag{6.22}$$

其中，$u_{\text{antenna\_cal}}$ 包括校准天线和物理建模，标准不确定度 $k=1$，单位为 dB；u_{power} 为系统的功率，标准不确定度 $k=1$，单位为 dB；u_{Meas} 为测量系统（探头校准、电子器件和定位），标准不确定度 $k=1$，单位为 dB。

通过系统验证方案获得的最大允许误差的值（$+O$，$-U$）需要在所有的测量证书中，并和测量系统的不确定度评估在一起。

8）使用方形或圆形对平均区域进行功率密度符合性评估的基本原理

本小节将讨论方形和圆形平面区域的差异，这些区域将用于推导分析平面 S_{av} 上功率密度的空间平均。按照下面的分析，具有正方形形状的平均区域状态更加复杂，这将可能影响建模的周期，并可能影响复现性。

在 30GHz 到 100GHz 的一些频段，使用矩阵法（Method of Moments，MoM）进行模拟计算。使用装配 2×2 和 1×4 元件的贴片阵列天线作为源。每个元件都用相同的幅度相位激发。空间平均功率密度 S_{av} 由式（6.11）导出，使用的平均面积为 1cm^2 和 4cm^2，天线和分析平面间的间隔距离为 1～10mm。用于在 30GHz、60GHz、100GHz 导出的 S_{av} 的空间解析度分别是 1mm、0.5mm 和 0.2mm。

天线从初始位置旋转 90°，如图 6.37 所示。对于天线的每个位置，导出其在正方形上的平均 S_{av} 的空间最大值。

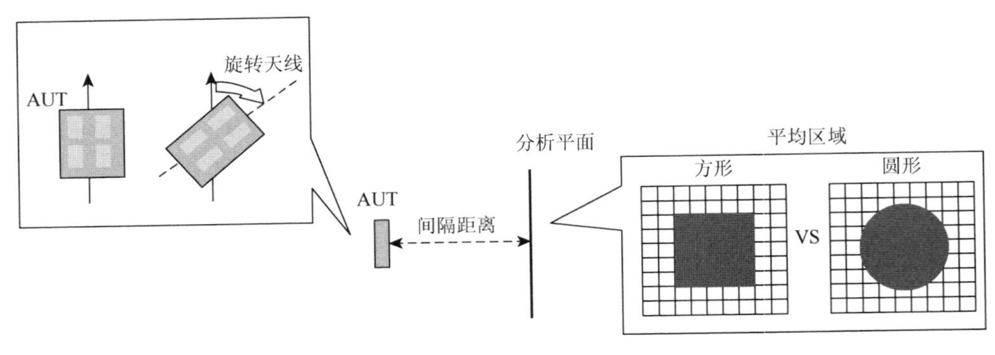

图 6.37　通过旋转天线评估使用方形的 S_{av} 变化的示意图

图 6.38 给出了天线间隔距离不同条件下的，方形和圆形的平均 S_{av} 的比率。图中的实线由方形平均区域的 S_{av} 中间方位给出，而垂直的线条则是旋转天线的扩展值范围。

对于方形平均区域在不同方向获得的 S_{av} 的扩展，建议使用圆形平均区域以确保具有更好的复现性。

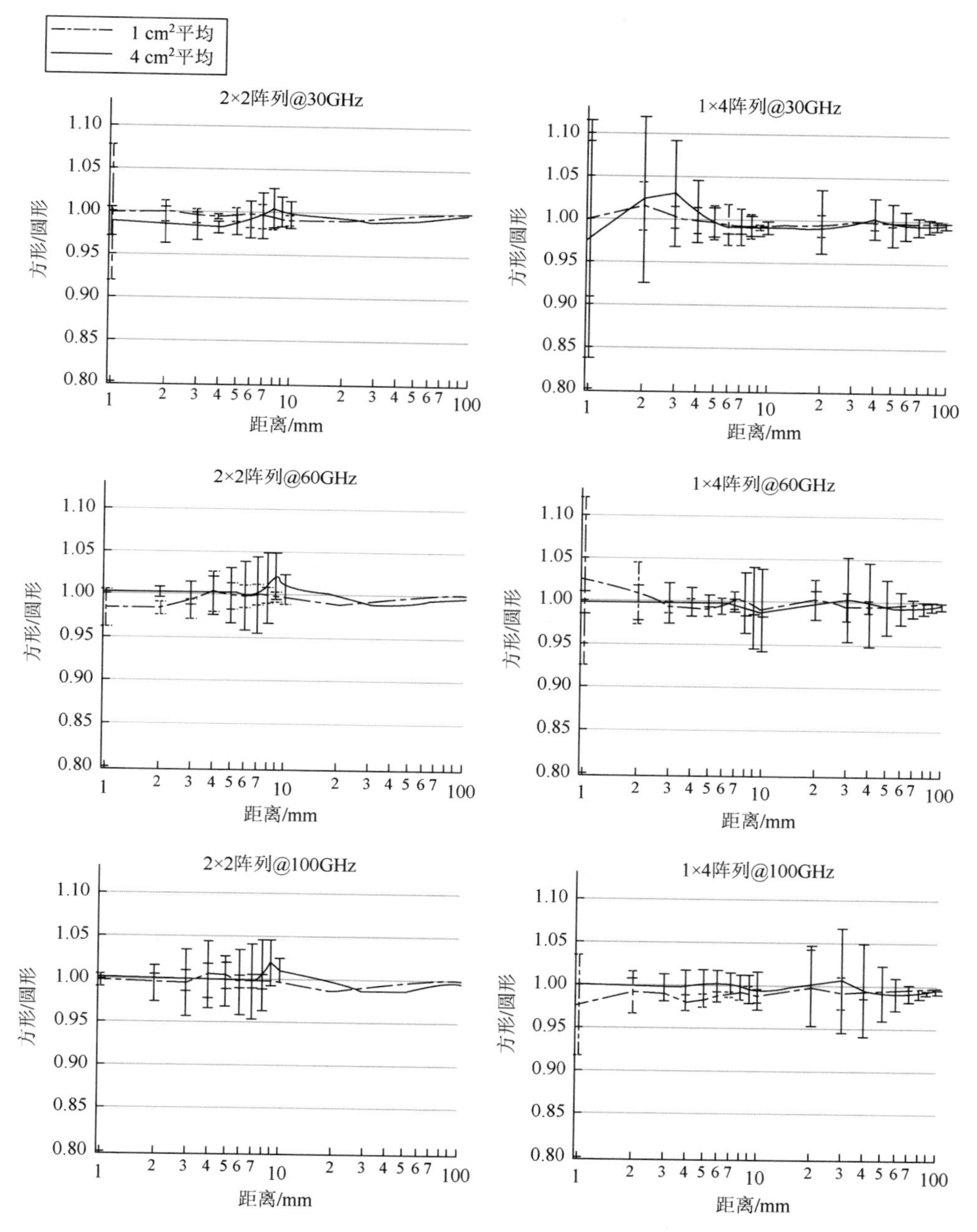

图 6.38　平均 S_{av} 的最大值在方形和圆形区域的比较

9）重建算法

应用重建算法将测量的场转换为分析平面处的功率密度。在近场中，该变换需要所有电场和磁场矢量分量的幅度和相位。重建算法包括以下一种或多种技术：①从测量数据中提取场的细节，例如，从其幅度计算场相位，计算矢量分量，或从电场中估计磁场（反之亦然）；②如果分析平面距离测量表面比被测设备更远，则场正向变换（传播）；③如果分析平面比最接近的测量表面更靠近被测设备，则反向变换（传播）。

（1）提出场信息的方法。

这些重建算法的输入是电场和/或磁场信息。电磁场是具有 6 个自由度的复数值（幅度和相位）：对应于每个电场（E）和磁场（H）分量的幅度和相位。然而，麦克斯韦方程在无源、均匀、线性、非磁性和各向同性介质中将独立自由度的数量减少到 4。因此，为了确定电磁场，只要测量适合于所选择的方法，就足以测量其两个复杂分量。例如，如果要在谱域中计算缺失量，则测量点必须满足采样和域范围要求以计算平面波谱。

通常将电场的两个复杂分量用作测量数据，并且使用平面波谱关系计算缺失量。第三电场分量的测量可用于改进数值重建。同样，可以测量磁场的两个或三个分量并从这些分量中导出电场，甚至直接测量电磁场的所有分量。

所有这些方法在理论上是等同的，并且一种方法的选择完全取决于可用的技术解决方案，以及它们的效率和准确性。

众所周知，基于麦克斯韦方程的电磁场重建方法的优点之一是其解决方案的唯一性。这些方法利用复值场相量。如果不能直接测量电场和/或磁场的相位，则可以使用诸如干涉或迭代程序（如 Gerchberg-Saxton 算法）从场幅度的多次测量中数值重建它们，或使用 Anderson 和 Sali 的变体，从两个平行平面的振幅测量中恢复相位。然后可以将重建的相位数据与幅度信息一起用作场扩展或逆源方法的输入。在不确定度评估中应考虑相位重建算法的误差。

（2）场的前向传输。

正向变换（传播）的最常见应用是从近场测量计算远场。然而，测量位置和远场之间的区域中的近场也可能是有意义的。

测量表面上的测量数据在模式方面展开，即根据波动方程解的基础。选择展开的基础是为了使基函数在测量表面上正交；因此，根据测量表面，我们可能会遇到平面、球形或圆柱形波的展开。另外，测量表面的选择通常由被测设备特性和测量要求决定。可以从一个基础传递到另一个基础，如从球面波展开到平面波展开。在上述基础分解中，目前平面波谱（Plane Wave Spectrum，PWS）分解已广泛地用于评估人体暴露于射频场。

平面波展开将场分解为具有跨空间传播的基函数（平面波）。例如，利用快速傅里叶变换（Fast Fourier Transform，FFT）可以有效地计算该分解。

场积分方程或辐射积分涉及封闭表面上的表面电流密度和该表面外任何位置的辐射电磁场。这可以用于如下的正向变换（传播）。

使用 Love 等效定理，可以根据电场及磁场的幅度和相位（测量或重建）计算等效的磁或电表面电流密度。对于时间谐波电磁学，电场积分方程（Electric Field Integral Equation，EFIE）或磁场积分方程（Magnetic Field Integral Equation，MFIE）可用于计算空间中任何点（在计算电流密度的表面之外）的辐射电磁场。通常必须在封闭的表面上知道电流密度，对于场（和表面电流）贡献可忽略不计的实际应用，可以截断电流密度。为了计算远场，可以简化方程。

本节所述示例如图 6.39 所示。

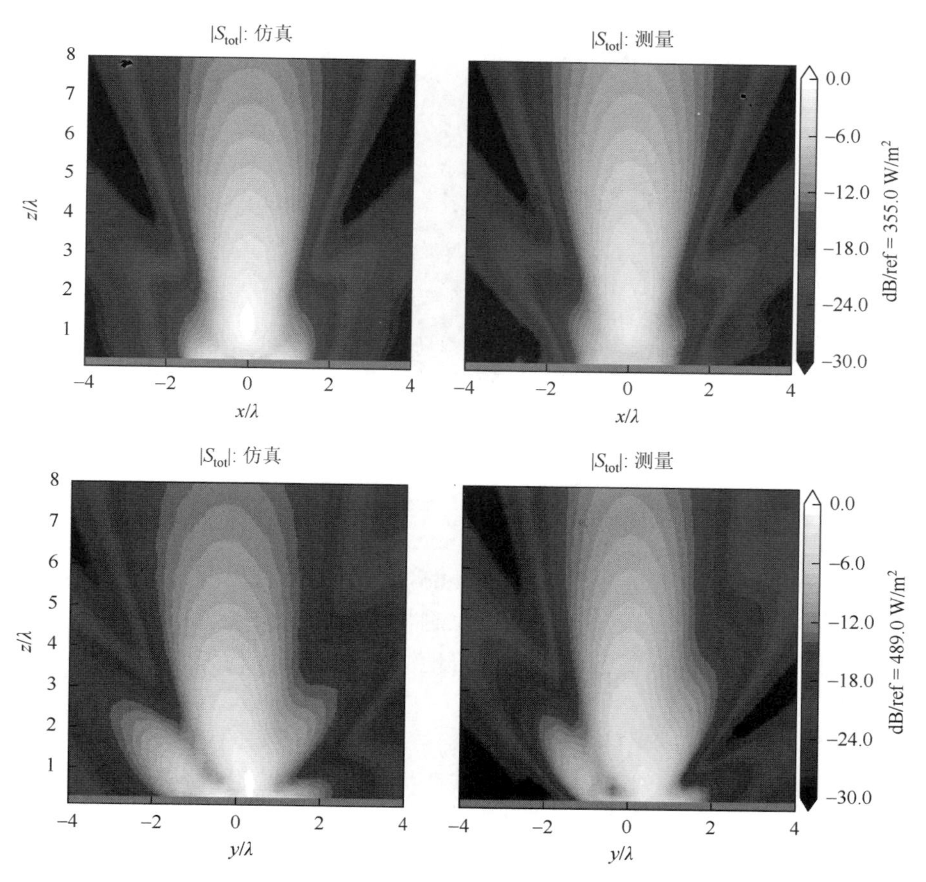

图 6.39　模拟（左）和测量的正向变换（右）在 *xz* 平面（上图）和 *yz* 平面（下图）中的功率密度为 2mm 的距离，用于 30GHz GH 的腔耦合偶极子阵列

3. 应用在 6GHz 以上频段的 5G 测试设备简介

随着 5G 无线通信终端设备的商用日益加快，对于应用在 6GHz 以上频段的无线通信终端设备的电磁辐射测试需求也越来越急迫。

目前国际上已有厂商研发了相关的测试设备。下面将介绍一款基于无干扰的毫米波近场探测器，通过全场及功率密度重建算法的电磁辐射测试系统。该系统示意图如图 6.40 所示。

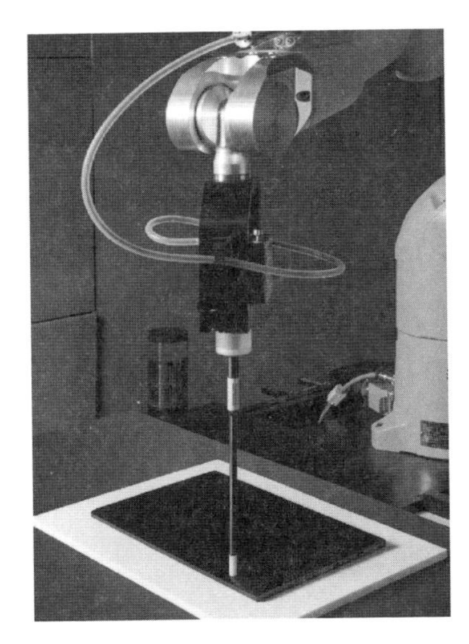

图 6.40　5G 电磁辐射测试系统示意图[14]

1）应用探头

测试系统的探头是基于伪矢量（Pseudo-vector）探测器设计的，不仅可以测量场强还可以得到偏振椭圆。为避免高频时传感器角度可能导致的失真，探头需要得到校准。探头尖端的高密度泡沫很好地减少了散射场的失真，对探头起到很大的保护作用。

探头轴向平面内有两个传感器（γ_1 和 γ_2），分别以不同的角度放置。探头在旋转过程中对传感器实施至少三次测量，获取振幅和偏振数据。

2）模型罩

5G 模型罩需要满足以下条件：不易化学腐蚀、介电常数较低、耐损耗。SAR 测试的头部和身体的模型罩要求可盛放液体以模拟人体组织液环境。头部尺寸参考的是美军男性头部的统计数据，对模型厚度、五官间距有相应规定。5G 模型罩是一个平面，见图 6.41，印有方便定位的格点，可将设备直接置于表面。

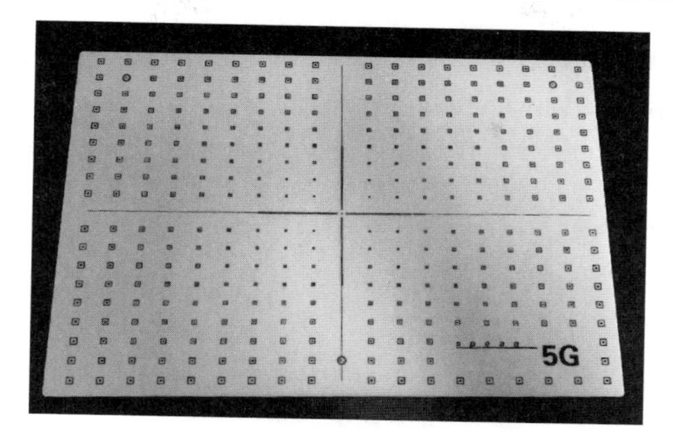

图 6.41　5G 模型罩

3）数据处理

对于三维空间中任意方向的椭圆进行数值描述，需要五个参数：半长轴（α）、半短轴（b）、描述椭圆法线矢量方向的两个角（φ 和 θ）以及描述半长轴倾斜角度的参量（ψ）。对于两种极端的情况，即圆极化和线性极化，可以通过三个参数（α、φ 和 θ）来描述入射场。三维空间中传感器的数值描述和椭圆方向的图解说明如图 6.42 所示。

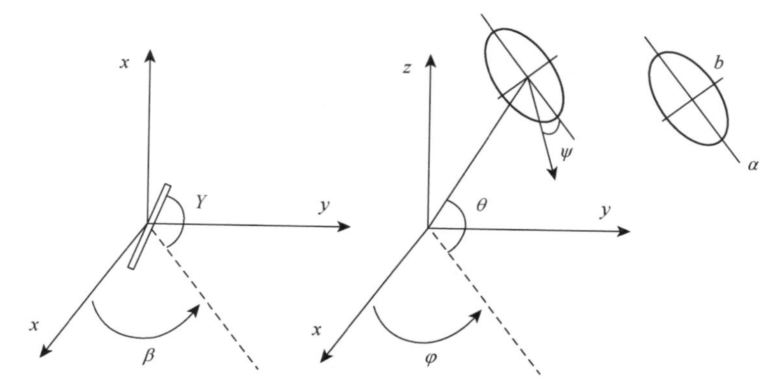

图 6.42　三维空间中传感器的数值描述和椭圆方向的图解说明

对于由实测数据重建的椭圆参数，该问题可表示为非线性搜索问题。椭圆场的半长轴和半短轴可以表示为三个角的函数（α、φ 和 θ）。对于给定的一组角度和测量数据，可以基于最小二乘法确定参数以使误差最小化。通过这个方法，将参数的数量减少到 3 个，这意味着通过 3 个传感器读数即可获得足够用于重构椭圆参数的信息。

为了抑制噪声并提高重建精度，使用专用探头在三个角度位置进行测量。如果需要更多数据或要求更高的精度，可以考虑选择更多的旋转角度。

椭圆参数的重构可以分为线性和非线性部分，对于这部分最好使用 Givens 算法结合下降单纯形法（Downhill Simplex Method）。

为了最小化相互的耦合，传感器的角度设置为 90°，位移为（$\gamma_2 = \gamma_1 + 90°$）。同时为了简化，探头（$\beta_1$）的初始旋转角度可以设置为 0°。

目前市场上除了图 6.40 所示的 5G 电磁辐射测试系统外，还有另外一套由 SPEAG 公司出品的 5G 电磁辐射测试系统——ICEy-mmW。

ICEy-mmW 是在 ICEy-EMC 的基础上开发的，保留有后者的功能，具有近场试验所需设备。一个彩色摄像系统负责采集被测设备的表面图像。暗室的混合材料能吸收大部分反射波，避免环境中出现反射现象。这套系统可用于 5G 毫米波终端的功率密度检测。

图 6.43 与图 6.44 分别为 ICEy-mmW 系统的整体和局部示意图。

图 6.43　ICEy-mmW 系统整体图

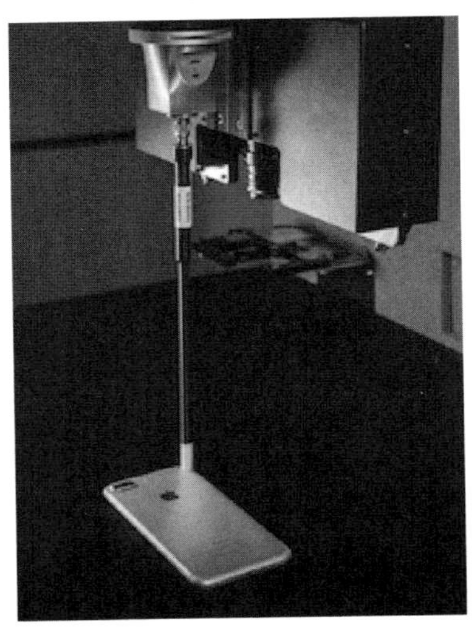

图 6.44　ICEy-mmW 系统局部图

6.4　电气安全测试

6.4.1　电气安全概述

电气安全指的是终端产品的安全性能，很大程度上取决于对它的设计，确保 5G 终端在正常或非正常使用的情况下可能出现的电击、火灾、机械伤害、热伤害、化学伤害、辐射伤害等危害时使用者的安全性。

6.4.2　电气安全对 5G 终端的重要性

随着 5G 的发展，通信终端应用到各行各业，产品形态越来越多，使用范围越来越广，尤其像我国地域分布广阔，涵盖热带、亚热带及高海拔地区，在考察 5G 终端电气的安全特性的时候，要考虑到当地的特殊情况性。例如，对于热带地区，正常室内环境温度应当按 35～40℃来考虑；而对于寒带、亚寒带地区，应考虑产品在零度以下环境使用时的安全特性，特别是和水相关的产品，应当考虑结冰对产品安全的影响，这些环境参数的变化，都会对产品的安全设计带来影响，因此，在产品的设计阶段，就应当考虑产品使用地区的气候特点，适当调整部分产品技术指标的设计裕量。

目前电气安全作为全球各国强制性认证项目，是 5G 终端安全性的基本保障，也是 5G 终端发展的基础，是 5G 终端产品走向世界的敲门砖。电子产品打入各国市场时需要遵守当地的法律法规，这就需要花费大量财力和时间获取各地的产品安全认证资格。不过在 CB（Certification Bodies' Scheme）体系的帮助下，制造商能迅速完成测试并进入国际市场。

1. CB 体系

IECEE（The IEC System of Conformity Assessment Schemes for Electrotechnical Equipment and Conponents），即国际电工委员会电气产品合格测试与认证组织，是 IEC 下属的三个合格评定组织之一。IECEE 的 CB 体系是第一个全世界范围内的电子电气产品和元器件安全检测结果多边互认体系。CB 体系最早是由欧洲电气设备合格测试委员会（European Electrical Equipment Conformity Committee，CEE）负责实施操作，该委员会于 1985 年并入 IEC。

CB 体系的基础是 IEC 标准和多边协议。加入 CB 体系的国家和认证机构（National Certification Body，NCB）之间形成多边协议，企业可以凭借一个 NCB 根据 IEC 标准颁发的 CB 证书和 CB 报告，获得 CB 体系中的其他成员国的国家认证，而不用对产品进行重复检测。如果产品目的国家的国家标准和 IEC 标准存在差异，那么，该国的国家差异应向其他成员公布，企业在申请该国认证的时候，只需要补充相关国家偏差的测试就可以了。CB 体系一直致力于发展国际贸易往来，协调国家与国际标准兼容，促成认证机构水平的合作和互相承认对方的检测结果，最终实现产品“一次检测、一个标志”就可以通行全球的目标。

IECEE 除了 CB 体系外，还有一套在 CB 体系的基础上发展起来的 CB-FCS（IECEE CB Full Certification Scheme）体系。CB-FCS 体系的宗旨是在 CB 体系的基础进一步延伸，它不仅包括检测结果（包括国家差异检测结果）的互相承认，还包括工厂审查结果的互相承认。NCB 向企业颁发的是包括了型式检验结果和工厂审查结果的 CAC（Conformity Asessment Certificate）证书；其他加入 CB-FCS 体系的 NCB 全面接受和认可 CAC 证书，并以此为基础向企业颁发认证证书，并授权企业在产品上使用其认证标志，而无须重复检测和进行工厂审查，除非原来的 CAC 报告中存在明显的错误。和 CB 证书一样，CAC 报告也必须同时和 CAC 证书一起使用时才有效。中国企业目前采用 CB-FCS 体系的情形不多。

2. 5G 终端开展产品安全认证的目的

产品销售市场的法律要求：如果产品销售市场（如中国、日本等）的法律要求产品必须取得某种形式的认证来证明产品符合相关的法律法规，那么，企业在认证准备阶段的主要工作就是确认自身的产品是否在强制认证的范围内，以及哪些认证机构有资格开展相关的强制性业务，只要产品属于强制认证范围内的产品，企业必须无条件为这些产品申请认证。

商业广告的目的如下。

（1）提高企业形象：中国许多电气产品制造企业在申请国外产品认证的时候，许多时候并没有直接的出口业务，他们申请认证往往只是为了能够在相关产品或产品目录中使用该认证标志，提高企业的形象和消费者的信心，并为将来可能的出口业务做好准备。在这种情况下，企业具体需要认证的产品型号其实是不确定的，因此，企业应当挑选自己比较有把握的产品用于认证，重点注意所选择的认证机构的声誉以及自身的经济条件，因为使用相关的认证标志是存在后续费用的；同时，企业还应当仔细了解相关认证标志的使用限制，避免在使用认证标志时出现不必要的麻烦。

（2）短期需求，或者批量少的出口需要：这种情况是目前中国中小企业在申请认证时最普遍的情形。由于大多数中小企业无法完全把握市场，为了适应市场快速变化的需求，往往在产品已经取得订单并开始生产后，才匆忙申请认证。由于大多数产品认证周期都比较长，根据产品的复杂程度，通常都在一个月以上，企业往往很被动。

（3）企业的长期发展战略：采取这种方式的企业应当在准备阶段充分调研，了解目的市场的合格评定法律要求和认证体系，选择合适的认证机构和符合本身特点的认证模式，在时间上和成本上仔细筹划。

特别需要注意的是，产品认证并非安全合格评定的唯一方法。企业需要充分了解当地的法律政策，请教当地有经验的合作伙伴，找到性价比最好的评定方法。

6.4.3　5G 终端电气安全测试

设备的设计者需要特别考虑故障情况下的安全性测试，如过电压、污染、气候条件恶劣等，另外一种需要特别考虑的是制造误差及由移动造成的形变。

确定方案时需要遵循以下优先次序：

（1）尽量明确能避免或降低危险情况的设计原则；

（2）若（1）削弱了产品功能，则需要考虑设备以外的安全措施，如额外配置人身保护设施。方案应当对可能的或不可避免的危险明确告知，并提出解决措施。

严格来说，产品的安全性能包含在设计者的考虑范围内，但一些缺乏经验的电气工程师常常聚焦于功能设计，不关心安全需求，导致产品安全性能不达标。因此，设计者有必要掌握基本的安全设计原则。

1. 危险的含义

应用安全标准的目的在于避免由下列危险所造成的人身伤害或财产损失：

（1）电击；

（2）与能量有关的危险；

（3）着火；

（4）与热有关的危险；

（5）机械危险；

（6）辐射；

（7）化学危险。

2. 电击防护特性测试

1）电击的危害

人体由于存在电压差而产生电流。一点微小的电流就可以对人体产生不易察觉的危害，应当引起重视。《流经人体电流的效应》（IEC 60479）中表明：

（1）0.5mA 的电流通过人体，可使人体感到有电流流过，此电流为感知电流；

（2）2.5～3.5mA 的电流可使人明显感到有电流流过，此时手指感觉麻但无疼痛，该电流为反应电流；

（3）8～10mA 的电流流过时，触电者能自动摆脱，称为摆脱电流；当电流超过 20mA 时，手指迅速麻痹而不能摆脱，电流再大就会引起心室纤维性颤动，呼吸麻痹，称为致命电流；

（4）数值在 50～80mA 时，还会导致电灼伤。电灼伤是由电流经过或穿过人体表皮而引起的皮肤或器官的灼伤。

《接触电流和保护导体电流的测量方法》（GB/T 12113—2003）给出了上述各类电流的测量方法和测量网络以及高频下的频率加权的测量电路。

2）爬电距离、电气间隙和绝缘穿透距离的测量

电气产品电击防护的基本测试内容就是爬电距离、电气间隙和绝缘穿透距离的测量。测量的方法有很多，为了提高精度，必要时可以使用游标卡尺、螺旋测微仪等多种长度测量工具。

3）可接触危险带电件检查

电压测试是一种快速判断外部可接触带电金属部件是否可能对人体造成电击伤害的检测项目，检测时，需要测量带电部件对地和相互之间的电压。由于产品使用的环境不同，对可触及的带电件是否属于危险带电件的判定标准略有差异：

（1）电压不超过交流 35V 或直流 60V；

（2）电压为 60V～15kV 时，放电量不超过 50μC，接触电流不超过直流 2mA 或交流 0.7mA（峰值）；

（3）电压超过 15kV 时，放电量不超过 350mC，接触电流不超过直流 2mA 或交流 0.7mA（峰值）。

在实际中，为了检测方便，通常使用一个 2kΩ 的纯电阻来模拟人体，通过测量流过电阻的电流，快速判定带电件是否属于危险带电件。

4）电气强度测试

电气强度测试（Electric Strength Test）的目的是考察产品的绝缘系统在电压的长期作用下，是否能够在产品的设计使用寿命内保持绝缘的有效性。电气强度测试是一种加速测试方法，即在一定程度内提高绝缘系统所承受的电压：加速测试的关键思路在于，在可承受范围内增大绝缘材料的电压，加速材料的老化，缩短测试周期，在更短的时间内得到原先需要很长时间才能得到的效果。由于电气强度测试的测试电压较高，所以电气强度测试俗称高压测试（Hi-pot Test）。有关电气强度测试的具体细节，可参见标准 IEC 61180。

电气强度测试中，利用特殊的高压输出设备将高电压施加在绝缘的两端；一旦绝缘被击穿，电阻极小，电流趋向无穷大。在实际电气强度测试中，测试电压通常施加在电源插头和相关绝缘系统的另一边。

尽管在不同的产品安全标准中，电气强度测试的方法和使用的测试设备基本一致，但是测试参数并不一致。电气强度测试中检测电压的大小和产品所在的工

作环境、额定电压、工作电压等密切相关。

对于大部分工作电压在 250V 以下的电气产品而言，电气强度测试的测试电压如下。

（1）安全特低电压电路的基本绝缘：500V。

（2）功能绝缘、基本绝缘：1000～1500V。

（3）附加绝缘：1000～2250V。

（4）加强绝缘：一般是基本绝缘测试电压的两倍。

测试电质通常是频率为 50Hz 或 60Hz 的正弦交流电，但对于测试两点之间的跨接电容，也可以采用等效于交流电压峰值的直流电压进行测试，也有的产品安全标准采用交流电压有效值的 1.5 倍直流电压进行测试。无论采用哪种测试电压，测试结果的判定都是考察是否出现绝缘击穿现象。

5）绝缘电阻

测试绝缘材料相对导体而言，最大的区别是在电气性能上呈现高阻特性，因此，考察绝缘材料的绝缘电阻（Insulation Resistance）是验证绝缘材料可靠性的手段之一。需要注意的是，任何绝缘材料的绝缘特性都是相对的，一旦承受的工作电压超过一定界限，绝缘材料就有可能被击穿，因此，使用绝缘材料的绝缘电阻来验证绝缘的有效性时，必须注意这个指标的相对性。

6）接触电流

接触电流（Touch Current）测试，是考察电气产品在正常工作状态和异常情形时，人体接触到产品时流经人体的电流在安全范围内而不会引起电击。由于人体电容、产品分布电容的耦合作用，当人体接触到产品时，会有电流通过产品、人体和大地所形成的回路流经人体，因此，对于电气产品外部的非带电金属部件，同样需要考察接触电流。

接触电流的测试需要使用特定的测试网络，以此来模拟人体的电气模型。检测时，产品一般处于正常工作状态，然后将检测网络跨接在电源的一极和检测部位之间。检测部位指的是产品外部人体可以接触的部位，通常是产品外壳上的金属部件和输出端子等带电部件。

接触电流的测试通常是在产品处于极端应用条件下进行的。根据产品的使用情况和环境，接触电流的允许限值略有不同。一般地，无论正常工作状态下，还是异常情形下，为了避免电击，接触电流不应当超过反应阈值，通常取限值 0.25～0.75mA（直流为 2～5mA），具体数值根据产品类型不同而略有不同。

7）泄漏电流

泄漏电流（Leakage Current）测试主要考察电气产品的绝缘系统因为分布电容和本身内部结构等原因，出现通过大地旁路部分电流的现象。泄漏电流的检测，通常是在产品处于断电状态时，在产品的带电件和产品外部可触及的金属件之间施加一个电压，电压值是产品的绝缘系统在正常使用条件下可能承受的最高电压。

在泄漏电流的检测中，应当注意跨接电容对检测结果的影响。如果存在类似跨接电容的部件，应当将这些部件拆除后再进行检测。

8）热灼伤及防火的测试

电气产品的防火（Fire Protection）特性和过热（Overheating）保护的检测试验，常见的测试主要有整机温升测试和材料测试。整机温升测试主要通过考察产品出现最严酷的发热状况和遭遇的高温环境，从宏观上来考核产品是否能在防火和过热防护方面满足要求；材料测试主要根据材料在整机中所使用的情形，从微观上来考核产品的部件是否能够承受使用中可能出现的高温，不会出现影响产品安全特性的现象，如起火、严重变形或性能失效等。

9）温升测试

整机温升测试（Temperature Rise Test）可以分为产品正常温升测试和异常温升测试两种。

应当在额定电源电压的上下限记录零部件的升温情况，判断其是否符合标准规定。

在额定电压或额定电压范围的容差下可获得温升的最大值。当它们的试验条件和设备的使用条件一致时，元器件和其他零部件可进行单独的测试。

嵌入式安装、台架式安装或组装在较大设备上的产品试验条件需满足所允许的最恶劣情况。

若存在电气绝缘（除绕组绝缘外）失效引发事故的隐患，需在绝缘表面靠近热源点进行温升测试。

温升不应超过标准规定值。

10）故障条件下的温度试验

设备发生过载、过压或失效等故障时，不应该出现由温度过高造成的安全隐患。

故障模拟实验测量的是变压器和塑料材料部分的温度，前者不应超过规定数值。

6.5　环境可靠性测试

6.5.1　环境可靠性概述

5G的发展让消费者对通信终端产品的质量有了越来越高的要求。过去更多地关注技术性能方面的提升，如今可靠性高、寿命延长的高性价比产品在市场上更受欢迎。可靠性指的是产品达到制造商承诺的功能性、耐久性、安全性标准，由平均无故障工作时间、可靠度等量化指标衡量。

可靠性相关因素：工作和环境条件、规定时间、规定功能（失效判据）产品的失效分类。产品的失效可以分为：

（1）致命失效、漂移性失效、间歇失效等；

（2）早期失效、偶然失效和耗损失效。

致命失效是指产品完全失去规定功能的一类失效。

漂移性失效是指产品的一个或几个参数超过规定值所引起的一类失效，如半导体器件的电流增益、反向漏电流的漂移超过所规定的数值，电阻器的阻值，电容器的容量、损耗角正切、绝缘电阻发生漂移引起的失效等。

间歇失效是指产品在使用或试验过程中呈现时好时坏的一类失效（例如，管壳内混有可动导电微粒，造成振动引起的瞬时短路）。其中，独立失效是指和系统中其他失效不相关的失效。从属失效是指因系统中某一部件失效而引起的相关失效。

早期失效往往是由产品存在先天不足的缺陷所造成的。

对于可修复的产品而言，两次故障之间的时间间隔称为该产品的寿命。

产品的可靠性指标是统计指标，不能像技术性能指标一样量化测量，必须在可靠性试验、调查的基础上综合分析才能得到客观的评价。

6.5.2　5G 终端环境可靠性测试

可靠性试验可以是实验室试验，也可以是使用现场试验。

实验室试验是在实验室内模拟实际使用条件或在规定的工作及环境条件下进行的试验。使用现场试验是在实际使用状态下所进行的试验。对产品的工作状态、环境条件、维修情况和测量条件等均需记录。实验室试验是在规定的受控条件下的试验。它可以模拟现场条件，也可以不模拟现场条件。大多数装备是在不同的、比较复杂的环境条件下使用的。产品在不同的环境下使用时，可靠性不一定相同。在实验室试验中，显然不可能去模拟各种使用环境。因此必须根据各种可能的使用环境条件及其出现的概率，综合给出一个有代表性的典型的实验室试验用的环境条件，供实验室试验使用。

使用现场试验从原理上说，它能最真实地反映产品的实际可靠性水平。但是这里也有很多问题，如前所述，不同使用环境的产品可靠性是不一定相同的。而使用现场试验的环境条件不可控，因此现场可靠性数据需要折算到标准的典型环境条件下的可靠性，由于这种折算关系相当复杂，一般只能进行一些近似折算。更重要的问题是，使用现场试验往往需要较长的试验时间，因此只有在投入使用现场试验较长时间后，人们才能测定产品的可靠性或发现它的潜在缺陷。这时再要采取纠正措施，即使还来得及，也是事倍功半的。

1. 耐久性试验

耐久性试验是为测定产品在规定使用和维修条件下的使用寿命而进行的试验。它既包括耐久性测定试验及有耐久性的验证试验，也包括耐久性的鉴定试验及耐久性的验收试验。很多使用寿命为若干年的产品往往等不及做多少年寿命试验就直接希望得出结论，因而多采用加速试验（Accelerated-test）的办法，即所谓的缩短试验时间。它是在不改变故障模式和失效机理的条件下，用加大试验应力的方法进行的试验。但用加速试验得到的使用寿命的估计值不一定很准确，需要用现场使用数据进行核对。因此也需要把现场使用作为使用现场试验来核对原先的估计。因此，有计划地把现场使用作为使用现场试验来收集数据、信息是很重要的。这种办法所需的费用少、数据采集的信息多，并且环境是真实的，方案制定方应重视现场使用信息的收集及分析。

2. 寿命试验

寿命试验是评价分析产品寿命特征的试验，通过寿命试验可以了解产品寿命分布的统计规律，以此作为可靠性分析的基础和制定筛选条件及改进产品质量的依据。寿命试验可分为储存寿命试验、工作寿命试验、加速寿命试验等。

3. 储存寿命试验

储存寿命试验是产品在规定的环境条件下进行的非工作状态时的存放试验，也称为储存试验。通过储存试验可以了解产品在特定环境条件下的储存可靠性。有些产品生产出来之后，不一定立即交付使用，而是先在仓库里储存一段时间。在储存期间内，其参数变化规律且能否保持原有的可靠性指标等，这些问题都需要经过储存试验来确定。储存条件可以根据产品的特性及使用要求而设置。进行储存试验时，被测样品应处于非工作状态，通过一些加速试验对产品可靠性作出比较好的预计和评价。

4. 工作寿命试验

工作寿命试验是对产品在规定的条件下进行施加负荷的试验，工作寿命试验分为连续工作寿命试验和间断工作寿命试验。

连续工作寿命试验是传统的寿命试验方法，分为静态和动态两种试验。静态试验是施加最大直流额定负荷的寿命试验。这种试验的优点是设备简单，但比较耗时费资。动态试验是模拟产品实际工作状态的试验，例如，集成电路在规定负荷、信号源情况下所进行的寿命试验就是动态试验。动态试验由于试验条件与产品的实际工作状态非常接近，它的准确性比静态试验好。动态试验的设备比较复杂，费用较高。仅在某些必要的场合下才采用动态试验，一般仍以静态试验为主。但在国外，对于集成电路等器件都规定要进行静态和动态两种试验。间断工作寿命试验是使被测样品周期性地处于工作和非工作状态的试验。

加速寿命试验是由于试验需要较长的时间，为了缩短时间、节省样品与费用、快速地评价产品的可靠性，就需要进行加速寿命试验。加速寿命试验是在既不改变产品的失效机理又不增加新的失效因子的前提下，提高试验应力，加速产品失效进程的一种试验方法。根据加速寿命试验的结果，可以预测产品在正常应力下的寿命特征。按照试验应力的不同施加方式，加速寿命试验可以分为恒定应力加速寿命试验、步进应力加速寿命试验和序进应力加速寿命试验等。

5. 环境适应性试验

环境适应性试验包括现场使用试验、天然暴露试验和人工模拟试验等。

随着 5G 的发展，通信产品应用到各行各业，因此 5G 终端的可靠性也越来越受到广泛的关注，因此为了确保 5G 终端在各种环境条件下达到预定的性能保证可靠的使用，了解、掌握和研究环境适应性试验是必不可少的。

环境适应性试验大致可分为气候环境试验、机械环境试验和综合环境试验。气候环境试验包括温度、湿度与压力等环境应力试验，而机械环境试验则包括冲击和振动等环境应力试验。

（1）机械环境试验：冲击、碰撞、振动、加速、声振、跌落、运输。

（2）气候环境试验：温度、湿度、气体腐蚀、霉菌、盐雾、风雨、压力、辐射。

（3）综合环境试验：机械环境和气候环境相结合的环境因素。

环境适应性试验贯穿于 5G 终端产品的设计、试制、生产、销售、使用的全过程，通常是设计—环境试验—改进—再环境试验—直至投产。环境适应性试验做得越仔细越严格，改进提高得越好，在使用中越可靠。

1）高温试验

（1）试验方法的选择。

如果试验的目的是确定 5G 终端在高温条件下储存或非工作状态下的适应性，一般采用非散热样品的温度突变或温度渐变的高温试验。但必须注意，温度突变对样品无破坏作用时，一般采用温度突变试验，否则采用温度渐变试验。散热样品在进行高温试验时，最好采用无强迫空气循环的试验箱（室），它能满足“自由空气”条件，当试验规定的温度条件不容易保持时，也可以采用有强迫空气循环的试验箱（室），但要求这种箱（室）的风速尽量低，一般不超过 0.5m/s。

（2）试验严酷等级的选择。

试验温度主要根据实际的使用或储存环境条件来确定，此外，还应考虑太阳辐射增温、设备本身发热以及周围热源等诱发的环境影响。

试验时间主要根据试验的目的来确定。如果试验仅仅是为了检测被测样品在高温条件下能否工作，则样品放入高温箱后在规定的试验温度上达到温度稳定所需要的时间，可以作为试验时间，但一般不少于半小时。

如果试验的目的是考核 5G 终端在高温条件下的耐久性或可靠性，可根据试验要求来确定试验时间。

①在同一个试验箱中，有几个样品同时进行试验时，应注意试验样品之间，以及样品和安装器件之间不能相互干扰，也不应影响箱内的循环气流。

②试验设备应定期请专业检定机构检定校准。如果设备因故障检修，则检修后应立即组织检定。

③制订产品高温试验时，必须规定和掌握以下内容：是否进行预处理；初始检测的条件和项目；试验期间样品的状态；试验严酷等级，包括温度、容差和试验持续时间；试验期间应检测的项目，加负载的情况及时间；恢复条件；最后检测的项目及采用的试验程序与标准试验程序的差别。

2）低温试验

低温试验用于考核产品在低温环境条件下储存和使用的适应性，常用于产品在开发阶段的型式试验、元器件的筛选试验。

低温试验的技术指标包括温度、时间、变化速率。

注意，产品从低温箱取出时由于温度突变会产生冷凝水。

3）温度冲击试验

温度冲击试验的目的是在较短的时间内确认产品特性的变化，以及由构成元器件的各种材料热膨胀系数不同而造成的故障问题。这些变化可以通过将元器件迅速交替地暴露于超高温和超低温的试验环境中观察到。

急剧的温度变化，将使 5G 终端受到一种热冲击力。在这种热冲击力的作用下，将导致 5G 终端的元器件的涂覆层脱落、灌封材料或密封化合物龟裂甚至破碎、密封外壳开裂、填充材料泄漏等，从而引起电子元器件电性能的下降。对于由不同材料构成的产品，温度变化时 5G 终端受热不均匀，因此导致产品变形、密封产品开裂、玻璃或玻璃器皿和光学仪器等破碎。

由于温度变化产生较大的温差，在低温时，5G 终端表面会产生凝露或结霜；在高温时蒸发或融化，如此反复作用的结果导致和加速了 5G 终端的腐蚀。

温度变化试验的目的是用于确定产品在温度变化期间，或温度变化以后受到的影响。

两箱法试验应有两个试验箱，即一个低温箱和一个高温箱。高、低温箱的要求和高温试验箱、低温试验箱的要求一致。此外，两箱的放置应保证在规定的转换时间内，完成从高温箱到低温箱或从低温箱到高温箱的转换；试验箱的容积和热容量能保证样品放入箱内后，在不超过规定保温时间的 10%的时间内，重新稳定在试验规定的温度容差范围内。

冷热冲击试验不同于温度循环模拟试验，它是通过冷热温度冲击发现在常温状态下难以发现的潜在故障问题。决定冷热温度冲击试验的主要因素有：试验温度范围、暴露时间、循环次数、试验样品重量及热负荷等。

4）湿热试验

目前，电子产品失效由于湿度的影响占 40%以上，湿度试验在环境试验中是必不可少的，常用于寿命试验、评价试验和综合试验，同时在失效分析的验证上起重要作用。尤其对含有树脂材料的产品和不密封的产品，在产品开发和质量评估时该试验是必需的。湿热试验可分为：恒定湿热试验和循环湿热试验。

恒定湿热试验的技术指标包括温度、相对湿度、试验时间，产品试验结束后应对样品有 1～2 小时的恢复期。

循环湿热试验模拟热带雨林的环境，确定产品和材料在温度变化，产品表面产生凝露时的使用和储存的适应性，常用于寿命试验、评价试验和综合试验。

交变湿热的技术指标包括温度、相对湿度、转换时间、交变次数。试验结束后应对样品有 1～2 小时的恢复期。

5）机械振动试验

机械振动试验用来确定 5G 终端机械的薄弱环节及结构的完好性和动态特性，常用于型式试验、寿命试验、评价试验和综合试验。

机械振动试验中有一类故障的发生，不在一个特定条件下不会发生，或不在这种特定条件中这种故障不会轻易地被测量出来，或是故障的再现性很差，因此机械振动试验在许多情况下，产品是需要处于工作状态并连续测试的。

机械振动的技术指标包括扫频频率范围、定频振动频率、振动幅值（位移幅值）、扫频循环次数、定频时间、方向。

6）冲击和碰撞试验

5G 终端在使用、装卸、运输过程中都会受到冲击。冲击的量值变化很大并具有复杂的性质。因此冲击试验适用于确定机械的薄弱环节。在使用和运输过程中经受多次非重复的机械冲击，用以评价结构的完好性。

冲击试验还可作为产品满意设计和质量控制的手段。

碰撞和冲击一样，是一个非常复杂的物理过程，并且是随机的，能在不同的时间周期上出现。从力学观点来分析，它们都属于同一类问题，都是由于外界激励使系统的运动发生突然的、非稳态的、变化的结果。然而，由于它们对产品所造成的物理失效不完全相同，为了在实验室内模拟方便起见，分成冲击试验和碰撞试验来进行。通常将那些峰值加速度较大、脉冲持续时间较短、很少重复出现、相对于产品结构强度来说属于极限应力的定义为冲击。将那些峰值加速度不大、脉冲持续时间较长、不断重复出现、相对于产品结构强度来说是重复应力的定义为碰撞。可见碰撞试验主要是为了确定产品经受重复碰撞后所引起的累积损伤。

冲击产生的损坏不同于累积损伤效应所造成的破坏，而属于相对于产品结构强度来说是极限应力的峰值破坏。破坏会造成结构变形、安装松动，产生裂纹甚至断裂，还会使电气连接松动，接触不良，造成时断时通，使产品工作不稳定。

碰撞所产生的重复应力会使连接和铆接松动，会使配合产生磨损，也会使构件疲劳，产生裂纹，甚至断裂。碰撞会造成脱焊、接触不良，从而影响产品的电性能。

碰撞试验适用于那些在运输期间和使用过程中可能会经受到重复碰撞影响的元器件、设备和其他产品。就结构完好性而言，碰撞试验还可作为产品满意设计和质量控制的手段。

参 考 文 献

[1] R5 工作组. 3GPP TS38.521-1 User Equipment（UE）Conformance Specification；Radio Transmission and Reception；Part 1：Range 1 Standalone.

[2] R4 工作组. 3GPP TS38.101-2 User Equipment（UE）Radio Transmission and Reception；Part 2：Range 2 Standalone.

[3] 巫彤宁，齐殿元，肖雳，等. 电磁场与人体健康. 北京：人民邮电出版社，2010.

[4] Repacholi M H. Proposed exposure limits for microwave and radiofrequency raditions in Canada. Journal of Microwave Power，1978，13（2）：199-211.

[5] Chatterjee I，Hagmann M J，Gandhi O P. Electromagnetic-energy deposition in an inhomogeneous block model of man for near-field irradiation conditions. IEEE Transactions on Microwave Theory and Techniques，1980，28（12）：1452-1460.

[6] International Commission on Non-Ionizing Radiation Protection. ICNIRP guidelines for limiting exposure in time-varying electric，magnetic，and electromagnetic fields（up to 300 GHz）. Health Physics，1998，74（4）：494-522 .

[7] WHO. What is E M F. https://www.who.int/zh/news-room/fact-sheets/detail/electromagnetic-fields-and-public-health-mobile-phones[2014-10-8].

[8] 齐殿元，林浩，孙倩，等. 手持和身体佩戴使用的无线通信设备对人体的电磁照射 人体模型、仪器和规程 第 2 部分：靠近身体使用的无线通信设备的比吸收率（SAR）评估规程（频率范围 30MHz～6GHz）（YD/T 1644.2—2011）. 2012.

[9] Zhadobov M，Alekseev S I，Sauleau R，et al. Microscale temperature and SAR measurements in cell monolayer models exposed to millimeter waves. Bioelectromagnetics，2017，38（1）：11-21.

[10] Kojima M，Suzuki Y，Tsai C Y，et al. Characteristics of ocular temperature elevations after exposure to quasi-and millimeter waves（18-40 GHz）. Journal of Infrared，Millimeter，and Terahertz Waves，2015，36（4）：390-399.

[11] 高艳. 利用模式生物研究毫米波及微波辐射生物效应及医学防护. 北京：中国人民解放军军事医学科学院，

2012.

[12] International Commission on Non-Ionizing Radiation Protection. ICNIRP，For Limiting Exposure to Time-Varying Electric，Magnetic And Electromagnetic Fields（100 kHz to 300 GHz）Draft. 2018.

[13] Federal Communications Commission，Federal Communications Commission. Report and order and further notice of proposed rulemaking. The Matter of Revision of the Commission's Rules to Ensure Compatibility with Enhanced，2016，911：94-102.

[14] IEC TC106 AG10. Measurement Procedure For the Evaluation of Power Density Related to Human Exposure to Radio Frequency Fields From Wireless Communication Devices Operating Between 6 GHz and 100 GHz. 2017.

第7章　5G终端测试趋势及展望

7.1　终端测试技术的演进

7.1.1　软件在测试中的重大作用

随着通信技术和智能操作系统的发展，模块化、通用化硬件的成熟度日益提升，搭载了智能操作系统的终端成为主流，软件成为移动终端中重要的工具。在新的形势下，本章需要考虑：一是利用软件加速终端通信技术演进和关键技术验证；二是对终端内部的操作系统和应用程序进行对应软件测试，保障信息安全、兼容性和稳定性。

1. 通信功能软件-软件无线电技术在推动测试的作用

即使发展到 5G，在现有通信领域内 2G、3G、4G、WLAN 等制式将长时间并存，这种新老体制通信共存的局面，使得各种通信系统之间的互联变得越来越复杂。随着技术的进步，终端的需求趋向多模、多功能、多频段，这更给无线技术的研发和测试带来了新的且非常大的挑战。而且，人们对通信的需求越来越大，通信产品的生存周期逐渐缩短，开发费用逐渐上升。此外，通信业界还被持续存在的压力所驱使，不得不力争以最快的速度将新产品推向市场，这使得其研究和设计的发展已经超过了常规测试的发展。

这种局面就需要构建一种新的通信体系，一种既能满足现代移动通信的需求，同时又可以兼容旧的体制的通信体系。它可以通过软件定义完成不同的测试功能及系统升级，这将极大地提高无线产品研发和生产效率，同时降低仪器成本。这种体系就是软件无线电。

对于蜂窝移动通信系统而言，通信系统所用的射频频段、信道访问模式以及信道调制都可以用软件进行编程，其功能也可以由软件来定义，这是因为基站和移动终端均采用软件无线电结构。使用这样的系统结构，软件无线电的发射过程主要由以下步骤构成：划分可用的传输信道，选择传播路径模型，进行适合信道的调制，控制发射波束指向正确的方向，选择合适的功率，然后再发射。接收也同样如此，它能划分当前信道和相邻信道的能量分布、识别输入传输信号的模式、自适应抵消干扰、估计所需信号多径的动态特征、对多径的所需信号进行相干合并和自适应均衡、对信道调制进行译码，这样可以尽可能地降低错误概率。测试环境构建也是如此，以软件定义的方式构造仪器，通过使用编码和调制软件，生成并测量来自于模块化的、通用的基站或终端的射频信号。以5G研发测试为例，2018年TCL通讯在3GPP对应标准发布后的两个月内推出的5G演示系统，包括了3.5GHz频段上的实时5G软终端（User Equipment，UE），实现了5G NR参数、波形和信道编码，演示了5G的单层的最大吞吐量以及比4G更低的延时。

2. 智能操作系统和应用软件的信息安全测试技术的演进

对于信息安全来说，绝对的安全是个伪命题，安全是一个动态变化、逐步提升的过程。对终端的操作系统和应用软件来说，测试技术原理不会有大的变化，更多的是逐渐提高要求的过程。

对于操作系统，一是可以加强用户数据保护的要求，如用户数据远程保护，以及用户数据转移备份能力、用户数据授权访问和加密存储机制测试等；二是考虑终端对软件和接口的管控能力，如有线外围接口安全连接控制、应用软件认证、软件开机自启动监控、用户数据彻底删除和软件权限配置能力测试等。

对于应用软件，一是考虑数据存储和调用的安全性，如敏感信息内存安全性、应用调用用户数据（如终端系统数据、其他应用数据）、数据访问控制等的安全评估；二是对数据传输安全（如传输加密、服务器证书验证、抗中间人攻击）的评估；三是对源代码的保护和安全评估，包括源代码加壳保护、加密算法强度、防止注入攻击、重要函数逻辑安全等内容。

7.1.2　测试方法的变化

由于软件开发技术的快速迭代，以及互联网+、智能化浪潮下软件复杂性和可靠性要求的快速提升，测试技术的技术要求和市场需求随之大幅提升，并在安全测试、精准测试、物联网测试及云测试等细分领域深入发展。终端软件测试技术以自动化测试技术为主流方向，正朝着通用化、标准化、网络化和智能化的方向迈进。

1. 基于AI的自动化测试技术

通过人工智能技术增加移动应用自动化测试的智能化程度，通过深度学习的方式，避免低水平重复操作步骤，大批量地减少人工操作。同时解决传统基于元素的识别不准的问题，突破了无法实现真正自动化测试的技术瓶颈。该测试技术通过对脚本的智能识别、辅助分析，能够达到智能纠错，让自动化测试变得方便简洁。最终让软件自动化测试更加可靠、稳定、智能。该技术包含以下几个方面。

（1）应用软件弹窗的识别，减少人工干预。

应用软件的弹窗包括系统弹窗和业务弹窗，弹出的选项通过人工智能技术进行智能识别，不再需要人工判断和选择，AI 测试系统可以根据当前业务情景自动识别，并进行点击等处理。

（2）通过图像识别进行元素分类。

有别于传统的基于 xpath 的元素识别，避免找不到元素、适应不了各类终端不同分辨率的问题，通过人工智能的图像识别技术能够快速以小图找到大图中匹配的元素，通过大量的深度学习和训练，达到识别出元素，并进行分类的目的，保障自动化脚本能够顺利地执行业务。

（3）验证码、手势密码、表单的识别。

由于录入窗口的业务会需要人工去识别验证码、手势密码以及表单，通过人工智能技术，深度学习和大量的数据训练，测试系统自动识别并根据设定的脚本录入填充数据。

（4）深度遍历应用软件页面、智能分析路径。

自动化遍历程序逐条对各级页面进行遍历，建立遍历路径的思维导图；同步进行应用软件深度和各个路径的分析，最终画出该应用软件的有效路径、推荐路径。

（5）脚本的自动解析，自动发起测试。

脚本智能化，根据已经编辑好的脚本，找到元素对应关系，在即使新升级的应用软件上，依然可执行，可自动纠错，显著增加脚本利用率，降低人工干预的程度。

2. 协同方式向云迁移

云计算时代的到来为软件测试提供了广阔的平台。云测试是一种基于云平台的新型测试方式，目前云测试技术有以下几方面的突破。

一是“测试资源”的服务化，即软件测试本身以统一接口、统一表示方式实现为一种服务，用户通过访问这些服务，实现软件测试，而不用关注“测试”所使用的技术、运行过程、实现方式等。

二是“测试资源”的虚拟化，参照云计算的虚拟化实现方式，实现测试资源的虚拟化，使测试计算资源可以随用户的需求提供，动态延展。

三是测试数据的安全性保证，在云环境中保护用户敏感数据，提高数据的安全性。

四是集成测试的复杂性问题，实现在异构的云计算软件系统下、多样的软件运行环境中，可以保证软件测试的兼容性、交互性、依赖性。

7.1.3　5G 引入的新技术特征带来的测试演进

随着 5G 关键技术（如 Massive MIMO、毫米波等技术）的普及，5G 终端和现有终端会有很大不同。高频、高带宽、大规模天线、复杂的三维建模，使得 5G 测试与 4G 相比区别很大，使用传统方法使得测试成本急剧升高，所以降低成本是整个行业发展的需要。

1. 大规模天线对测试提出挑战

大规模天线的实现依赖有源天线系统，其测试将必须以空中下载（Over the Air，OTA）的方式进行。传统的电缆连接方式无法采用，测试环境、测试设备和测试方法都面临着相当大的挑战。

1）OTA 模式是必然选择

首先是线缆到无线的变化：被测设备（DUT）的集成度逐渐提升，无法使用电缆在被测设备和测试设备之间建立物理连接。其次，毫米波频率下的信号传输损耗很高，因此需要通过波束聚焦或波束成形来提高增益。进行波束特征测试以及检查波束采集和波束跟踪性能时，需要进行测试设置。因此 OTA 测试模式是必然的选择。

更加先进的 5G 系统，使无线用户的数量大幅增加。用户都希望自己所有的移动设备都具备更好的质量和更高的可用性，因此提高网络和设备的可靠性势在必行。在评估和确定移动电话和平板电脑等无线设备以及基站的可靠性和性能特性的过程中，OTA 测试是十分重要的一个环节，其测试环境需要十分接近上述设备的实际使用环境。对支持 5G 环境的组件进行的测试与 4G/LTE 环境中的测试迥然相异。尽管利用电缆连接移动设备和测试设备是最为方便和划算的做法，但这样将无法模拟出设备的实际运行状况，因此随着设备的集成度日益提升，这种方法的可行性将越来越低。为了获得 5G 所需的更高带宽支持，移动运营商将着眼点放到了更高的频率，这使得测试设备面临更大的挑战。为了使移动设备的测试环境接近用户的实际使用环境，测试必须以无线或空中传输方式执行。通过这种方式，设计人员可以观察到无线电波从用户设备传播到基站以及从基站传播到用户设备时的实际情况。

2）OTA 的优势

第一，OTA 可以避免传统导线连接带来的复杂性和不稳定性，一定程度上缓解了 massive MIMO 测试对仪表高密度的要求。

第二，在高频段以及 MIMO 天线测试方面，OTA 技术具有传导连接不具备的优势。4G 时代设备使用频段在 6GHz 以下，而对于未来的毫米波段（如 28GHz），天线的尺寸和集成度都会有颠覆性的变化。大规模天线技术使天线密度增高、模块化程度加大，因此很难用导线进行射频的测试，此时采用OTA技术在暗室中进行射频测试连接，可以解决导线连接无法测试大规模集成天线的问题。但这对相关测试而言也是一个巨大的挑战。

第三，5G时代，不仅终端测试需要OTA技术，而且基站测试也需要使用OTA进行测试。在4G时代，没有采用OTA的方式来测试基站整体性能，是将基站和天线分开测试，基站采用射频传导的方式，而天线进行OTA测试。在5G时代，基站和天线在物理连接上难以绝对区分开，基带和射频整合在一起，因此必须把基站作为一个整体放在暗室中进行测试。

2. 网络架构带来的新挑战

一是端到端网络切片的挑战。5G网络切片是一项5G端到端网络的创新技术，但目前，相比于接入网和传输网切片，核心网切片技术较成熟，但缺乏5G端到端网络切片技术的原型验证和典型应用。对于终端产品，在产品研发阶段、商用阶段如何验证切片技术，成为现实的难题。例如，网络切片允许根据控制按需地把网络功能组成PLMN，这些网络功能根据特定应用场景提供其功能及所定义的服务，如可以有手机切片、车联网切片、远程医疗切片、物联网切片等。在测试不同类型终端时，需要考虑构建一个合理有效的网络切片模拟网络，构建测试应用场景，面对不同类型终端的测试，也需要一个合理的网络切片模拟网络。

二是新的鉴权体系。5G通过支持新的鉴权协议（如EAP）和融合的鉴权接口、网元统一鉴权框架，使5G网络可以支持多种信任状，融合不同类型的接入技术和终端类型，提高运营商网络面向新业务场景和垂直行业的可扩展性。类似技术特征带来的测试复杂度都是新的挑战。

7.2　5G终端的分布式测试/云测试展望

7.2.1　5G终端分布式测试

1. 分布式系统简介

在一个分布式系统中，一组独立的计算机展现给用户的是一个统一的整体，就好像是一个系统。系统拥有多种通用的物理和逻辑资源，可以动态地分配任务，分散的物理和逻辑资源通过计算机网络实现信息交换。系统中存在一个以全局的方式管理计算机资源的分布式操作系统。通常，对用户来说，分布式系统只有一个模型，或将其称为泛型。在操作系统之上有一层软件中间件（Middleware）负责实现这个模型。一个著名的分布式系统的例子是万维网（World Wide Web，WWW），在万维网中，所有的一切看起来就好像是一个文档（Web 页面）一样。

在计算机网络中，这种统一性、模型以及其中的软件都不存在。用户看到的是实际的机器，计算机网络并没有使这些机器看起来是统一的。如果这些机器有不同的硬件或者不同的操作系统，那么，这些差异对于用户来说都是完全可见的。如果一个用户希望在一台远程机器上运行一个程序，那么，他必须登录到远程机器上，然后在那台机器上运行该程序。

分布式系统和计算机网络系统的共同点是：多数分布式系统是建立在计算机网络之上的，所以分布式系统与计算机网络在物理结构上是基本相同的。

它们的区别在于：分布式操作系统的设计思想和网络操作系统是不同的，这决定了它们在结构、工作方式和功能上也不同。网络操作系统要求网络用户在使用网络资源时首先必须了解网络资源，网络用户必须知道网络中各个计算机的功能与配置、软件资源、网络文件结构等情况，在网络中如果用户要读一个共享文件，用户必须知道这个文件放在哪一台计算机的哪一个目录下；分布式操作系统是以全局方式管理系统资源的，它可以为用户任意调度网络资源，并且调度过程是“透明”的。当用户提交一个作业时，分布式操作系统能够根据需要在系统中选择最合适的处理器，将用户的作业提交到该处理程序，在处理器完成作业后，将结果发送给用户。在这个过程中，用户并不会意识到有多个处理器的存在，这个系统就像是一个处理器。

内聚性是指每一个数据库分布节点高度自治，有本地的数据库管理系统。透明性是指每一个数据库分布节点对用户的应用来说都是透明的，看不出是本地的还是远程的。在分布式数据库系统中，用户感觉不到数据是分布的，即用户无须知道关系是否分割、有无副本、数据存于哪个站点以及事务在哪个站点上执行等。

2. 分布式系统架构组成

分布式软件系统（Distributed Software Systems，DSS）是支持分布式处理的软件系统，是在由通信网络互联的多处理机体系结构上执行任务的系统。它由以下几部分组成。

（1）操作系统。

负责管理分布式处理系统资源和控制分布式程序运行，它在资源管理、进程通信和系统结构与集中式操作系统有很大区别。

（2）程序设计语言。

用于编写运行于分布式计算机系统上的分布式程序。分布式程序设计与集中式的程序设计语言相比有三个特点：分布性、通信性和稳健性。一个分布式程序由若干个可以独立执行的程序模块组成，它们分布于一个分布式处理系统的多台计算机上被同时执行。

（3）文件系统。

具有执行远程文件存取的能力，并以透明方式对分布在网络上的文件进行管理和存取。

（4）数据库系统。

由分布于多个计算机节点上的若干个数据库系统组成，它提供有效的存取手段来操纵这些节点上的子数据库。分布式数据库在使用上可视为一个完整的数据库，而实际上它分布在地理分散的各个节点上。当然，分布在各个节点上的子数据库在逻辑上是相关的。

随着云计算、大数据等技术的逐渐发展，传统终端、5G终端的测试流程及测试能力迁移到“云”是行业内重点研究及创新的方向。一方面，终端云测试可以针对业务进行功能性、非功能性及用户体验测试，并解决软件版本迭代、硬件平台多元化及操作系统碎片化等问题，实现多维度移动应用测试，以提高移动应用的质量；另一方面，终端云测试提供一种全新的测试模式，在远程云端整合测试资源，使测试者按需远程访问测试资源，提高资源利用率。

5G终端分布式测试类型可包含以下几类。

（1）兼容性测试。

兼容性测试最根本的目的是测试终端是否能够适配被测软件，即成功安装与卸载。软件方面，需要测试被测应用是否支持市场上的主流操作版本，包括运营商及终端厂商的定制操作系统；硬件方面，需要测试出目标设备硬件是否支持应用的功能，如物理内存是否足够、传感器是否匹配等。在完成安装、卸载测试后，兼容性测试会对各应用运行环节进行测试，利用UI适配的方式测试应用的界面是否与初始设计一致。基于图像和文字识别技术，预先置入预估条件，能够在测试过程中得到更细化的测试结果，以便对具体的问题做更细致的定位与分析。

目前，依托终端模拟器的兼容性测试已经被真机兼容性测试所取代，因为前者需要耗费更多的时间才能达到后者的测试效果。

（2）功能性测试。

功能性测试是为了验证移动应用在当前实现的功能是否满足其设计需求文档。因此在制定测试用例时，需要将功能分解以明确测试内容；使用等价类划分法、功能划分法设计用例；并使用边界值分析法对测试范围进行进一步补充。在执行测试用例时，可以根据用例的通过率定位软件的具体功能问题，并进行迭代测试，以保证业务逻辑的正确性。在移动应用功能测试中，多个软件同时运行可能会导致硬件资源不足，致使系统崩溃，所以需要进行交叉测试，通过使用在执行被测软件功能的过程中运行其他软件的方法来防止该问题的发生。

在实际测试中，功能性测试需要花费更多的时间及成本来设计测试用例，这也是影响测试效率的因素之一。目前录制回放技术（Record-and-Replay）已应用于移动应用功能测试中，利用该技术可以有效缩短测试用例的制定周期，提高测试效率。该技术的实现的方法是：首先由测试者在被测设备上执行一遍测试过程；然后通过工具从设备中下载相关事件流，并将其翻译为精简格式；最后将收集的事件流发送给其他被测设备，实现模拟测试者的事件流回放。

（3）性能测试。

性能测试主要收集的是被测设备使用的相关数据，通过分析不同测试压力下的数据，最终判断出测试软件运行时是否会超出被测设备的负载极限。在移动应用实际性能测试中，测试内容具体分为两部分：一是测试客户端上的性能，主要测试占用 CPU、能耗等指标；二是测试软件所对应服务器端的性能，主要测试 API 的响应时间和响应报文大小。

在测试终端上可以通过结合 Monkey、Instrument、DDMS/MAT 等工具来实现自动化压力测试，通过发送随机事件流或者重复执行相同功能，来检测在设定周期内是否会发生超出负载的情况。在服务器端可以使用 Loadrunner、JMeter 等工具来制定压力测试脚本，对系统吞吐量、响应时间、请求成功率等数据进行收集，通过定位分析查找出影响服务器端的原因。

（4）安全测试。

移动应用的安全测试在办公、支付、电子商务等领域尤其需要得到重视，任何一个被忽视的问题，都可能会给企业或个人带来巨大的损失。目前安全测试的测试层面已比较完善，主要分为源代码、安全功能、程序保护、数据保护和漏洞监测等。

恶意应用可以通过安卓应用组件获取该组件所包含的权限，即组件劫持。利用安全漏洞检测工具 Chex，通过静态分析的方法来检测应用中的组件劫持漏洞。

（5）用户体验测试。

用户体验测试是易用性测试、可用性测试的一种扩展，是测试移动应用是否可以让用户有效且高效地使用软件的特定功能或业务。在移动应用市场各个领域竞争激烈的环境下，为了满足用户多元化和个性化的需求，移动应用的设计也诞生了以用户为中心的分支。根据移动应用的特点，用户体验测试的内容主要包括终端硬件界面、软件用户界面、外部界面和服务界面四个方面。而测试的设计思路则可以从用户习惯、业务逻辑、界面设计等方面考虑，在功能测试的基础上以用户的行为偏向性为引导，检测最终是否可以满足用户的需求。

目前较成熟的用户体验测试需要有一定测试经验的测试者，预先依据用户行为、用户偏向等因素设计测试用例。同时为了避免测试者设计思路的局限性，也需要引入不同的测试者提出新的测试用例，或者以内测的形式引入非项目人员收集测试数据。

（6）网络友好性测试。

5G终端与网络的交互性也十分重要。因此，对于终端与网络交互友好性的评测意义重大。本章将在下面的内容中重点介绍5G终端和其业务的网络友好性测试。首先，本章会分析网络友好性对网络和终端用户使用体验的必要性，随后将细化网络友好测试的主要评测内容。

7.2.2　网络友好性测试

1. 移动智能终端限制分析

1）有限的带宽资源

与传统固网相比，移动网络因自身实现的技术特点的缘故，存在一定的局限性，如带宽资源有限、延迟高、非固定通信信道等问题。即使WiFi环境下能有所改善，也不能为所有终端随时提供此类接入条件，且连接能力也远不及固网稳定。

移动网络可用的带宽资源是随着地域覆盖和基础设施的设置而变化的。平均情况下，其连接效果要低于WiFi连接能力。另外，当使用者处于移动状态时，带宽会根据使用者的移动而发生动态改变，降低网络连接的稳定性。

2）流量消耗

流量并不是免费的，尤其是套餐和流量包之外的流量消耗是非常昂贵的。漫游流量的价格更是十分惊人。正因如此，终端和应用的用户，都对流量消耗十分敏感。

3）电量消耗

电池是移动终端一切行为活动的生命之源。当终端高负荷运转时，电池为屏幕的高亮显示、处理器的快速运转、大批量数据信息传输提供了能源。而这种高负荷运转也是电池电量的“巨大杀手”，手机续航能力差已经成为用户的一大烦恼，也是大部分智能终端的硬伤。

例如，在免费应用上十分流行的广告推送机制就对终端电量的消耗很大。此消耗可以通过减少推送次数和频率来缓解，或引入无广告（付费）版本。

4）网络连接性能差引发丢包

移动网络无法确保为用户提供永久性的稳定连接。信号覆盖盲区、技术限制、网络切换或遇到大规模拥塞等弱网络情况下，很容易引起网络连接性能差，导致数据丢失、信号延迟、网速降低，甚至连接中断的情况。

如果网络性能被优化，用户体验将大幅度提高。开发者应采用一切手段，尽可能使网络传输达到最优，如有效地协议、缓存、压缩、数据合并等。

2. 有效网络带宽资源利用

随着移动智能终端的使用模式向移动互联网的转型，频繁爆发的信令风暴也令带宽资源成为兵家必争之地。例如，2012 年，微信因占用过多网络资源，曾一度被移动公司要求“收费”。其实，如果对网络的运作机理和结构稍作研究和了解，根据其特征对应用和终端传输机制进行优化，可以有效节省网络带宽资源，提高传输效率。

当一部终端向网络发起请求或接收数据时，终端将从 idle 状态转入专用信道状态。如前所述，该状态不仅仅使用的能耗是空闲状态的 60～100 倍，在建立连接时，也需要传递一系列信令信息，用于保证连接的成功建立，如著名的 tcp 握手过程。同理，连接结束时，也会有大量信令交互，用于确保连接成功断开。

因此，每次新建立一个网络连接，不仅仅会消耗终端电量，也会降低有效信息，即用户真正传递的有用信息含量，使得流量消耗增大。这便是本章想引入的网络传输效率的概念，即在使用相同数据量的情况下，有效信息传递得越多，用户流量节省得越多，使用效率也越高。

同时，尽量将传输内容集中化，在一定间隔内统一传输，避免小而短的频繁建立连接，也可以对终端功耗起到节省电量、提高续航能力的作用。

单次传输耗能与短间隔内多次传输耗能如图 7.1 和图 7.2 所示。

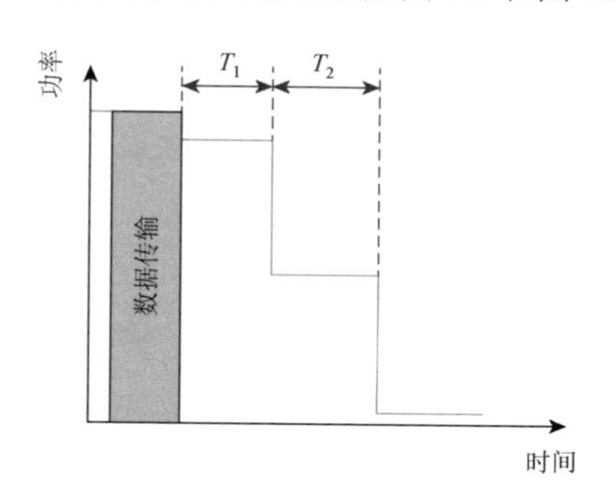

图 7.1 单次传输状态与耗能（见彩图）

在图 7.1 中，终端在发起一起网络交互时，不同状态消耗的能源情况。绿色部分为专用信道状态，表示终端正在与网络进行数据交互中，此时段耗能为最高。之后，经过 T_1 和 T_2 时间段，终端会自动回落到低耗能的空闲状态。

在图 7.2 中，该应用开发者并没有将多次传输合并，出现了间隔短、传输量小、连接次数多的传输高并发情况。不难看出，如果将这三次传输合并为一次进行，图中红色部分表示的终端能量消耗即可被省去。而这部分本可以被节省的能量消耗，如果在应用与网络交互中占据了很高比例，该应用的传输即是低效的。

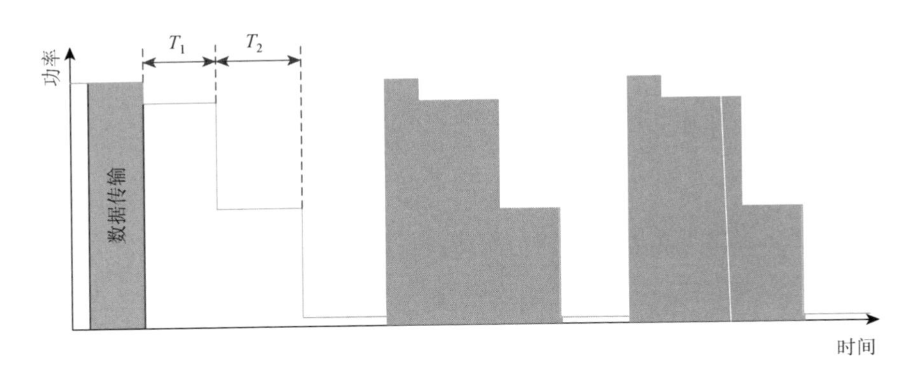

图 7.2　短间隔内多次传输与耗能（见彩图）

3. 流畅用户使用体验特点

通常来说，网络使用有效性被理解为带宽的使用效率；事实上，网络和设备的配合也很重要。如今的用户都知道网络连接并不可靠，数据传输随时有可能延时乃至丢失。一个优秀的、网络友好的应用，其用户体验也必定会依据网络状况来调整和减缓用户的使用焦虑。

1）http 异步请求

假设移动网络中的任意传输都有可能延迟或丢失。为确保流畅的用户体验，应用的传输架构不应为顺序返回。

用一个简单的例子来阐述该问题。图 7.3 展示了用户要求下载的内容被同步传输。在该例中包括了三部分传输内容。

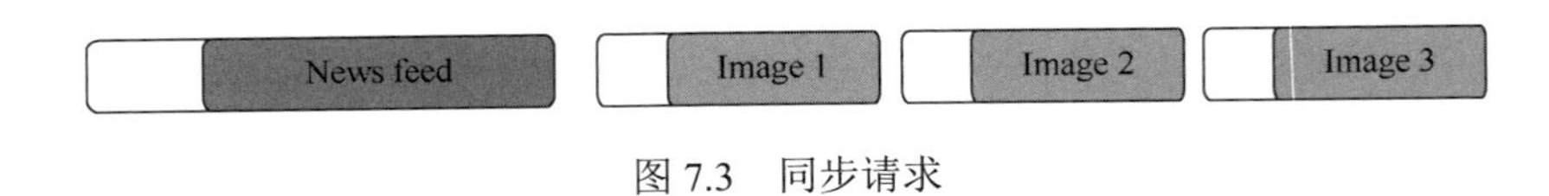

图 7.3　同步请求

如果所有的请求都是并发的，传输时间线则如图 7.4 所示。

如果网络连接一直是持续稳定的，用户将不会感受到并行传输与串行传输的区别。总下载时间也不会有非常显著的差异。然而，这种无延迟无干扰的稳定状况，只有在理想的网络状态下才存在。事实上，请求序列最终的传输时间线有可能如图 7.5 所示，被请求的图片有可能比其他内容延迟很多，甚至丢失。

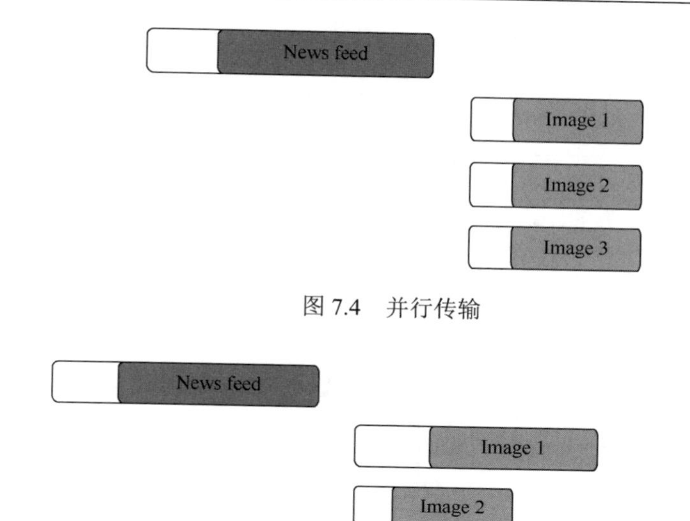

图 7.4　并行传输

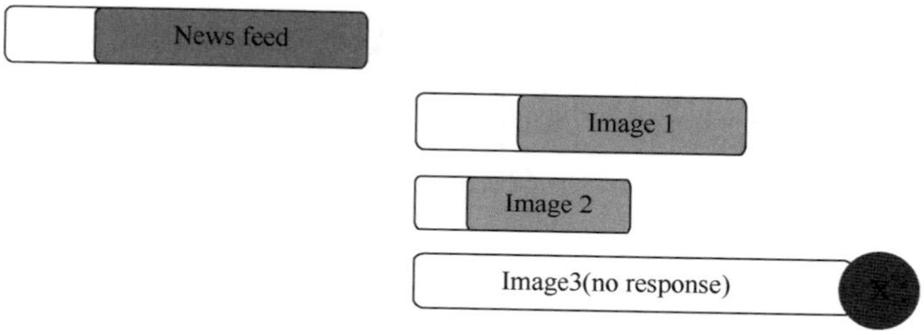

图 7.5　真实状态下的并行传输

如果应用一直等待某一个返回，且在整个下载周期完成前都不对用户进行持续的进度展示，用户所面对的将是一张空白的屏幕界面。

如前所述，网络连接应使用异步模型，以确保延迟的响应不会阻塞整个用户界面的交互。而先接收到的文字信息，可立刻展示，不必等所有内容传输结束再一并展示。

更进一步，应该向用户展示加载进度条，使用户对当前应用的进度有所了解，也避免用户因等待过久，而误认为出现 crash、死机等情况。

2）无阻塞用户界面

阻塞界面（UI）是指一个单独的界面元素阻塞了用户对应用的所有其他操作。这类情况的出现通常是由数据延迟，使得应用的逻辑决定无法在数据缺失的状态下进行判断，从而无法进入下一步操作导致。

事实上，应用并不需要阻塞用户的其他操作，即使在登录过程中，如果用户因为等待登录响应而无法进行其他操作，会提高焦虑感从而转向其他应用，引发用户流失。

大部分情况下，网络操作和对应的等待过程，应允许用户跳转其他界面，将其尽量隐藏在后台完成；同时还应给予客户取消的权利，以避免长时间无响应等待。用“加载中”的字样将界面堵塞直到加载完成，是较差的用户体验。无阻塞界面示例如图 7.6 所示。

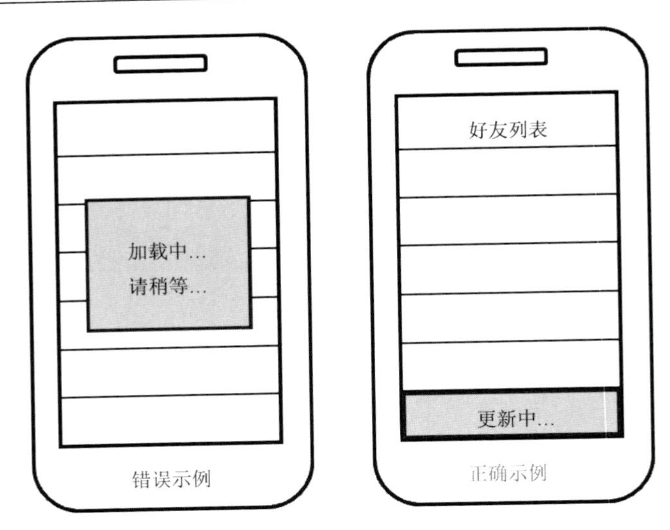

图 7.6　无阻塞界面示例

在设计应用界面和决策树时，明确区分用户主导触发的网络连接和应用主导触发的网络活动也十分重要。不同的触发源应对应不同的异常处理机制。

例如，如果用户请求某个页面，浏览器尝试连接服务器失败时，应用应主动告知用户加载失败（可通过弹出对话框、提示信息等方式）。然而，如果某个非用户请求的图片加载失败，应用则无须主动告知用户，可考虑在适当位置显示加载失败图片即可。

另一个比较典型的例子出现在一些离线游戏中。很多离线游戏在被启动时，都会主动连接服务器传输统计信息，或其他与用户进行游戏操作无关的网络交互。如果此时用户处于无网状态，一些游戏则会弹出“无法连接服务器”的对话框，一则给用户造成迷惑，误以为游戏出了问题，无法继续；二是强烈影响用户的使用体验，让人觉得莫名其妙。

3）离线模式

移动设备总有处于无网状态的可能，因此开发者应在设计应用时考虑到以下几个方面。

（1）如果终端无法连接网络，用户应被告知是终端无网络连接而导致的应用联网相关功能不可使用，而非应用本身原因。

（2）用户应在恢复网络状态后进行刷新/重试等操作时，保留已输入的数据，而不必重新填写。

（3）用户在网络断开前下载的数据应可在网络恢复后断点续传。

（4）应用应在不影响应用离线模式操作的情况下，在后台轮询检查网络连接是否可恢复。

（5）网络状况知晓情况。

对网络依存度高的应用，如在线视频、音频等，需要确保网络传输速率的稳定性。考虑到无线技术的多样性（GPRS、4G 或者 WiFi），应用在接入时就清楚了解网络状况是十分有必要的——应用可根据不同的网络状态决定从服务器下载不同质量和大小的资源，并告知用户可能产生的流量费用。如果应用需要更加稳定的网速预估，根据网络延时实时测量并调整片源质量是十分必要的。

应用应能适应随时改变的接入网种类和速度，如从 4G 切换至 3G，或离开 WiFi 环境等。

4. 传输内容

1）内容压缩

对文件进行压缩可缩减其大小，加快传送速度。大部分情况下，在终端上对文件进行解压消耗的头文件比 PC 端相对要少。因此，本章推荐对于文本类资源，应在服务器端先进行压缩处理，后执行下载动作。

当客户端向服务器请求下载曾经使用过的重复内容时，会占用网络带宽、消耗终端的流量、增加应用响应时间，产生不必要的资源浪费。因此建议在应用中建立缓存机制，即属性为可缓存的文件，建立可临时存储的缓存区域。

与此同时，服务器应为下载资源设立缓存头，以对其有效性进行标志。根据 http1.1 协议，缓存头可采用核对“有效性”和标记“过期时间”两种方式。当客户需要下载某文件时，应用首先在缓存中搜索，如发现匹配内容，则进一步检查其有效性，都符合要求即可直接使用，避免重复下载。若该内容已过期，则需向服务器发送请求，核查资源是否有变，若无变化服务器直接返回 304（无修改响应代码），应用接收便可直接从缓存中读取所需内容，节省了重新下载全部内容所消耗的资源。

2）合并请求

当同一时间段内，出现多个对同类型资源的请求时，不但会减缓网络的下载速度，其头文件也会造成不必要的流量消耗。建议在服务器端，对同时段的同类型资源的请求进行合并。例如，一个应用有多个需下载的外部层叠样式表（Cascading Style Sheets，CSS）和 JS（Java Script）文件，会导致其往返时延（Round Trip Transfers，RTT）增多，造成资源浪费；而将多个 CSS 和 JS 文件分别进行合并，资源的使用效率将显著提高。

另外，使用 CSS Sprites 技术将多个小图片组合后再下载，也可达到同样的效果。

3）图片处理

终端种类繁多，屏幕大小也从手机到平板电脑，差异巨大。因此，使用同样大小的图片适配所有终端也会造成不必要的资源浪费。建议在对图片资源进行下载前，根据其在屏幕上的显示尺寸适当调整其大小。

目前广泛使用的方法主要有以下三种：人工适配、CSS Media Query、内容管理系统（Content Management System，CMS）。三种方法各有其优缺点，在此就不深入讨论，开发者可根据应用自身业务特点，选取适合的解决办法。

4）信息精简

为了方便开发者编写和阅读，代码中常夹杂如空格、换行符等格式化信息；实际上，这类信息对于代码的执行并无意义。信息精简即在应用代码中去除所有非必要的字符，如空格、评论、分隔符等。

5. 传输过程

1）建立连接

一般来说，应用在建立网络连接时会触发一系列初始化信息交互，随之而来的是一系列资源消耗，而这部分交互并不携带有用数据。为避免诸如此类的低效连接建立，建议：

（1）在连接建立初始尽快下载较多资源；

（2）尽可能使所有 TCP 包排列更紧凑；

（3）对部分可预测的用户需求，可在建立连接时下载。

2）周期性连接

周期性连接包括心跳连接和数据更新。这两点对开发者保持应用与服务器正常连接，以及获取用户行为相关的分析数据，从而改进应用都有重要意义。但是，每次周期性连接都会产生大量控制信息，如果管理不当，随着时间的积累，耗费在周期性连接上的资源将会超过交换用户真正需求的消耗。

3）并发性连接

如果应用在同一时间段建立了多个并发 TCP 连接，由于网络总容量有限，每个连接的吞吐量必然随连接数量增多而减少，造成有效信息的传输大小受限，建立连接所消耗的头文件反而增多，从而降低资源使用效率。

因此，建议应用避免在同一时段建立多个并发性连接，即尽可能将多个需求组合后发送。开发者可根据应用的自身特点，选择在客户端与服务器间建立长连接，同时结合 http pipelining 来解决这一问题。

4）低效连接

（1）由于无线网的使用成本远远低于其他网络，开发者应提高其优先级，在能够使用 WiFi 的环境下优先选择无线网络。

（2）在屏幕旋转时，尽量避免重复下载没有变化的信息。

（3）尽量避免使用存放在第三方服务器上的脚本或控件。由于第三方资源可控性小，此举不但会增加流量消耗，还会引入加载延时、稳定性下降等问题，影响用户使用体验。

5）关闭连接

很多开发者在设计应用时常常不注意网络连接的关闭问题，以至于很多不再进行交互的连接依然占用着网络资源无法释放。这类未被释放的连接通常要等到网络连接超时被触发后，才能自动关闭。然而，在触发超时后，终端将自动进入高能量状态，以便关闭连接，消耗的一系列能量和资源仅仅为了关闭一个不需要的连接，这种使用方法是十分低效的。

建议开发者在建立每个网络连接时，在有效信息传输完毕后尽量将其立即关闭（特殊需长连接的情况除外）。具体方法为将 FIN 位置设为 1，与最后一个有效信息包捆绑发送。

6.加载性能

1）响应错误

http 响应状态字的第一位取值为 1～5，分别代表了该相应的返回类，例如，3××类代表资源（URI）的重定向；4××类代表客户端请求异常；5××类代表服务器端的异常。其中，404（Not Found）应最为人们所熟知。客户端应具备识别状态字并进行相应处理的能力。

理论上，高效使用网络的应用在使用过程中不应返回任何错误；因此，当连接过程中出现代表错误的状态字时，开发者应根据状态字提示，溯源其网络连接过程，定位错误并对其进行改正。

2）第三方脚本使用

如前所述，高效使用网络的应用在使用过程中不应返回任何错误。第三方脚本由于不可控性大，出现错误返回的概率高，应尽量避免使用。

3）JS 异步加载

当 Java 脚本作为 HTML 的头文件进行加载时，页面的其他加载都将受其影响而延迟。这是由于在同步加载过程中，HTML 正文必须在其头文件完成全部加载后才可继续；而当 Java 脚本复杂度很高时，其大小通常也会增加，若在头文件中使用，将会影响页面渲染速度，响应时间过长，降低用户体验。

4）JS/CSS 加载顺序

同样情况，CSS 文件和 Java 脚本的加载顺序也会影响到 HTML 页面的响应时长。若 CSS 在 Java 脚本前加载，则可与页面渲染同步进行，提高页面显示速度；反之，下载和渲染只能在 Java 脚本完成加载后才能依次进行，降低加载效率。有些 Java 脚本的执行本身就依赖于 CSS 文件中的某些属性设定，故只能等待 CSS 文件完全加载后才能全部执行。

5）http1.0 使用

由于 http1.1 在资源使用上更加友好，建议开发者尽量使用 http1.1 代替 http1.0 版本。

6）HTML 空属性

一般来说，将 HTML 标签中的无值属性称为空属性。在 HTML5 中，明确规定了对此类空属性的处理方法；而对于非 HTML5 的情况，浏览器通常依然会向服务器发起请求，造成不必要的资源浪费。

综上所述，建议开发者可以：

（1）在使用 Java 脚本作为 HTML 头文件时，尽量使用异步加载；

（2）Java 脚本的加载顺序应置于 CSS 文件之后；

（3）若非 HTML5，在标签中避免出现空属性。

7）CSS 中 DisplayNone 的使用

CSS 中的 DisplayNone 属性是用来隐藏 HTML 脚本中不希望显示在页面上的对象。然而，这些被隐藏的对象通常也会被下载，引起一定的延迟和资源消耗。

8）Flash 文件使用

由于 Android4.0 以上系统以及 iOS 系统都不再支持 Flash，应避免在应用中使用。

索　引

B

被测设备（DUT）　31
比吸收率（SAR）　251

C

参考灵敏度　57
操作系统　303
测试状态　87
超高可靠低时延通信　13
冲击　295

D

等效全向辐射功率（EIRP）　203
等效全向灵敏度（EIS）　37
低效连接　312
电磁波比吸收率（SAR）　3
电磁辐射　248
电磁干扰　224
电磁兼容（EMC）　3
电磁抗干扰　224
电击防护　287
电气安全　285
独立组网（SA）　21
多模多频　10
多普勒频移　30

F

发射功率　49
发射互调　56
非独立组网（NSA）　10
分布式　302
分组数据汇聚协议（PDCP）　5

G

公众暴露　250
功率密度（PD）　268

H

海量机器类通信　13
毫米波　11
环境适应性　293

J

检波二极管传感器　254
接收机　57
紧缩场（CATR）　38

K

可靠性　290
空间平均功率密度　272
空口（Over-the-Air　OTA）　22

L

邻道选择性　58
滤波器　31

M

码分多址（CDMA）　1
媒体接入控制（MAC）　73

N

耐久性　292

P

碰撞　295

坡印亭矢量 270

Q

趋肤深度 6
全面型号认证（FTA） 3
全球移动通信系统（GSM） 1

R

人体模型（SAM） 253
软件测试 300

S

射频 46
时分多址（TDMA） 1
矢量信号 26
寿命试验 292
随机接入 115

T

吞吐量（Throughput） 25

W

完整性保护 165
网络友好 306
无线链路控制（RLC） 5
无线资源管理（RRM） 3
误差矢量幅度 50

X

小区选择和小区重选 99
协议栈层级 76
新空口（NR） 10
寻呼 170

Y

一致性测试 6
异步请求 308

Z

杂散辐射 56
增强移动宽带（eMBB） 4
长期演进（LTE） 2
振动 295
正交频分多址（OFDMA） 2
直接远场（DFF） 35
总暴露比（TER） 272
总全向辐射功率（TIRP） 37
阻塞 62
阻塞界面 309

其他

PLMN 选择 130
RRC 连接建立 176
RRC 状态转换 111
UE 初始接入 101

彩　图

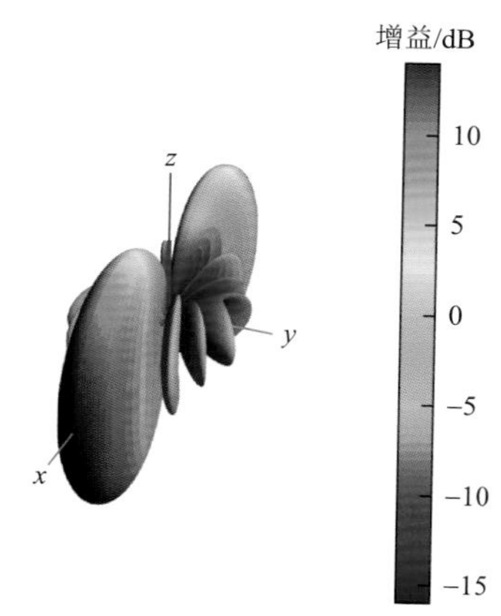

图 6.2　参考 8×2 天线方向图

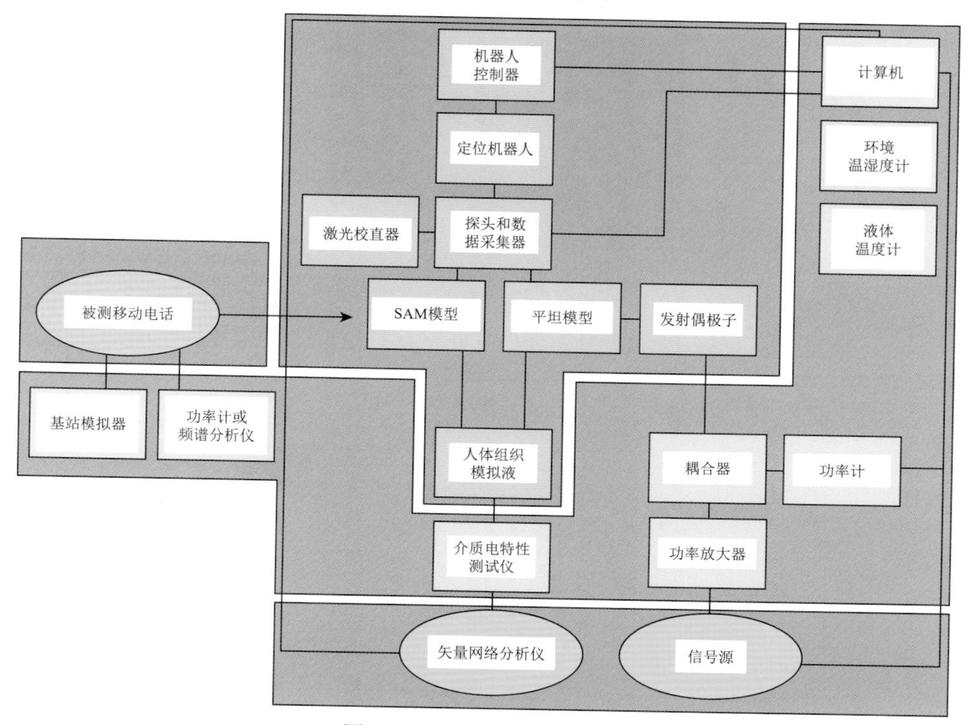

图 6.8　SAR 测量系统框图

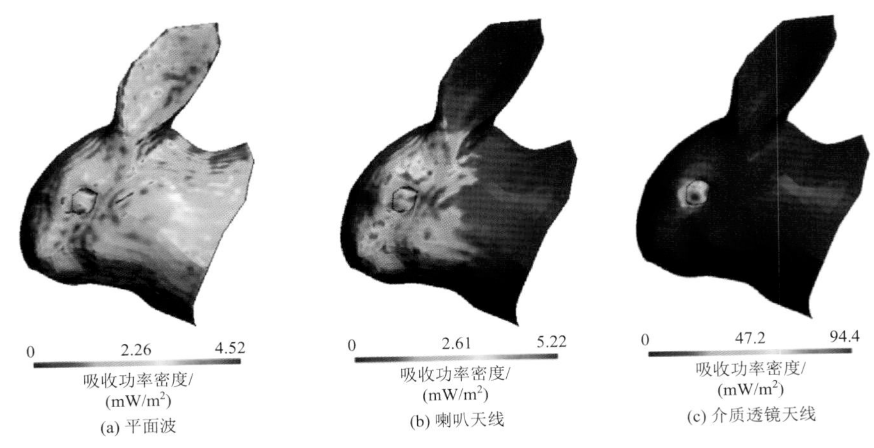

图 6.26　兔眼在不同源辐射下的吸收分布

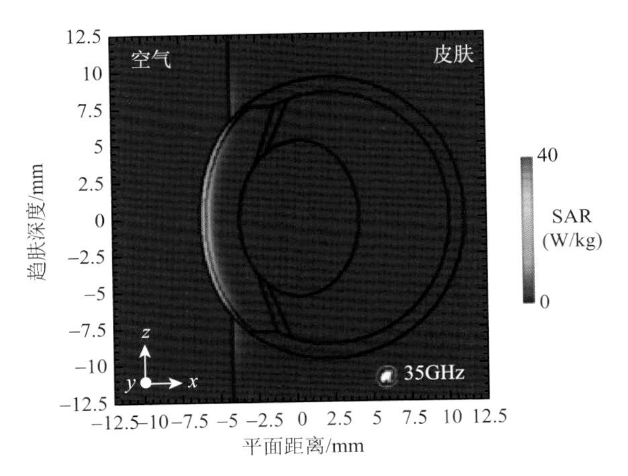

图 6.27　兔眼内部的 SAR 分布

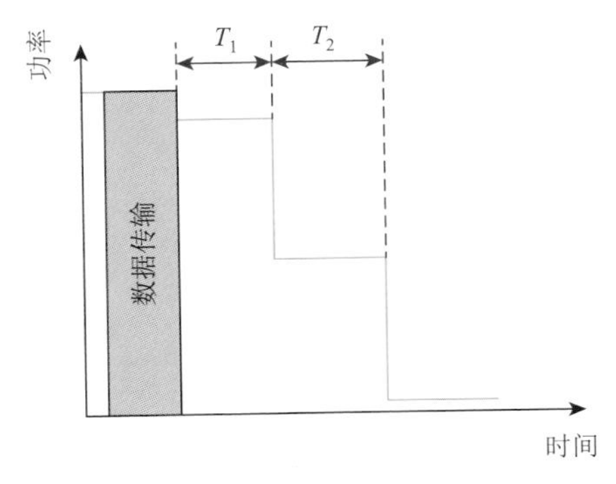

图 7.1　单次传输状态与耗能

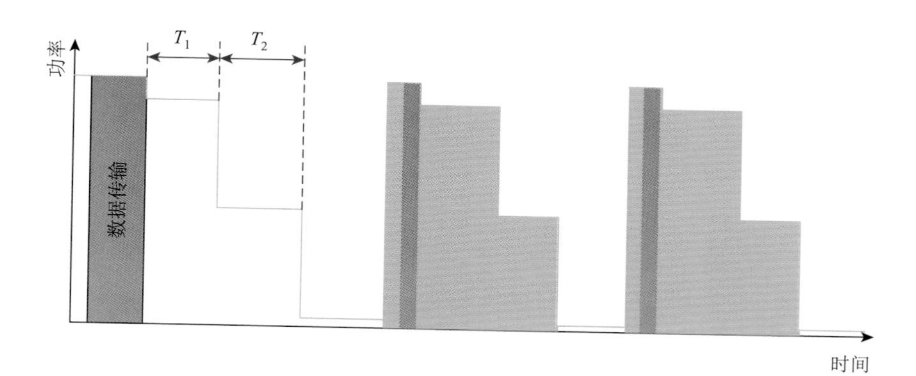

图 7.2　短间隔内多次传输与耗能